Excel
数据分析
可视化实战

凌祯 安迪 蔡娟  著

電子工業出版社
Publishing House of Electronics Industry
北京·BEIJING

内 容 简 介

数据图表是数据分析与可视化常见的表现形式，它不但能直观地显示复杂的数据，高效地表达观点，而且能启发读者思考数据的本质、分析数据并揭示数据背后的规律和问题。

本书分为 3 篇（共 11 章），分别是基础篇、进阶篇和实战篇，摒弃以往的说明书式教学，由浅入深，遵循“以点及线，以线及面”的对比学习方法。另外，书中有大量职场案例和好看的图表模板可以直接应用到实际工作中，使读者即学即用。

本书适用于各个层次的 Excel 用户，既可作为初学者的入门指南，又可作为中高级用户的参考手册。同时，本书也适合财务岗位、商务岗位、销售数据统计岗位、HR 岗位等需要用图表进行数据分析的工作人员阅读。

图书在版编目（CIP）数据

Excel 数据分析可视化实战 / 凌祯等著. —北京：电子工业出版社，2023.1

ISBN 978-7-121-44597-2

Ⅰ. ①E… Ⅱ. ①凌… Ⅲ. ①表处理软件 Ⅳ.①TP391.13

中国版本图书馆 CIP 数据核字（2022）第 226722 号

责任编辑：李利健　　　　特约编辑：田学清
印　　刷：中国电影出版社印刷厂
装　　订：中国电影出版社印刷厂
出版发行：电子工业出版社
　　　　　北京市海淀区万寿路 173 信箱　　　　邮编：100036
开　　本：720×1000　1/16　印张：21.5　字数：433 千字
版　　次：2023 年 1 月第 1 版
印　　次：2023 年 4 月第 2 次印刷
定　　价：102.00 元

凡所购买电子工业出版社图书有缺损问题，请向购买书店调换。若书店售缺，请与本社发行部联系，联系及邮购电话：（010）88254888，88258888。

质量投诉请发邮件至 zlts@phei.com.cn，盗版侵权举报请发邮件至 dbqq@phei.com.cn。

本书咨询联系方式：（010）51260888-819，faq@phei.com.cn。

前言

数据图表是显示研究结果最直观的一种方式。使用数据图表可以使数据的对比、趋势或结构组成变得一目了然，也可以让财务分析、经营分析、商务分析、业绩分析报告等图文并茂，显得更专业。

但是，如果图表类型选择不恰当，不但达不到“一图胜千言”的目的，还会让人不知所云。图表的本质是为数据的观点服务，不是为了作图而制作图表。所以本书带领读者从问题出发，明确目标，厘清数据之间的内在逻辑关系，然后根据“图表类型选择指南”找到表达对应逻辑关系的图表，并进行图表的基础创建。

首先，本书从 3 种基础图表开始介绍，只要读者掌握了 3 种基础图表的制作，就可以解决职场中大约 80%的图表制作问题。然后，本书根据“图表类型选择指南”中的 20 种基础图表类型，带领读者一步步拆解每个图表的基础创建方法，进而通过基础图表延伸介绍变种图表，使读者“以点及线，以线及面”对比学习，逐个解锁，系统掌握。最后，本书通过几种常见的数据分析方法的介绍，让读者透过现象看到数据背后的逻辑和本质，为决策者提供有价值的意见，促进业务增长。本书最后两章还给出了两个大屏可视化看板的案例，带领读者利用图表和图表的分析思路来制作好看的可视化看板。本书从实际案例出发，逐步拆解优秀的图表，避免出现学完不会用，只为作图而制作图表的现象。

为什么学习图表感觉特别难

很多读者经常会出现这样的困扰：遇到图表呈现的问题时无从下手。即使学会了图表的制作，在实际应用中也不知道该如何选择图表类型，呈现的效果总是没有说服力。其实，这是因为没有明确目标，也没有厘清数据之间的内在逻辑关系。

有什么轻松学好 Excel 图表的秘诀吗

虽然 Excel 的图表类型有上百种，但是读者只需要掌握常见的 20 种图表类型，就可以解决工作中遇到的大约 80%的图表制作问题。3 种基础图表是一切图表制作的本源，从 3 种基础图表引申出变种图表，“以点及线，以线及面”对比学习，使读者学会一种图表的制作，即可学会多种图表的制作。本书从实际工作的案例出发，分析数据背后的价值，帮助读者快速掌握数据分析可视化方法。

本书和其他同类书有什么区别

本书涵盖了常用的 20 种图表类型，并在这 20 种图表类型的基础上进行扩展和延伸，介绍了变种图表的制作，通过“图表类型选择指南”帮助读者快速厘清所需图表类型，选对图表，正确地对数据进行可视化呈现。

本书摒弃以往说明式的教学方式，使读者“以点及线，以线及面”对比学习，逐个解锁，系统掌握。本书所有的案例都来源于企业中真实的工作需求（案例所用数据均为虚拟的），带着读者拆解优秀的图表，使读者即学即用，迅速成为职场中的数据可视化分析高手。

除此之外，本书也考虑到了零基础读者的学习感受，在难度安排上做到了由浅入深。

你将收获什么

（1）学会从问题出发，厘清数据之间的逻辑关系，找到数据的内在价值，洞悉数据背后的真相。事先预防，事后调控，从而促进业务增长。

（2）更直观地表达数据及数据间的逻辑关系，更高效地表达观点，让数据图表为你代言。

（3）利用图表将数据可视化，图文并茂，显得更专业。

软件版本与安装

本书采用的软件版本是 Excel 2016。使用 Excel 2013 或 Office 365 也是可以的，但请注意，至少保证使用 Excel 2010 及以上版本。因为其他版本，如 Excel 2003、Excel 2007 或 WPS，可能在功能上会有一些缺失。但在大部分情况下，不会影响读者使用，只是有些按钮的位置可能会不一样。

资源下载

为方便读者学习，本书附赠了配套的源文件和素材。

另外，本书还为最后两章的案例录制了视频，方便读者对比学习。所有的案例和素材都可通过本书封底的读者服务提示获取。

致谢

作者凌祯致谢：

表姐凌祯开发的系列课程不仅得到了广大学员的认可，还获得了一致好评。衷心感谢选择了表姐凌祯系列课程的100多万名读者，你们一直以来的支持与分享不仅给予了我继续前行的动力，还成就了本书。

感谢我的孩子张盛茗、张盛宸，是他们给予了我无限拼搏的动力；感谢我的爱人张平，他对我的支持、鼓励和帮助，让我有信心和精力完成此书。

作者安迪致谢：

感谢一直支持我的读者，是你们的支持给予了我信心，让我一如既往地前进；是你们让我在教育这条道路上从不孤单，给予了我希望，日后我会坚持为大家提供更多有价值的内容。

感谢我的家人，是他们一直以来无条件的支持与付出让我拥有勇气不断前行，为我排除一切阻碍，让我有精力为读者呈现出更多有价值的作品。

作　者

第 1 篇　基础篇

第2篇　进阶篇

第1篇　基础篇

数据分析离不开图表，合适类型的图表有助于观点的呈现和说服力的提升。“工欲善其事，必先利其器”，本篇首先从图表的制作之器开始介绍，使读者了解图表的选择逻辑。然后通过图表创建之术和美化之术的介绍，使读者了解图表的创建方法和美化方式。接着通过图表效率之术的介绍提升读者作图的效率。最后通过图表神助手实现动态图表的传参。

第1章 图表制作之器

Excel 数据分析离不开数据图表，本章首先从图表的制作工具——Excel 的基础界面开始介绍，使读者了解它的一般功用，然后介绍图表基础知识和图表制作的步骤，最后介绍 3T 原则，使读者掌握图表的创建逻辑。

1.1 了解数据图表

在 Excel 的界面中，顶部是标题栏，用于显示工作表的名称。在标题栏下面是选项卡，选项卡下面是功能区。在选项卡中，Excel 将不同类别的工具进行了分组，每个按钮的功能和使用方法将在后面实操中一一讲解。在功能区下面是名称框，当选中不同的单元格时，名称框中会显示出所选单元格的地址。在右侧的编辑栏中可以输入公式，在工作表编辑区域的左侧是行号，上方是列标。可以通过拖曳右侧滚动条显示工作表的不同位置，在下方的工作表标签中可以自定义命名，在底端还有工作表的状态栏和视图按钮，可以通过单击鼠标进行选择，如图 1-1 所示。

认识了图表的工具之后，接下来进入图表的基础介绍。在数据可视化呈现中最关键的就是图表，图表有许多元素，可以将其分为图表区、图表标题、绘图区域、坐标轴（横、纵）、坐标轴标题、图例、数据标签、趋势线、网格线、数据系列等。当将鼠标光标悬停在图表各个部位时，Excel 即可提示图表元素名称，如图 1-2 所示。

- 图表区：用来存放图表所有元素，以及向图表中添加的不同元素。例如，选中图表后插入的“五角星”存放于图表区范围内，无法将其拖曳出来。
- 图表标题：图表核心观点的载体，用于描述图表的内容或介绍绘图者的结论。
- 绘图区域：包括数据系列，可以拖曳调整绘图区的大小。
- 坐标轴：在图表下方的是横坐标轴，在图表左侧（右侧）的是纵坐标轴。
- 坐标轴标题：可以对横、纵坐标轴分别添加对应的标题。

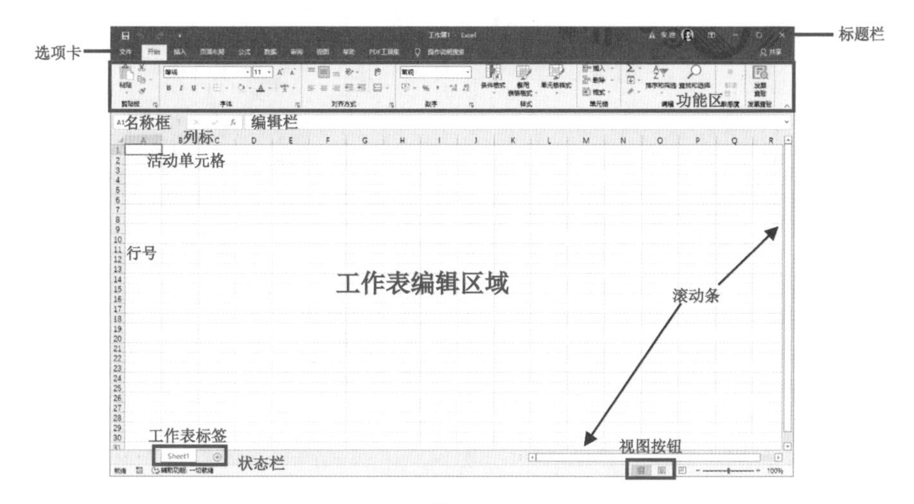

图 1-1

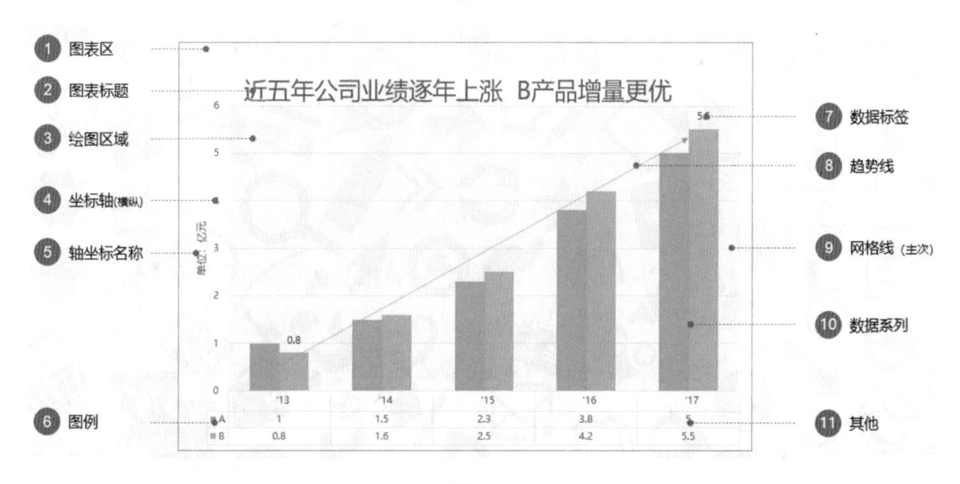

图 1-2

- 图例：数据系列名称的标签（单数据系列的图表可以取消设置图例，减少阅读负担；多数据系列的图表可以添加图例，区分数据类别）。
- 数据标签：对图表添加数据标签可以直观地读出每项数据的值。
- 趋势线：当数据比较多时，可以为图表添加一条趋势线，直观地看到数据的趋势变化。
- 网格线：在对图表进行美化时可以选择添加或取消网格线。
- 数据系列：在图表中，最重要的就是数据系列，它是表示数值大小的载体，是唯一一项不可缺少的图表元素。

这些元素都可以通过选中图表，并单击右上角的“＋”按钮进行添加或取消，如图 1-3 所示。

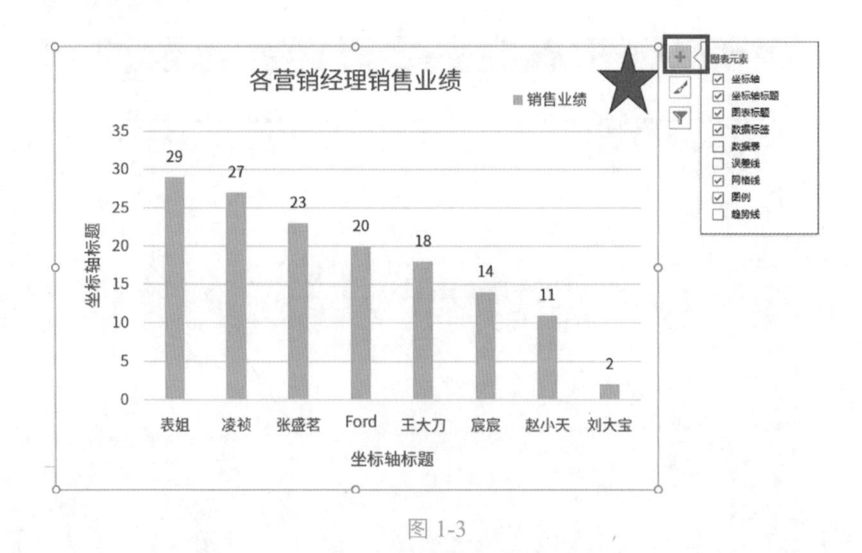

图 1-3

到这里就完成了图表工具和图表元素的基础介绍。有了对图表的基础认识，就为后面制作图表奠定了基础。知己知彼，方能让图表为我们所用，让数据更有说服力。

1.2 图表制作步骤

打开本书配套文件中“\第 1 章 图表制作之器\1.1-认识工具”源文件。

通过前文的介绍，我们了解了图表的基础知识，关于“柱形图”“饼图”“折线图”这些基础图表是如何制作的呢？图表语言又是如何实现的呢？其实，通过数据图表进行可视化呈现最关键的一项技能就是拆解优秀的图表，透过现象看到数据背后的逻辑和本质，进行数据分析，促进业务增长。

当我们看到一张好看的图表作品时，如何通过拆解图表了解它的结构，最终轻松做出一样的图表效果呢？通过一个小工具，就可以让你一秒读懂图表结构，接下来我们就来详细地介绍。

在“拆解图表结构”工作表中，选中工作表中已经制作完成的图表，并选择“图表设计”选项卡，单击“更改图表类型”按钮。在弹出的“更改图表类型”对话框中，我们可以看到当前所选的图表类型为“条形图”，在这里可以对图表类型进行修改。不仅如此，对于复杂的组合图表，我们还可以清晰地看到图表的组成结构，如图 1-4 所示。

虽然已经掌握了图表的一些制作技巧，但是在日常工作中许多读者还是经常会面对这样的困扰：在实战操作过程中总是感觉无从下手，不知道究竟如何选择合适的图表类型。

这是因为制作图表前没有思考如何展示数据之间的关系，如何根据数据关系确认图表汇报展示的主题。图表的本质是为数据的观点服务，不是只为作图而制作图表。所以作图前要先按照图 1-5 所示的“了解图表：通过数据关系确认展示主题”厘清数据之间的内在逻辑关系，然后根据图 1-6 所示的“图表类型选择指南”找到表达对应逻辑关系的图表，最后进行图表的基础创建。

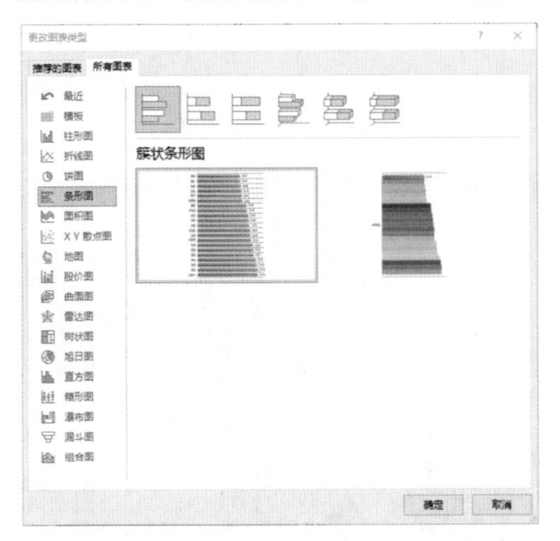

图 1-4

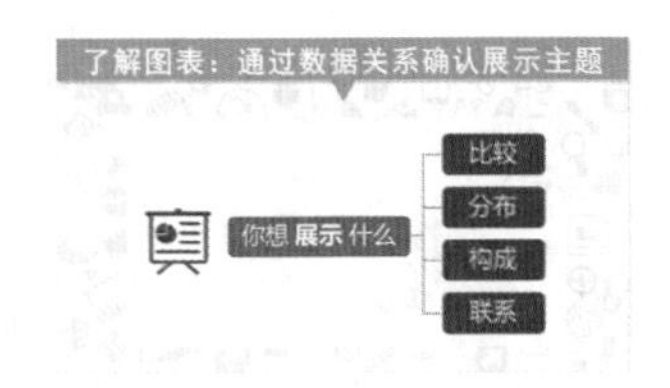

图 1-5

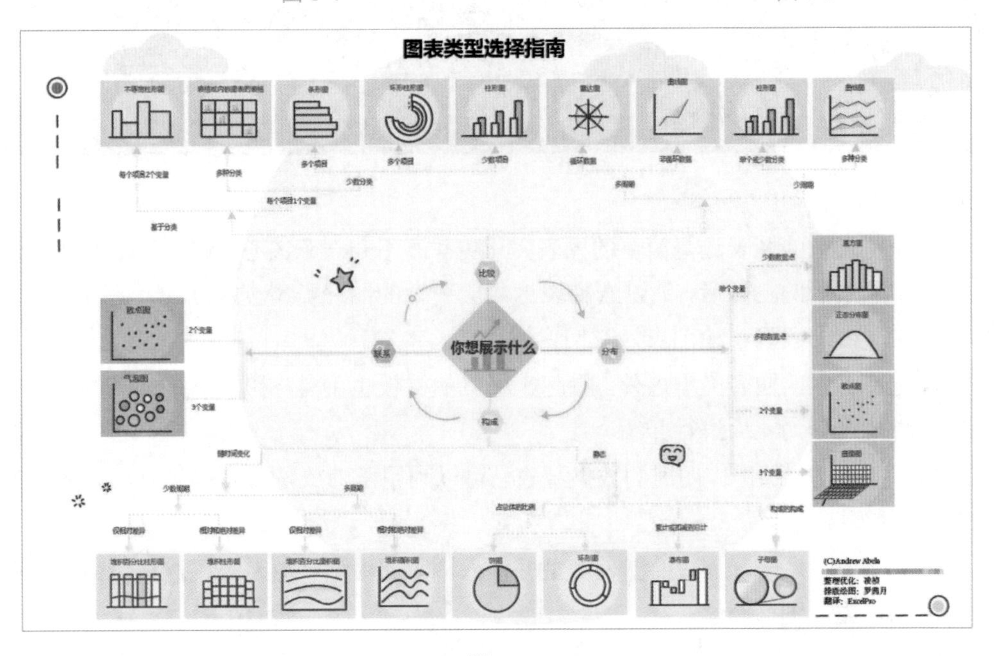

图 1-6

在“图表类型选择指南”中按照比较、分布、构成、联系四大数据关系，将图表大致分为 20 种。在实际工作中不需要将这 20 种图表全部掌握，只需要掌握柱形图、折线图、饼图、条形图、面积图、环形图等几类常见的图表就可以满足日常工作的基本需求。在后面章节中笔者会针对这些图表的逻辑关系、应用场景及制作方法逐一进行介绍。

例如，图 1-7 所示的“直播数据大屏可视化看板”就是利用折线图、柱形图、饼图、环形图几类常见的基础图表组合而成的。对于看板中几个看似比较复杂的图表，实际上，它们的构成仍然是常见的基础图表，笔者会在后面分别对这几类图表进行详细介绍。

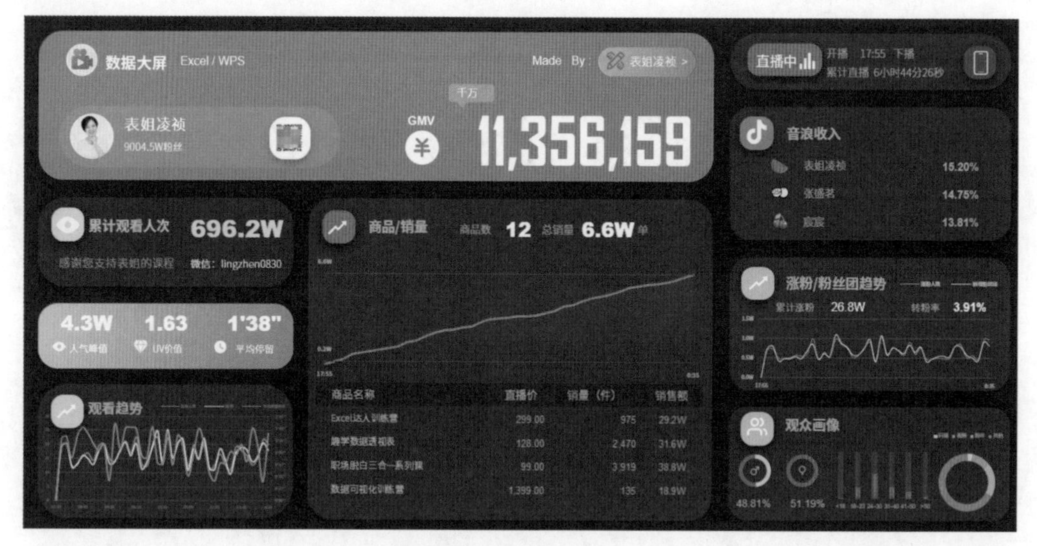

图 1-7

无论是复杂的图表还是简单的图表，其实都离不开一个核心：你究竟想要展示什么？确定要展示的主题后，通过选择表达相应逻辑的图表类型进行创建，就可以制作出具有说服力的图表，让图表为我们说话。

除选择合适的图表类型之外，看起来好看的看板也不是一蹴而就的。接下来将看板的制作思路分为 4 步进行介绍。

（1）抓数据：制作作图用的数据源表。可以利用函数或透视表等工具将作图用的数据源表整理出来。

（2）造图表：选择合适的图表类型并插入图表。根据“图表类型选择指南”选择合适的图表类型进行创建。

（3）塑质感：元素设置与配色美化。设置图表元素并为图表配色，塑造图表的质感。

（4）注灵魂：补充图表信息，突出观点。最后一步是为图表注入灵魂，展现结构化思考，输出结论。

总结图表的制作步骤如下。

（1）拆图表：根据图表样式拆分图表结构，选择合适的图表类型。

（2）抓数据：根据已收集的数据，整理出作图用的数据源表。

（3）造图表：根据拆解的图表类型插入合适的图表。

（4）塑质感：在初步完成的图表基础上进行图表类型的修改，图表元素的设置，以及数据系列的调整（详见第 3 章）。

（5）塑美感：图表颜色与风格的基础美化。可以通过设置主题颜色快速美化，也可以利用取色器工具进行美术风格的设计、ICON 填充或文字风格的设计等（详见 3.2 节、3.3 节）。

（6）注灵魂：补充图表信息，突出观点，使图表直观可见。

将数据图表可视化的初衷不单是为了美，更重要的是让数据更快、更好地呈现出观点和结论，从而促进业务增长。

1.3　图表 3T 原则

由于图表的本质是为数据代言，而不是只为作图而制作图表，所以制作图表时为了让数据更具有说服力，应该遵循 3 个原则，即图表标题有结论（Title）、数据展示有重点（Tab）、图表信息有说明（Tips），简称图表的 3T 原则。

- 图表标题有结论（Title）：思考图表要展示的数据观点。
- 数据展示有重点（Tab）：通过图表颜色、大小、紧凑程度等对图表进行分层，展现图表的重要信息，为决策者提供有价值的信息。
- 图表信息有说明（Tips）：图表制作者对图表的理解是最全面的，应站在阅读者的角度对容易造成阅读缺失的信息进行补充说明。

到这里就完成了本章关于图表制作之器的介绍，通过图表制作工具、图表基础知识的介绍使读者认识图表；通过图表制作步骤的介绍使读者了解图表的创建方法和图表选择的逻辑；通过 3T 原则的介绍使读者得出数据图表结论，透过现象看本质，为决策者提供有价值的信息，实现数据分析，进而促进业务增长。

第2章 图表创建之术

从本章开始正式进入图表创建之术的介绍，笔者将会对几类基础图表的创建进行详细介绍。接下来请跟随笔者的介绍一起操作起来。

2.1 创建3种基础图表

柱形图、折线图、饼图3种图表是一切图表的基础。本章首先通过3种基础图表的介绍让读者了解创建图表的两种基本方法和不同图表的美化方法。然后通过3种基础图表的对比介绍让读者横向贯通图表制作的一般思路。最后将3种基础图表进行演变，引申介绍条形图、面积图、饼图，纵向扩充图表框架。接下来进入图表创建的学习之旅。

打开“\第2章 图表创建之术\2.1-创建图表”源文件。

1. 创建图表的两种方法

这里以3种基础图表为例介绍创建图表的两种方法：①抓数据、造图表；②选图表、填数据。这两种方法实际上是数据和图表之间的联动方式。下面分别使用这两种方法创建柱形图。

（1）抓数据、造图表。

打开本书配套的“2.1-创建图表”源文件，在“创建图表”工作表中选中“A1:B5”单元格区域并选择“插入”选项卡，单击“插入柱形图或条形图”按钮，选择“簇状柱形图”选项，如图2-1所示，即可完成柱形图的创建。

提示：可以在选中数据区域后，按“F1”键快速插入柱形图。

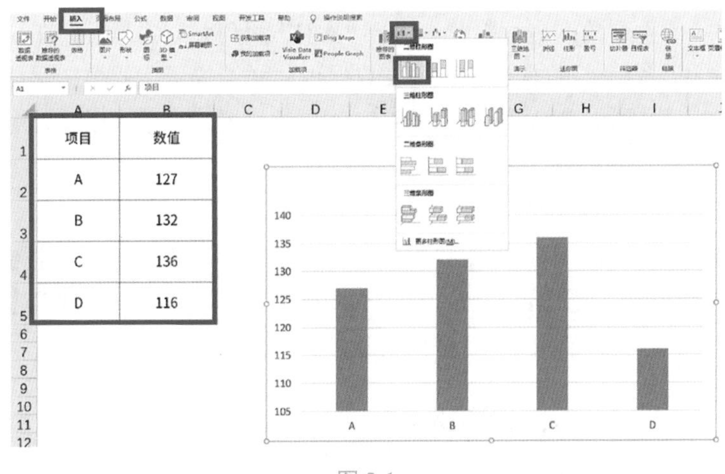

图 2-1

（2）选图表、填数据。

选择“插入”选项卡并单击“插入柱形图或条形图”下拉按钮，选择“簇状柱形图”选项，即可生成一张空白的图表。接下来在空白图表中添加数据。选中前面生成的空白图表并选择“图表设计”选项卡，单击“选择数据”按钮，在弹出的“编辑数据系列”对话框中单击“添加”按钮。接着在弹出的“编辑数据系列”对话框中单击“系列名称”文本框将其激活，选中“B1”单元格。单击“系列值”文本框将其激活，清除文本框中默认的 1，继续选中“B2:B5”单元格区域，单击“确定”按钮，如图 2-2 所示。

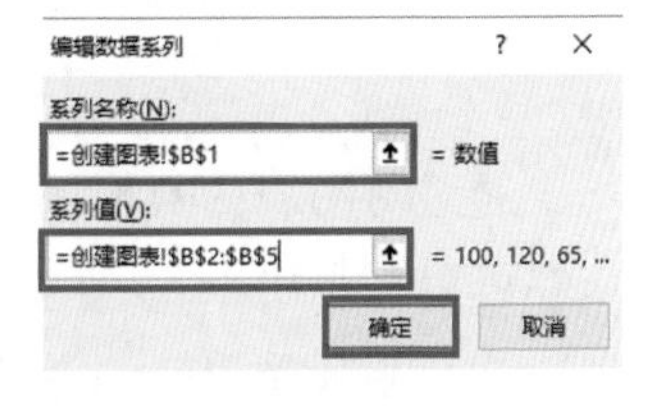

图 2-2

此时图表的系列名称为“1,2,3,4,5”，而真正的数据名称应为“A,B,C,D”。接下来调整系统名称。在“选择数据源”对话框中单击“编辑”按钮，在弹出的“轴标签”对话框中选中“A2:A5”单元格区域，单击“确定”按钮，如图 2-3 所示。在返回的“选择数据源”对话框中，可以看到“水平(分类)轴标签”列表框中系列名称已经被修改为“A,B,C,D”，单击“确定”按钮，如图 2-4 所示。

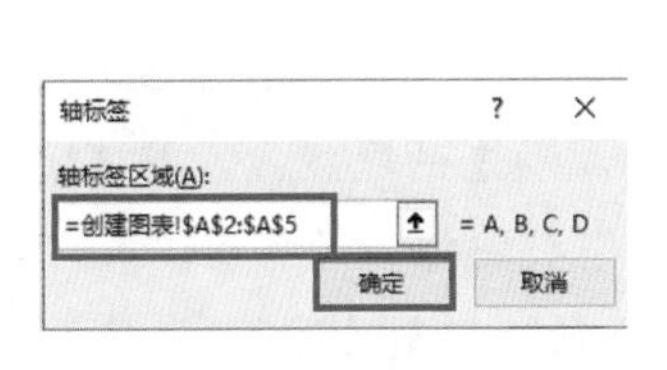

图 2-3

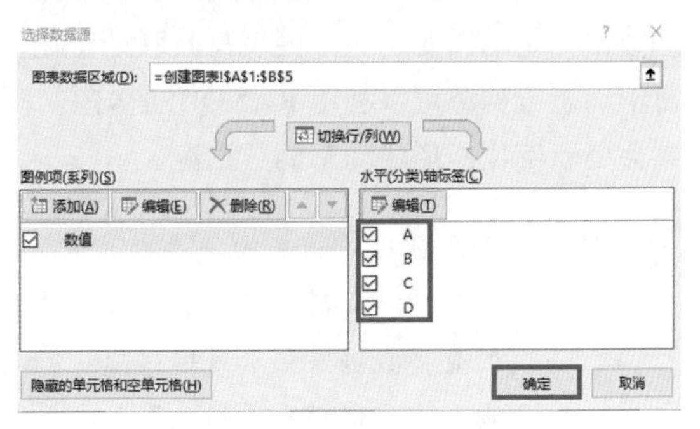

图 2-4

尝试将“A:B”列数据进行隐藏。选中“A:B”两列并右击鼠标，在弹出的快捷菜单中选择“隐藏”命令将数据隐藏，图表数据也同样消失了。要想在保持图表可见的情况下将数据表格隐藏起来，除了可以将字体颜色设置为白色，还可以对图表的数据属性进行设置。

选中前面创建的柱形图图表并选择“图表设计”选项卡，单击“选择数据”按钮，在弹出的“选择数据源”对话框中单击“隐藏的单元格和空单元格”按钮，如图 2-5 所示。继续在弹出的“选择数据源”对话框中勾选“显示隐藏列中的数据”复选框，单击“确定”按钮，在返回的对话框中再次单击“确定”按钮。

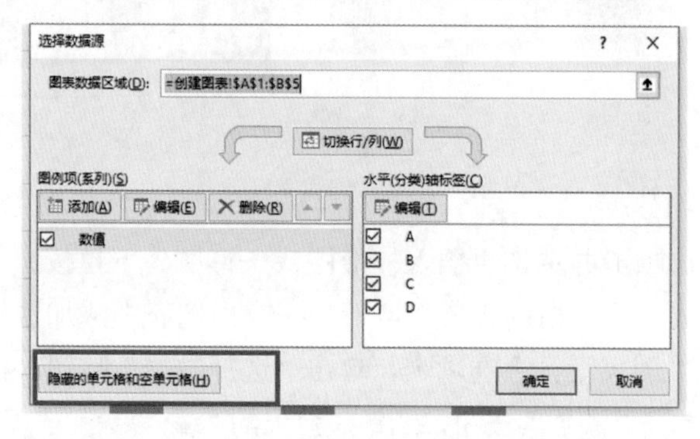

图 2-5

通过对图表的数据属性进行设置，将“A:B”两列数据隐藏了起来，但图表数据依然可以显示出来。

到这里就学习了一个非常重要的知识点：当对数据源进行调整时，数据源发生变化，图表也会联动变化。这就是 Excel 动态图表的奥妙所在，图表能够动态变化，其本质是数据源发生变化，进而引发图表联动变化。

不仅如此，所有可以变动的图表甚至看板，都是数据源发生了变化，图表和数据源联动变化所实现的。

第 10 章介绍的“直播数据大屏可视化看板”同样利用了这个原理，由于作图用的数据源是动态变化的，图表与其联动变化，形成一个大屏可视化动态看板。其中，对于动态数据源可以利用 RANDBETWEEN 随机函数进行模拟，当刷新数据源时，数据会更新变化，形成动态的数据源。

提示： 动态数据源随机模拟函数为 RANDBETWEEN。利用该函数生成数据源，当按“F9”键刷新时，数据会更新变化，形成动态的数据源。图 2-6 所示的直播数据看板也是通过随机函数模拟的动态数据源，数据和图表可以联动变化实现动态看板效果，在第 10 章中会详细介绍制作过程。

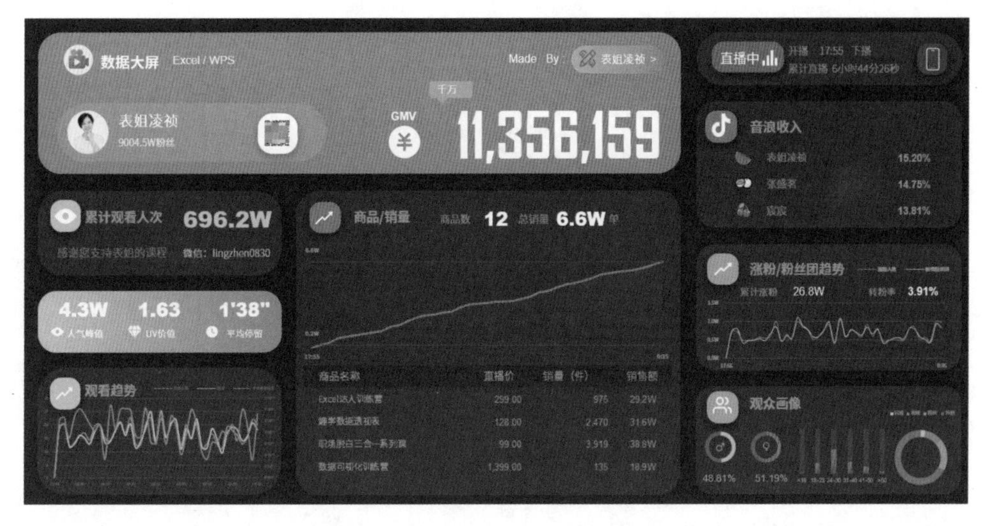

图 2-6

到这里就完成了柱形图图表的创建。柱形图是一切图表的基础，理解了柱形图有助于学习其他图表。

利用同样的方法分别插入折线图和饼图。

选中“A1:B5”单元格区域并选择“插入”选项卡，单击“插入折线图或面积图”下拉按钮，选择“带标记点的堆积折线图”选项，如图 2-7 所示，即可完成折线图图表的创建。

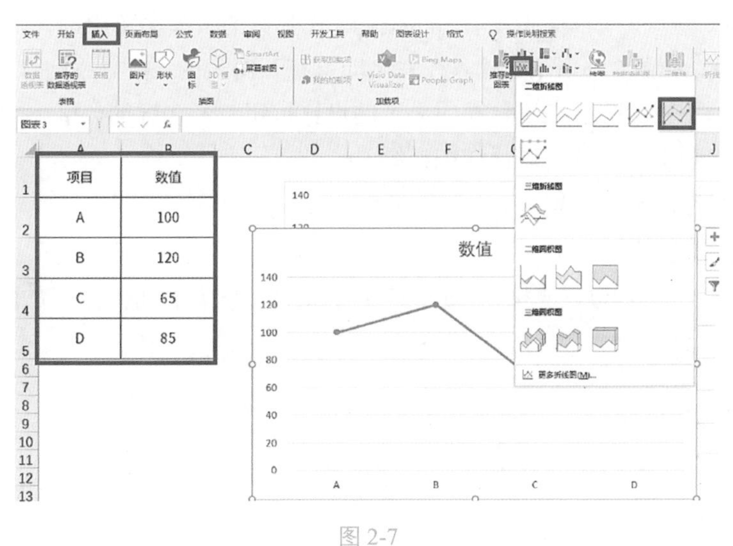

图 2-7

选中“A1:B5”单元格区域并选择“插入”选项卡，单击“插入饼图或圆环图”下拉按钮，选择“饼图”选项，如图 2-8 所示，即可完成饼图图表的创建。

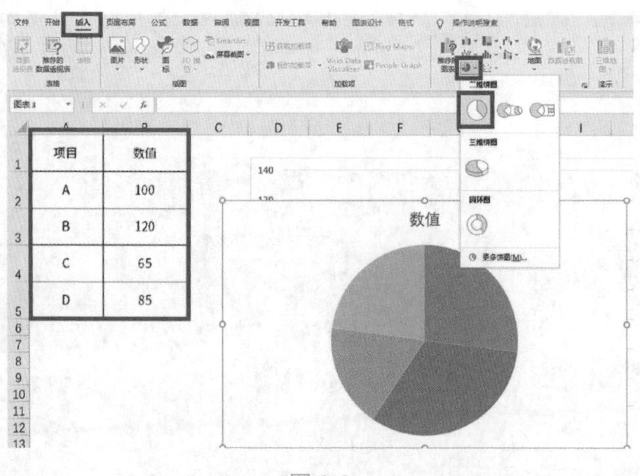

图 2-8

到这里就完成了柱形图、折线图、饼图 3 种基础图表创建的相关介绍。在完成图表的创建之后，还可以对图表进行基本设置，让图表的表现形式更加符合实际需求。接下来我们继续探索 3 种图表的基本设置。

2．3 种基础图表的基本设置

图表之所以难学，不仅因为图表种类繁多，还因为每一类图表都有自己的特色。虽然在“图表设计”选项卡中所有图表的设置看似都是一样的，但是针对不同的图表类型，在其“数据系列格式”工具箱中对应的设置功能都是不一样的。

我们可以选中一个目标图表后右击鼠标，在弹出的快捷菜单中选择“设置数据系列格式”命令，如图 2-9 所示。此时在右侧即可打开图表的“数据系列格式”工具箱，我们可以看到不同的图表在工具箱中显示的设置按钮是不一样的。接下来进一步对 3 种基础图表的基本设置分别进行详细介绍。

（1）柱形图的基本设置。

柱形图：用于显示一段时间内的数据变化或显示各项之间的比较情况。柱形图是基础的 3 种图表之一，通过次坐标、变形、逆转可以实现复杂图表的制作，如图 2-10 所示。

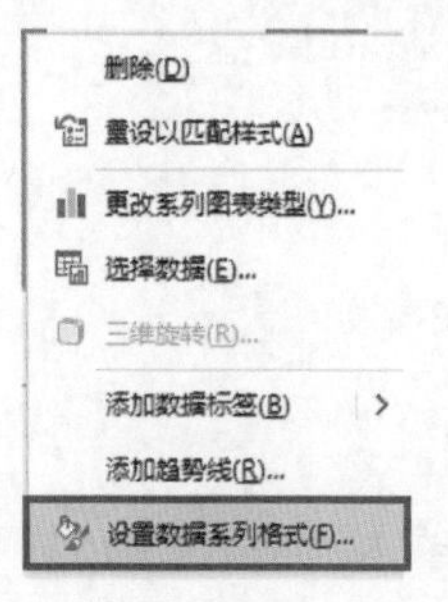

图 2-9

图 2-10

选中柱形图并右击鼠标，在弹出的快捷菜单中选择“设置数据系列格式”命令，在右侧弹出的“设置数据系列格式”工具箱中就会显示出“系列重叠”和“间隙宽度”两个选项。拖曳“间隙宽度”旁边的滑块调整间隙宽度的大小，可以看到柱形的宽度和间距发生了变化。间隙宽度越小，柱形之间的间距越小，柱形宽度越大，如图 2-11 所示。

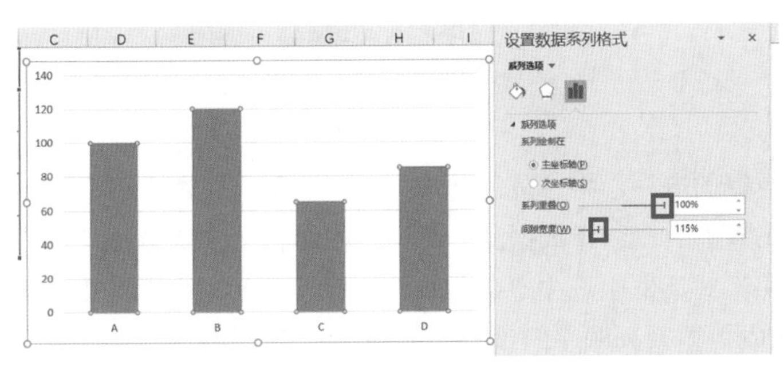

图 2-11

当调整“系列重叠”时好像没有发生变化，这是因为目前只有一组数据系列，无法显示出变化。为了展示“系列重叠”对柱形图的影响，可以为数据源补充一组数据。

下面为图表添加一组数据。先选中“B1:B5”单元格区域，按“Ctrl+C”组合键执行复制操作，然后选中“C1:C5”单元格区域，按“Ctrl+V”组合键执行粘贴操作。将“C1”单元格的“数值”修改为“数值 1”，将“C2:C5”单元格区域的数据都修改为“150”。

补充好数据后，将新增数据添加到图表中。选中图表，可以看到图表所绑定的数据源区域出现一个蓝色的边框，向右拖曳蓝色边框，将其扩充至“C5”单元格，即可将“C”列数据添加到柱形图中，如图 2-12 所示，图表中显示出一组橙色的柱子。

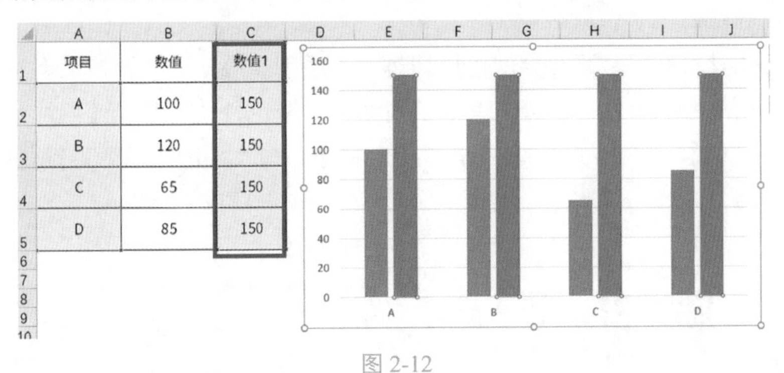

项目	数值	数值1
A	100	150
B	120	150
C	65	150
D	85	150

图 2-12

在“设置数据系列格式”工具箱中拖曳“系列重叠”旁边的滑块，当“系列重叠”调整为“100%”时，“橙色柱子”与“蓝色柱子”完全重叠在一起。由于“蓝色柱子”位于“橙色柱子”下方，所以被完全遮盖住了，如图 2-13 所示。

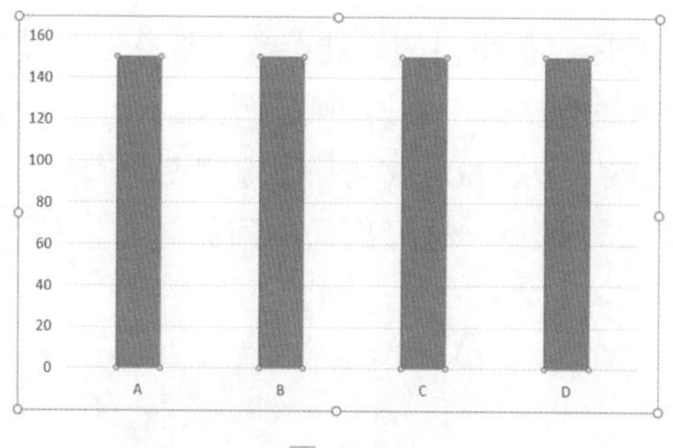

图 2-13

调整两组数据的顺序，将“橙色柱子”显示在下方。选中柱形图并选择“图表设计”选项卡，在弹出的“选择数据源”对话框中单击“选择数据”按钮。接着在弹出的“选择数据源”对话框中选中“数值 1”选项，单击按钮将其调整到上方，单击“确定”按钮完成数据系列顺序的设置，如图 2-14 所示。

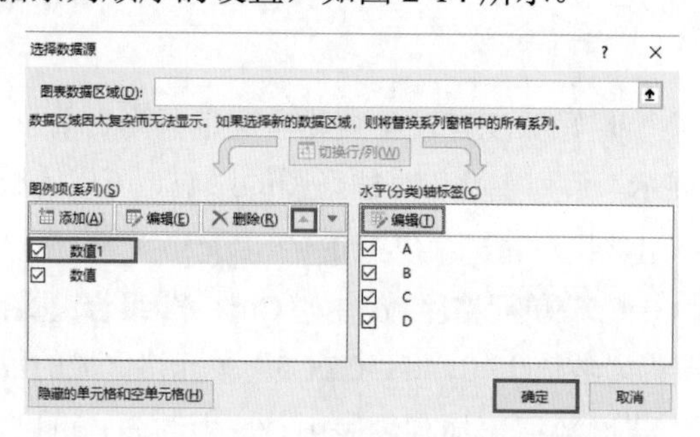

图 2-14

这样调整两组数据的上下顺序后，如图 2-15 所示，“橙色柱子”显示在“蓝色柱子”下方，“蓝色柱子”就显示出来了。

当柱形图具有两组数据后，就可以通过对“系列重叠”进行调整来观察它对柱形图的影响。向左拖曳“系列重叠”旁边的滑块，“橙色柱子”与“蓝色柱子”就会分离，将“系列重叠”调整为“100%”，“橙色柱子”与“蓝色柱子”又会重叠在一起，如图 2-16 所示。

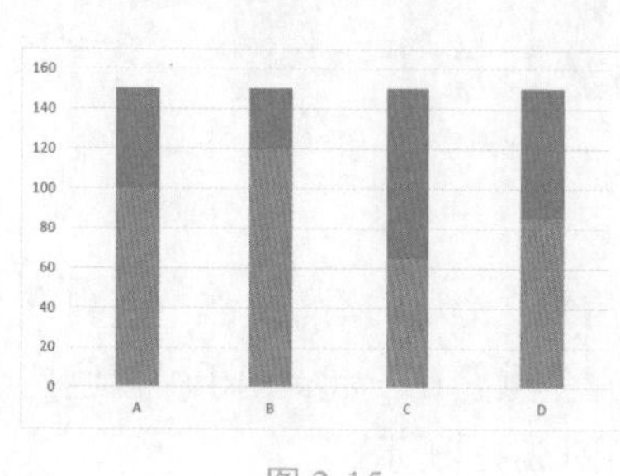

图 2-15

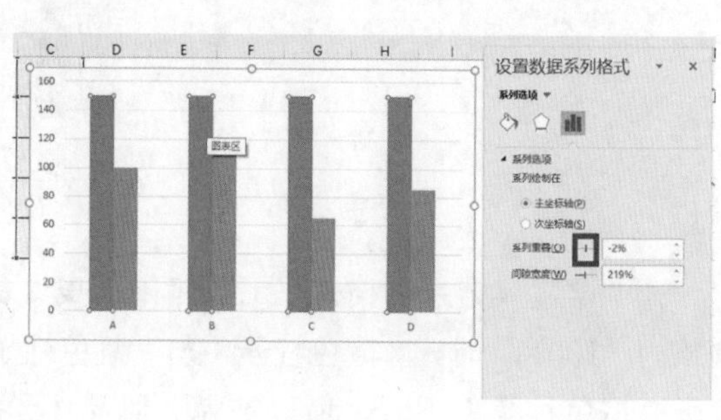

图 2-16

到这里就完成了关于柱形图基本设置的介绍。柱形图的基本设置主要由“系列重叠”和“间隙宽度”组成，“系列重叠”指的是两组系列数据柱子之间的重叠程度，“间隙宽度”指的是同一系列数据柱子之间的间距与宽度。当然还可以对主次坐标轴进行设置，不用着急，柱形图的玩法还有许多，在后面案例中笔者都会逐一进行介绍，这里先对图表的设置功能做初步了解即可。

了解了柱形图的基本设置，接下来我们继续剖析折线图的基本设置。

（2）折线图的基本设置。

折线图：又称曲线图，以曲线的上升或下降来表示统计数量的增减变化情况。不仅可以表示数量的多少，还可以反映数据的增减波动状态，如图 2-17 所示。

选中折线图，在折线图的“设置数据系列格式”工具箱中，我们可以看到折线图的设置选项与柱形图的设置选项不同，如图 2-18 所示。

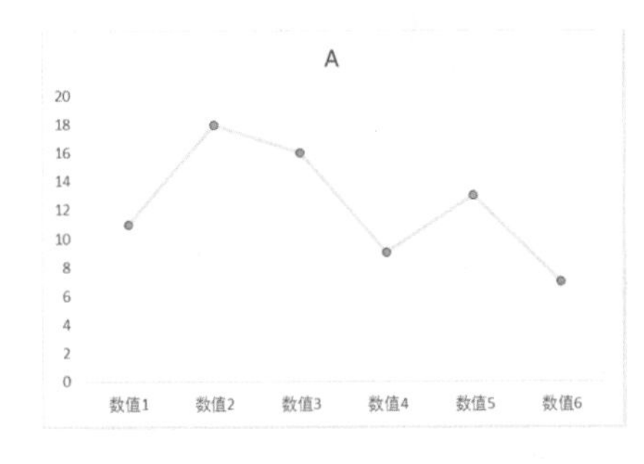

图 2-17

图 2-18

将图 2-12 中“C”列的“数值 1”数据添加到折线图中。如果通过前面拖曳的方式无法将数据添加到图表中，那么可以通过添加数据的方式来完成。

选中折线图并选择“图表设计”选项卡，在弹出的“选择数据源”对话框中单击“添加数据”按钮，在弹出的“编辑数据系列”对话框中单击“添加”按钮，接着单击“系列名称”文本框将其激活，选中“C1”单元格。单击“系列值”文本框将其激活，选中“1”将其删除并选中“C2:C5”单元格区域，单击“确定”按钮，如图 2-19 所示。在返回的“编辑数据系列”对话框中单击“确定”按钮。

完成数据的添加后，折线图中就新增了一条橙色的折线图，如图 2-20 所示。

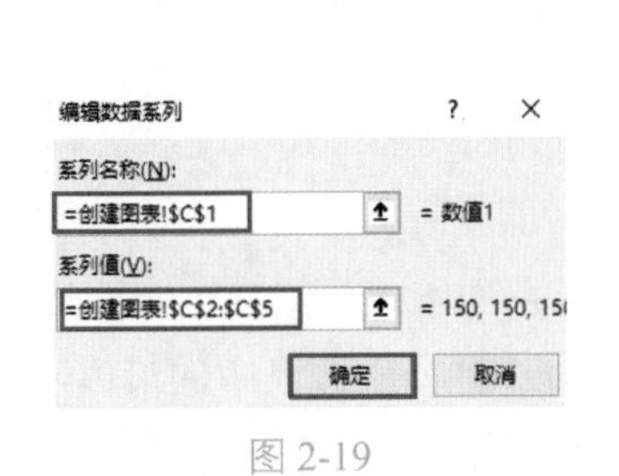

图 2-19

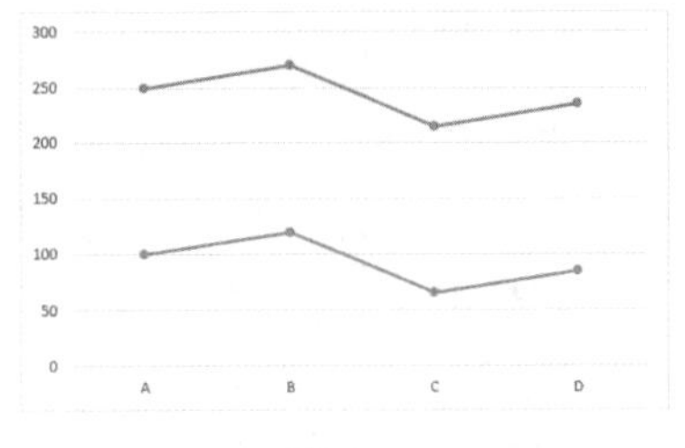

图 2-20

折线图在设置上有一些个性化的设计，当选中“蓝色”折线时，在“设置数据系列格式”工具箱中单击“填充与线条”按钮，不仅可以对线条的颜色进行设置和美化，还可以对标记点进行设置。

这里选择“标记”页签，在“标记选项”组中可以设置标记点的“类型”和“大小”，如图 2-21 所示。

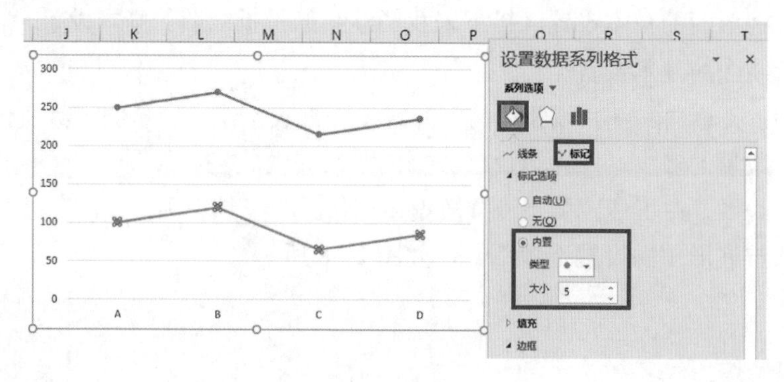

图 2-21

此外，折线图在线条的设置上也有一个小细节——可以将线条设置为平滑线。选中“蓝色”折线并选择“填充与线条”选项，勾选“平滑线”复选框，如图 2-22 所示，折线图的线条过渡就变得更加柔和了。

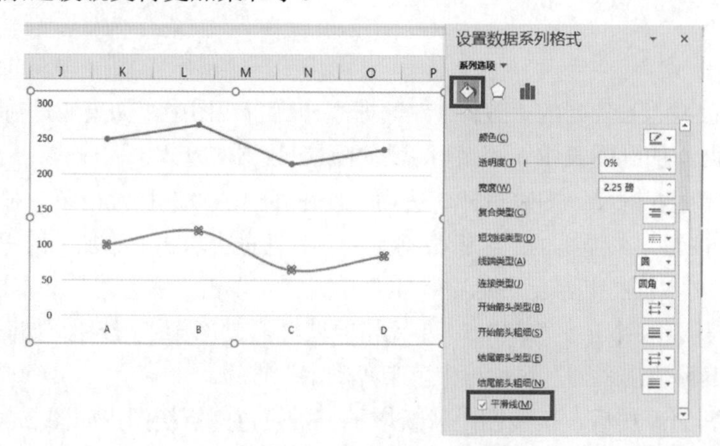

图 2-22

对于折线图的基本设置，笔者从线条和标记两个角度进行了介绍，标记就是对折线中的圆点进行的设置与修改，线条则是对折线进行的设置。

到这里可以发现，柱形图和折线图在“设置数据系列格式”工具箱中的设置按钮是不一样的，设置的方向与角度也不尽相同。接下来对 3 种基础图表中的最后一个——饼图的基本设置进行介绍，看一看饼图的设置又会有何不同。

（3）饼图的基本设置。

饼图：将圆形划分为几个扇形的统计图表，通常用来展现数据的组成和占比情况，如图 2-23 所示。

对饼图进行设置。选中饼图后，在“设置数据系列格式”工具箱中拖曳“第一扇区起始角度”下方的滑块，可以看到饼图的不同扇区发生了旋转，即第一扇面（蓝色扇区）的起始角度发生了变化，如图 2-24 所示。

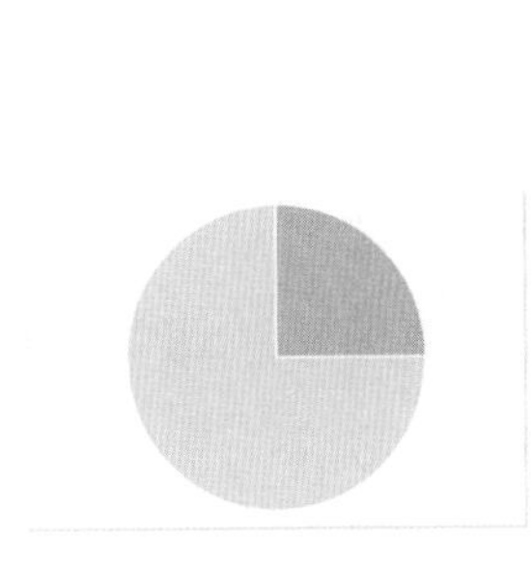

图 2-23

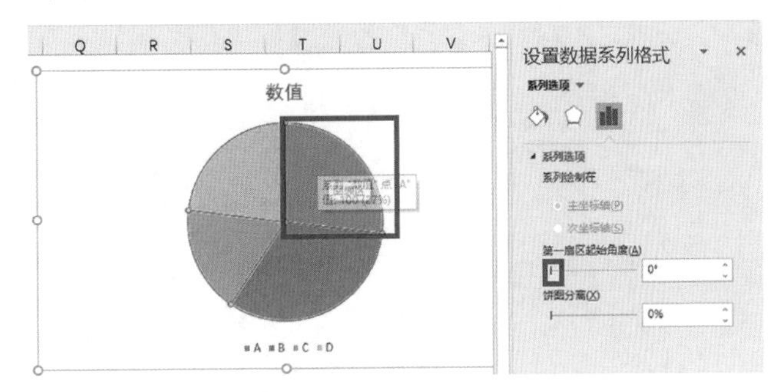

图 2-24

对每个扇区单独设置颜色与边框。选中饼图后，在“蓝色扇区”上再次单击，可将其单独选中，选择“开始”选项卡，单击“颜色填充”下拉按钮选择合适的颜色，可以单独修改其填充颜色，如图 2-25 所示。

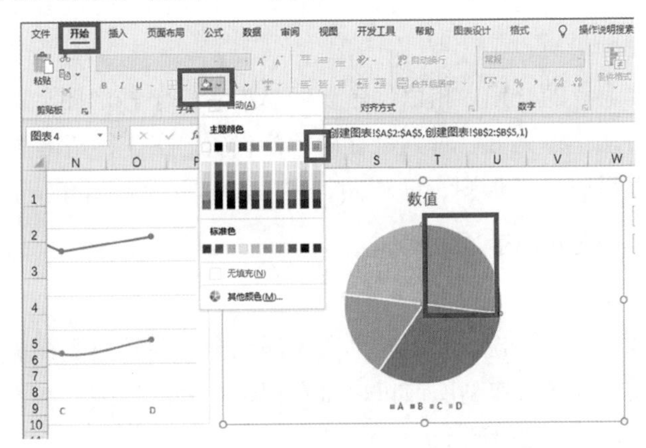

图 2-25

除了“第一扇区起始角度”，当单独选中“蓝色扇区”时，右侧工具箱变为“设置数据点格式”工具箱，这时拖曳“点分离”下方的滑块，如图 2-26 所示，“蓝色扇区”就会被单独分离出去。

当选中整个饼图后，再次拖曳“点分离”下方的滑块进行调整，如图 2-27 所示，所有的扇区都会向四周分离出去。

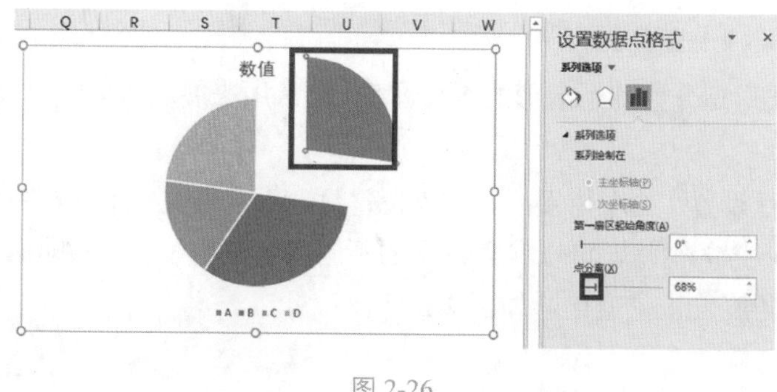

图 2-26

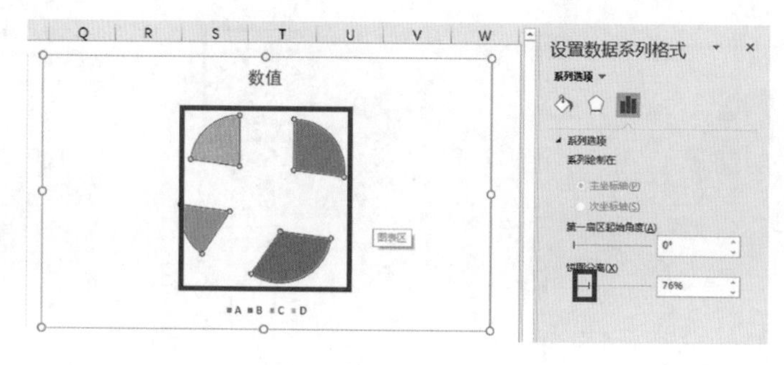

图 2-27

关于饼图的基本设置，这里从第一扇区起始角度和饼图分离两个方面进行了介绍，并且可以单独对饼图的一个扇区进行设置。对于饼图的分离程度，还有许多演变效果，在后面会逐一讲解。

到这里，通过笔者的介绍，相信读者已经掌握了关于柱形图、折线图、饼图 3 种基础图表的创建方法，并且可以对其进行简单的设置。在 3 种基础图表的基础上对其进行演变，还可以引申出条形图、面积图、环形图，下面具体介绍。

3. 3 种基础图表的演变图表

（1）柱形图变条形图。

对于数据标题较长的情况，即用柱形图无法完全呈现数据系列名称，这时采用条形图可以有效解决该问题。在制图前可以将数据进行降序排列，使条形图呈现出数据的阶梯变化趋势，如图 2-28 所示。

如何将柱形图修改为条形图呢？首先将前面制作的 3 种基础图表复制一份，然后在 3 种图表的基础上对图表进行演变设置。按“Ctrl”键的同时选中柱形图、折线图和饼图三个图表，并依次按“Ctrl+C”组合键复制，“Ctrl+V”组合键粘贴，即可完成三个图表的复制。

将柱形图演变为条形图。选中柱形图并选择“图表设计”选项卡，单击“更改图表类型”按钮，在弹出的“更改图表类型”对话框中选择“条形图”中的“簇状条形图”选项，单击“确定”按钮，如图 2-29 所示。

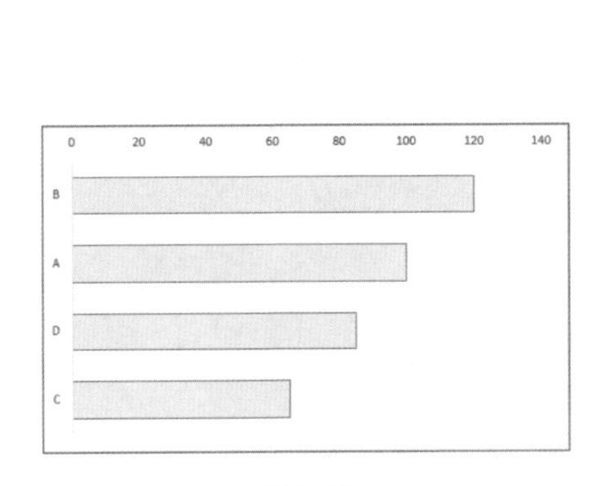

图 2-28

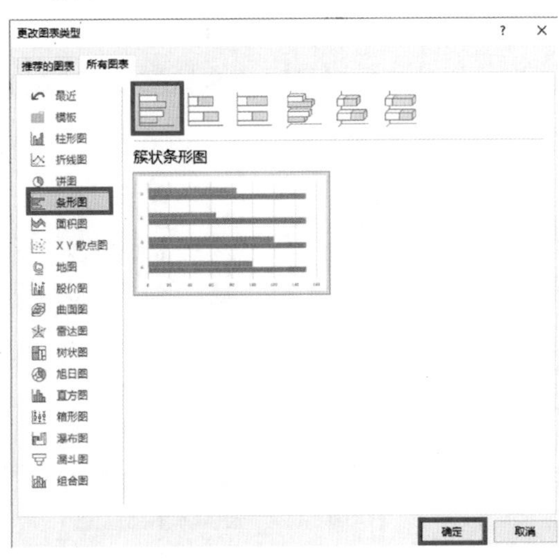

图 2-29

条形图和柱形图一样，在“设置数据点格式”工具箱中可以通过拖曳“系列重叠”和“间隙宽度”旁边的滑块调整两组数据条形之间的重叠程度和一组数据条形的粗细与间距大小，如图 2-30 所示。

对颜色的填充也一样，选中一个条形，选择“开始”选项卡并单击“颜色填充”下拉按钮，可以设置此条形的填充颜色，选中整个条形图可以设置整个条形图的填充颜色，如图 2-31 所示。

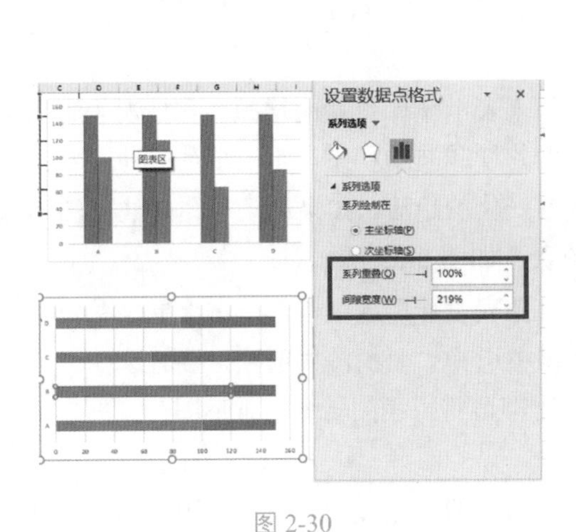

图 2-30

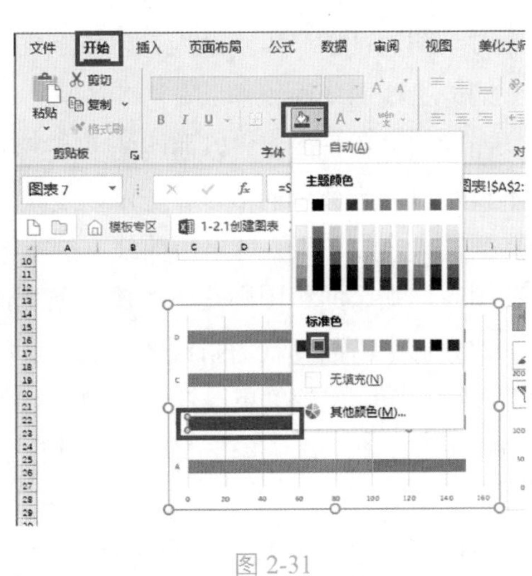

图 2-31

与柱形图相比，转化来的条形图有一些不同。在柱形图中，纵坐标轴的系列标签为“A,B,C,D”，而转化为条形图后系列标签顺序为“D,C,B,A”，因此需要将纵坐标的顺序进行调整。

具体操作方法：选中纵坐标轴并在“设置坐标轴格式”工具箱中勾选“逆序类别”复选框，如图 2-32 所示，纵坐标就按照“A,B,C,D”进行排序了。

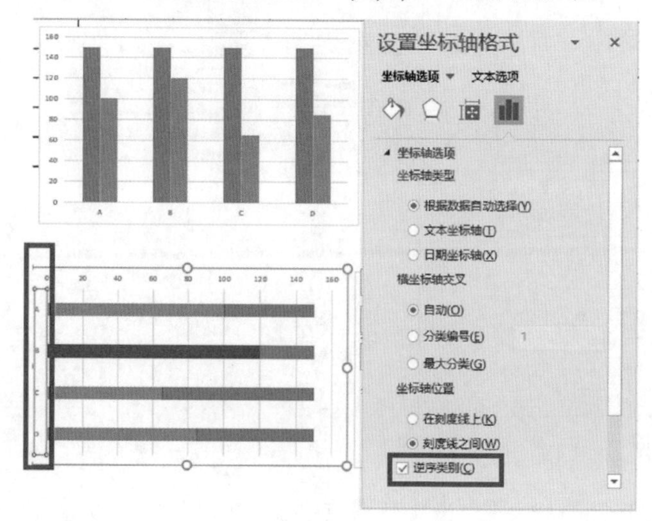

图 2-32

将柱形图变为条形图后，我们可以发现柱形图和条形图在基本设置上非常相似，二者都可以通过“系列重叠”和“间隙宽度”对图表进行设置，并且两者本质上都是用于显示一段时间内的数据变化或各项之间的比较情况的，所以掌握了柱形图基本上就掌握了条形图。此外，条形图也可以被看作将柱形图顺时针旋转 90° 的效果。可见，对于图表可以“以点及线，以线及面”地扩展学习，最终将其全部掌握。

（2）折线图变面积图。

面积图又称折线图，以曲线的上升或下降来表示统计数量的增减变化情况。面积图不仅可以表示数量的多少，还可以反映数据的增减波动状态。面积图是一种用面积展示数值大小的图表，可以用曲线来展示数据变化的趋势。如果说条形图是柱形图的演变图表，那么面积图则是折线图的演变图表，如图 2-33 所示。

首先选中前面复制的折线图，然后选择“图表设计”选项卡，单击“更改图表类型”按钮。在弹出的“更改图表类型”对话框中选择“面积图”选项，接着选中“堆积面积图”选项，最后单击“确定”按钮，此时即可将折线图转变为条形图，如图 2-34 所示。

完成面积图的创建后，可以对面积图进行简单的美化设置。与折线图一样，可以将两组面积分别填充为不同的颜色，或者通过调整面积的透明度将两组面积进行区分。

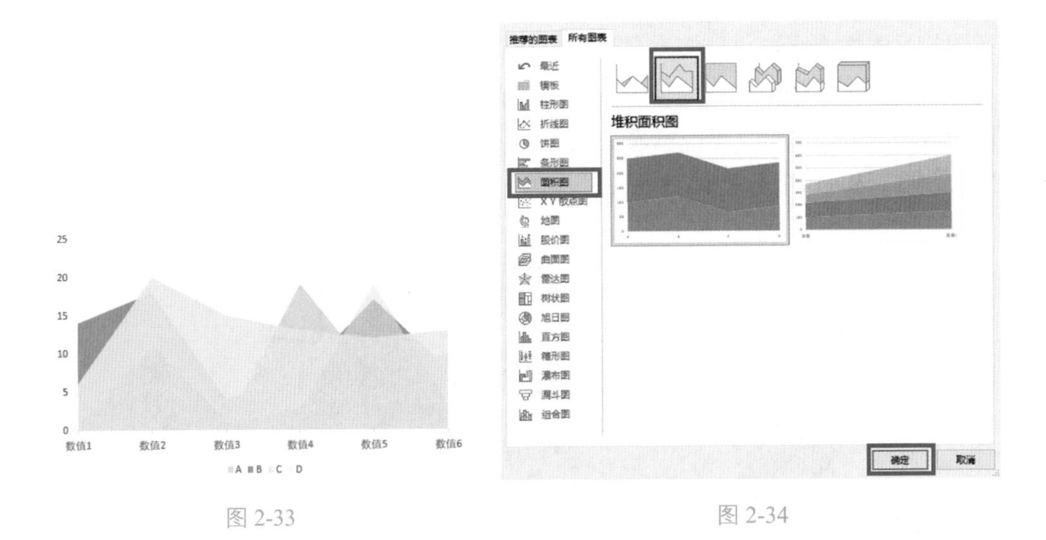

图 2-33　　　　　　图 2-34

选中“橙色”面积部分，在右侧“设置数据系列格式”工具箱中的“颜色”下拉列表中选择颜色为“蓝色”，通过拖曳“透明度”旁边的滑块调整其透明度。

同理，选中“蓝色”面积部分，在右侧“设置数据系列格式”工具箱中的“颜色”下拉列表中选择颜色为“红色”，通过拖曳“透明度”旁边的滑块调整其透明度，如图 2-35 所示。

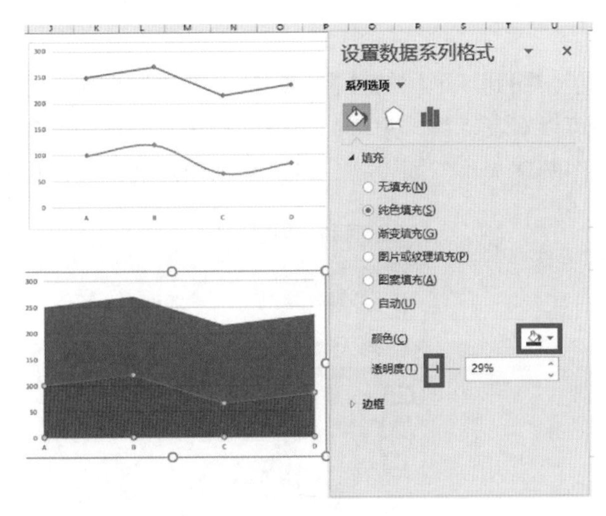

图 2-35

到这里已经将折线图转化为了面积图，二者本质上都是为了表示统计数量的增减变化情况的，并且面积图也可以被看作由折线图与横坐标轴围成。

（3）饼图变环形图。

环形图又称圆环图，与饼图一样，常用于展现数据的组成和占比情况。相比饼图，环形图的可读性更高，可以将重要数据放在圆环中间显示，如图 2-36 所示。

那么饼图又是如何转变为环形图的呢？首先选中复制的饼图图表，然后选择“图表设计”选项卡，单击“更改图表类型”按钮，在弹出的“更改图表类型”对话框中选择“饼图”选项，接着选中“圆环图”选项，最后单击“确定”按钮，如图 2-37 所示。

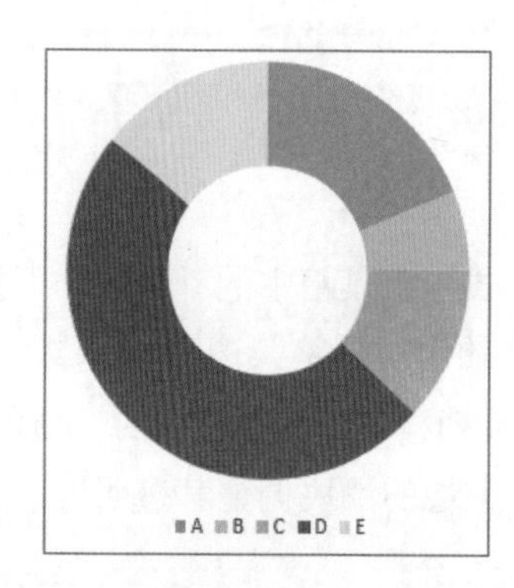

图 2-36

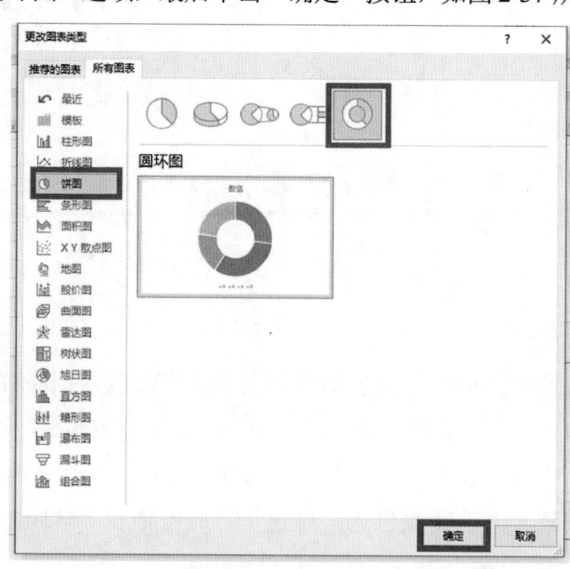

图 2-37

到这里就完成了饼图到环形图的转换，并且环形图与饼图一样，在“设置数据系列格式”工具箱中可以对其“第一扇区起始角度”和“圆环图分离程度”进行设置。此外，通过“圆环图圆环大小”的设置，可以控制圆环的薄厚，如图 2-38 所示。

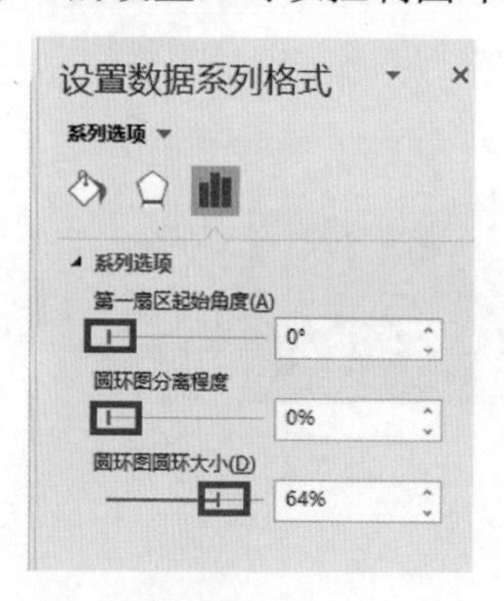

图 2-38

环形图的颜色设置与饼图一样，可以对其中一个扇区进行设置。选中环形图后，在其中一个扇区上再次单击，选择“开始”选项卡，在“填充颜色”下拉列表中选择合适的颜色进行设置，如图 2-39 所示。

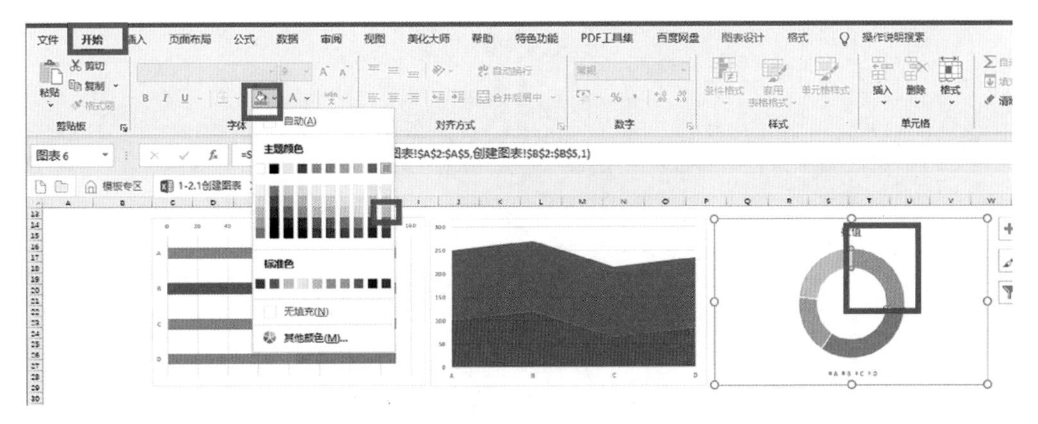

图 2-39

环形图与饼图一样，都是为了展示各个组成部分所占比例的，并且在视觉上环形图可以被看作将饼图在中间挖掉一个洞而形成的。

到这里就完成了关于柱形图、折线图、饼图 3 种基础图表及其演变的条形图、面积图和圆环图的介绍。3 种基础图表是一切图表的本源，掌握了 3 种基础图表的制作，就可以解决职场中 80%的图表制作问题。在后面的内容中，笔者会按照“图表类型选择指南”中的 20 类基础图表类型，带读者一步步拆解每个图表的基础创建方法，并通过基础图表延伸介绍演变图表，使读者对比学习，逐个解锁，系统掌握。

2.2 熟悉其他基础图表

2.1 节分别介绍了柱形图、折线图、饼图 3 种基础图表的创建和设置，并且引申介绍了条形图、面积图、环形图 3 种基础图表的演变图表。从这节开始，我们仍然使用举一反三的方式，完成图 1-6 所示的“图表类型选择指南”中其他基础图表的介绍。

打开“\第 2 章 图表创建之术\2.2-图表制作”源文件。

1. 散点图

散点图是指在回归分析中，数据点在直角坐标系平面上的分布图。散点图表示因变量随自变量变化的大致趋势，据此可以选择合适的函数将数据点进行拟合。利用两组数据构成多个坐标点，考察坐标点的分布情况，判断两个变量之间是否存在某种关联，或者总结坐标点的分布模式。此外，在“矩阵分析”模型中散点图是比较常用的图表类型，通过改变坐标轴的位置，对数据进行矩阵分析。

四象限的样式就是通过散点图来设置完成的，接下来对四象限样式的散点图的制作过程进行详细介绍，如图 2-40 所示。

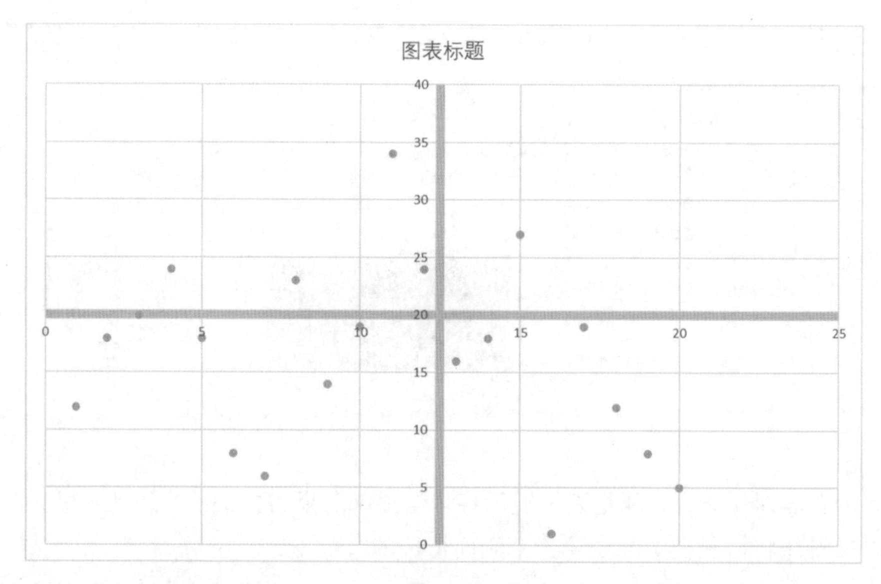

图 2-40

在“散点图”工作表中，插入一个散点图。根据前面介绍的图表创建的第一种方法“先选数据，再造图表”，可以选中“B3:C23”单元格区域并选择“插入”选项卡，单击“插入散点图或气泡图”下拉按钮，选择“散点图”选项，如图 2-41 所示。

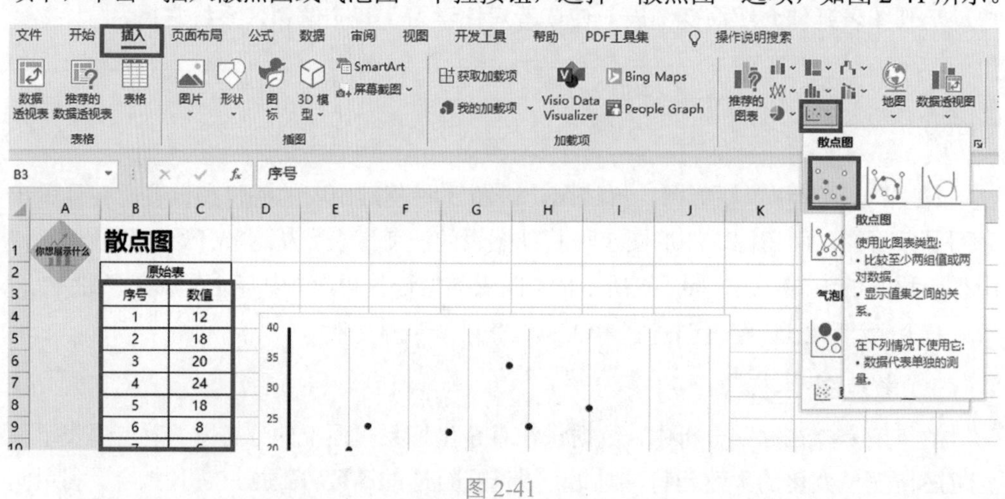

图 2-41

将散点图修改为四象限的样式。可以选中散点图的纵坐标轴并右击鼠标，在弹出的快捷菜单中选择“设置坐标轴格式”命令，在右侧“设置坐标轴格式”工具箱中的“横坐标轴交叉”中选中“坐标轴值”单选按钮，并在右侧文本框中输入“20”（纵坐标轴 40 的一半），按“Enter”键确认。如图 2-42 所示，横坐标轴与纵坐标轴交叉于纵坐标轴的中心（20）位置。

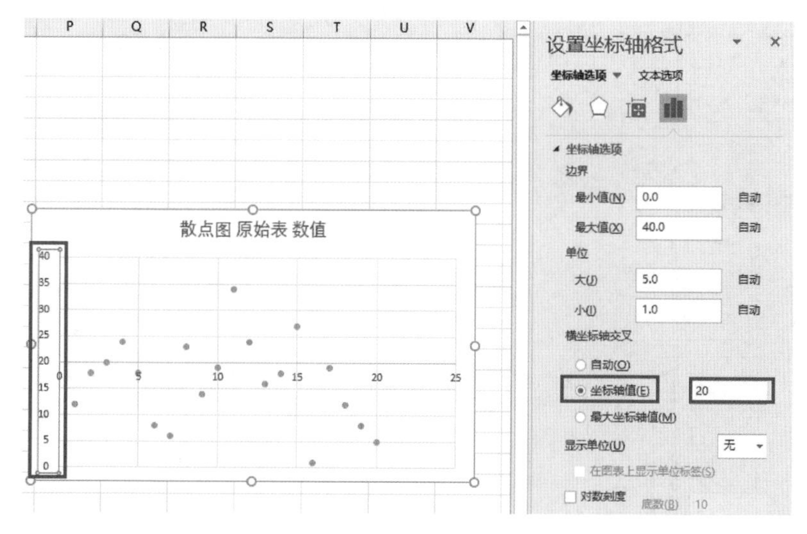

图 2-42

同理，选中横坐标轴，在右侧“设置坐标轴格式”工具箱中的“纵坐标轴交叉”中选中“坐标轴值”单选按钮，并在右侧的文本框中输入“12.5”（横坐标轴 25 的一半），按“Enter”键确认。横坐标轴与纵坐标轴交叉于横坐标轴的中心（12.5）位置，散点图成为一个横纵交叉的四象限样式，如图 2-43 所示。

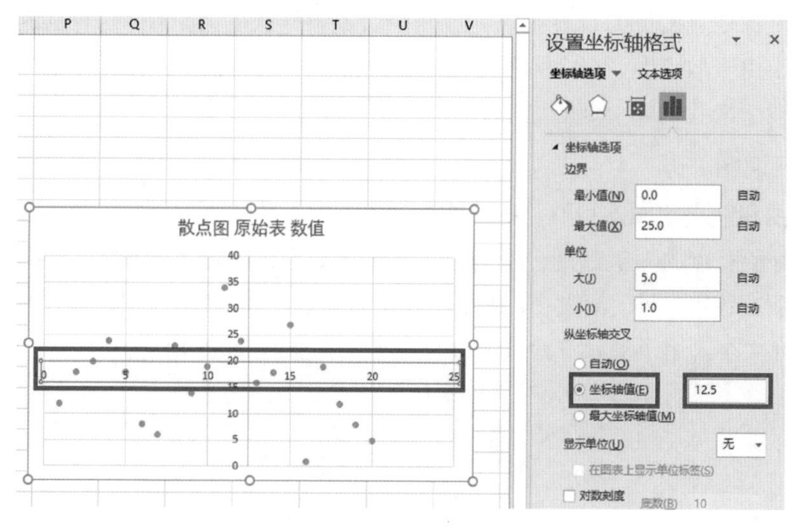

图 2-43

为了将横、纵坐标轴变粗一点，可以分别对横、纵坐标轴的线条进行设置。选中横坐标轴并选择“格式”选项卡，单击“形状轮廓”下拉按钮，选择“粗细”→“4.5 磅”选项。按照这样的方式也可以将纵坐标轴的“粗细”修改为“4.5 磅”，如图 2-44 所示。

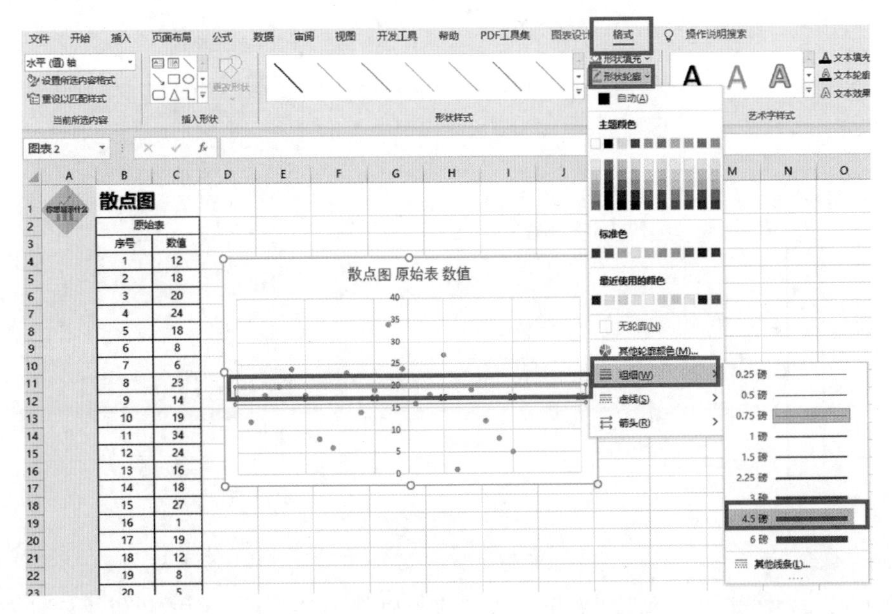

图 2-44

对于图表的美化，笔者在第 3 章会根据不同的图表类型进行详细的介绍，本章重点介绍各类图表的创建和一般设置，不侧重于图表的美化介绍。

通过坐标轴交叉值的设置可以完成一个四象限样式的散点图，这样的四象限样式不仅可以应用于散点图，在“图表类型选择指南”中同为联系关系组中的气泡图也同样适用，接下来我们就一起看看吧。

2. 气泡图

气泡图和散点图非常相似，不同的是，散点图在数据维度上只有横、纵坐标两个维度，并且所有点的大小都是一样的。而气泡图除了默认的 X 轴和 Y 轴两个维度，还多了一个新的维度，即气泡大小。在工作表中只需要 3 组数据，分别作为图表的 X 轴、Y 轴和气泡大小，用于展示 3 个变量之间的关系，如图 2-45 所示。

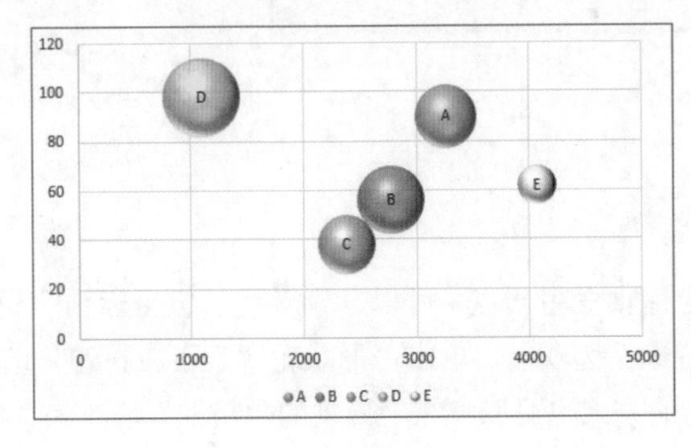

图 2-45

创建一个散点图。在“气泡图”工作表中选中“B3:G6”单元格区域并选择“插入”选项卡，单击“插入散点图或气泡图”下拉按钮，选择“气泡图”选项，如图 2-46 所示。

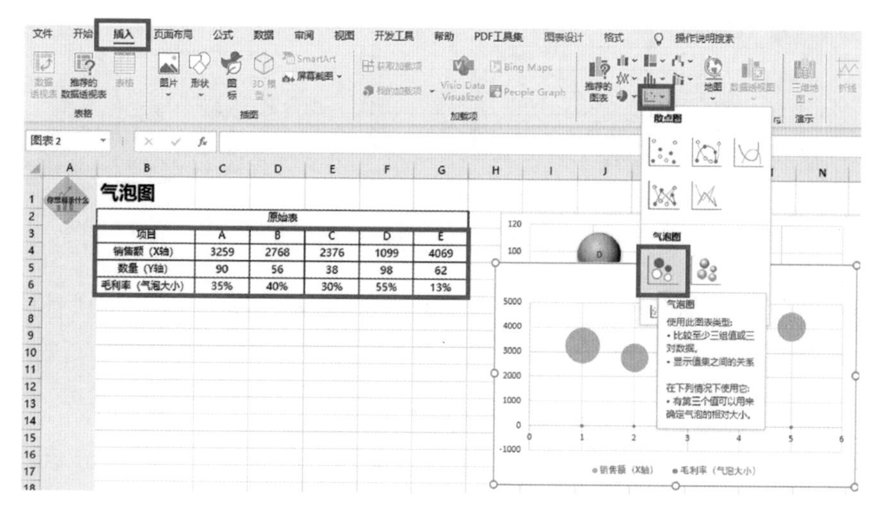

图 2-46

此时插入的图表与我们想要的样式不一致，还需要对图表的数据进行设置。

首先选中气泡图图表并选择“图表设计”选项卡，单击“选择数据”按钮，在弹出的“选择数据源”对话框中选中“图例项(系列)”选区中的“销售额(X 轴)”选项，并单击“删除”按钮，然后选中“毛利率(气泡大小)”选项，并单击“删除”按钮将其删除，最后单击“添加”按钮自定义添加数据，如图 2-47 所示。

图 2-47

在弹出的“编辑数据系列”对话框中单击“系列名称”文本框将其激活，选中“B1”单元格。单击“X 轴系列值”文本框将其激活，选中“C4:G4”单元格区域。单击“Y 轴系列值”文本框将其激活，选中“C5:G5”单元格区域。单击“系列气泡大小”文本框将其激活，选中“C6:G6”单元格区域，并单击“确定”按钮，在返回的“选择数据源”对话框中再次单击“确定”按钮，如图 2-48 所示。

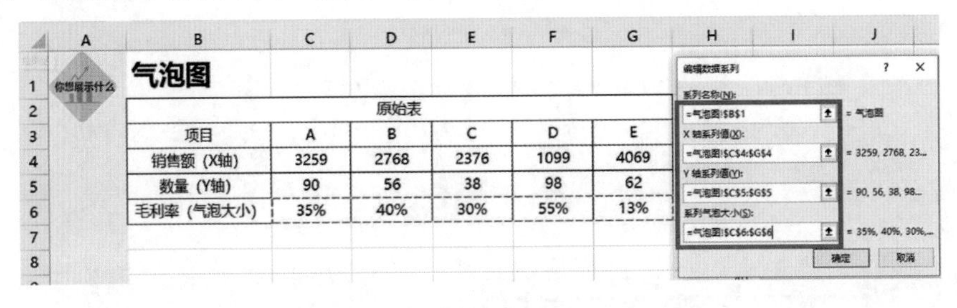

图 2-48

这样通过自定义添加数据的方式，就可以完成图 2-49 所示的“气泡图”的制作了。

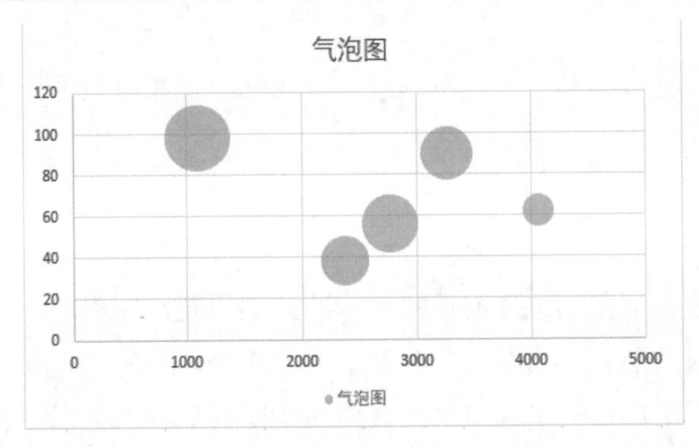

图 2-49

将气泡图修改为四象限样式。与散点图一样，选中横坐标轴，在“设置坐标轴格式”工具箱中选中“坐标轴值”单选按钮，并输入“2500”，按“Enter”键确认，如图 2-50 所示。

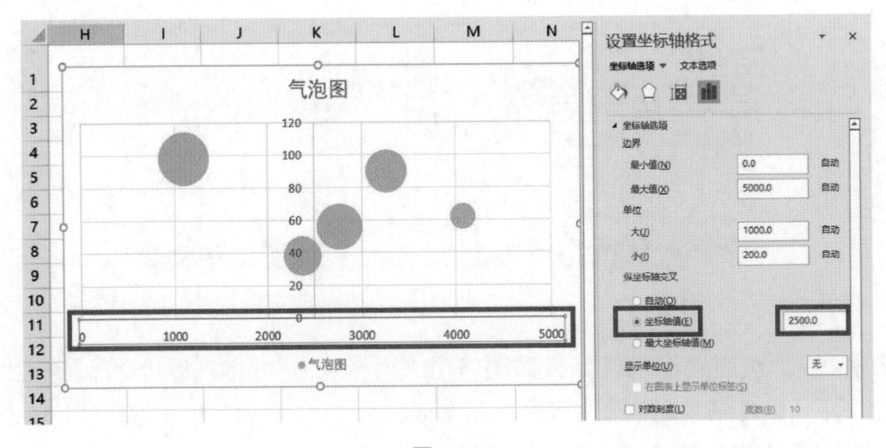

图 2-50

选中纵坐标轴，在“设置坐标轴格式”工具箱中选中“坐标轴值”单选按钮，并输入“60”，按“Enter”键确认，如图 2-51 所示，四象限样式的气泡图效果就显示出来了。

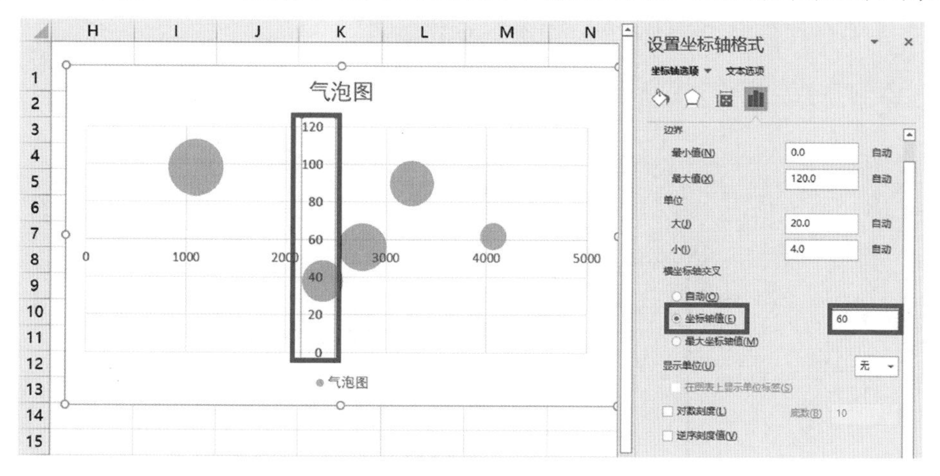

图 2-51

气泡图中的气泡还可以设置为不同的效果。例如，为图 2-52 所示的球形设置的立体效果，这种效果可以在“图表设计”选项卡中快速进行设置。关于图表的美化，笔者将在第 3 章进行详细的介绍，在这里读者只需要一步步掌握每一种图表的创建方法，了解各种图表的区别即可。

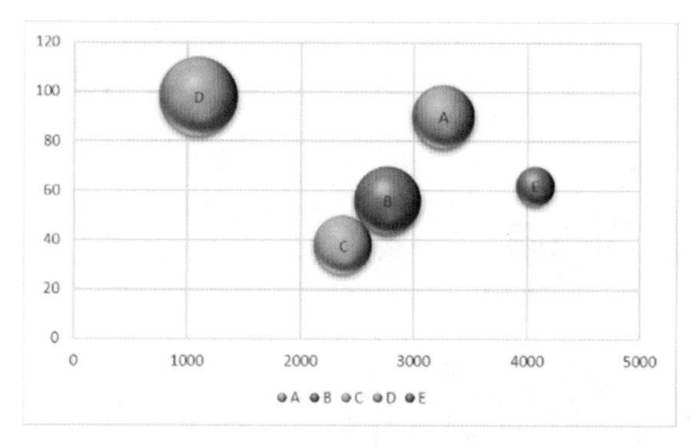

图 2-52

到这里就完成了散点图、气泡图及其演变的四象限样式图表的介绍。在“矩阵分析”模型中，散点图和气泡图是比较常用的两种图表。

3. 瀑布图

瀑布图是由麦肯锡顾问公司独创的图表类型，因为形似瀑布流水而被称为瀑布图。此种图表采用绝对值与相对值相结合的方式，表达数个特定数值之间的数量变化关系，常见于利用“营业收入”减去“成本”等于“毛收入”，“毛收入”再减去

“费用”等于“净收入”，来形容数据之间的变化的比例关系。瀑布图也可以形容“总体收入”减去不同的“成本支出”之后剩下的“净利润”，也就是省去了中间的“毛收入”，直接计算出“净收入”，如图 2-53 所示。

**说明**：本例中所有数据的单位为“元”，表中和下文中的单位省略，不再标出。

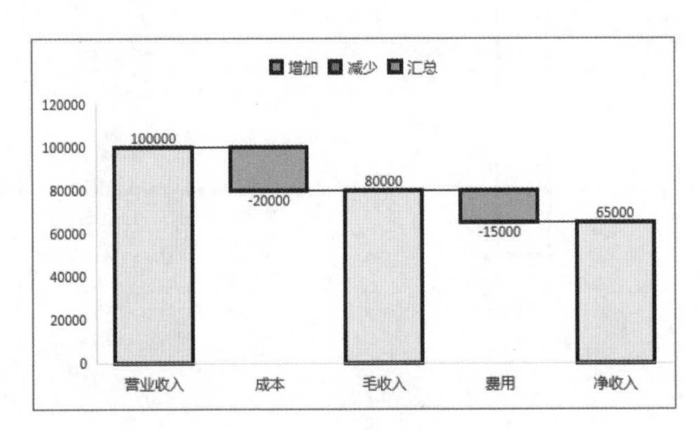

图 2-53

在“瀑布图”工作表中，选中“B3:C7”单元格区域并选择“插入”选项卡，单击“推荐的图表”按钮，在弹出的“插入图表”对话框中选择“所有图表”页签，并选择“瀑布图”选项，单击“确定”按钮，如图 2-54 所示。

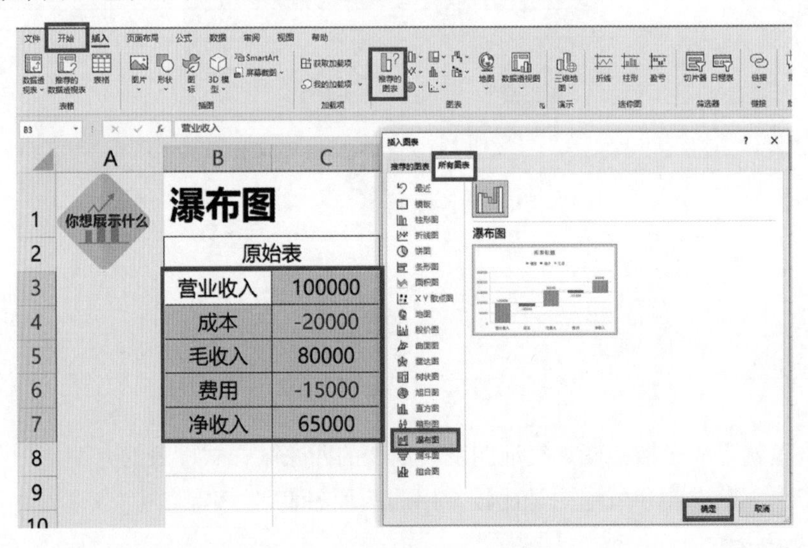

图 2-54

此时瀑布图中所有的柱子呈现出向上的阶梯式效果，与我们想要的效果不符合。可以选中瀑布图中“毛收入”柱子（单击两次只选中一个柱形），并在右侧“设置数据点格式”工具箱中勾选“设置为汇总”复选框。瀑布图中“毛收入”的结果柱形就显示出来了，如图 2-55 所示。

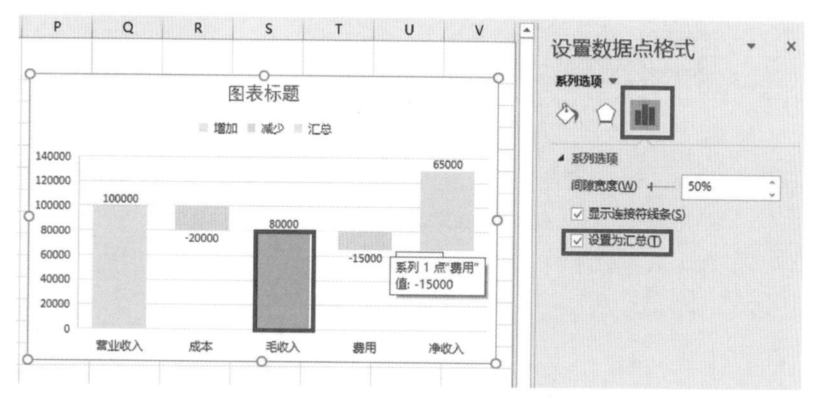

图 2-55

同理，选中瀑布图中“净收入”柱形（单击两次只选中一个柱形），并在右侧“设置数据点格式”工具箱中勾选“设置为汇总”复选框，如图 2-56 所示，瀑布图就制作完成了。

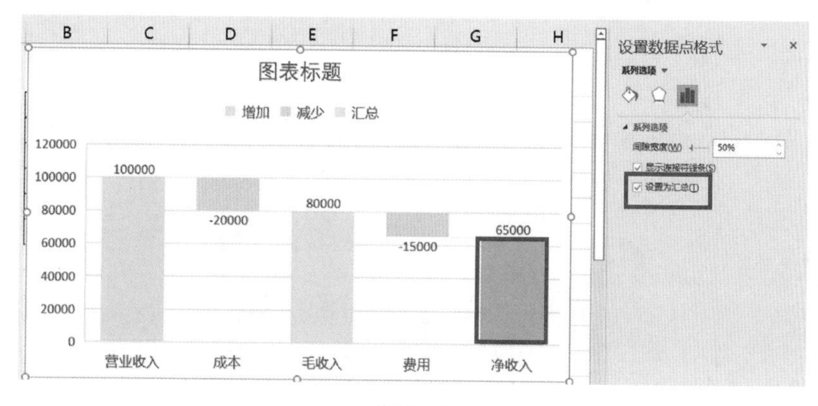

图 2-56

4．漏斗图

瀑布图可以变形为漏斗图，漏斗图可以分析具有规范性、周期长和环节多的业务流程。通过漏斗图比较各环节业务数据，能够直观地发现问题。漏斗图还可以展示各步骤的转化率，适用于业务流程多的流程分析。

说明： 本例中数据的单位为“元”，表中和下文中的单位省略，不再标出。

在“瀑布图”工作表中，选中“B3:C7”单元格区域并选择“插入”选项卡，单击“推荐的图表”按钮，在弹出的“插入图表”对话框中选择“所有图表”页签，并选中“漏斗图”选项，单击“确定”按钮，如图 2-57 所示。也可以选择“推荐的图表”页签，并选中漏斗图样式的图表选项，单击“确定”按钮，如图 2-58 所示。

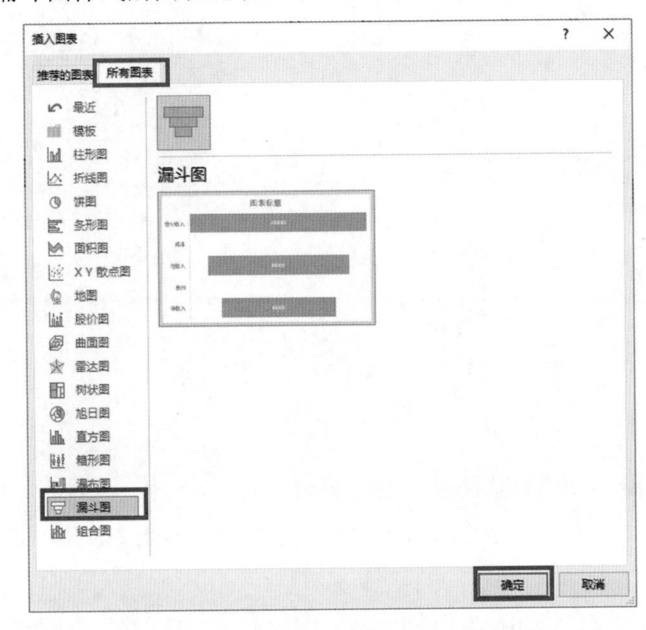

图 2-57

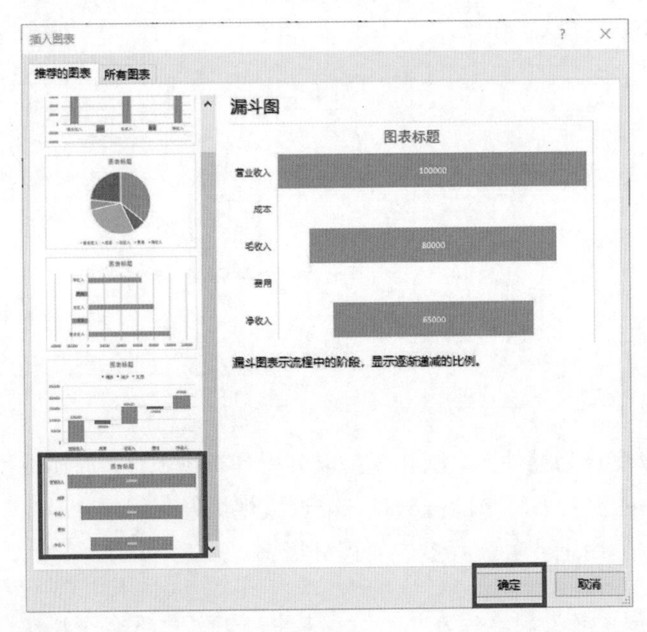

图 2-58

在 Excel 2016 及以上版本的 Excel 中可以直接选择漏斗图，但在 Excel 2016 以下版本中没有可以直接选择的“漏斗图”选项，这时就需要进行图表的跃迁，根据数据源的情况设置辅助数据的方式来实现。

在“营业收入”“毛收入”“净收入”两侧分别补充一组等大的辅助数据，使每类数据的和都为 10000，让它们作为演变后的作图数据源。插入“堆积条形图”，并将堆积条形图中两侧的辅助数据设置为“无填充”“无轮廓”，通过这样设置辅助数据的方式来完成漏斗图效果的创建，如图 2-59 所示。

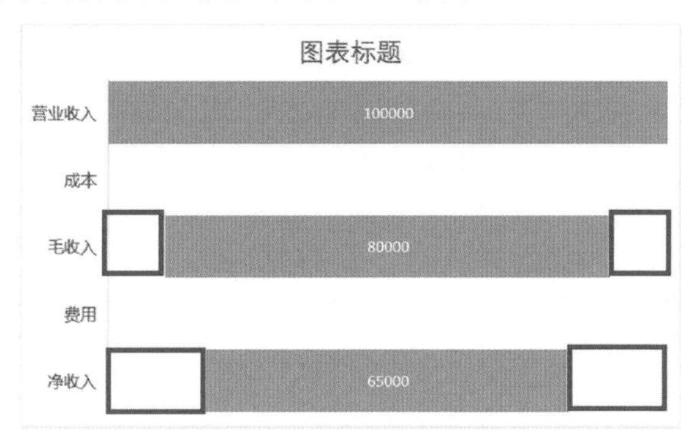

图 2-59

在案例中有营业收入、毛收入、净收入和销售提成 4 项指标，首先在漏斗数据“D”列两侧各设置一列等大的辅助数据，且每一行数据值之和等于 10000。即“C34”和“E34”单元格的值为“=($D$33-D34)/2”；“C35”和“E35”单元格的值为“=($D$33-D35)/2”；“C36”和“E36”单元格的值为“=($D$33-D36)/2”。然后插入“堆积柱形图”，将堆积柱形图两侧的“C”列和“E”列柱形设置为“无填充”“无轮廓”，通过这样的方式，即使是使用 Excel 低版本的用户，也可以实现漏斗图的效果，如图 2-60 所示。

C34　=($D$33-D34)/2

	A	B	C	D	E
31					
32					
33		营业收入	0	100000	0
34		毛收入	10000	80000	10000
35		净收入	17500	65000	17500
36		销售提成	45000	10000	45000

图 2-60

漏斗图在视觉上可以被看作先将瀑布图的柱子顺时针旋转 90°，然后将各个柱子居中对齐后的效果。漏斗图在数据呈现的时候相对比较简单，但要梳理出每一个节点的流转就需要一些数据分析方法和数据模型的加持。学习漏斗模型如何制作不用着急，本书在第 8 章中会对各类数据分析方法进行详细的介绍，漏斗分析法就是其中一种。例如，转化率太低怎么解决？这就需要拆解流程，并利用第 8 章的漏斗分析法找到关键的解决办法。

5. 子母图

接下来进入子母图的介绍。子母图用于表示数据之间构成与二级明细之间的关系，一般用于一些数据之间有二级分布关系的情况，对明细数据进行拓展。例如，展示一线城市和二线城市 GDP 的情况，可以将二线城市数据单独体现在子图表中。

此外，在母图的比例关系中，如果其中某一部分涵盖的数据项目特别多，为了便于展示可以先将该部分合并为一类，再单独以子饼图的形式进一步呈现，构成一个二级分布关系。如图 2-61 所示，GDP 产值包括“北京”“上海”“广州”，剩下产值比较小的区域可以将其组合为一个“其他”，并将“其他”区域在子图表中进行细分展示。

说明：本例中“产值”的单位为“元”，表中和下文中的单位省略，不再标出。

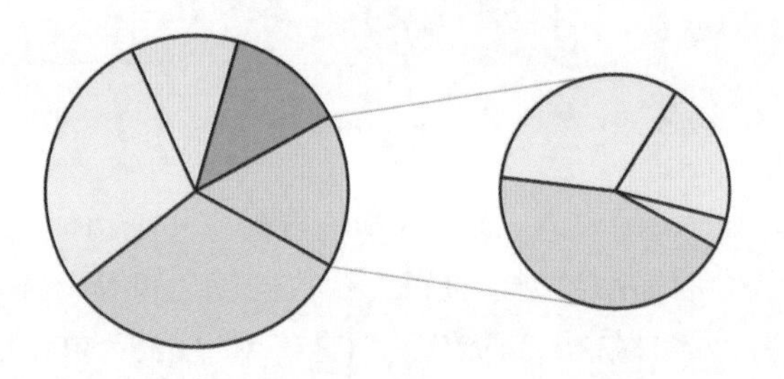

图 2-61

接下来进入子母图的创建。在“子母图”工作表中选中“B4:C12”单元格区域并选择“插入”选项卡，单击“插入饼图或圆环图”下拉按钮，选择“子母饼图”选项，如图 2-62 所示。

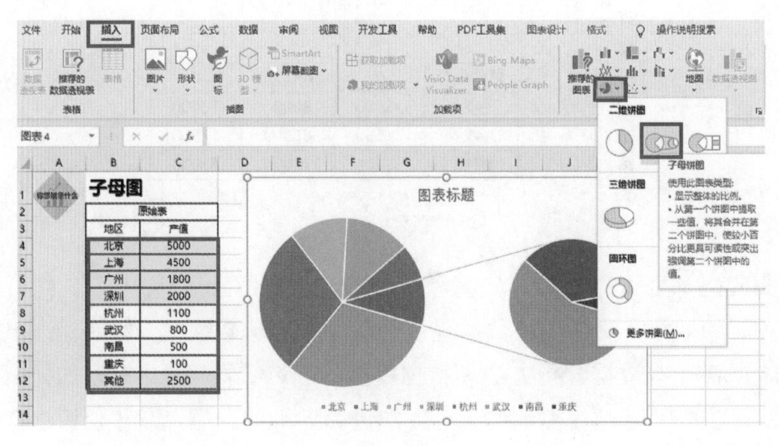

图 2-62

初步完成了子母图的创建，如何能够清晰展示出每一类别的数据值呢？可以为其添加数据标签进行呈现。选中子母图图表并右击鼠标，在弹出的快捷菜单中选择“添加数据标签”命令，如图 2-63 所示。

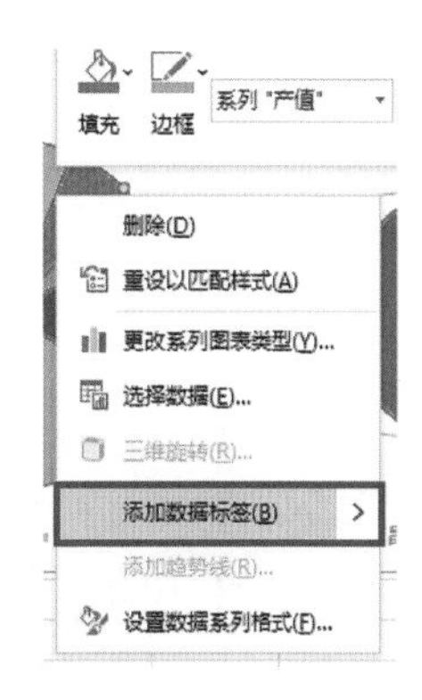

图 2-63

为了使数据更易于读取，可以为其添加城市名称并调整数据标签的展示位置。选中图表的数据标签，在右侧“设置数据标签格式”工具箱中勾选“类别名称”复选框，即可将数据类别名称显示出来，在“标签位置”中选中“数据标签外”单选按钮，可以将数据标签统一调整到图表以外，如图 2-64 所示。

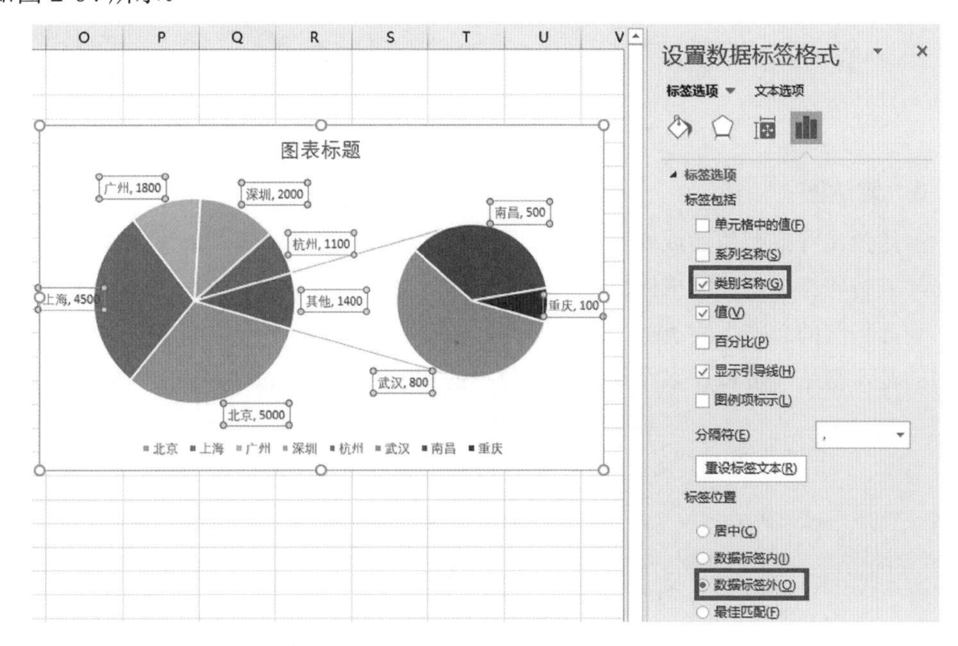

图 2-64

此时可以看到，图表中已将“南昌”“重庆”“武汉”划分到子图表中，如图 2-65 所示。如果想要将数值较小的“杭州”也划分到子图表中，可以进一步对子图中展示的数量进行设置。选中子母图并在右侧“设置数据系列格式”工具箱中将“第二绘图区中的值”设置为“4”，按“Enter”键确认。此时在子图表中就显示出“南昌”“重庆”“武汉”“杭州”在内的 4 个数据了，如图 2-65 所示。

通过子母图可以展现出总体和局部的对比、等级情况。举一反三，与子母图对应的就是蛛网图。蛛网图也叫雷达图，与前面介绍的面积图比较相似，只不过它在组合时有一些区别。雷达图可以分成多个维度，在面积的构成上做一个比较的关系，接下来我们进入雷达图的学习。

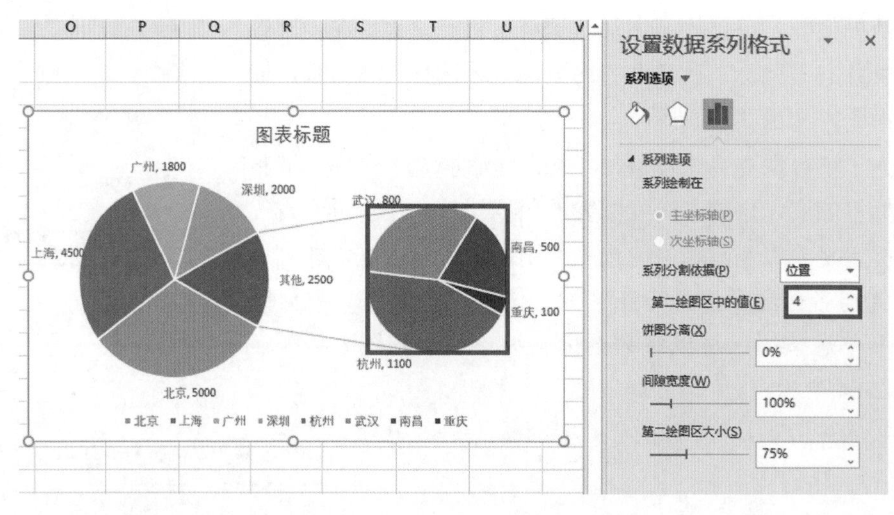

图 2-65

6. 雷达图

雷达图又称戴布拉图或蛛网图，用于分析某一事物在各个不同纬度指标下的具体情况，并将各指标点连接成图。

与面积图的制作方式类似，雷达图可以展示不同数据指标所占的比例，不同于面积图的是，雷达图可以在多个维度上做数据的比较，如图 2-66 所示。

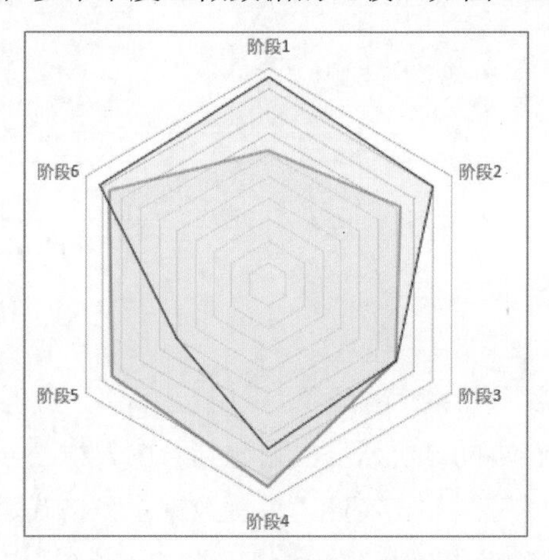

图 2-66

在“雷达图”工作表中，选中“B3:H5”单元格区域并选择“插入”选项卡，单击“推荐的图表”按钮，在弹出的“插入图表”对话框中选择“所有图表”页签，选择“雷达图”选项，并选中最后一个与面积相关的“填充雷达图”选项，单击“确定”

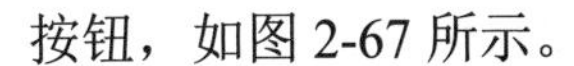
按钮，如图 2-67 所示。

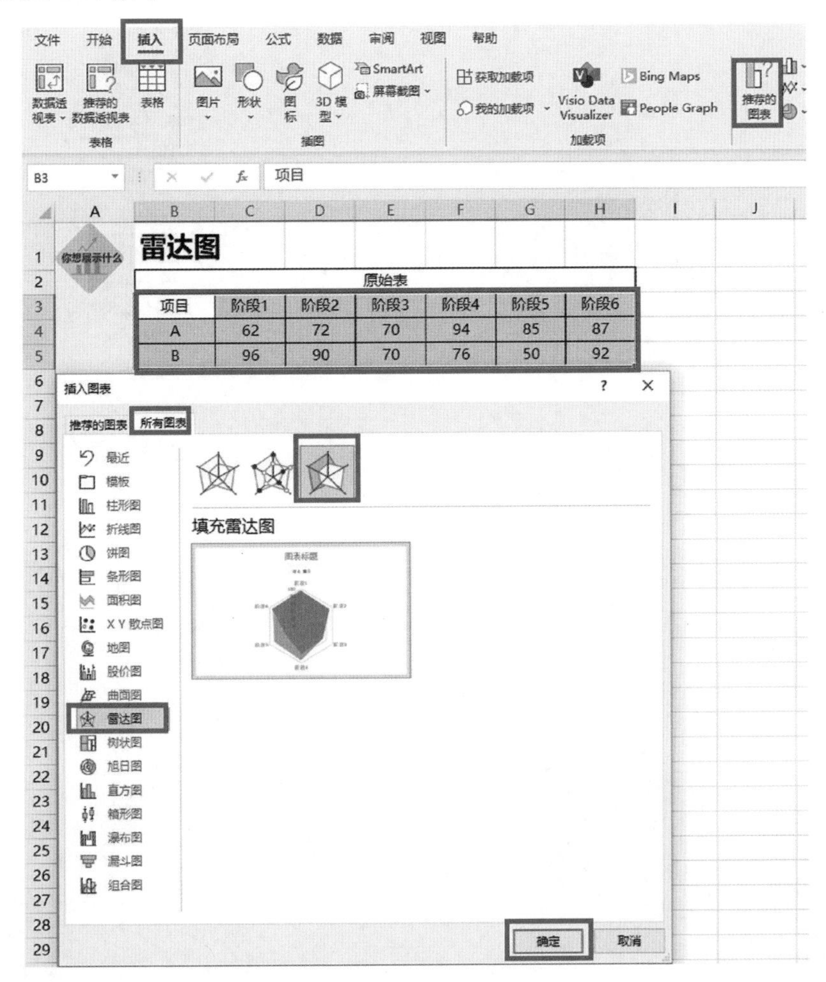

图 2-67

创建好雷达图后，为其进行简单的美化。雷达图在设置的时候建议调整填充颜色的透明度，这样可以更直观地展示各个区域数据变化的情况。

选中底层“蓝色”面积区域并在右侧“设置数据系列格式”工具箱中单击“填充与线条”按钮，选择“标记”页签，在“填充”组中选中“纯色填充”单选按钮，接着在“颜色”下拉列表中选择颜色为“蓝色”，并向右拖曳“透明度”旁边的滑块，将透明度调大，如图 2-68 所示。

继续设置雷达图的边框。选择“线条”页签，并在“线条”组中选中“实线”单选按钮，在“颜色”下拉列表中选择颜色为“红色”，将“宽度”调整为“2.25 磅”，如图 2-69 所示。

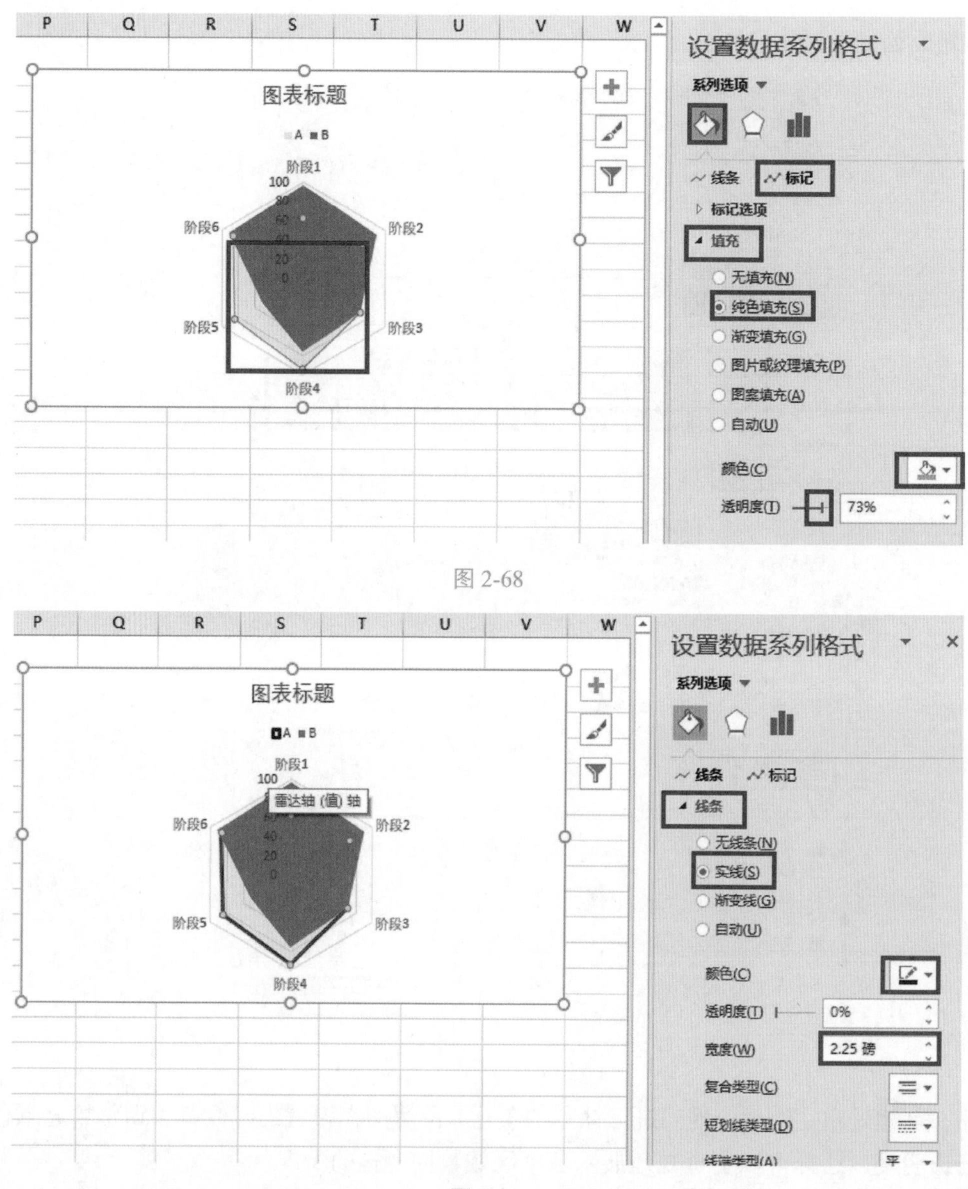

图 2-68

图 2-69

到这里就完成了底层浅蓝色雷达面积区域的美化设置，接下来按照前面的方法，将另一个面积区域的填充颜色设置为“黄色”并调整其透明度，使得可以清晰看到两组面积区域的变化情况，最后同样将线条设置为“红色”。如图 2-70 所示，数据的变化就直观可见了。

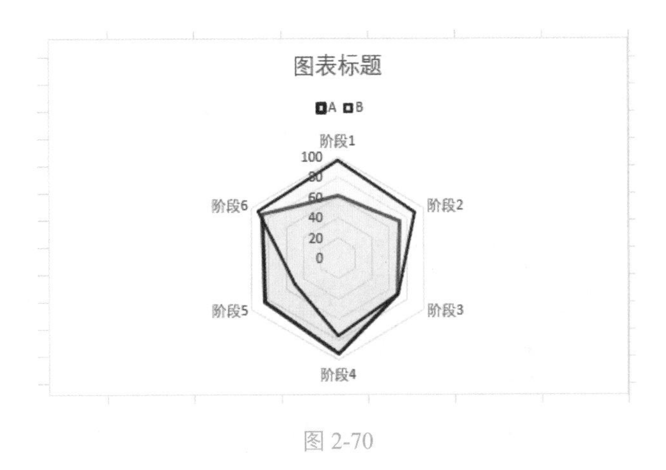

图 2-70

7. 直方图

直方图又称质量分布图，是一种统计报告图，由一系列高度不等的纵向条纹或线段表示数据分布的情况。一般用横轴表示数据类型，纵轴表示分布情况，如图 2-71 所示。

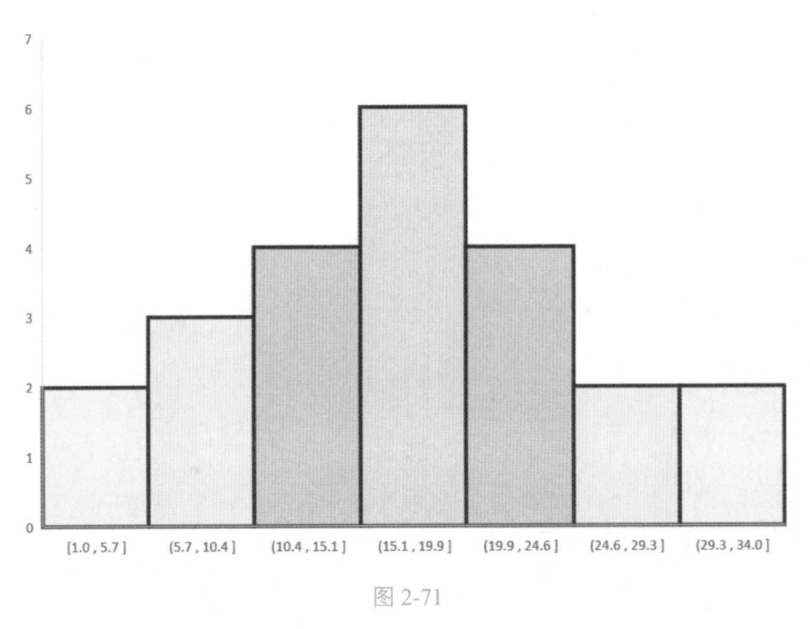

图 2-71

在质量管理中经常会用到一些直方图和正态分布图，包括在 7.9 节中将要介绍的帕累托图，都是从质量角度呈现比较多的图表。

在“直方图”工作表中，选中“C3:C26”单元格区域并选择“插入”选项卡，单击“推荐的图表”按钮。在弹出的“插入图表”对话框中选择“所有图表”页签，并选中“直方图”选项，单击“确定”按钮，如图 2-72 所示。

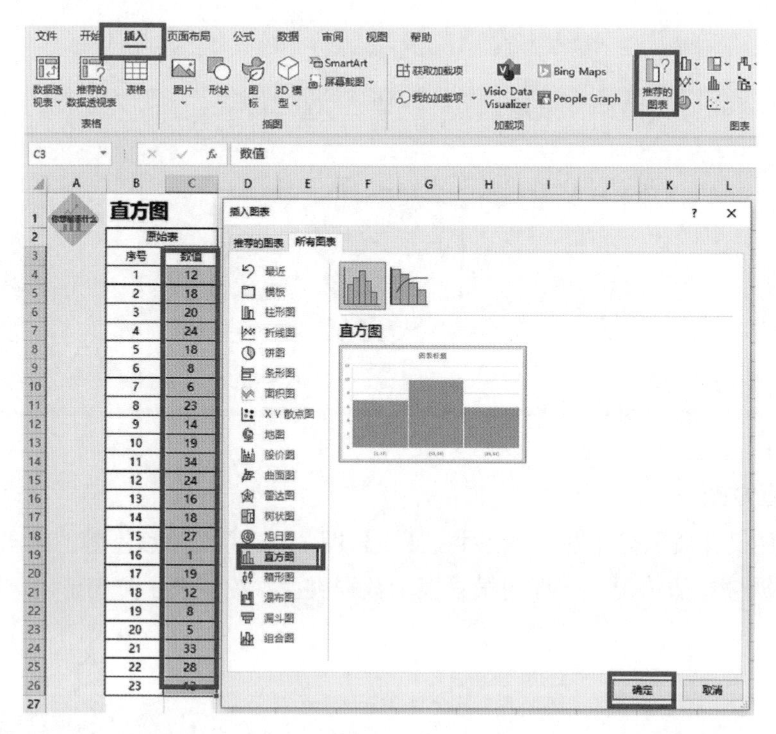

图 2-72

选中图表，在右侧“设置数据系列格式”工具箱中单击“系列选项”按钮，拖曳“间隙宽度”旁边的滑块，将柱子间距调大，如图 2-73 所示。

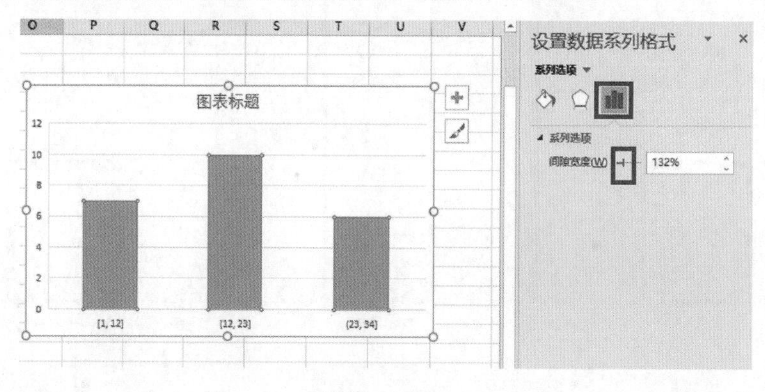

图 2-73

此时默认插入的直方图与笔者划分出来的柱子数量不一样，想要修改柱子个数（箱数），可以对其进行设置。选中图表的横坐标轴，并在右侧“设置坐标轴格式”工具箱中的“坐标轴选项”组中，选中“箱数”单选按钮，并输入“7”，按“Enter”键确认。如图 2-74 所示，直方图就被分为 7 组显示出来了。

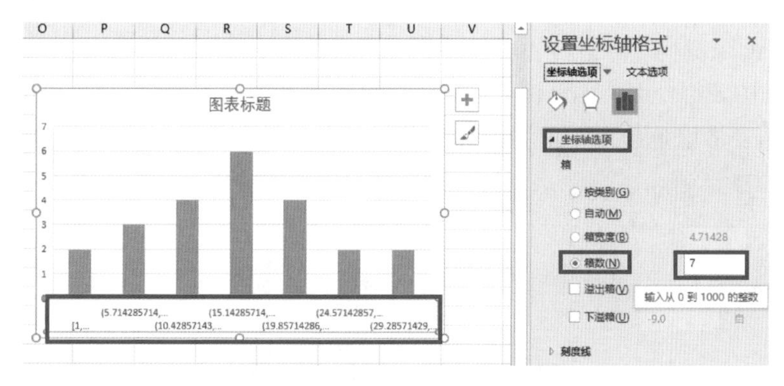

图 2-74

8．正态分布图

正太分布图又称常态分布或高斯分布，是连续随机变量概率分布的一种，如图 2-75 所示。正太分布图常应用于质量管理控制：为了控制实验中的测量（实验）误差，常作为上、下警戒值或上、下控制值。这样做的依据是：正常情况下测量（实验）误差服从正态分布。

理解正态分布图需要具有一些数据正态分布的基础知识，例如，什么是“频率”，什么是“频次”，它统计的“最大值”和“最小值”分别是多少，等等。这些都是初、高中代数中统计分析的基础知识，感兴趣的读者可以自行了解，这里笔者直接对图表的创建进行介绍。

在“正态分布图”工作表中，选中“F10:H32”单元格区域并选择“插入”选项卡，单击“推荐的图表”按钮，在弹出的“插入图表”对话框中直接选中推荐的“簇状柱形图”选项，单击“确定”按钮，如图 2-76 所示。

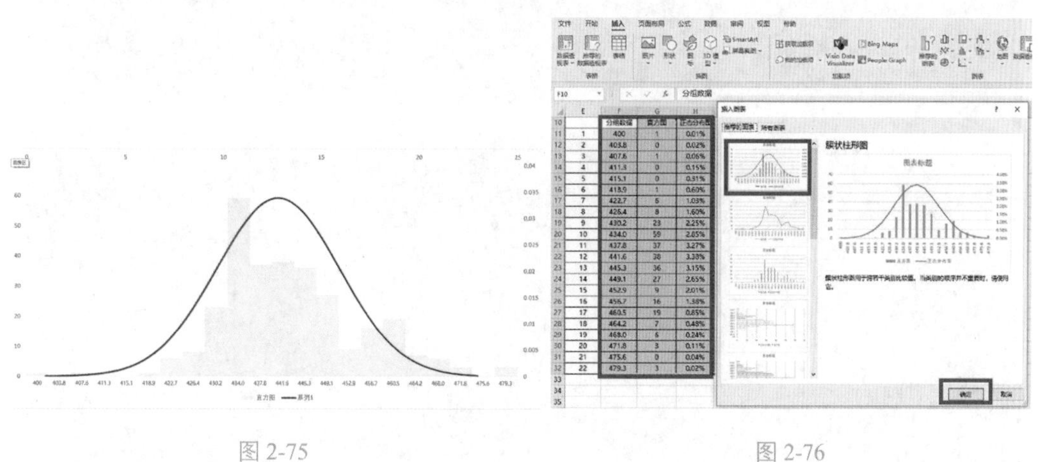

图 2-75　　　　图 2-76

正态分布图其实就是柱形图和折线图组合在一起，并将折线图设置为平滑线，将柱形图的“间隙宽度”调整为“0”而成的。其实所有看似复杂的图表，追本溯源都是由 3 种基础图表组合而成的。例如，在“表格或内嵌图表的表格”工作表中，表格或内嵌图表的表格就是一个个单独的柱形图，将多个柱形图排列后组合在一起形成图表，如图 2-77 所示。

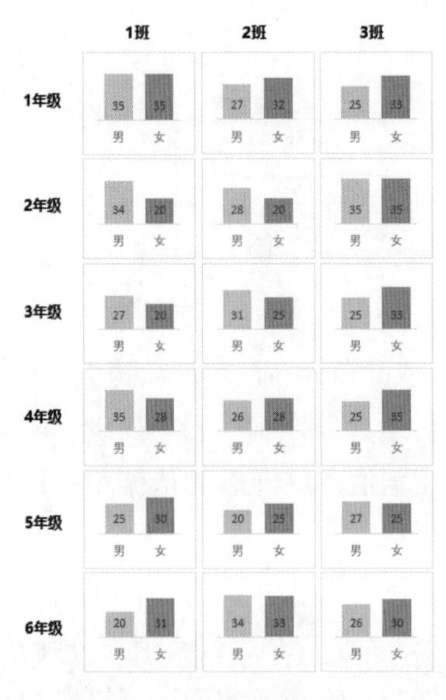

图 2-77

即使如图 2-78 所示的大型看板，其本质也是由基础图表组合而成的。

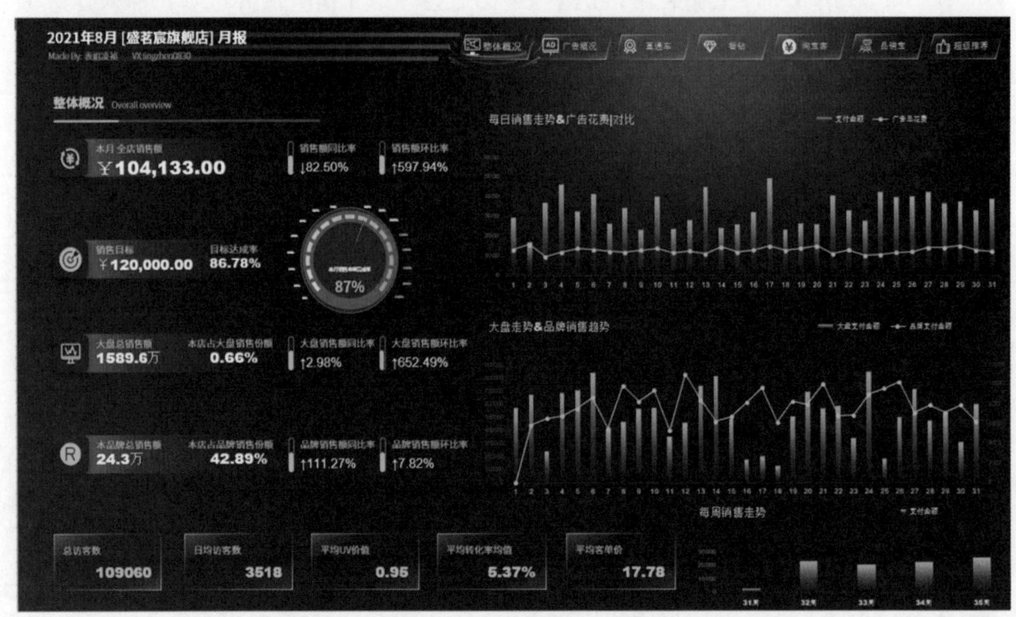

图 2-78

9．不等宽柱形图

不等宽柱形图不同于传统的柱形图只根据数据大小做对比，不等宽柱形图在其基础上增加了一个宽度维度，实现了宽度和高度两个维度的数据记录和比较，如图 2-79 所示。

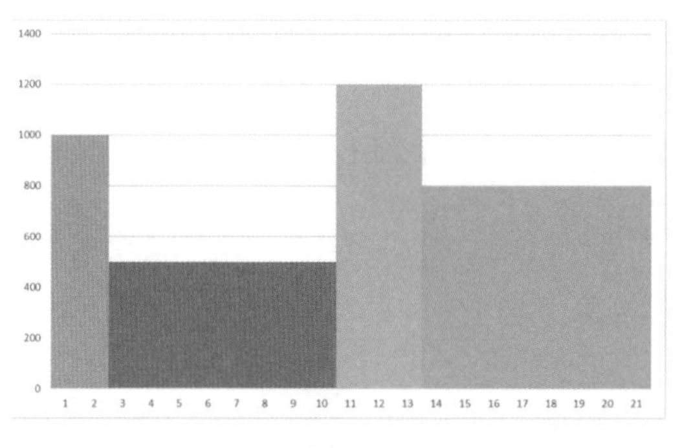

图 2-79

（1）作图数据源的演变。

在制作前先将原始数据源进行演变，按照“人数”设置“产值”个数。例如，在“不等宽柱形图”工作表中：“A”项目人数为“2”，产值为“1000”，就在作图数据源中“A”项目下方列出 2 个“1000”；“B”项目人数为“8”，产值为“500”，就在作图数据源中“B”项目下方列出 8 个“500”；“C”项目人数为“3”，产值为“1200”，就在作图数据源中“C”项目下方列出 3 个“1200”；“D”项目人数为“8”，产值为“800”，就在作图数据源中“D”项目下方列出 8 个“800”，并且将每一项明细单独放在一行中，如图 2-80 所示。

**说明：**本例中“产值”的单位为“元”，表中和下文中的单位省略，不再标出。

	A	B	C	D	E	F	G
1		不等宽柱形图					
2		原始表					
3		项目	人数	产值			
4		A	2	1000			
5		B	8	500			
6		C	3	1200			
7		D	8	800			
8		做图数据源					总人数
9		起始行号	1	3	11	14	21
10		序号	A	B	C	D	
11		1	1000				
12		2	1000				
13		3		500			
14		4		500			
15		5		500			
16		6		500			
17		7		500			
18		8		500			
19		9		500			
20		10		500			
21		11			1200		
22		12			1200		
23		13			1200		
24		14				800	
25		15				800	
26		16				800	
27		17				800	
28		18				800	
29		19				800	
30		20				800	
31		21				800	

图 2-80

在制作图表时，有时需要根据图表类型的需要对原始数据源进行调整，整理出作图数据源，对数据进行优化处理。

（2）插入图表。

数据源演变后直接插入柱形图图表。选中“B10:F31”单元格区域并选择“插入”选项卡，单击“推荐的图表”按钮，在弹出的“插入图表”对话框中选择“柱形图”选项，选中第二个柱形图样式，如图 2-81 所示。

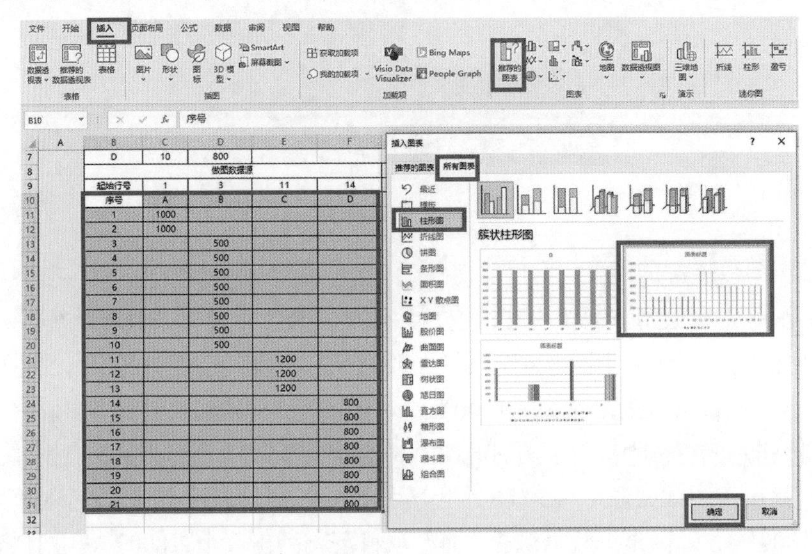

图 2-81

（3）设置图表。

选中柱子并在右侧“设置数据系列格式”工具箱中将“系列重叠”调整为“100%”，将“间隙宽度”调整为“0%”，如图 2-82 所示，不等宽柱形图就制作完成了。

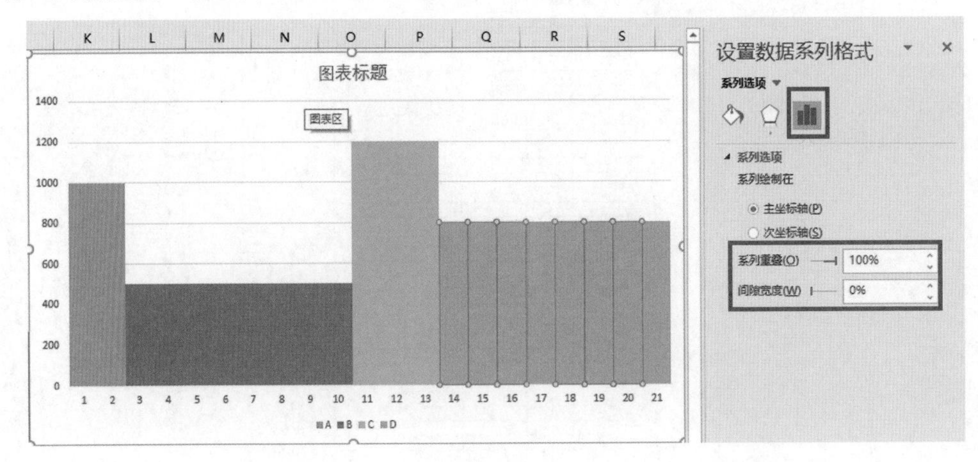

图 2-82

10．环形柱形图

环形柱形图是柱形图变形呈现的一种方式，通过环形图演变而来。通常单个数据系列的最大值不超过环形角度 270°，并由最外环至最内环逐级递减地呈现数据，如图 2-83 所示。

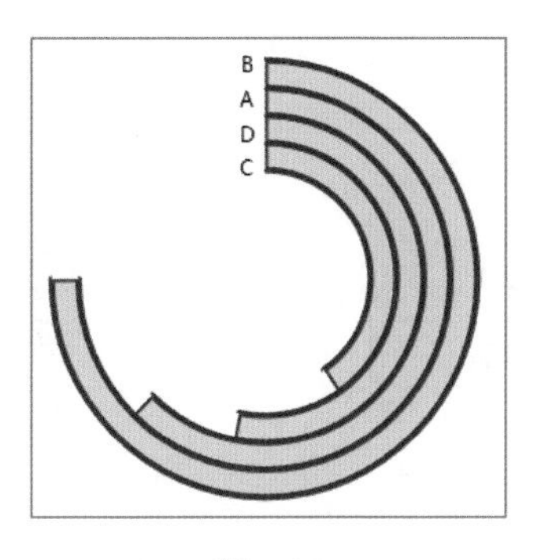

图 2-83

（1）创建作图数据源。

创建环形柱形图的第一步是创建数据源，这里创建数据源需要做 3 件事。

① 原始数据升序排列。

在“环形柱形图”工作表中，首先需要对原始数据源进行演变，制作作图用的数据源。然后将“C11:C14”单元格区域的数据源按照从小到大的顺序进行排序，如图 2-84 所示。

D11　=C11/MAX($C$4:$C$7)*270

	A	B	C	D	E
1	你想展示什么	环形柱形图			
2		原始表			
3		项目	数值		
4		A	100		
5		B	120		
6		C	65		
7		D	85		
8					
9		作图数据源			
10		项目降序	数值升序	最大值转化为270	辅助区域
11		C	65	146.25	213.75
12		D	85	191.25	168.75
13		A	100	225	135
14		B	120	270	90

图 2-84

② 添加数据，将原始数据最大值转化为 270°。

在“D10”单元格设置标题为“最大值转化为 270”，在“D11”单元格将“C11”单元格中的数据按照最大值 270°进行转化，输入公式“=C11/MAX($C$4:$C$7)*270”，并将公式向下填充至“D14”单元格。

③ 做辅助列。

完成 270° 数据的转化之后，添加辅助数据在环形柱形图中进行占位。这个辅助数据主要是环形图的空白补充部分，即它和我们转化的最大值加起来等于 360°，也就是一个完整的环形。

所以在“E11”单元格内输入函数“=360-D11”，并将公式向下填充至“E14”单元格，如图 2-85 所示。

E11 =360-D11

	B	C	D	E
10	项目降序	数值升序	最大值转化为270	辅助区域
11	C	65	146.25	213.75
12	D	85	191.25	168.75
13	A	100	225	135
14	B	120	270	90

图 2-85

到这里就完成了数据源的创建。

（2）插入图表。

利用图表数据源创建环形柱形图。

选中“D11:E14”单元格区域并选择“插入”选项卡，单击“推荐的图表”按钮，在弹出的“插入图表”对话框中选择“所有图表”页签，接着选择“饼图”选项，在“圆环图”选项中选中第二个圆环图样式，单击“确定”按钮，如图 2-86 所示。

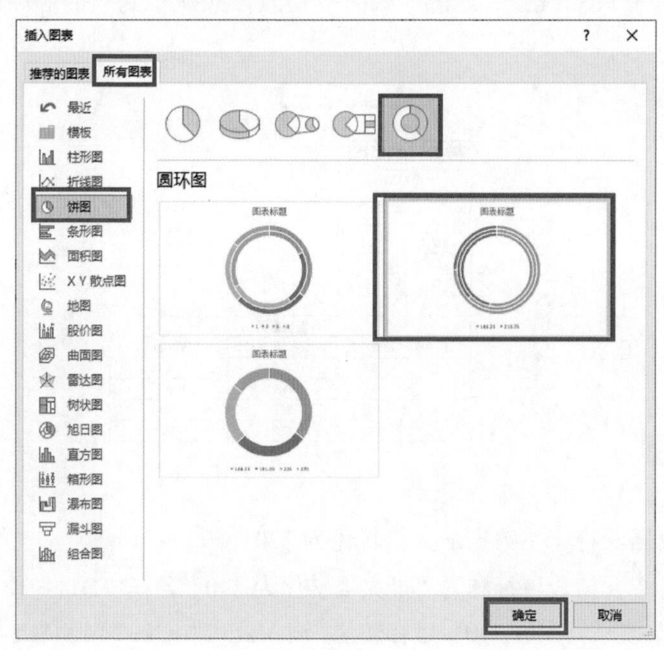

图 2-86

（3）图表美化。

图表创建好之后，就要进入图表的美化步骤了，接下来请跟着笔者的介绍一步步操作起来。

① 调整环形图内径大小。

选中环形柱形图并右击鼠标，在弹出的快捷菜单中选择“设置数据系列格式”命令，在“设置数据系列格式”工具箱中单击“系列选项”按钮，将“圆环图圆环大小”调整为“39%”，如图 2-87 所示。

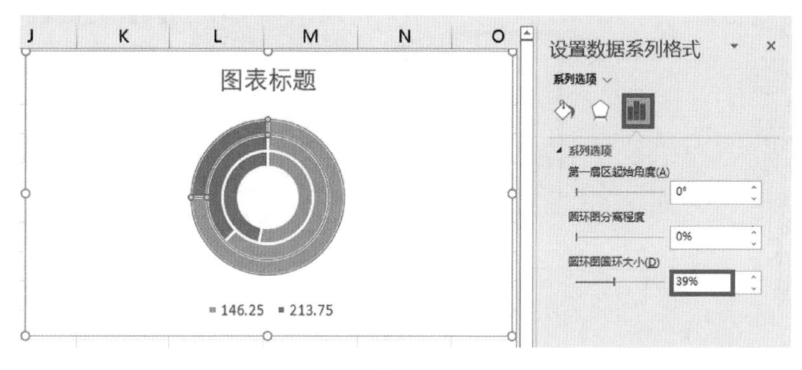

图 2-87

② 修改环形颜色。

首先选中最外圈环形，再次单击左侧的“深蓝”扇区将其单独选中，选择“格式”选项卡并单击“形状填充”下拉按钮，选择“无填充”选项。单击“形状轮廓”下拉按钮，选择“无轮廓”选项。

然后选中外侧第二圈环形，再次单击左侧的“深蓝”扇区将其单独选中，选择“格式”选项卡并单击“形状填充”下拉按钮，选择“无填充”选项。单击“形状轮廓”下拉按钮，选择“无轮廓”选项。

接着选中外侧第三圈环形，再次单击左侧的“深蓝”扇区将其单独选中，选择“格式”选项卡并单击“形状填充”下拉按钮，选择“无填充”选项。单击“形状轮廓”下拉按钮，选择“无轮廓”选项。

最后选中最里圈环形，再次单击左侧的“深蓝”扇区将其单独选中，选择“格式”选项卡并单击“形状填充”下拉按钮，选择“无填充”选项。单击“形状轮廓”下拉按钮，选择“无轮廓”选项，如图 2-88 所示。

③ 增加标签。

到这里，环形柱形图的制作就完成了。这时可以删除“图表标题”和“图例”，使图表更简洁；还可以修改图表右半侧扇区的填充颜色和边框颜色，使图表更美观。

如果需要为环形添加数据标签，可以启用“照相机”功能，构建好数据标签后为其拍照，并放在对应的环形位置，第 7 章中会对此功能进行具体介绍。

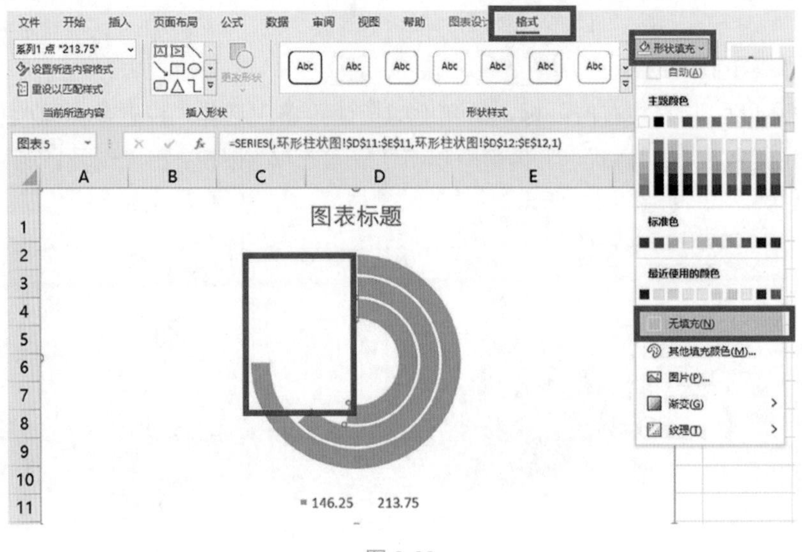

图 2-88

关于环形柱形图的应用在第 7 章中还有许多。例如，图 2-89 所示的“万科屋各房型销售业绩总额”图表效果，图 2-90 所示的“新品上店铺上线完成率”环形柱形图，图 2-91 所示的 Iwatch 样式“各工龄段员工离职率”图。这些图表都是利用环形柱形图实现的，可以使图表更加有设计感。如图 2-92 所示，通过扇形和饼图，再结合指针可以做成仪表盘的效果。通过环形图和饼图扇区还可以做成图 2-93 所示的双重饼图的效果。

本章首先通过 3 种基础图表的介绍使读者了解了图表的创建和美化方法，然后引申介绍了其演变的条形图、面积图、环形图，最后介绍了 10 种其他常见的图表类型并扩展了数据呈现的不同纬度和角度。

图 2-89

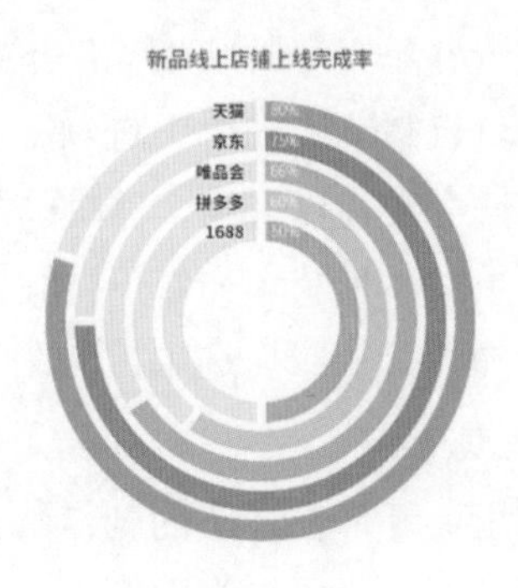

图 2-90

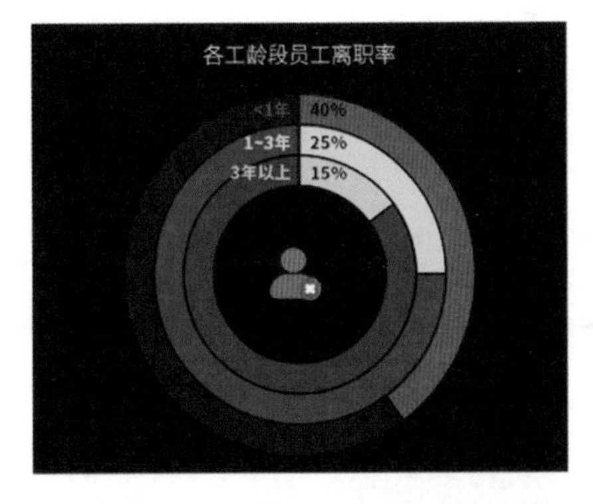

图 2-91

图 2-92

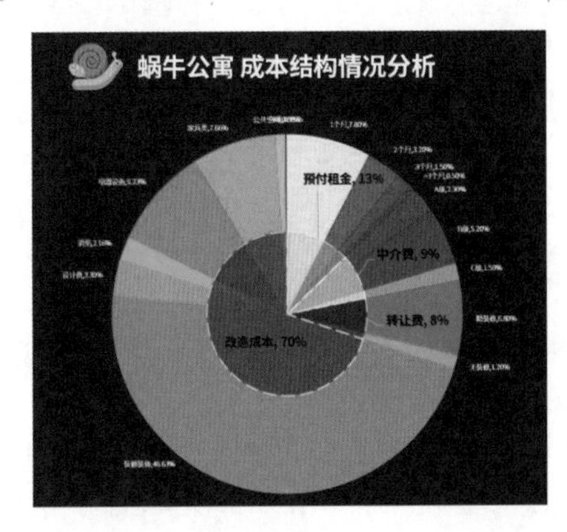

图 2-93

柱形图、折线图、饼图 3 种基础图表是一切图表制作的基础，其他看似复杂的图表多由其演变而来。通过调整数据源后插入图表，再对图表进行美化设置。例如，漏斗图可以通过数据源演变后插入堆积柱形图，并对其进行填充设置来实现；正态分布图可以利用柱形图和折线图的组合，通过调整“间隙宽度”和“平滑线”来实现；不等宽柱形图可以通过数据源演变后插入柱形图，并调整“系列重叠”和“间隙宽度”来实现；环形柱形图可以通过数据源演变后插入环形图，并设置扇区的填充颜色来完成。

除了基础图表，有时还可能需要依赖一些图表的语言来吸引阅读者的注意力。例如，图 2-92 所示的仪表盘样式的数据图表，能够直观地告诉阅读者完成率的情况，这样可以引起阅读者的好奇心，使阅读者更愿意读取数据所诉说的观点，让数据图表为我们代言。

在第 7 章中笔者还会介绍更多图表展示和实现的技巧。像旭日图、热力地图，其实都是为了让阅读者关注到图表，阅读者先被吸引来，再去做更多的观点扩充。

到这里本章就完成了所有常见图表的介绍，下一章将会进入图表美化之术的介绍，让图表瞬间“变美”。

第3章 图表美化之术

上一章完成了图表创建之术的介绍，通过 3 种基础图表和 10 种常见图表的介绍，我们已经可以完成图表的一般创建和设置。从这一章开始进入图表美化之术的介绍，首先对图表美化基本心法进行介绍：明确目标做减法。然后介绍图表美化设计的 4 个元素：填充颜色、边框颜色、标记点、数据标签。最后通过更换主题配色、ICOM 填充、颜色美术风格设计、文字风格设计 4 种美化方法帮助我们实现图表的美化。

3.1 图表美化基本心法：明确目标做减法

在对图表进行美化时有一个非常重要的原则：明确目标做减法。许多图表颜色错乱，意图不清，无用信息繁多，乱用主次坐标，无原则地将所有图表技巧都用在一张图表上，这样只会增加阅读者的负担。前面笔者介绍过图表的本质是“为数据的观点服务”，不是只为作图而制作图表。所以制作图表时建议读者减少不必要的信息，做到图表合适、直观清晰、主题明确、配色统一，只有这样才能使图表为我们所用，让图表表达出数据背后的逻辑与观点，支撑业务决策。

想要实现图表合适、直观清晰、主题明确、配色统一 4 个目标，在图表美化过程中，可以通过 4 个步骤来完成，如图 3-1 所示。接下来就按照这样的思路来进行案例的实践操作。

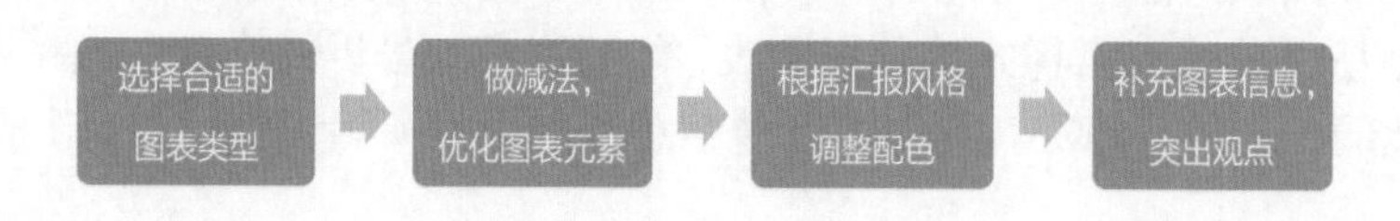

图 3-1

1. 选择合适的图表类型

打开“\第 3 章 图表美化之术\3.1-图表美化步骤”源文件。

在“原始数据”工作表中有这样一个案例，IT 项目经理小文的团队主要承接业务部门的信息系统开发需求。因为系统顺利上线，所以乙方驻场服务的工程师在 4 月份退场，剩下的工作只能由公司原有的员工自行完成。由于工作量大，员工抱怨不断，开发进度慢，老板的批评随即而来，小文差点被打上了“没能力”的标签。于是小文将每个月处理开发需求的数量进行了统计，想通过数据体现出是人力不足的原因导致了开发团队整体效能的下降。

如果小文利用图 3-2 所示的柱形图向领导汇报，能否达到想要的结果？其实，为了展示开发工作量的变化对整体业务完成情况的影响，可以通过图 3-3 所示的折线图的形式来展示，这样可以更加直观地展示出人力不足对效能的影响。

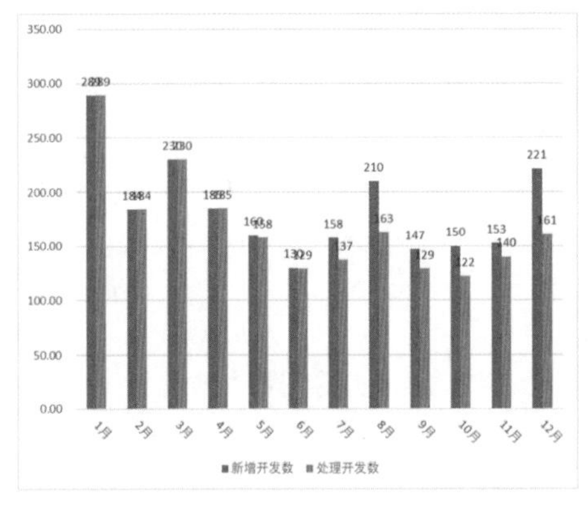

图 3-2

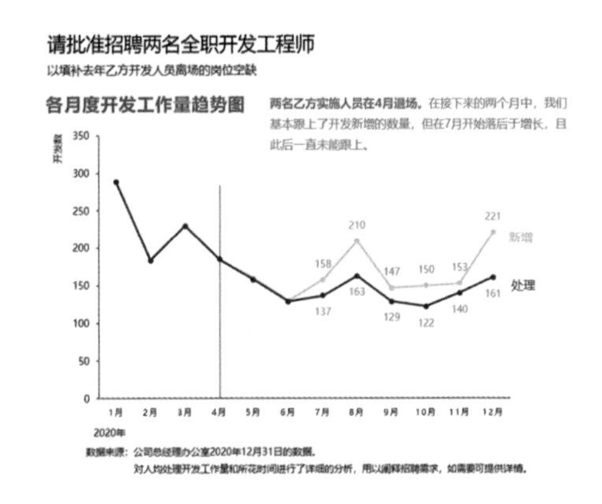

图 3-3

接下来我们按照 4 个步骤，对图表进行美化与完善。首先就是选择合适的图表类型，将柱形图转化为折线图。

说明：本例中“开发数”的单位为“个”，表中和下文中的单位省略，不再标出。

在“选择合适的图表类型”工作表中，选中工作表中创建好的“柱形图”并选择“图表设计”选项卡，单击“更改图表类型”按钮，在弹出的“更改图表类型”对话框中选择“折线图”选项，接着选中“带数据标记的折线图”选项，单击“确定”按钮，如图 3-4 所示。

这是第一步，根据数据特点与要展示的观点选择合适的图表类型进行呈现。

2．做减法，优化图表元素

优化图表上默认的图表元素。首先优化图例，选中图表并单击右上角的“+”按钮，在“图表元素”列表中勾选“图例”复选框，并在其下拉列表中选择“顶部”选项，如图 3-5 所示。

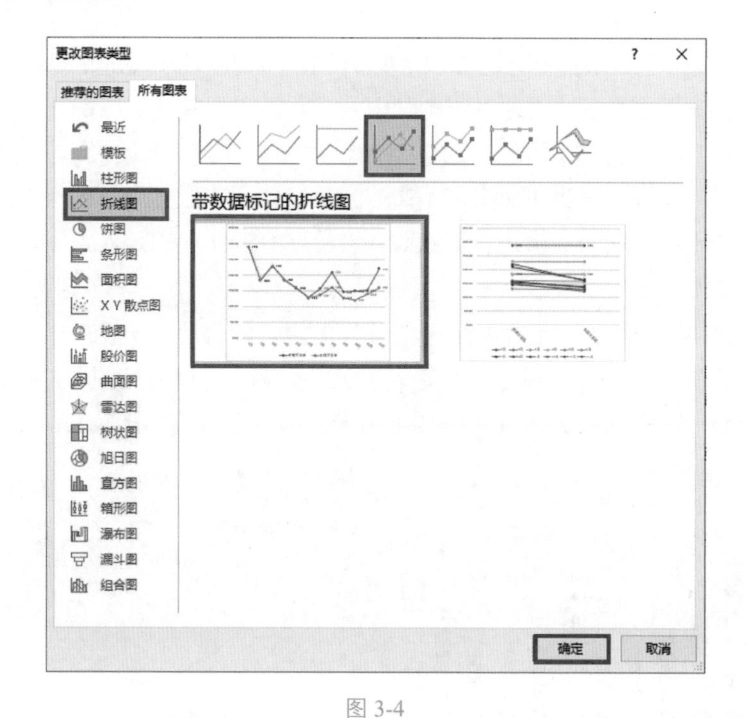

图 3-4

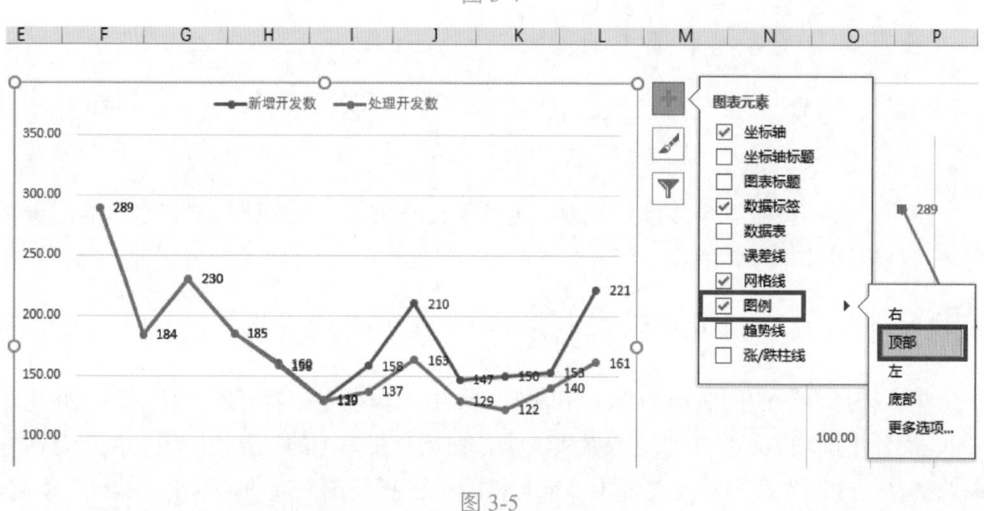

图 3-5

接着还可以对网格线进行设置。在“图表元素”列表中勾选“网格线”复选框，并在其下拉列表中勾选合适的网格线类型，如图 3-6 所示。也可以选中网格线，按“Delete”键直接将其删除，使图表更加干净、清晰。

同样可以对图表的边框进行设置。选中“折线图”图表并选择“格式”选项卡，单击“形状轮廓”下拉按钮，选择“无轮廓”选项。

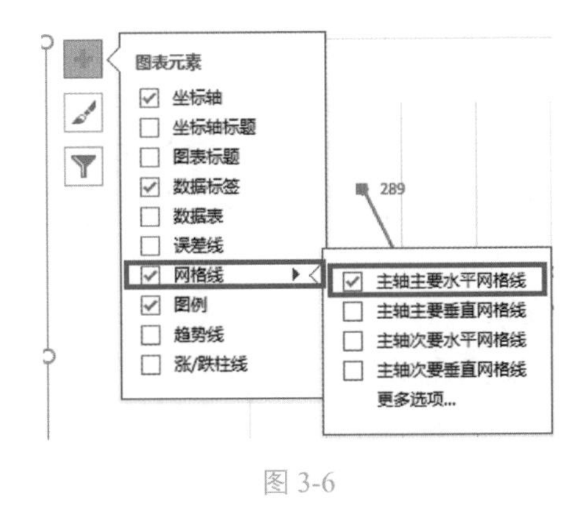

图 3-6

工作表中的网格线也可以被取消，使图表看起来更加干净。选择“视图”选项卡，在“显示”组中可以勾选或取消勾选“网格线”复选框进行设置。

通过“图表元素”列表设置的图例距离绘图区域比较远，视觉上效果不太好。实际上，图例是一个相对固定的内容，可以直接插入两个文本框并输入图例名称来体现。首先选中图例，按“Delete”键直接将其删除，然后插入两个文本框，将文本框内容分别修改为“新增”和“处理”，调整文本框的位置并修改字体的颜色。如图 3-7 所示，这样的效果看起来清晰很多，也减少了阅读的成本。

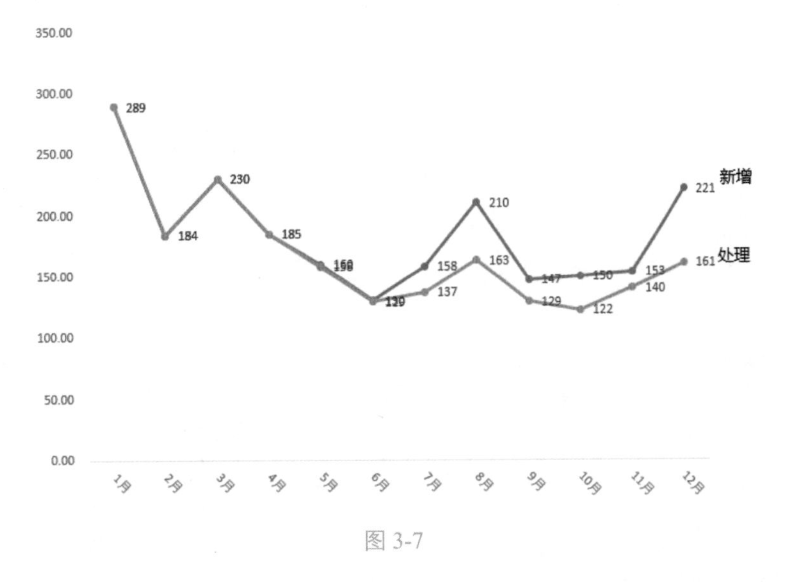

图 3-7

此时图表中的数据标签看起来很杂乱，可以进一步对其进行优化处理，只保留右半部分需要展示的数据，将左半部分无用的数据标签取消。我们尝试直接选中数据标签，并按“Delete”键删除，这样操作后发现，会将折线图上的数据标签全部删除，无法达到保留右半部分的目的。那么如何解决这个问题呢？这里就需要对每一个数据标签进行操作，接下来我们一起来试一试。

为了易于区分两组数据标签，可以将“橙色”数据标签统一设置在折线下方位置，将“蓝色”数据标签统一设置在折线上方位置，将两组数据标签分开。

选中“橙色”折线图的数据标签并右击鼠标，在弹出的快捷菜单中选择“设置数据标签格式”命令，在右侧“设置数据标签格式”工具箱的“标签位置”中选中“靠下”单选按钮，如图 3-8 所示。

同理，选中“蓝色”折线图的数据标签，在右侧“设置数据标签格式”工具箱中“标签位置”中选中“靠上”单选按钮，即可完成“蓝色”折线数据标签位置的设置。

将左侧需要删除的数据标签逐一删除。选中左侧第一个数据标签（选中数据标签后，再次单击，即可单独选中一个数据标签），并按“Delete”键可将其单独删除。同理，将其他需要删除的数据标签依次删除，如图 3-9 所示。

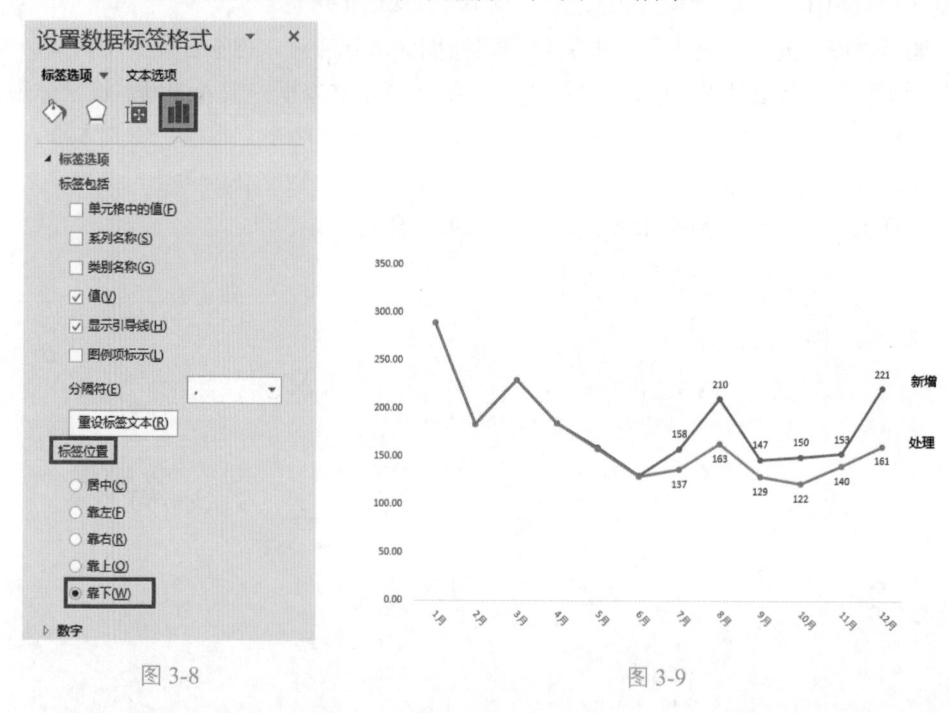

图 3-8　　　　图 3-9

对坐标轴进行优化。在图表中不建议将坐标轴中的文本设置为倾斜的，这样不利于读者阅读。可以选中横坐标轴并选择“开始”选项卡，单击“方向”按钮，根据当前文本的倾斜方向选择“顺时针角度”选项取消倾斜设置，如图 3-10 所示。

对于纵坐标轴，可以调整它的小数样式。选中纵坐标轴，在右侧“设置坐标轴格式”工具箱的“坐标轴选项”页签中的“数字”组的“类别”下拉列表中选择“数字”选项，在“小数位数”文本框中输入“0”，按“Enter”键确认，如图 3-11 所示。

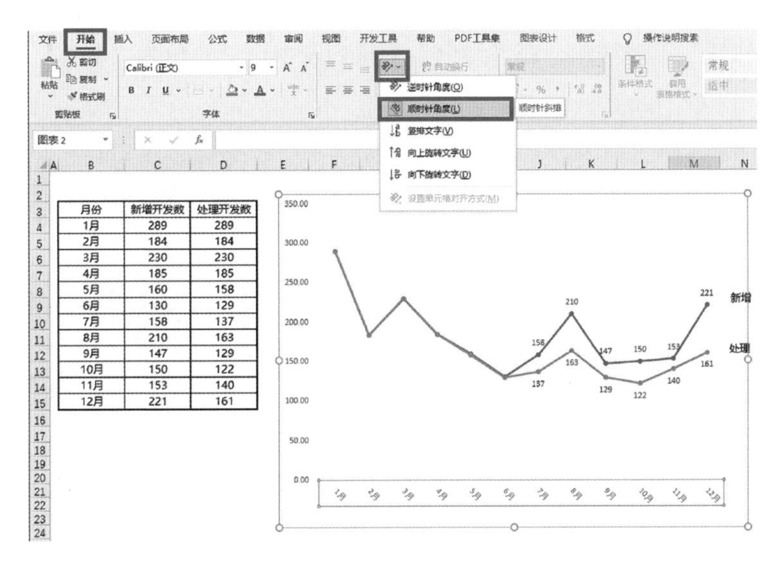

图 3-10

想要为纵坐标轴添加刻度线，可以选中纵坐标轴，在右侧“设置坐标轴格式”工具箱的“刻度线”组中的“主刻度线类型”下拉列表中选择“外部”选项，如图 3-12 所示，这样就完成了图表元素的优化。

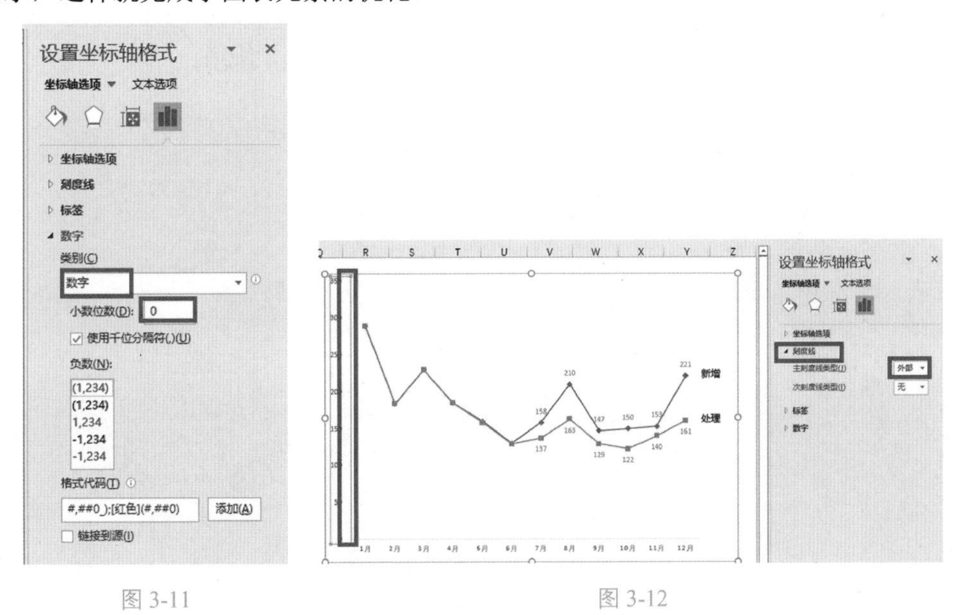

图 3-11　　　　图 3-12

3. 根据汇报风格调整配色

根据图表汇报的风格对它进行颜色的设置。选中“新增”折线并在右侧“设置数据系列格式”工具箱中单击“填充与线条”按钮，然后选择“线条”页签，在“线条”

组中选中“实线”单选按钮，在“颜色”下拉列表中选择颜色为“灰色”，如图 3-13 所示。

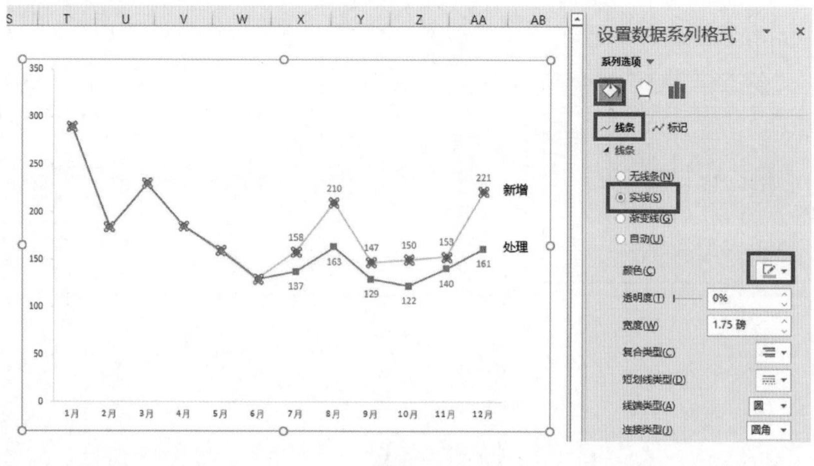

图 3-13

对折线的标记点进行颜色美化。选择“标记”页签，在“标记选项”组中选中“内置”单选按钮，在“类型”下拉列表中选择一个圆形样式，将“大小”设置为“5”。在“填充”组中选中“纯色填充”单选按钮，在“颜色”下拉列表中选择颜色为“灰色”。在“边框”组中选中“无线条”单选按钮，如图 3-14 所示。

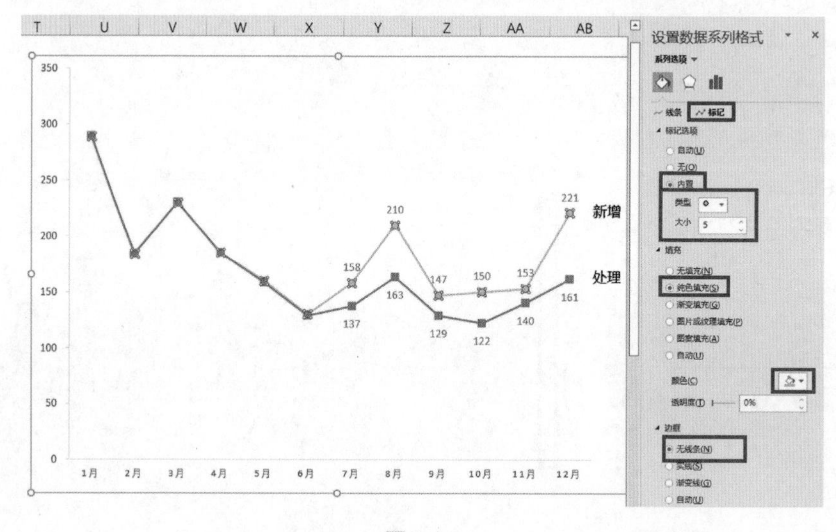

图 3-14

同理，对“处理”折线进行颜色美化。选中“处理”折线并选择“标记”页签，在“标记选项”组中选中“内置”单选按钮，在“类型”下拉列表中选择一个圆形样式，将“大小”设置为“5”。在“填充”组中选中“纯色填充”单选按钮，在“颜色”

下拉列表中选择颜色为“深蓝色”。在“边框”组中选中“无线条”单选按钮，即可完成对折线美化的设置。

根据图表风格调整图例的颜色。选中“新增”文本框后，在“开始”选项卡的“字体颜色”下拉列表中选择与对应折线一致的“灰色”。选中“处理”文本框后，在“开始”选项卡的“字体颜色”下拉列表中选择与对应折线一致的“蓝色”，效果如图 3-15 所示。

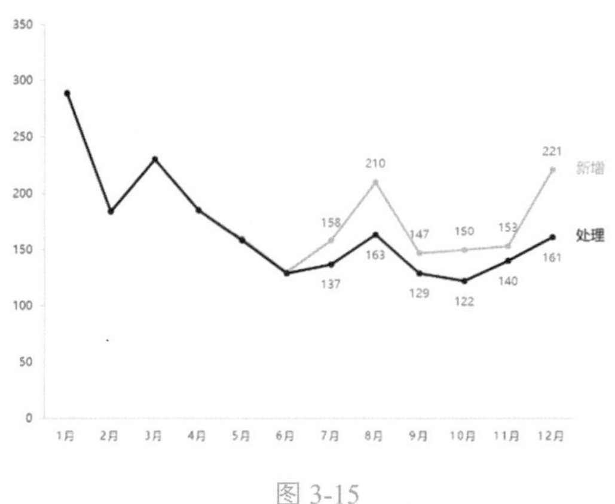

图 3-15

4. 补充图表信息，突出观点

到这里关于图表的呈现就基本完成了，但是为了使阅读者更清晰、明了地读懂图表中的元素，我们还可以为图表补充关键信息。

例如，可以为纵坐标轴添加标题。选中图表并单击图表右上角的“+”按钮，在“图表元素”列表中勾选“坐标轴标题”→“主要纵坐标轴”复选框，如图 3-16 所示。

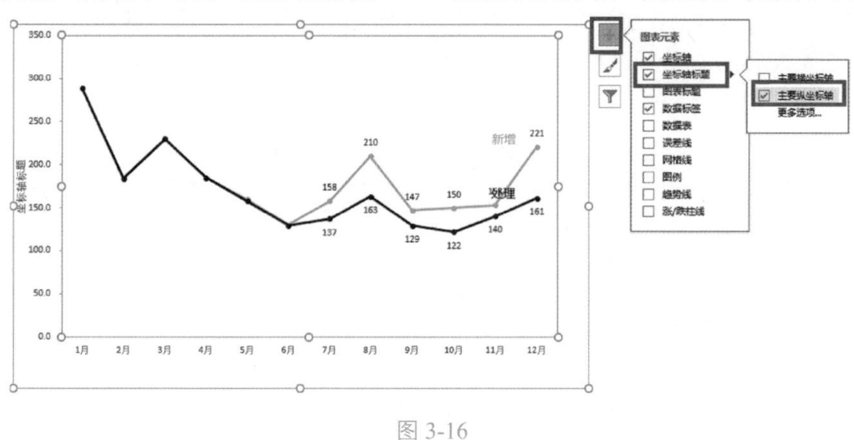

图 3-16

在纵坐标轴的标题文本框中直接修改标题内容为“开发数”，并将其拖曳至纵坐标轴上方，如图 3-17 所示。

为了突出显示坐标轴，可以将坐标轴轮廓设置为黑色。选中横坐标轴并选择“格式”选项卡，单击“形状轮廓”下拉按钮，在弹出的下拉列表中选择颜色为“黑色”。接着选中纵坐标轴并选择“格式”选项卡，单击“形状轮廓”下拉按钮，在弹出的下拉列表中选择颜色为“黑色”，此时坐标轴轮廓就突出显示出来了。

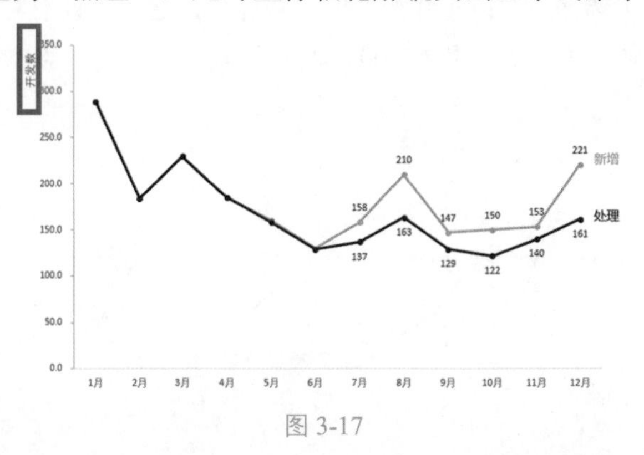

图 3-17

为了更直观地展示出数据变化的时间点，可以在关键时间节点位置插入一条垂直线来辅助阅读。例如，本节案例中乙方人员退场时间为“4 月”，可以选择“插入”选项卡并单击“形状”下拉按钮，选择“直线”选项，按住鼠标左键，在“4 月”位置向下拖曳绘制直线。选中线条并选择“格式”选项卡，单击“形状轮廓”下拉按钮，选择和图表风格一致的“深蓝色”，如图 3-18 所示，就可以清晰地读出“4 月”后数据发生了明显的变化。

通过插入文本框的方式添加图表的其他补充信息和相关结论，就完成了“各月度开发工作量趋势图”图表的可视化，如图 3-19 所示。全部设计完成后，所有元素都是一个独立的个体，建议将这些元素组合为一个整体。按“Shift”键的同时选中图表和文本框等元素并右击鼠标，在弹出的快捷菜单中选择“组合”命令，这样就可以将其组合在一起向领导做汇报了。

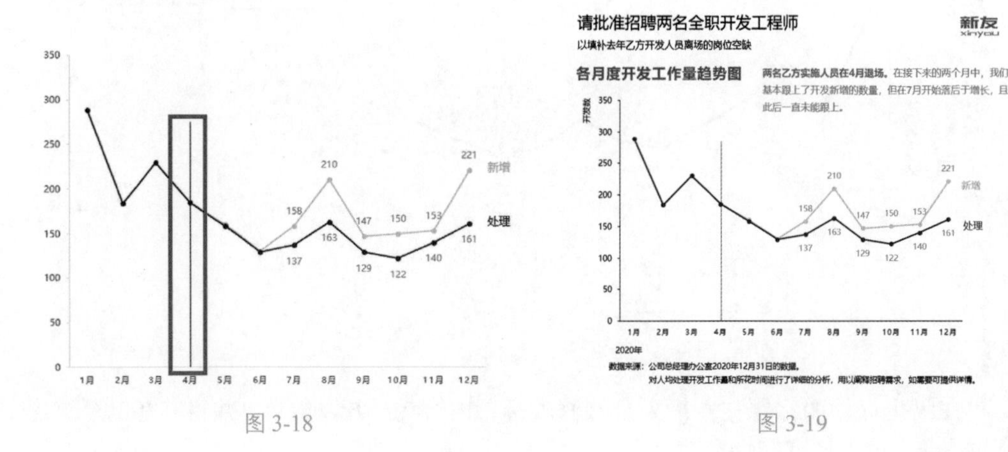

图 3-18　　　　图 3-19

在这个案例中，我们通过 4 个步骤帮小文完成了他的工作汇报。第 1 步是根据汇报信息选择合适的图表类型。第 2 步是做减法，优化图表中的元素。第 3 步是根据汇报风格进行配色的调整。在汇报的时候，颜色和风格可以选择偏蓝色的商务色色系，当然还可以拾取公司 Logo 的配色方案。第 4 步是站在用表人的角度补充图表的信息，突出想要表达的核心观点。例如，你的目标是什么？想要得到怎样的效果？造成这个事件的原因是什么？有了这 4 个步骤就可以对照着检查图表是否合格，这是我们自检图表合规性的一个小方法。

3.2 图表设计的 4 个元素

接下来要介绍的是图表设计的 4 个元素，也就是在做图表美化时可以经常对哪些元素进行颜色的美化。第 1 个元素是经常提到的填充颜色，填充颜色是图表背景、柱子或折线上的颜色。第 2 个元素是边框颜色，可以是整个图表的边框，也可以是折线图或柱形图四周的边框。第 3 个元素是图表中的标记点，常出现于折线图的转折点上，对折线图可以增加标记点，同时将标记点的边框设置为与背景色同样的颜色。例如，图 3-20 所示的右侧折线图，由于标记点的边框颜色与背景色一致，在视觉上造成了断点的效果，折线好像被切割开一样，但实际上并没有被切断，只是由于它的边框与背景色一致。第 4 个元素是数据标签，可以对标签位置或标签形状进行美化。

在对图表进行美化时可以根据图 3-20 所示的 4 个元素进行设置，接下来进入具体的实践操作。

打开“\第 3 章　图表美化之术\3.2-图表设计的 4 个元素”源文件。

在“柱形图”工作表中，按照图 3-21 所示的样式，根据 4 个元素对柱形图进行美化设置。

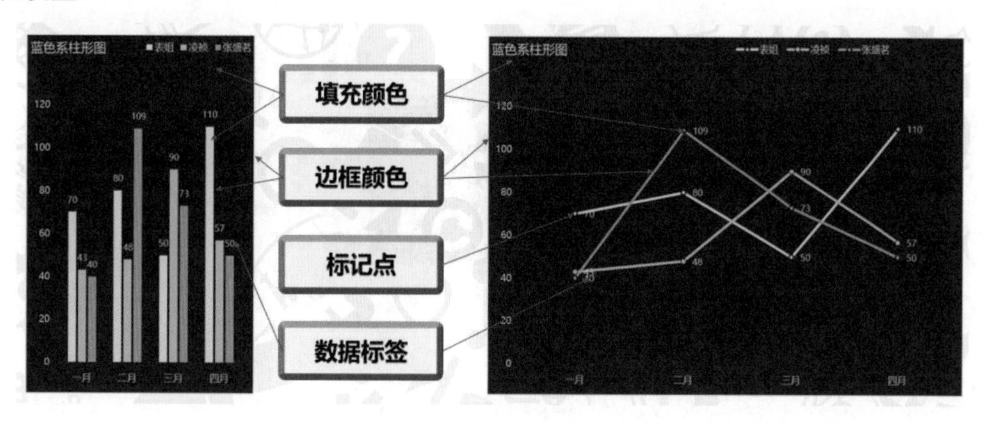

图 3-20

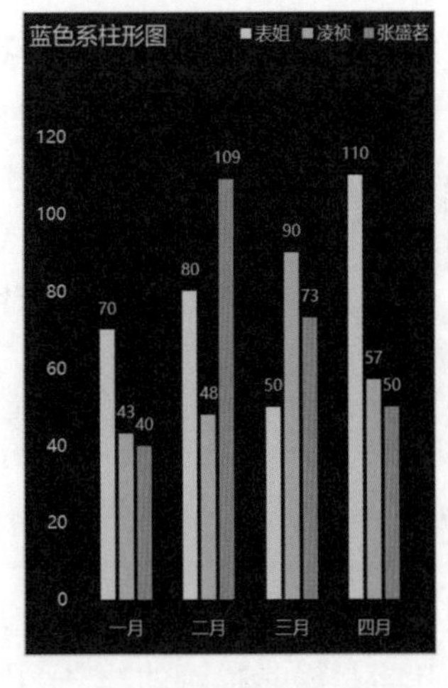

图 3-21

选中整个图表后，在“格式”选项卡中单击“形状填充”下拉按钮，选择一个与模板中一样的背景颜色进行填充，如图 3-22 所示。同理，对柱子填充颜色进行设置，可以选中柱子后，在“格式”选项卡中单击“形状填充”下拉按钮，选择一个与模板中柱子一样的颜色进行填充。删除图表上不必要的元素网格线，并根据 3.1 节介绍的图表元素设置方法，根据模板样式修改图表元素和位置。

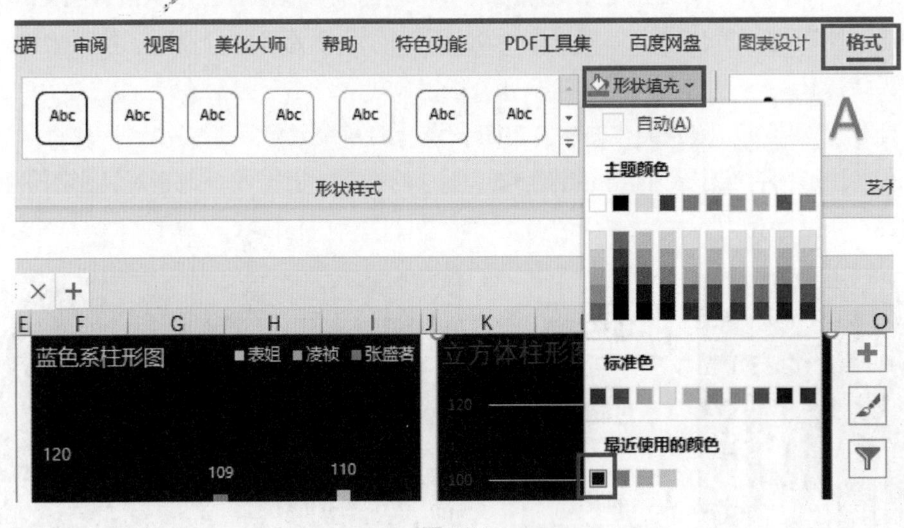

图 3-22

3.3 图表美化的 4 种方法

介绍了图表设计的 4 个元素之后，如何对图表做进一步的美化呢？我们可以通过更换主题颜色实现图表美化，如蓝色偏商务，橙色偏活泼、清新，红色、紫色是偏女性的配色，等等。还可以利用 ICON 图标填充，自定义颜色的设计，以及不同风格的字体来美化图表。

接下来介绍图表美化的 4 种方法：更换主题配色、ICON 填充、颜色美术风格设计、文字风格设计。

打开“\第 3 章　图表美化之术\3.3-图表美化的 4 种方法”源文件。

1．更换主题配色

首先介绍图表美化的第 1 种方法，更改主题配色。在“更换主题”工作表中，默认插入的图表颜色看起来很花哨，对图表的美化可以通过自带的颜色配色方案来调整。选择“页面布局”选项卡并单击“颜色”下拉按钮，在下拉列表中可以选择不同的颜色，通常为了使图表更加具有商务感，可以选择“蓝绿色”配色方案，如图 3-23 所示。

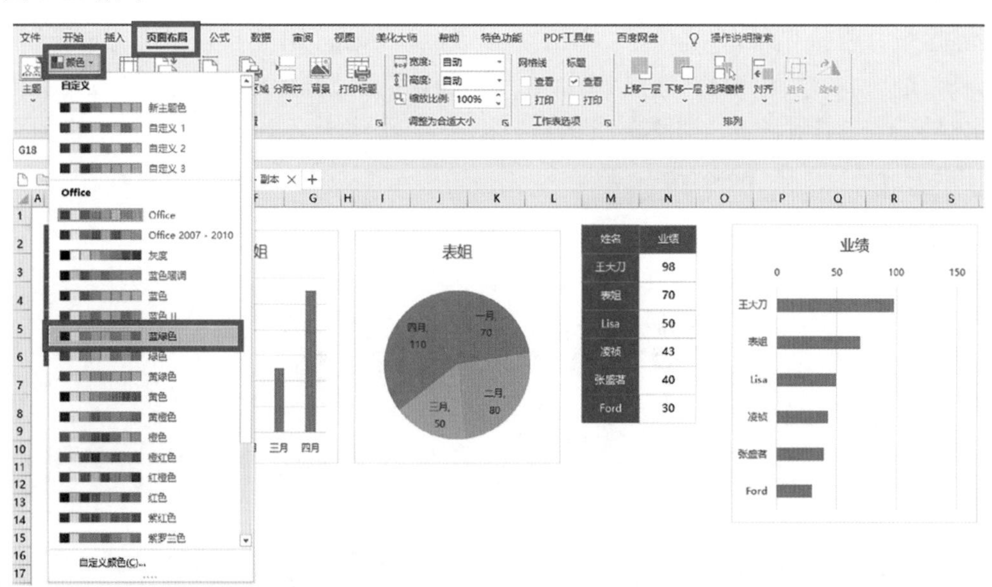

图 3-23

如果在图表美化的过程中没有灵感，可以直接在“页面布局”选项卡中选择系统自带的颜色配色方案，快速完成图表的美化工作，或者通过“页面布局”选项卡设置的图表美化方案对工作表中的图表统一修改配色方案。除此之外，还可以通过“图表设计”选项卡对目标图表进行美化设置。

选中饼图并选择“图表设计”选项卡，在“图表样式”组中选择合适的样式，此时即可单独对选中的饼图进行样式设置。

通过更改主题样式可以快速完成图表的美化，并且 Office 自带了许多好看的配色方案，对于新手来说是一个既便捷又简单的美化方法。

2. ICON 填充

接下来介绍第 2 种方法，利用 ICON 填充完成图表的美化。ICON 填充的方法非常简单，利用“Ctrl+C”组合键和“Ctrl+V”组合键即可完成，下面笔者通过两个案例进行介绍。

**说明：**本例中数据的单位为“元”，表中和下文中的单位省略，不再标出。

（1）利用 ICON 图标填充图表。

利用一个小树的 ICON 图标，就可以将柱形图美化为图 3-24 所示的效果，这样的效果是不是别具一格？

首先插入一个默认的柱形图。在“ICON-不同系列”工作表中，选中“A1:C5”单元格区域并选择“插入”选项卡，单击“插入柱形图或条形图”下拉按钮，选择“柱形图”选项，插入一张默认的柱形图。由于前面设置了“图标主题”，所以这时默认插入的图表也好看许多，如图 3-25 所示。

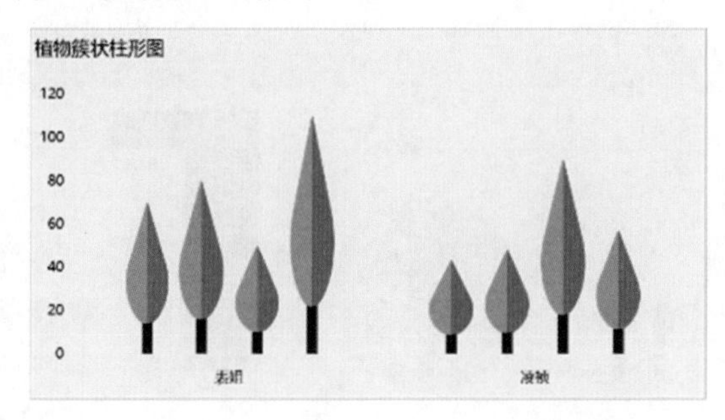

图 3-24

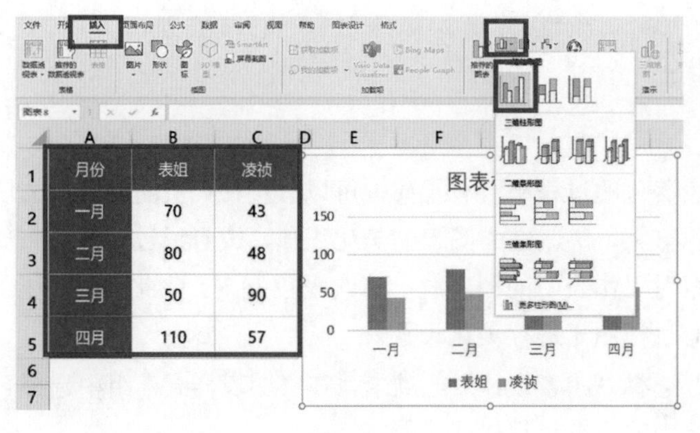

月份	表姐	凌祯
一月	70	43
二月	80	48
三月	50	90
四月	110	57

图 3-25

然后利用 ICON 图标进行填充美化。选中“小树”ICON 图标，按“Ctrl+C”组合键进行复制，并选中柱形图中的一组柱子按“Ctrl+V”组合键粘贴，如图 3-26 所示，就完成了 ICON 图标对柱子的填充美化。

同理，可以对另一组数据柱子进行填充。选中“小树”ICON 图标，按“Ctrl+C”组合键进行复制，并选中柱形图中的另一组柱子，按“Ctrl+V”组合键粘贴，填充效果如图 3-27 所示。

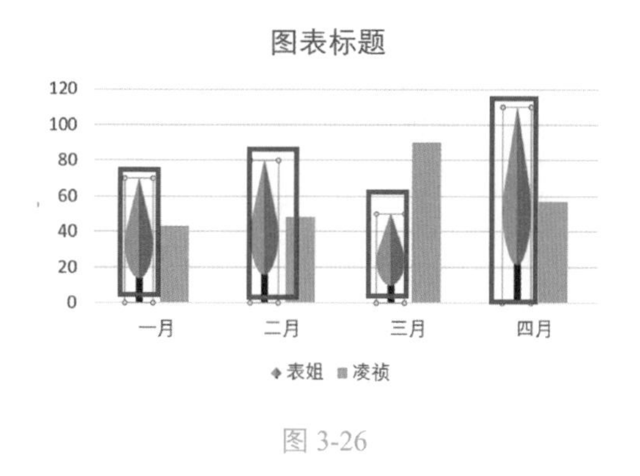

图 3-26

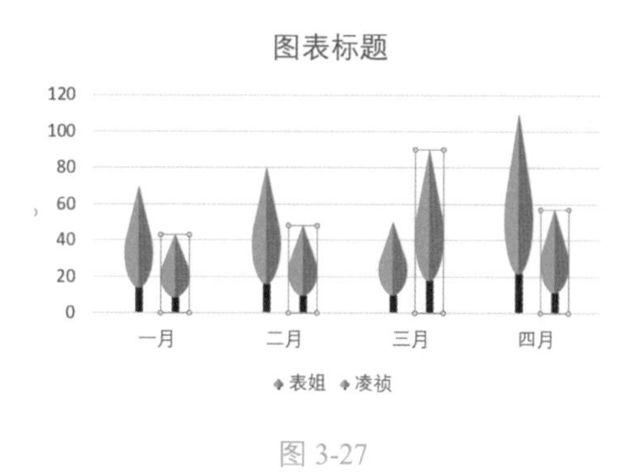

图 3-27

（2）利用形状填充图表。

除了利用 ICON 图标的方式对柱子进行填充，还可以将柱子填充为形状。如图 3-28 所示，这样的效果就是通过绘制形状并对其进行填充的方式完成的。

首先插入一个默认的柱形图。在“ICON”工作表中，选中“A1:C7”单元格区域并选择“插入”选项卡，单击“插入柱形图或条形图”下拉按钮，选择“柱形图”选项插入柱形图。

然后制作用于填充的三角形形状。选择“插入”选项卡并单击“形状”下拉按钮，选择“等腰三角形”选项并拖曳鼠标绘制一个三角形，选中绘制的三角形按“Ctrl+Shift”组合键拖曳复制一个，如图 3-29 所示。

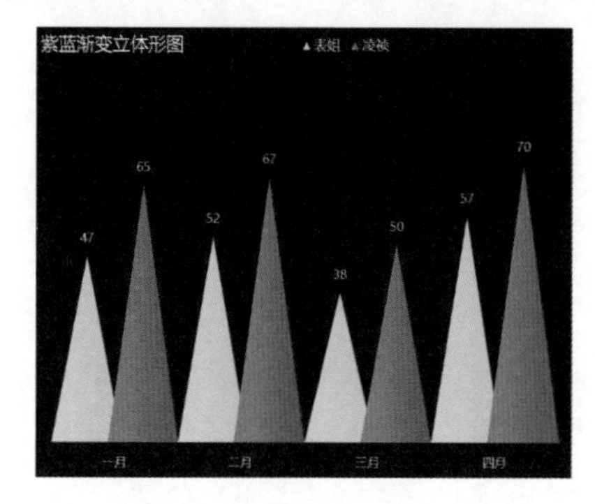

图 3-28

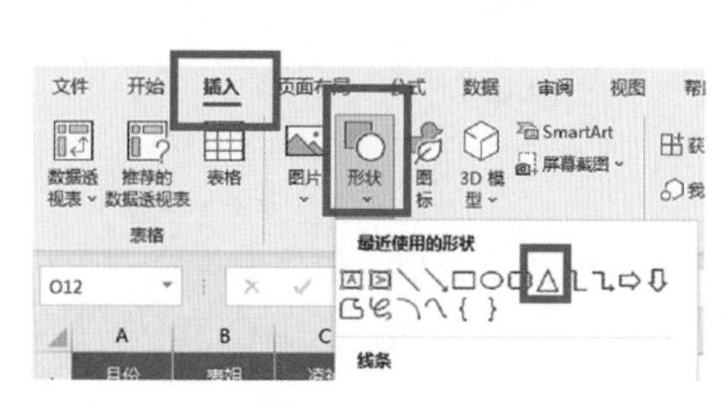

图 3-29

接着为三角形填充渐变的颜色。首先，选中一个三角形并右击鼠标，在弹出的快捷菜单中选择“设置形状格式”命令；然后，在右侧弹出的“设置形状格式”工具箱中的“填充与线条”页签中，选中“填充”组中的“渐变填充”单选按钮，在“渐变光圈”中选中“停止点 1”，在“颜色”下拉列表中选择颜色为“粉红色”，选中“停止点 2”，在“颜色”下拉列表中选择颜色为“紫色”，在“方向”下拉列表中选择“线性向右”选项；最后，可以取消线条，在“线条”组中，选中“无线条”单选按钮，如图 3-30 所示。

到这里就完成了“粉紫色”三角形的制作，接下来将另外一个三角形设置为“湖绿色”渐变颜色。如图 3-31 所示，用于填充的两个三角形就都完成了。

图 3-30

图 3-31

完成形状填充后，接下来就将两个三角形分别填充到柱形图对应的柱子中。选中“湖绿色”三角形，按“Ctrl+C”组合键复制并选中柱形图中的一组柱子，按“Ctrl+V”组合键粘贴。同理，将“粉紫色”三角形填充到另一组柱子中，如图 3-32 所示，形状填充的美化就完成了。

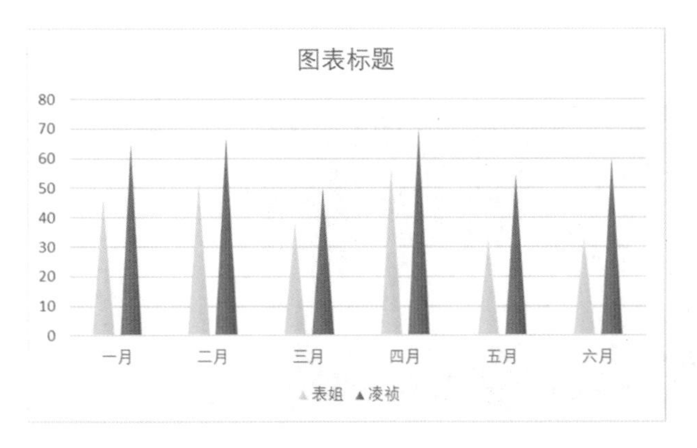

图 3-32

最后对图表的背景进行颜色的设置。选中图表，选择“格式”选项卡并单击“形状填充”下拉按钮，选择合适的颜色对图表背景进行填充。根据实际需要可以删除图表中冗余的元素，如网格线和图表标题，直接选中后按“Delete”键删除即可，如图 3-33 所示。

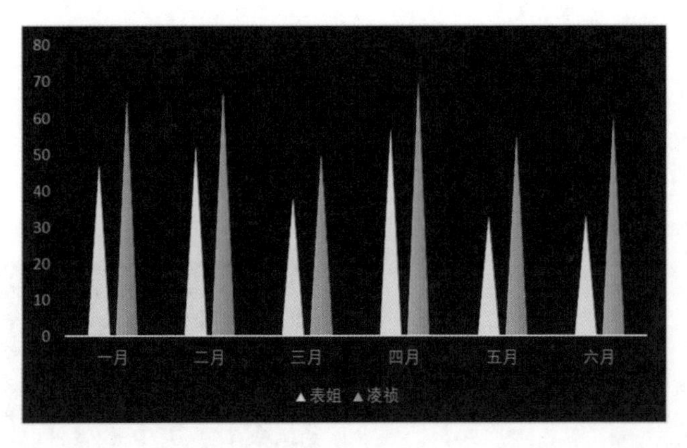

图 3-33

在第 2 章中介绍过，对于柱形图，可以通过“间隙宽度”调整柱子的宽窄，通过“系列重叠”调整两组数据柱子的重叠程度，使其交叉在一起实现堆叠的效果，如图 3-34 所示。

此外，对于 ICON 形状的填充还可以改变填充形状的透明度，并通过这样的方式来调整填充后柱形图交叉区域的展示效果。

例如，选中“粉紫色”三角形并在“设置形状格式”工具箱中选中“停止点 1”，向右拖曳“透明度”旁边的滑块调整透明度，选中“停止点 2”，向右拖曳“透明度”旁边的滑块调整透明度，如图 3-35 所示。同理，调整“湖绿色”三角形的透明度。

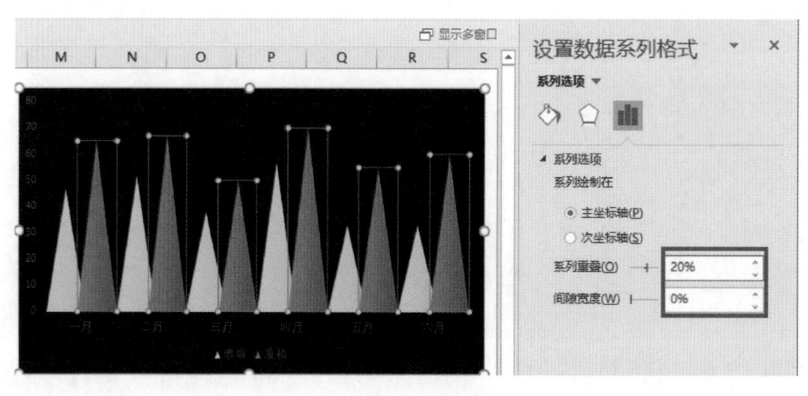

图 3-34

重新调整好两个三角形的透明度后，分别将其重新填充到对应的柱子中。如图 3-36 所示，三角形柱子的交叉区域就显示出来了。

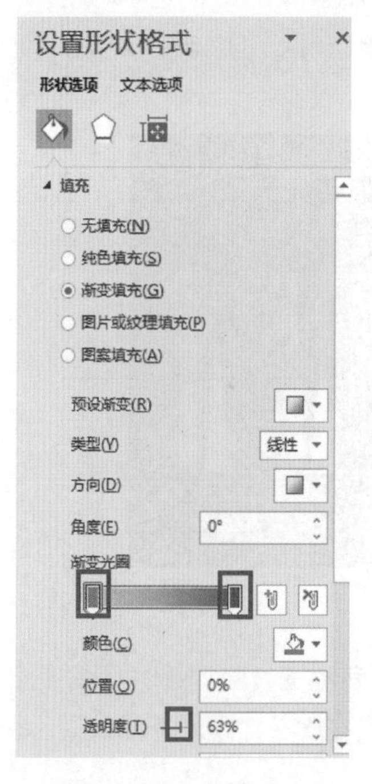

图 3-35

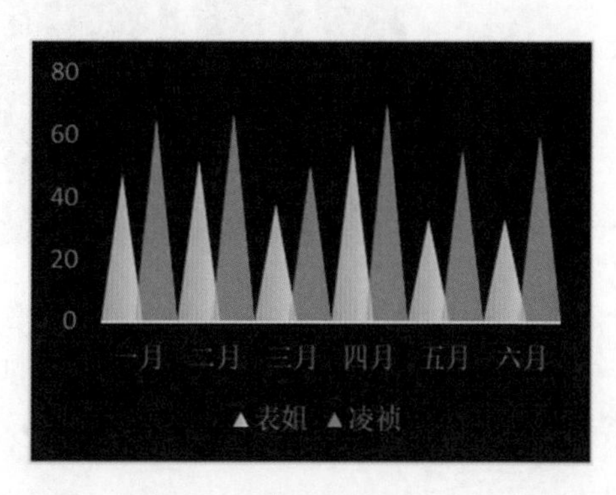

图 3-36

像这样的案例还有许多，图 3-37 所示的图表也是通过调整填充形状的透明度来实现交叉区域堆叠展示的效果的。

对于 ICON 图标填充，除了单纯使用图标和形状填充，还可以通过形状的组合制作出图 3-38 所示的立体形状的效果，利用不同颜色的箭头填充出图 3-39 所示的效果。感兴趣的读者可以根据前面的介绍自行尝试。

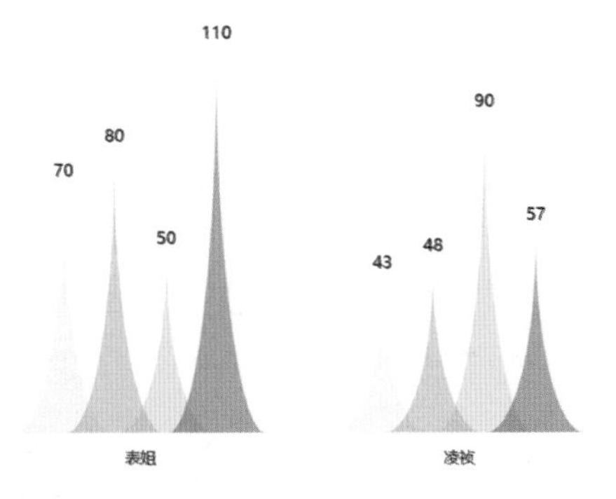

图 3-37

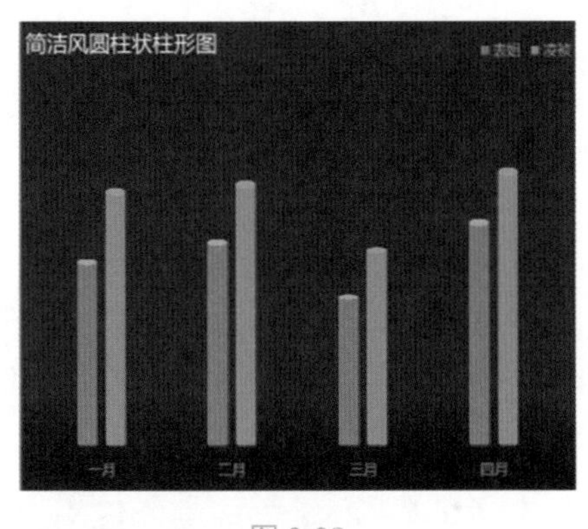

图 3-38

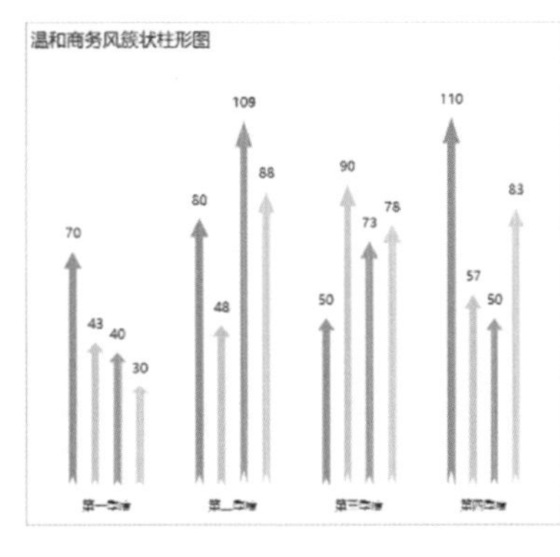

图 3-39

（3）利用图片填充图表。

除了利用 ICON 图标和形状填充图表，还可以利用图片填充图表，图 3-40 所示的小猪效果就是通过图片填充来实现的。

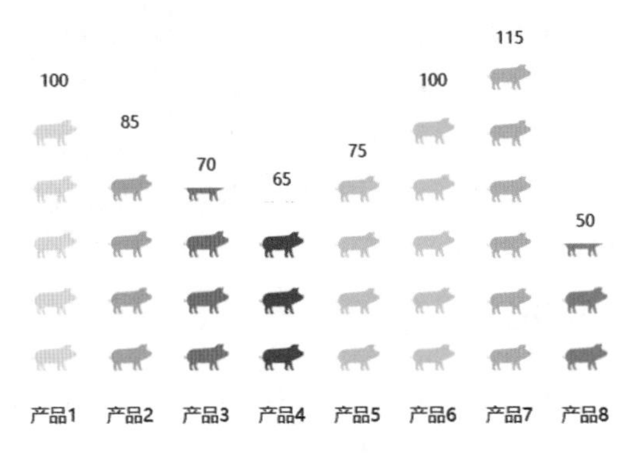

图 3-40

插入一个默认的柱形图。在“ICON-层叠”工作表中，选中“A1:B9”单元格区域并选择“插入”选项卡，单击“插入柱形图或条形图”下拉按钮，选择“柱形图”选项，插入一张默认的柱形图。

选中第 1 个黄色小猪，按“Ctrl+C”组合键复制后，选中柱形图中的柱子，按“Ctrl+V”组合键填充，这样直接填充后的图片会被拉伸，如图 3-41 所示。这时选中柱形，在“设置数据系列格式”工具箱的“填充”组中默认选中的是“伸展”单选按钮，接下来选中“层叠”单选按钮，如图 3-42 所示，此时小猪图片就罗列显示了。

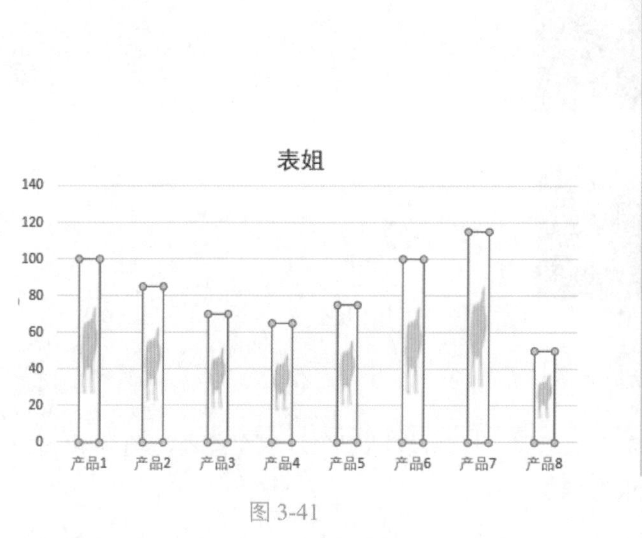

图 3-41

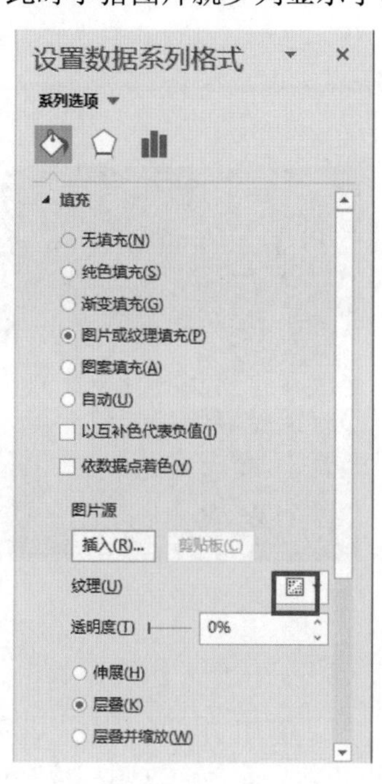

图 3-42

如果想要分别为不同的柱子填充对应的颜色图片，选中柱形图并再次单击目标柱子，即可单独选中一个柱子对其进行填充。

选中第 2 个小猪后，按“Ctrl+C”组合键复制，选中柱形图中的柱子，再次单击第 2 根柱子，使其单独被选中，并按“Ctrl+V”组合键填充，即可单独对第 2 根柱子进行图片填充。同理，依次将图片填充到对应的柱子中就可以实现图 3-43 所示的效果了。

到这里就完成了对 ICON 填充的介绍，它可以使图表更加具有设计感。

提示：ICON 图标可以通过 Iconfont 网站选择不同类型的图标进行下载。

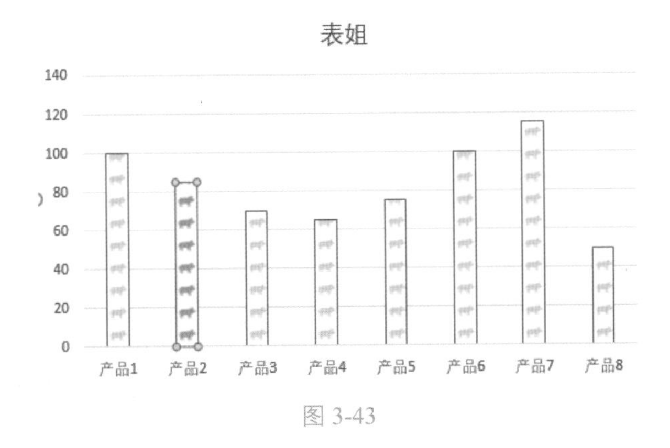

图 3-43

3. 颜色美术风格设计

接下来介绍通过 WPS 中的“颜色美术风格设计”方法实现图表的美化。

由于 Excel 中没有取色器的功能，当想要按照目标样式获取同样的颜色时，可以使用 QQ 截图或 ColorPix 取色器工具拾取目标颜色的 RGB 值。

打开 ColorPix 取色器工具，将光标置于想要拾取的目标颜色上面，按键盘上的任意键锁定颜色，根据图 3-44 所示的拾取出来的 RGB 值，将其输入到图 3-45 所示的 Excel“颜色”对话框中。或者可以直接复制 ColorPix 取色器工具中的“HEX”对应的值，将其直接粘贴到“十六进制”文本框中。

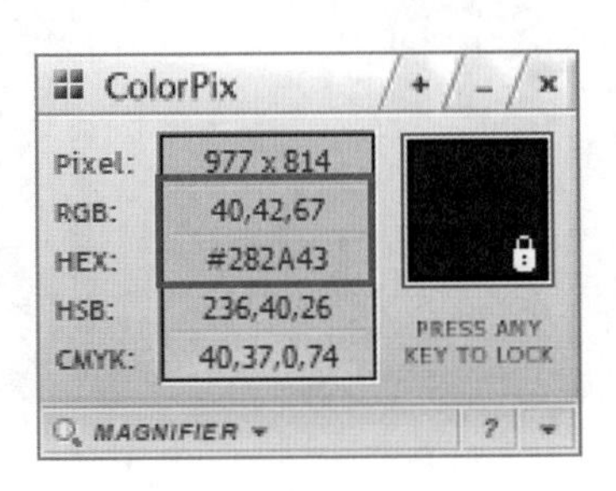

图 3-44

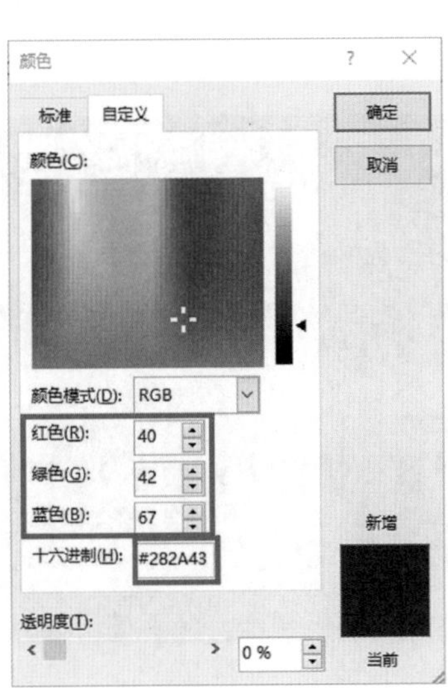

图 3-45

在拾取颜色方面，WPS 和 PowerPoint 同样贴心地内置了取色器工具，取色后可以直接对目标对象进行填充，无须先记忆 RGB 再进行录入。所以在进行自定义的颜色美化时，可以先切换到 WPS 来完成，待颜色填充完成，再切换回 Excel 完成其他的操作。这样巧用 WPS 自带的取色器工具完成颜色美化可以大大提高图表美化的效率。在后面的第 10 章案例中，笔者会带领读者逐步操作，这里读者不用着急。

4．文字风格设计

第 4 种图表美化的方法就是通过字体风格对图表进行美化。当选择不同的字体风格时，图表呈现的效果会大大不同。

对于商务风的图表，建议使用“微软雅黑”，或者免费可商用的“思源黑体 CN Bold”；科技风样式可以选择“庞门正道标题体”；学术风可以使用“思源宋体 Heavy”；活泼可爱风可以选择“品如手写体”“贤二体”“站酷小薇 LOGO 体”等字体对图表风格进行设计。

本书附赠资料中准备了好看的字体，读者可以自行下载、安装并使用。安装方法：通过双击方法逐个进行安装，或者选中后按“Ctrl+C”组合键复制，打开“\Windows(C)\Windows\Fonts”文件夹，按“Ctrl+V”组合键粘贴就可以直接使用了。

学以致用

在“‘作业’图表美化综合实战：制作人力成本分析汇报”工作簿中，利用本章介绍的不同图表美化技巧，完成图 3-46 所示的柱形图、折线图、饼图 3 种基础图表的操作实践和练习。工作簿中还提供了几组不同的配色和美化方案，读者可以自行参考、实践来完成这份作业。

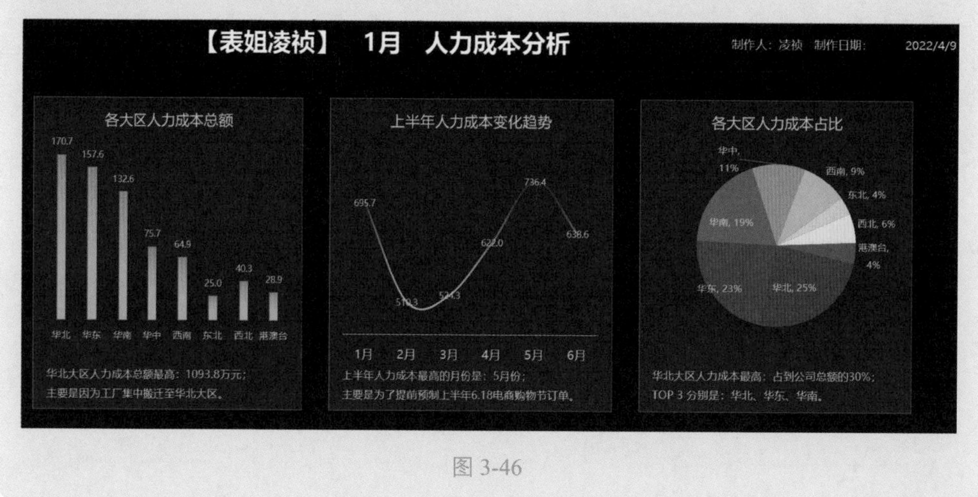

图 3-46

到这里就完成了本章“图表美化之术”的全部介绍。本章首先介绍了图表美化基本心法，使读者了解作图的本质是为观点说话，不要只为作图而制作图表。同时为读者介绍了图表美化的 4 个步骤：选择合适的图表类型；做减法，优化图表元素；根据汇报风格调整配色；补充图表信息，突出观点。这样可以使图表合适、直观清晰、主题明确、配色统一。此外，还可以根据这 4 个步骤检查图表有没有值得优化进阶之处。

然后介绍了图表美化的 4 个元素，分别是填充颜色、边框颜色、标记点、数据标签，通过 4 个元素使读者了解了图表美化的一般对象。最后通过 4 个具体的方法对图表进行了美化：第 1 个是更换主题配色，一秒变装；第 2 个是 ICON 填充，使图表更加具有设计感，另外还推荐了一个可以下载免费图标的 Iconfont 网站；第 3 个是颜色美术风格设计，可以通过 QQ 截图、取色器工具或 WPS 方法实现配色的一个方法（这里分享两个经验，第一个是直接使用公司 Logo 的配色，这样的配色一般是比较保守且不易出错的。第二个是利用商务的配色方案）；第 4 个方法是文字风格设计，如字体、字号、颜色等，还可以通过一些字体网站下载不同风格的字体。当然，笔者也贴心地为读者准备了一个免费的字体工具包，可以将字体直接安装到电脑上使用。

第 4 章　图表效率之术

经过前面 3 章的介绍，完成了图表的创建、基础设置和美化工作。本章开始进入图表的效率之术的介绍，以提高工作效率，快速达成制作目标。

本章首先通过解锁图表模板来提高作图效率，然后通过掌握微图表让单元格“活”起来，最后利用另类自动化图表 SmartArt、思维导图、Visio 等工具助力我们快速厘清图表思路，完成图表制作。

4.1 解锁图表模板：提高作图效率

首先来解锁图表模板，在制作图表模板时可以遵循图 4-1 所示的三步走的制作思路。

图 4-1

打开“\第 4 章　图表效率之术\4.1-图表模板”源文件。

第一步是建模板。在“创建”工作表中，通过前面 3 章的介绍可以完成“实际业绩和业绩目标对比情况”图表创建和美化的相关操作，如图 4-2 所示。接下来笔者简单地对操作过程进行介绍，具体方法可以参考“第 2 章　图表创建之术”和“第 3 章　图表美化之术”的具体内容。

说明：本例中“业绩”的单位为“万元”，表中和下文中的单位省略，不再标出。

选中“A1:C7”单元格区域并选择“插入”选项卡，单击“插入柱形图或条形图”下拉按钮，选择“簇状柱形图”选项。此时默认插入的柱形图是左右放置的，可以在“设置数据系列格式”工具箱中将“系列重叠”调整为“100%”，此时两组柱子就完全重叠在一起了。像这样两组柱子前后重叠放置的图表，笔者将其称为温度计图，对于温度计图的具体衍生制作方法，6.2 节中还会介绍更多。

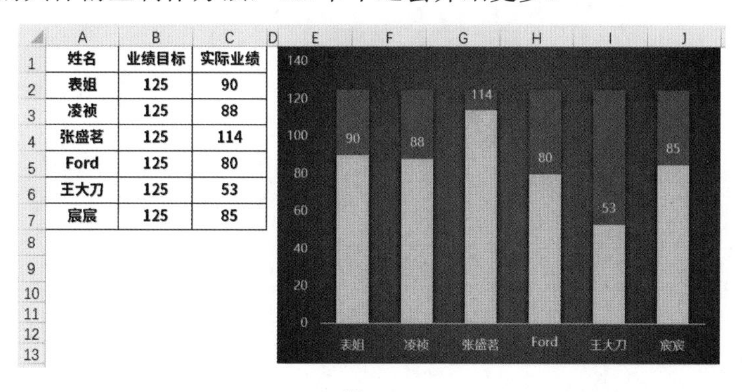

姓名	业绩目标	实际业绩
表姐	125	90
凌祯	125	88
张盛茗	125	114
Ford	125	80
王大刀	125	53
宸宸	125	85

图 4-2

完成图表的创建和一般设置之后，可以优化图表元素。首先删除不必要的图表元素，然后根据汇报风格调整图表配色，将后面的数据柱子颜色设置为“灰色”，将前面的柱子颜色设置为“橘色”。最后添加数据标签，将字体、字号调整为合适的。

当制作好一个图表后，如何将它快速运用到其他的数据表中呢？这里就可以使用图表模板，使作图效率大大提高。

想要将此图表另存为模板，可以选中图表后右击鼠标，在弹出的快捷菜单中选择“另存为模板”命令，如图 4-3 所示。在弹出的“保存图表模板”对话框中默认的路径下输入模板的名称“黑黄色柱形图”，并单击“确定”按钮。

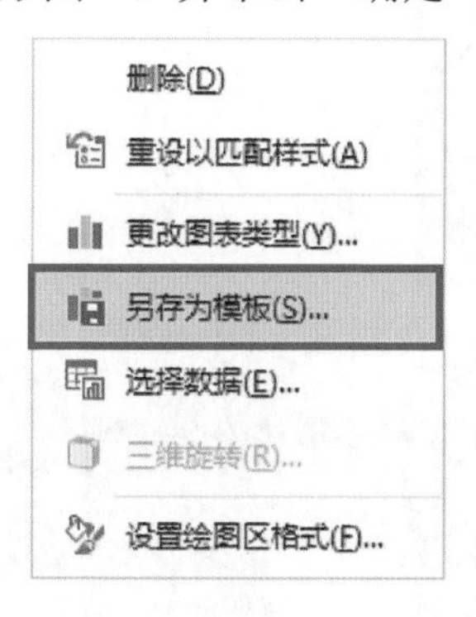

图 4-3

完成模板的创建后，接下来利用保存的模板完成图表的快速创建。在“实战”工作表中选中“A1:C7”单元格区域并选择“插入”选项卡，单击“推荐的图表类型”按钮，在弹出的“插入图表”对话框中选择“所有图表”页签，在“模板”选项卡中选中前面设置好的“黑黄色柱形图”样式，单击“确定”按钮，如图 4-4 所示。

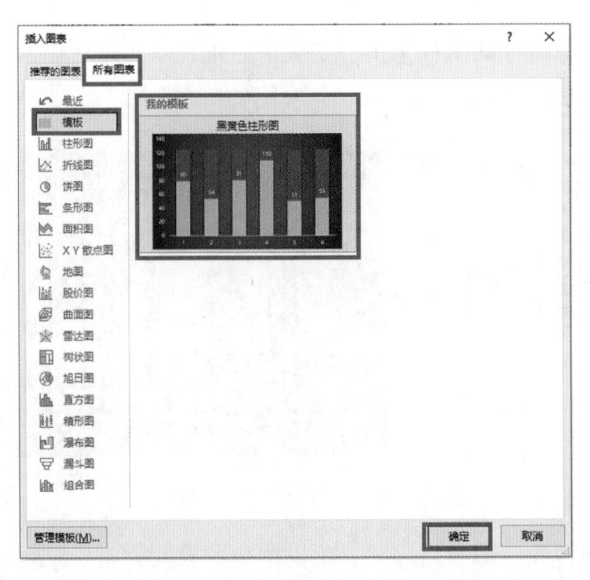

图 4-4

使用图表模板的方式可以大大提高图表美化的工作效率。那么如何快速找到好看的图表模板呢？这里建议读者多看图表设计的网站，多模仿，多收藏，慢慢积累自己的“模板库”。推荐几个好看的图表设计网站：①稻壳儿；②OfficePLUS；③设计师网站，站酷、花瓣；④第三方插件，EasyShu。此外，在本书配套福利包中笔者还贴心地准备了图 4-5 所示的模板素材包，读者可以自行下载、使用。

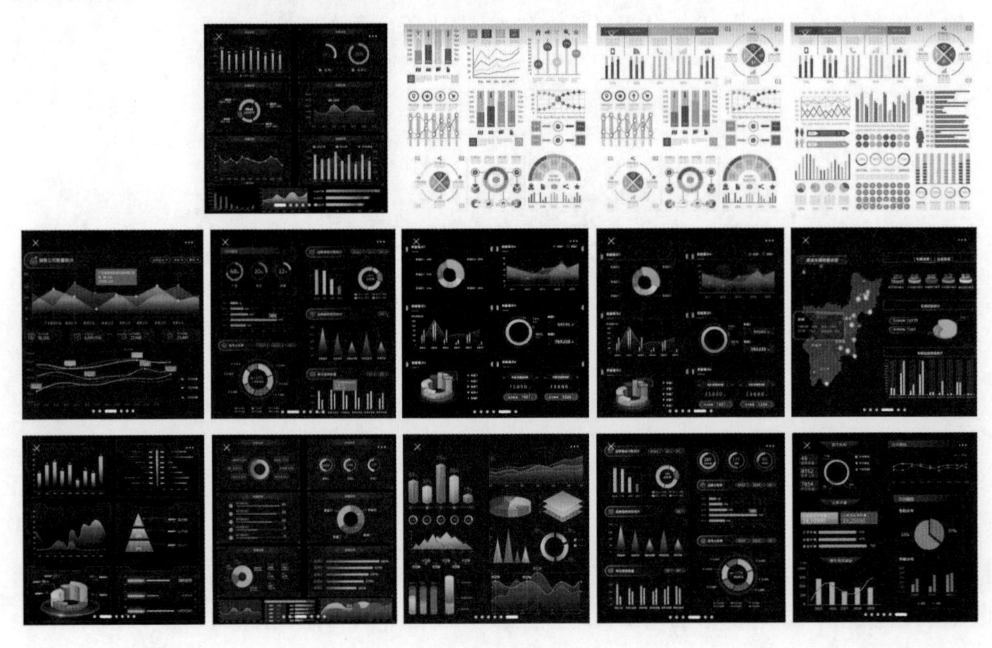

图 4-5

如何将图表模板批量安装呢？可以在 Excel 中选中一个图表后右击鼠标，在弹出的快捷菜单中选择“另存为模板”命令，接着在弹出的“保存图表模板”对话框中按“Windows+E”组合键打开默认的存储路径，将所有图表模板复制并批量粘贴在模板存储路径下，这样在 Excel 中就可以直接选择对应的图表模板进行套用了，实现一秒变装的效果。

4.2　掌握微图表：让单元格“活”起来

接下来我们继续介绍第 2 部分内容，掌握微图表，让单元格“活”起来。这里介绍 3 种不同的方式来制作微图表：第 1 种是条件格式，第 2 种是迷你图，第 3 种是利用 REPT 函数将图表直接嵌入单元格。

1．条件格式

首先介绍第 1 种让单元格“活”起来的方法——条件格式。条件格式，顾名思义就是通过单元格的格式，利用数据条、色阶、图标集等来展示数值效果的一种方式。

打开“\第 4 章　图表效率之术\4.2-条件格式-迷你图-REPT 函数”源文件。

说明：本章案例中“业绩”的单位为“万元”，表中和下文中的单位省略，不再标出。

（1）数据条。

在“数据条-图标集”工作表中，选中“C3:C13”单元格区域并选择“开始”选项卡，单击“条件格式”下拉按钮并选择“数据条”选项，选中一个合适的数据条效果，如图 4-6 所示。

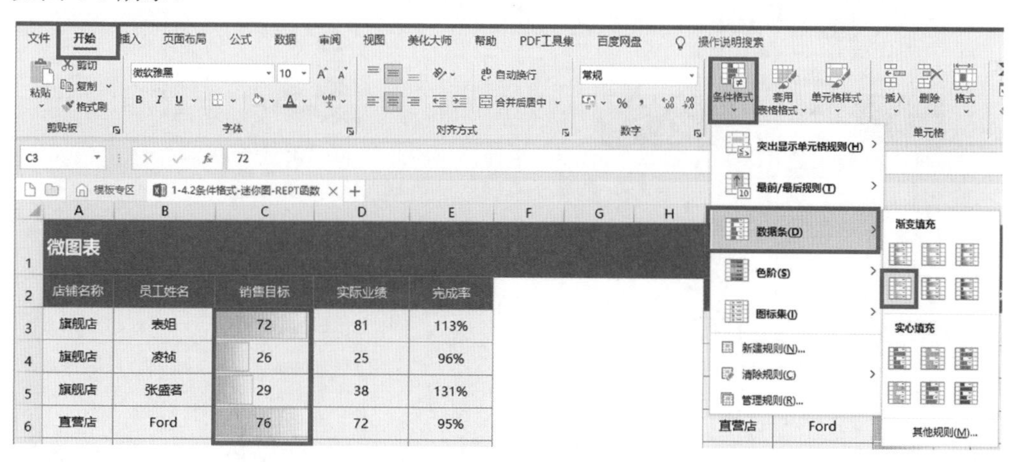

图 4-6

提示：对于数据区域的选取不要选中汇总行数据，因为汇总行数据与其他数据差异较大，选中后无法展示出其他数据的变化。

（2）色阶。

除了数据条的条件格式，还可以选择色阶的条件格式效果。选中“D3:D13”单元格区域并选择“开始”选项卡，单击“条件格式”下拉按钮并选择“色阶”选项，选中一个合适的色阶效果，如图 4-7 所示。

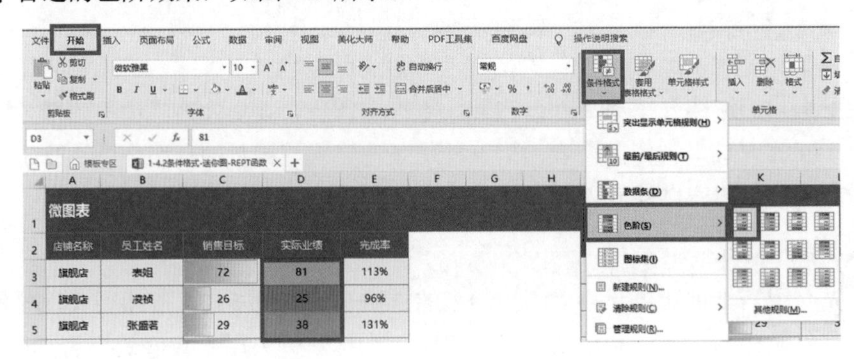

图 4-7

（3）图标集。

此外，还可以选择图标集的条件格式效果。选中“E3:E13”单元格区域并选择“开始”选项卡，单击“条件格式”下拉按钮并选择“图标集”选项，选择“3 个符号”图标，如图 4-8 所示。

对于图标集，在设置后可以单击“条件格式”下拉按钮并选择“管理规则”选项对其进行进一步的调整，如图 4-9 所示。

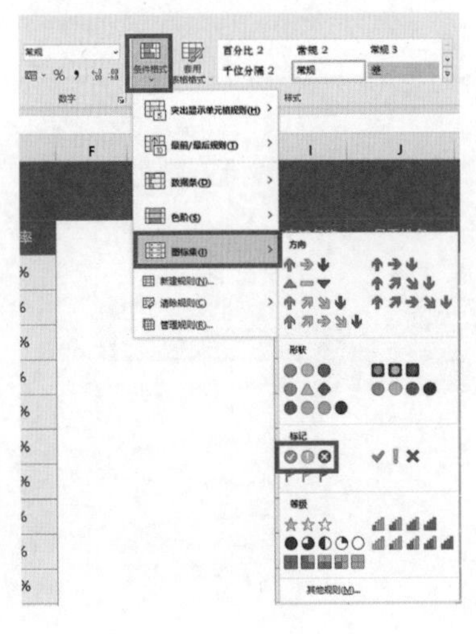

图 4-8

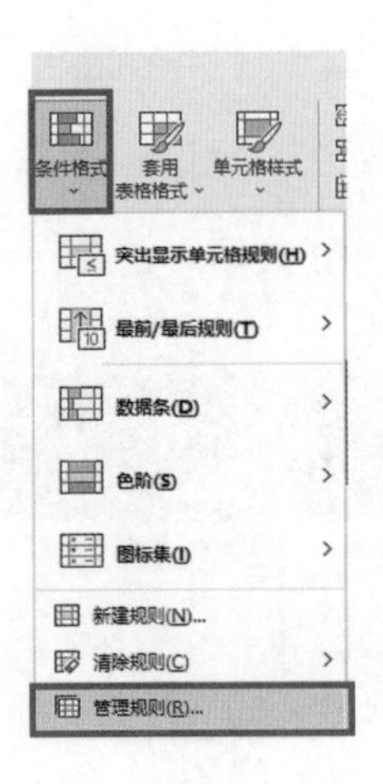

图 4-9

选择“管理规则”选项后，在弹出的“条件格式规则管理器”对话框中，选中要调整的“图标集”选项，单击“编辑规则”按钮，如图 4-10 所示。

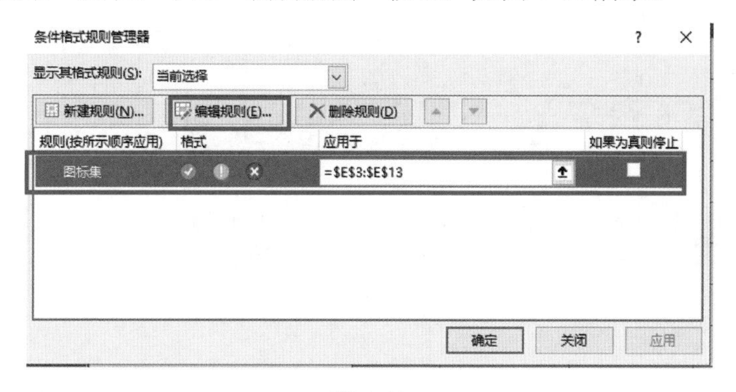

图 4-10

在弹出的“编辑格式规则”对话框中默认的“类型”是“百分百”，这里调整为“数字”。接着设置“值”分别为“1”和“0.8”，单击“图标”下拉按钮，选择图 4-11 所示的图标样式，依次单击“确定”按钮。

通过条件格式美化后的图表就完成了，如图 4-12 所示。

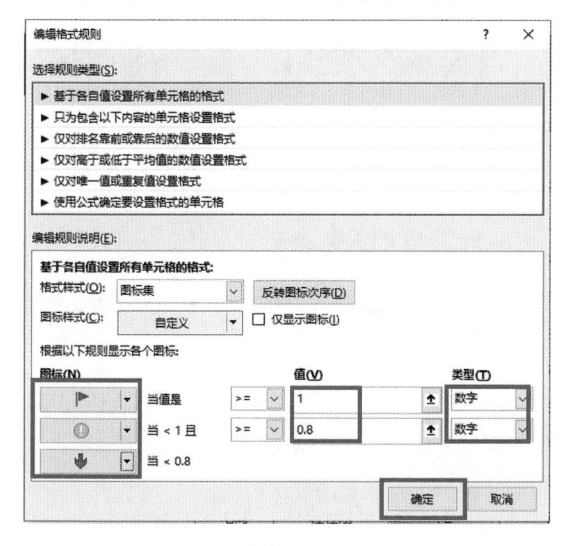

图 4-11

	A	B	C	D	E
1	微图表				
2	店铺名称	员工姓名	销售目标	实际业绩	完成率
3	旗舰店	表姐	72	81	113%
4	旗舰店	凌祯	26	25	96%
5	旗舰店	张盈茗	29	38	131%
6	直营店	Ford	76	72	95%
7	直营店	王大刀	48	63	131%
8	直营店	Lisa	72	82	114%
9	直营店	孙坛	73	76	104%
10	直营店	张一波	39	30	77%
11	电商	马鑫	47	44	94%
12	电商	倪国梁	56	62	111%
13	电商	程桂刚	72	72	100%
14	总计		610	645	

图 4-12

（4）突出显示重复值。

除了数据条、色阶、图标集的条件格式，还可以设置突出显示重复值和核心数据。

在“突出显示重复值”工作表中，选中“A4:A14”单元格区域并选择“开始”选项卡，单击“条件格式”下拉按钮，选择“突出显示单元格规则”→“重复值”选项，如图 4-13 所示。

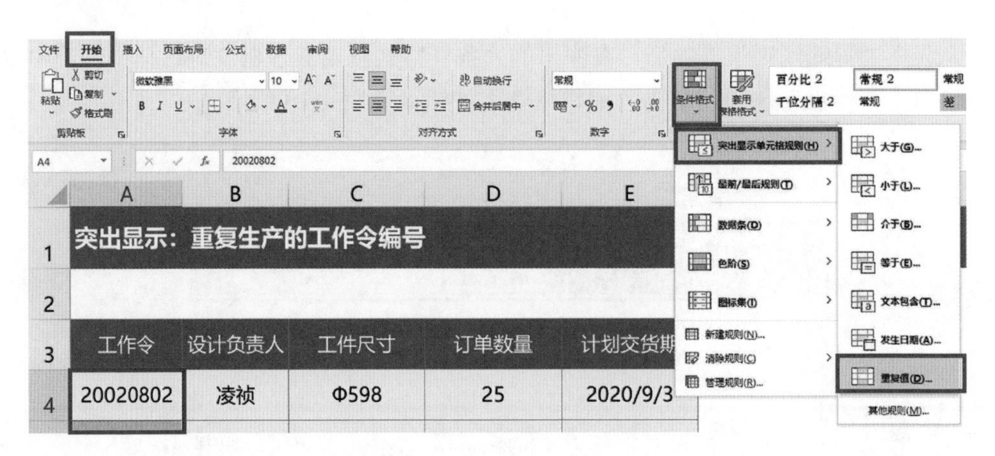

图 4-13

在弹出的“重复值”对话框中单击“设置为”右侧的下拉按钮，选择“黄填充色深黄色文本”选项，单击“确定”按钮，如图 4-14 所示。此时“A”列中重复值就被突出显示为黄色了，如图 4-15 所示。

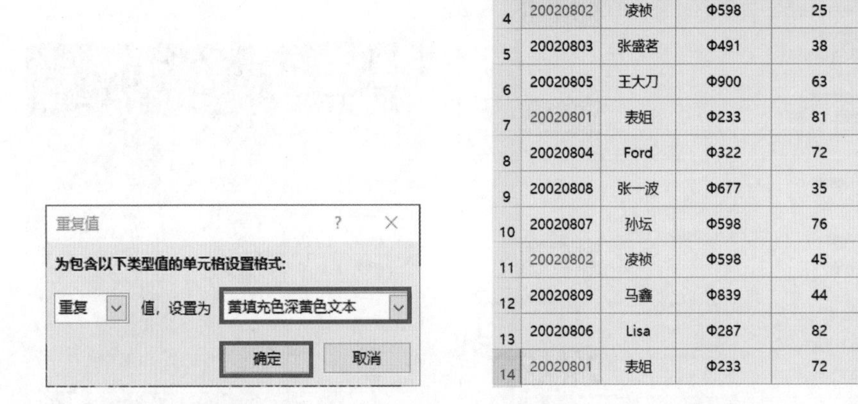

图 4-14

突出显示：重复生产的工作令编号

工作令	设计负责人	工件尺寸	订单数量	计划交货期
20020802	凌祯	Φ598	25	2020/9/3
20020803	张盛茗	Φ491	38	2020/9/10
20020805	王大刀	Φ900	63	2020/9/17
20020801	表姐	Φ233	81	2020/9/21
20020804	Ford	Φ322	72	2020/9/24
20020808	张一波	Φ677	35	2020/9/24
20020807	孙坛	Φ598	76	2020/9/26
20020802	凌祯	Φ598	45	2020/9/26
20020809	马鑫	Φ839	44	2020/9/28
20020806	Lisa	Φ287	82	2020/10/3
20020801	表姐	Φ233	72	2020/10/5

图 4-15

（5）突出显示核心数据。

除了突出显示重复值，还可以将“突出显示核心数据”工作表中增长率的前 3 项突出显示出来。选中“E4:E14”单元格区域并选择“开始”选项卡，单击“条件格式”下拉按钮，选择“最前/最后规则”→“前 10 项”选项，如图 4-16 所示。

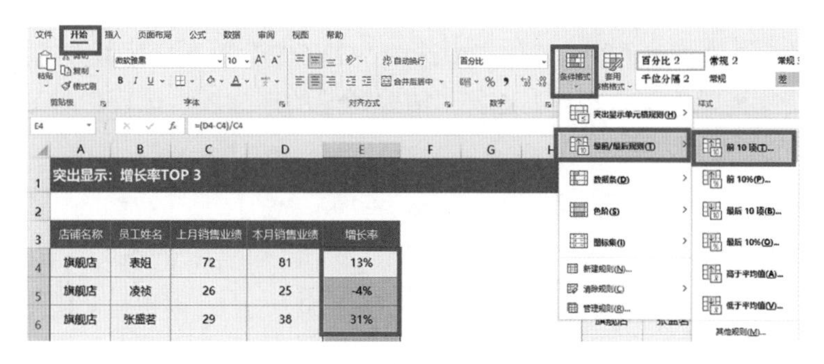

图 4-16

在弹出的“前 10 项”对话框中，首先将数值修改为“3”，然后单击“设置为”右侧的下拉按钮，选择“绿填充色深绿色文本”选项，最后单击“确定”按钮，如图 4-17 所示。此时“E”列中前 3 项就被突出显示为绿色了，如图 4-18 所示。

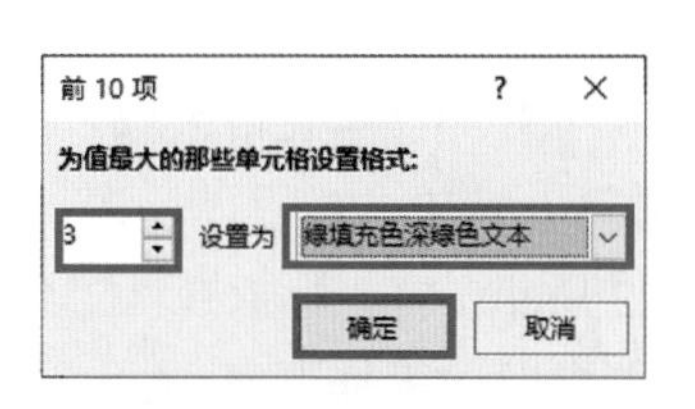

图 4-17

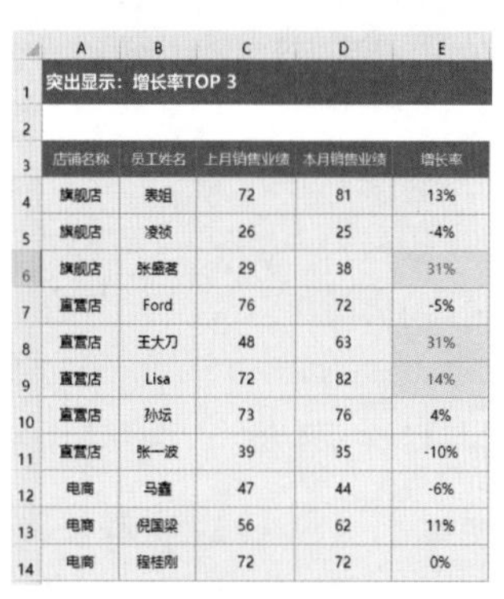

突出显示：增长率TOP 3

店铺名称	员工姓名	上月销售业绩	本月销售业绩	增长率
旗舰店	表姐	72	81	13%
旗舰店	凌祯	26	25	-4%
旗舰店	张盛茗	29	38	31%
直营店	Ford	76	72	-5%
直营店	王大刀	48	63	31%
直营店	Lisa	72	82	14%
直营店	孙坛	73	76	4%
直营店	张一波	39	35	-10%
电商	马鑫	47	44	-6%
电商	倪国梁	56	62	11%
电商	程桂刚	72	72	0%

图 4-18

2. 迷你图

除了条件格式，还有一个特别好用的工具就是迷你图。在“迷你图”工作表中，迷你图已经被制作好了，如图 4-19 所示。首先将已经完成的迷你图删除，然后介绍迷你图的创建。选中“O3:O10”单元格区域，按“Delete”键发现无法将迷你图删除。迷你图的删除方式与普通图表不同，请跟着笔者的介绍一起来操作吧。

微图表

序号	营销经理	1月	2月	3月	4月	5月	6月	7月	8月	9月	10月	11月	12月	迷你图
1	表姐	148	146	146	124	135	174	145	133	142	156	132	113	
2	凌祯	133	179	119	144	124	170	177	152	106	165	159	156	
3	张盛茗	115	108	142	135	127	112	153	185	178	149	168	166	
4	Ford	160	140	128	155	102	127	174	175	144	111	161	114	
5	王大刀	126	167	103	164	169	121	132	140	117	126	117	178	
6	震震	159	125	179	165	152	144	175	128	183	102	128	183	
7	Lisa	111	179	101	176	109	163	131	110	149	111	164	123	
8	天天	155	172	110	178	179	183	112	105	179	166	103	155	

图 4-19

删除迷你图。在“迷你图”工作表中选中“O3:O10”单元格区域并选择“迷你图”选项卡，单击“清除”下拉按钮，选择“清除所选的迷你图”选项，即可将迷你图删除，如图 4-20 所示。

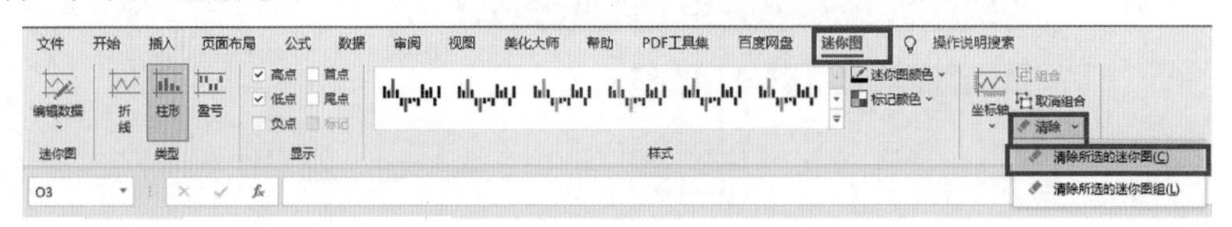

图 4-20

创建迷你图。选中“O3:O10”单元格区域并选择“插入”选项卡，在“迷你图”组中单击“折线”按钮，如图 4-21 所示。

图 4-21

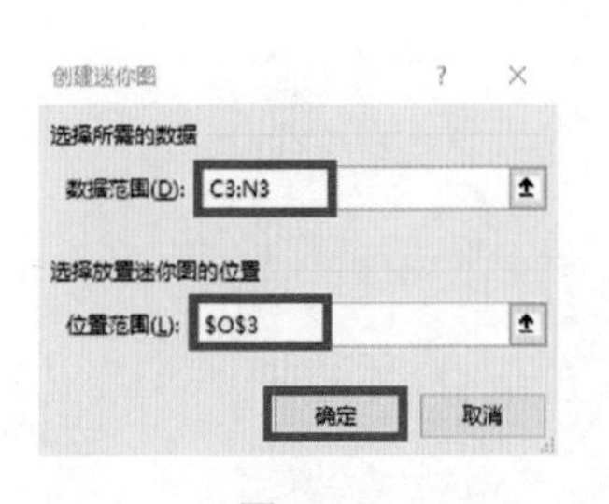

图 4-22

在弹出的“创建迷你图”对话框中，单击“数据范围”文本框将其激活，选择“C3:N3”单元格区域。单击“位置范围”文本框将其激活，选中“O3”单元格，并单击“确定”按钮，如图 4-22 所示。将光标放在“O3”单元格右下角，当它变为“十”字时向下拖曳至“O10”单元格，即将格式向下填充到了“O3:O10”单元格区域，如图 4-23 所示，折线迷你图就完成了。

微图表

序号	营销经理	1月	2月	3月	4月	5月	6月	7月	8月	9月	10月	11月	12月	迷你图
1	表姐	148	146	146	124	135	174	145	133	142	156	132	113	
2	凌祯	133	179	119	144	124	170	177	152	106	165	159	156	
3	张盛茗	115	108	142	135	127	112	153	185	178	149	168	166	
4	Ford	160	140	128	155	102	127	174	175	144	111	161	114	
5	王大刀	126	167	103	164	169	121	132	140	117	126	117	178	
6	宸宸	159	125	179	165	152	144	175	128	183	102	128	183	
7	Lisa	111	179	101	176	109	163	131	110	149	111	164	123	
8	天天	155	172	110	178	179	183	112	105	179	166	103	155	

图 4-23

创建好迷你图后，接下来设置迷你图样式。选中迷你图区域后，在“迷你图”选项卡的“样式”组中选择一个合适的样式，单击“标记颜色”下拉按钮，选择“高点”→“黄色”选项，以及“低点”→“深红”选项，如图 4-24 所示。

此外，还可以调整迷你图类型。选中迷你图区域后，在“迷你图”选项卡中单击“柱形”按钮，如图 4-25 所示。此时即可将折线迷你图调整为图 4-19 所示的柱形迷你图样式。

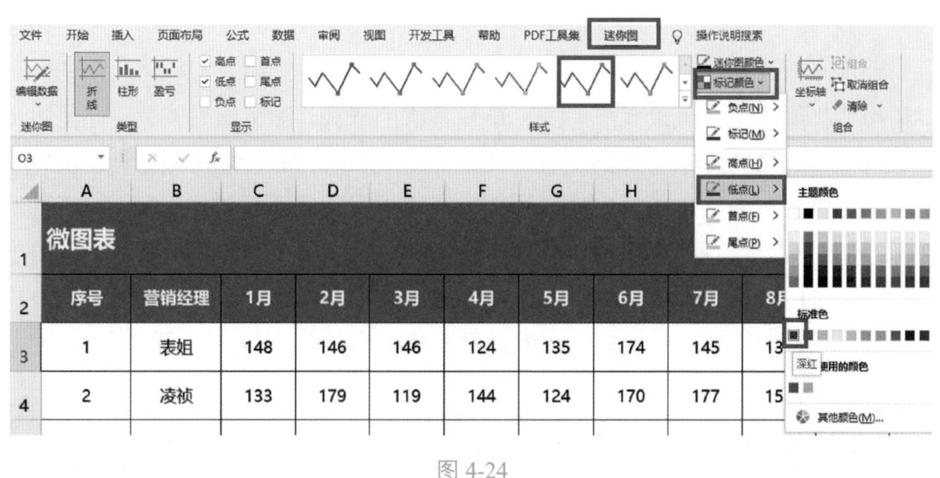

图 4-24

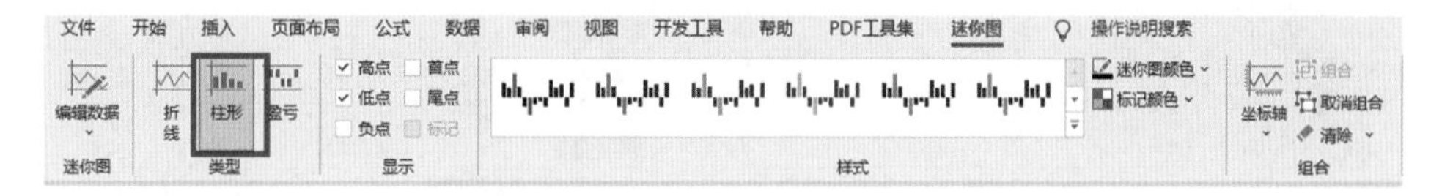

图 4-25

3. REPT 函数

接下来介绍一种 REPT 函数来实现微图表的创建，函数公式如下。

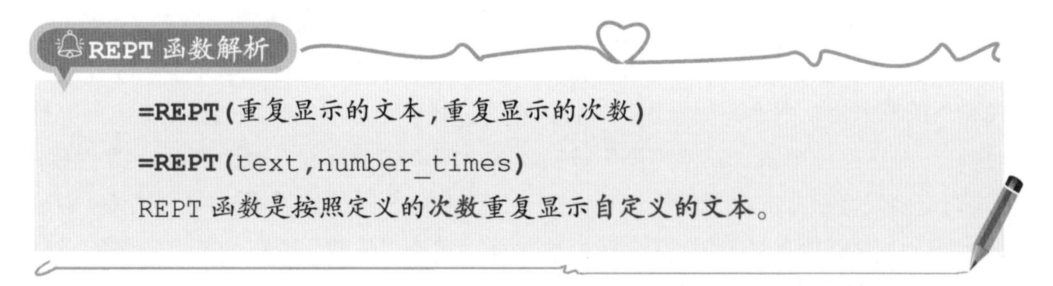

在“REPT-条件格式”工作表中，选中“C3”单元格，单击函数编辑区将其激活后输入“=REPT("★",B3/20)”，单击“ √ ”按钮确认，如图 4-26 所示。

REPT("★",B3/20)表示按照定义的次数（B3/20），重复显示自定义的文本（★）。其中，“★”可以通过按“V+1”组合键找到对应的符号。或者通过搜狗输入法、插入符号等方式完成符号的录入。

C3 =REPT("★",B3/20)

	A	B	C	D
1	微图表			
2	分公司	人数	微图表	Arial或Gautami【|】
3	北京	120	★★★★★★	
4	上海	110	★★★★★	

图 4-26

利用“|”符号同样可以完成“D3”单元格中的样式。除了这些符号，还可以使用特殊字符，将这些特殊字符变为一些特殊效果。例如，“E:G”列单元格中的特殊符号是如何完成的？由于在不同字体下不同字母可以显示出不同的符号样式，我们利用 REPT 函数插入指定个数的字母，并调整不同的字体样式，即可显示出不同的符号。

例如，“E3”单元格是利用“g”在“Webdings”字体下显示的样式，“F3”单元格是利用“w”在“Webdings”字体下显示的样式，如图 4-27 所示。

	A	B	C	D	E	F	G
1	微图表						
2	分公司	人数	微图表	Arial或Gautami【|】	Webdings【g】	Webdings【 】	Aharoni【l】
3	北京	120	★★★★★★				1
4	上海	110	★★★★★				
5	广州	80	★★★★				
6	深圳	210	★★★★★★★★★★★				
7	杭州	100	★★★★★				
8	重庆	250	★★★★★★★★★★★★★				

图 4-27

对于不同字母在不同字体下对应显示的符号效果，这里提供了一个微图表符号使用指南，如图 4-28 所示。这样通过 REPT 函数配合特殊的字体效果就可以实现数据的可视化呈现了。

除此之外，配合条件格式还可以做突出显示。选中“A3:G8”单元格区域并选择“开始”选项卡，单击“条件格式”下拉按钮，选择“管理规则”选项。在弹出的“管理规则”对话框中单击“新建规则”按钮，在“新建格式规则”对话框中选择“使用公式确定要设置格式的单元格”选项，在“为符合此公式的值设置格式”文本框中输入“=$B3=MIN($B$3:$B$8)”，如图 4-29 所示。单击“格式”按钮为符合条件的设置填充颜色为“绿色”，单击“确定”按钮，这样就可以实现单元格中数据表的美化了。如图 4-30 所示，最小值突出显示为“绿色”的样式就完成了。

提示：在图 4-29 中，“$B3=MIN($B$3:$B$8)”表示将“B”列中最小值所在单元格对应的行，设置为指定格式的样式。

	A	B	C	D	E	F
1	微软雅黑	Webdings	Wide Latin	Wingdings	Wingdings 2	Wingdings 3
2	A	A	A	A	A	A
3	B	B	B	B	B	B
4	C	C	C	C	C	C
5	D	D	D	D	D	D
6	E	E	E	E	E	E
7	F	F	F	F	F	F
8	G	G	G	G	G	G
9	H	H	H	H	H	H
10	I	I	I	I	I	I
11	J	J	J	J	J	J
12	K	K	K	K	K	K
13	L	L	L	L	L	L
14	M	M	M	M	M	M
15	N	N	N	N	N	N
16	O	O	O	O	O	O
17	P	P	P	P	P	P
18	Q	Q	Q	Q	Q	Q
19	R	R	R	R	R	R
20	S	S	S	S	S	S
21	T	T	T	T	T	T
22	U	U	U	U	U	U
23	V	V	V	V	V	V
24	W	W	W	W	W	W
25	X	X	X	X	X	X
26	Y	Y	Y	Y	Y	Y
27	Z	Z	Z	Z	Z	Z
28	[	[	[	[	[	[
29	\	\	\	\	\	\
30	]	]	]	]	]	]
31	^	^	^	^	^	^
32	_	_	_	_	_	_
33	`	`	`	`	`	`
34	a	a	a	a	a	a
35	b	b	b	b	b	b
36	c	c	c	c	c	c
37	d	d	d	d	d	d
38	e	e	e	e	e	e
39	f	f	f	f	f	f
40	g	g	g	g	g	g
41	h	h	h	h	h	h
42	i	i	i	i	i	i
43	j	j	j	j	j	j
44	k	k	k	k	k	k
45	l	l	l	l	l	l
46	m	m	m	m	m	m
47	n	n	n	n	n	n
48	o	o	o	o	o	o
49	p	p	p	p	p	p
50	q	q	q	q	q	q
51	r	r	r	r	r	r
52	s	s	s	s	s	s
53	t	t	t	t	t	t
54	u	u	u	u	u	u
55	v	v	v	v	v	v
56	w	w	w	w	w	w
57	x	x	x	x	x	x
58	y	y	y	y	y	y
59	z	z	z	z	z	z
60	{	{	{	{	{	{
61	|	|	|	|	|	|
62	}	}	}	}	}	}
63	~	~	~	~	~	~
64	1	1	1	1	1	1
65	2	2	2	2	2	2
66	3	3	3	3	3	3
67	4	4	4	4	4	4
68	5	5	5	5	5	5
69	6	6	6	6	6	6
70	7	7	7	7	7	7
71	8	8	8	8	8	8
72	9	9	9	9	9	9
73	0	0	0	0	0	0

图 4-28

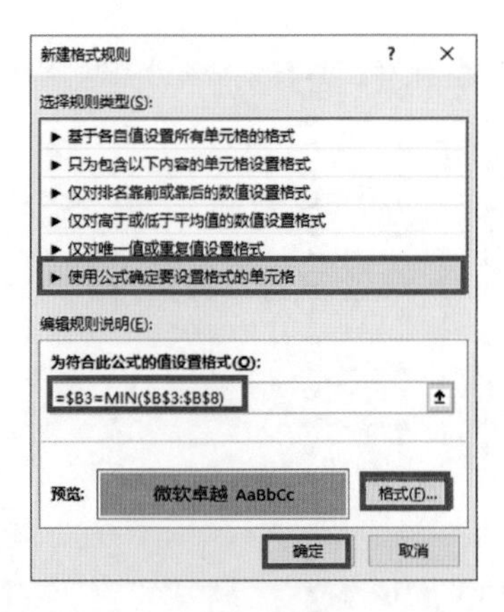

图 4-29

微图表						
分公司	人数	微图表	Arial或Gautami【|】	Webdings【g】	Webdings【 】	Aharoni【I】
北京	120	★★★★★★	[illegible]	[illegible]	[illegible]	[illegible]
上海	110	★★★★★	[illegible]	[illegible]	[illegible]	[illegible]
广州	80	★★★★	[illegible]	[illegible]	[illegible]	[illegible]
深圳	210	★★★★★★★★★★	[illegible]	[illegible]	[illegible]	[illegible]
杭州	100	★★★★★	[illegible]	[illegible]	[illegible]	[illegible]
重庆	250	★★★★★★★★★★★★	[illegible]	[illegible]	[illegible]	[illegible]

图 4-30

4.3 另类自动化图表：SmartArt、思维导图、Visio

前文介绍了通过使用图表模板的方式和条件格式、迷你图、REPT 函数 3 种微图表的方式来提高制作图表的效率。除了数据图表的呈现，文字、图片，甚至思路的呈现也需要用到不同的图表展示工具，这一节介绍第 3 种提高制作图表效率的方式——自动化图表。

1. SmartArt

对于 SmartArt 的制作在 Excel、PowerPoint、Word 中同样适用。例如，制作图 4-31 所示的公司组织框架图。

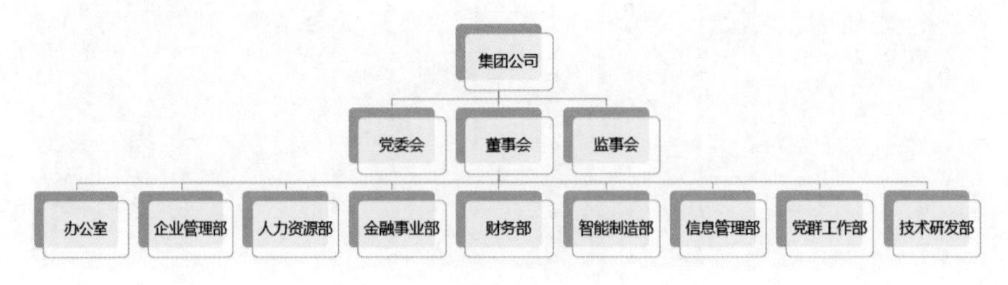

图 4-31

（1）制作 SmartArt 组织框架图。

打开 PowerPoint，选择“插入”选项卡并单击“SmartArt”按钮，如图 4-32 所示。

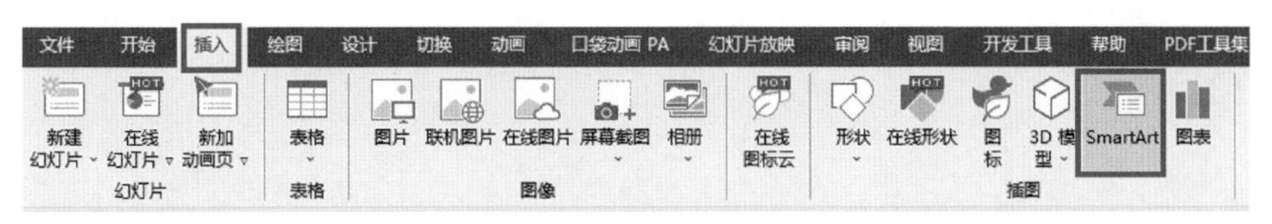

图 4-32

在弹出的“选择 SmartArt 图形”对话框中选择“层次结构”选项，选择一个合适的层级样式，单击“确定”按钮，如图 4-33 所示。

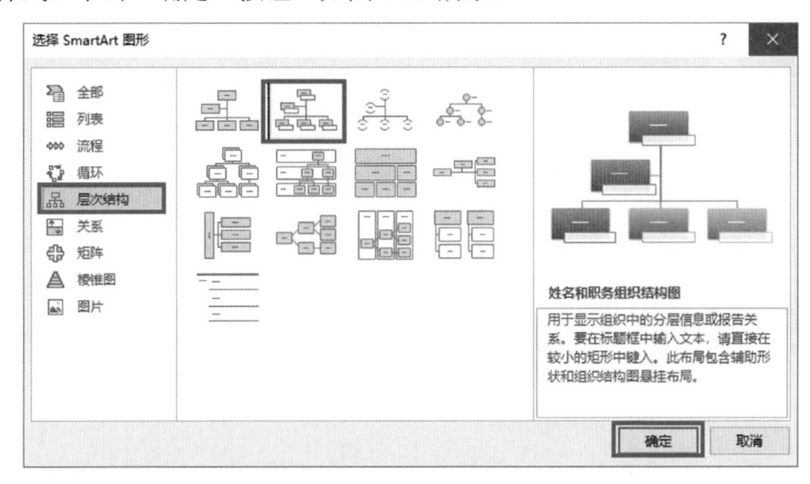

图 4-33

在 PowerPoint 中就生成了一个空白的组织层级结构图。接下来根据实际需要在每一个层级中输入对应的名称，对于多余的层级，可以选中后按“Delete”键删除，对于缺失的层级，可以按“Enter”键新增层级，如图 4-34 所示。

还可以在图表旁边的列表中设置每一层级的名称，完成后按“Enter”键新增层级，按“Tab”键可以下移对应文本的层级，按“Shift+Tab”组合键可以上移文本的层级，通过这样的方式调整层级结构，如图 4-35 所示。

（2）文本转化 SmartArt。

此外，SmartArt 还可以根据文本转化为图表结构。选中图 4-36 所示的文本框中所有的文本并右击鼠标，在弹出的快捷菜单中选择“转换为 SmartArt”命令，在弹出的子菜单中选择“其他 SmartArt 图形”命令。在弹出的“选择 SmartArt 图形”对话框中选择“层次结构”选项，选择一个合适的层级关系，并单击“确定”按钮，如图 4-37 所示。组织框架图就完成了，效果如图 4-38 所示。

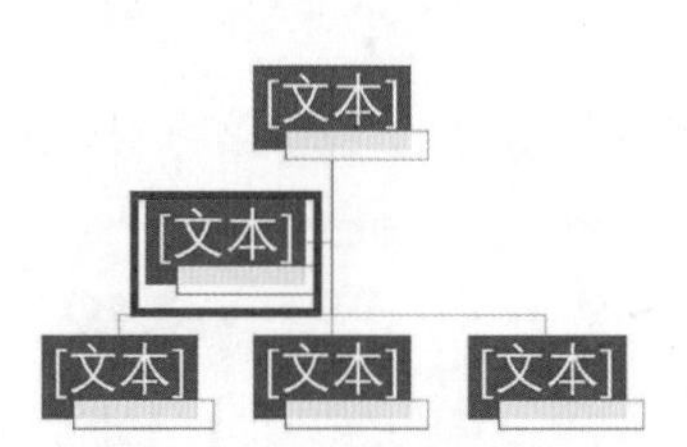

图 4-34

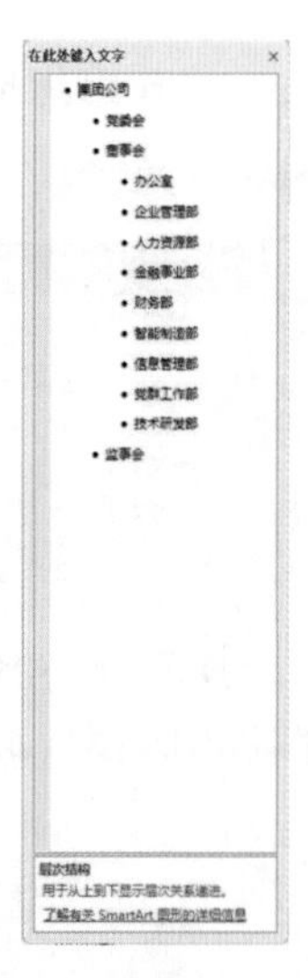

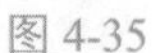

图 4-35

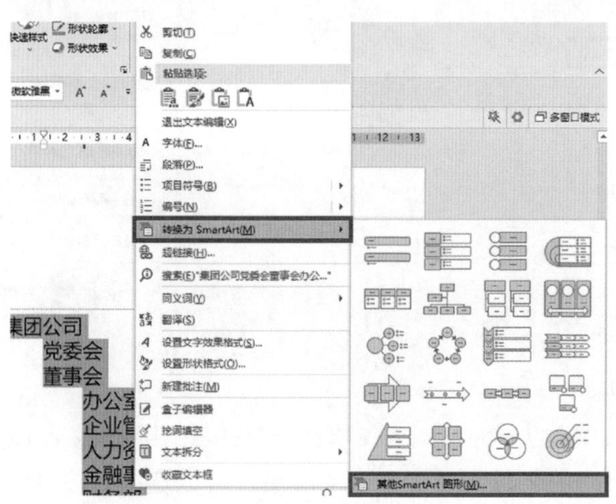

图 4-36

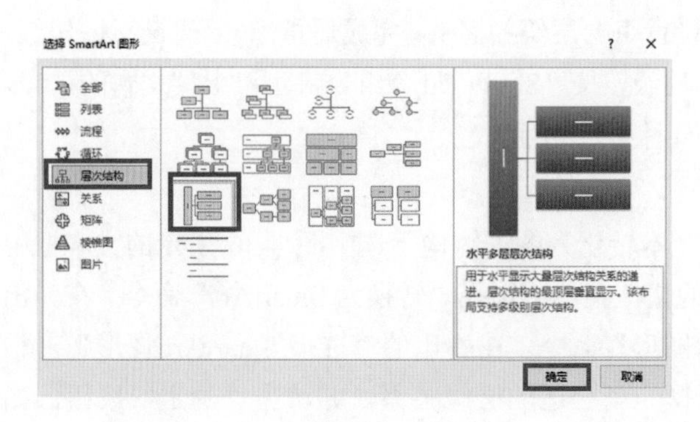

图 4-37

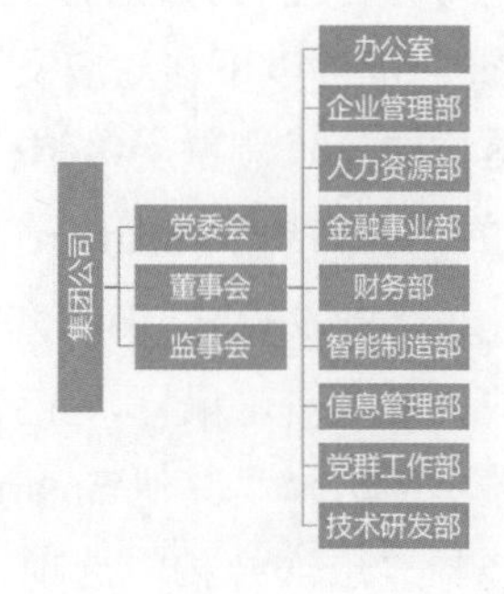

图 4-38

（3）SmartArt 制作漏斗图。

SmartArt 除了制作组织机构图，还可以制作漏斗图。选择“插入”选项卡，单击“SmartArt”按钮，在弹出的“选择 SmartArt 图形”对话框中选择“棱锥图”选项，选择一个合适的层级样式，并单击“确定”按钮，如图 4-39 所示。

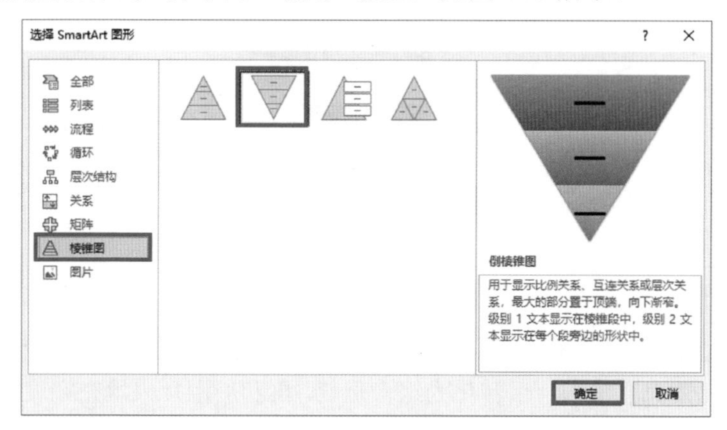

图 4-39

接下来通过按“Enter”键来增加组织层级至 7 级，并通过选中 SmartArt 图形后，在“SmartArt 设计”选项卡中单击“更改颜色”下拉按钮，选择一个颜色样式，如图 4-40 所示。

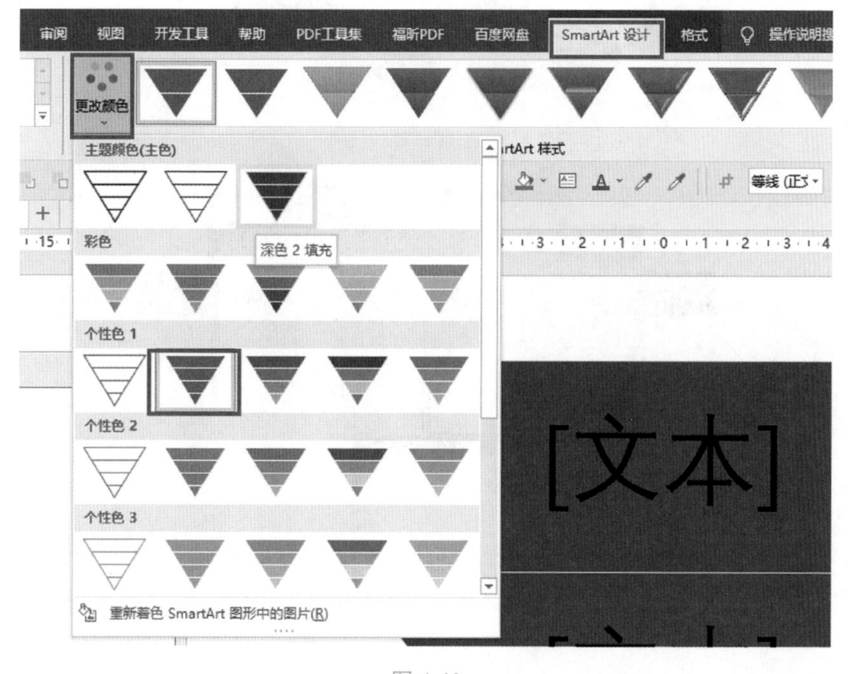

图 4-40

此时 SmartArt 图形为一个整体，可以选中并右击鼠标，在弹出的快捷菜单中选择“组合”命令，在弹出的子菜单中选择“取消组合”命令。分别将中间多余的层级选中并按“Delete”键删除，此时漏斗图就完成了，如图 4-41 所示。

图 4-41

（4）利用 SmartArt 对图片进行排版。

SmartArt 还经常用于图片排版。例如，图 4-42 和图 4-43 所示的两个案例就是先利用 SmartArt 图表取消组合后转化为组合形状，再利用图片来填充完成的，接下来我们就试一试。

图 4-42

图 4-43

选择“插入”选项卡并单击“SmartArt”按钮，在弹出的“选择 SmartArt 图形”对话框中选择“图片”选项，选择一个合适的样式后，单击“确定”按钮，如图 4-44 所示。

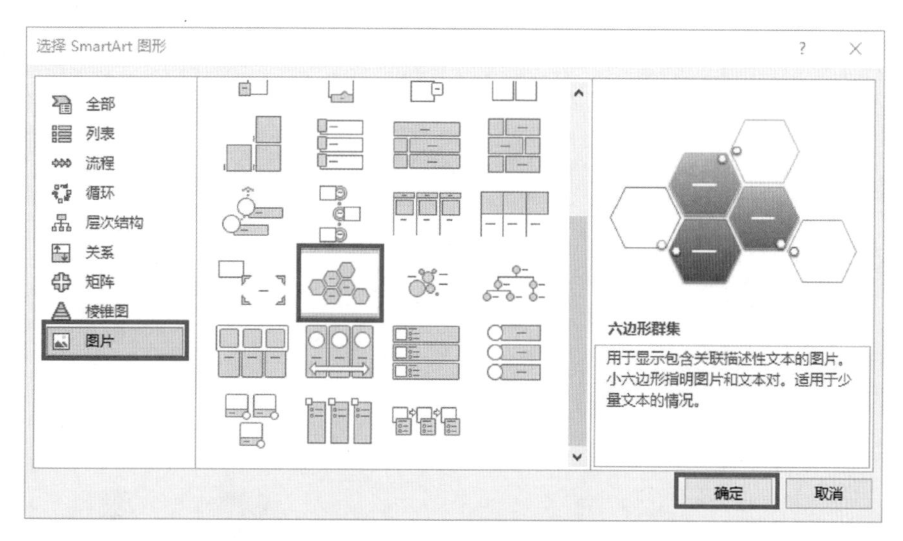

图 4-44

通过按“Enter”键增加结构层级，使形状丰富起来。此时 SmartArt 图形为一个整体，选中并右击鼠标，在弹出的快捷菜单中选择“组合”命令，在弹出的子菜单中选择“取消组合”命令，此时 SmartArt 图形已经成为一个组合的形状。将图 4-45 所示形状中的所有小六边形都删除。

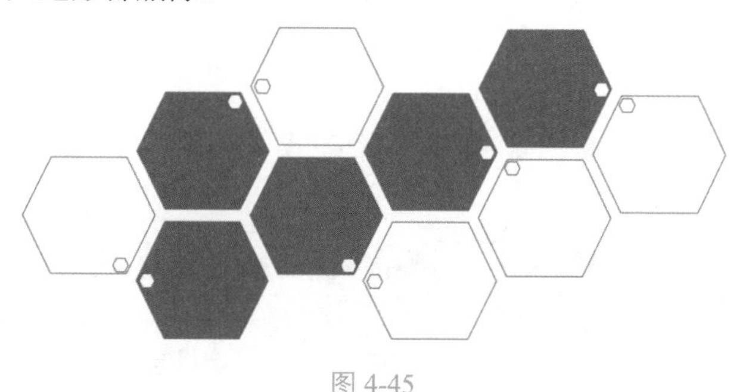

图 4-45

选中组合形状并右击鼠标，在弹出的快捷菜单中选择“设置形状格式”命令，弹出“设置图片格式”工具箱，在“填充与线条”页签中的“填充”组中选中“图片或纹理填充”单选按钮，单击“插入”按钮，如图 4-46 所示。在弹出的“插入图片”对话框中单击“来自文件”按钮，找到想要填充的图片，选中后单击“打开”按钮，即可完成图片对组合形状的填充。这样在做幻灯片页面设计时就有一张不错的图表背景了，如图 4-47 所示。

如果在表格当中有更新的一种玩法，那么它又是如何实现的呢？其实就是插入一个表格，并在表格中将图片作为背景进行填充，接下来我们一起看看。

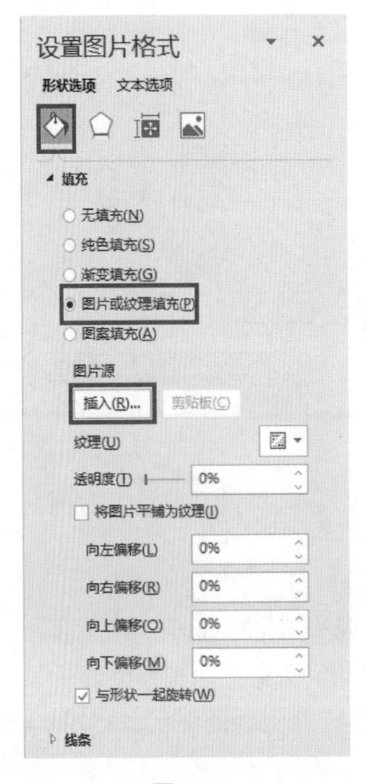

图 4-46

图 4-47

（5）利用表格对图片进行排版。

首先，选择“插入”选项卡，单击“表格”下拉按钮，插入一个“8×6”的表格，如图 4-48 所示。

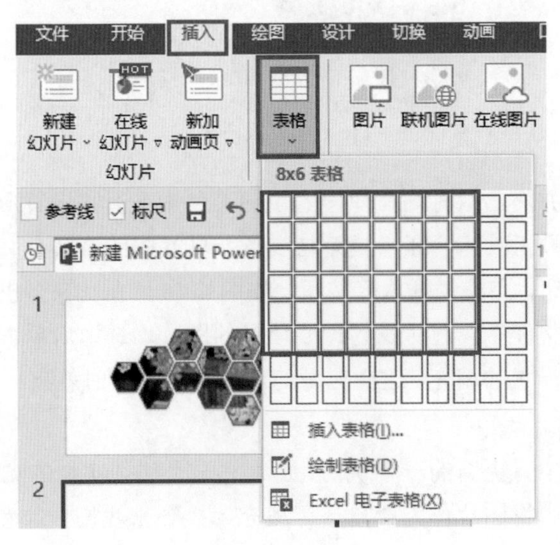

图 4-48

选中表格并右击鼠标，在弹出的快捷菜单中选择“设置形状格式”命令，弹出“设置形状格式”工具箱，在“填充与线条”页签中的“填充”组中选中“图片或纹理填充”单选按钮，如图 4-49 所示。单击“插入”按钮，在弹出的“插入图片”对话框中单击“来自文件”按钮，找到想要填充的图片，选中后单击“打开”按钮，此时表格的每一个单元格中都填充了一张图片，如图 4-50 所示。

图 4-49

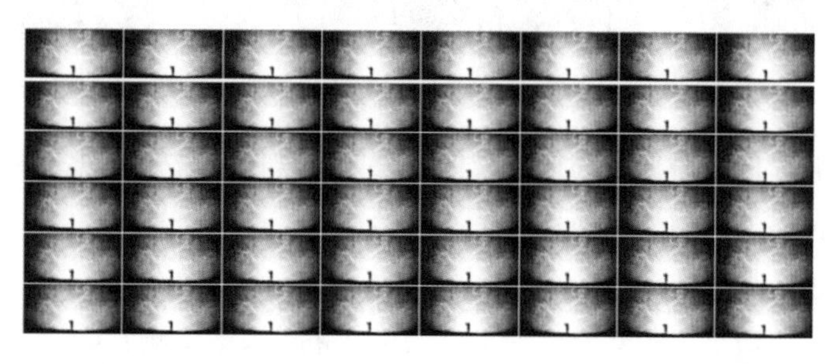

图 4-50

想要将图片平铺在整张表格中，可以选中整个表格并在“设置形状格式”工具箱中勾选“将图片平铺为纹理”复选框，如图 4-51 所示。

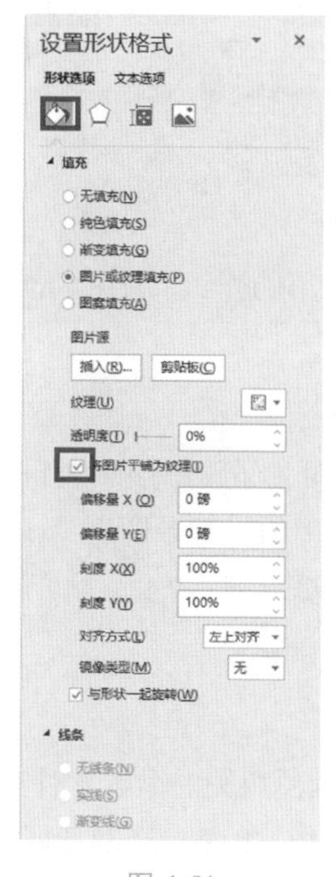

图 4-51

虽然图片已经被平铺在表格之上，但是由于图片和表格尺寸不一致，造成表格中显示出两张图片，如图 4-52 所示。

然后需要调整表格的大小，只有使表格大小与图片大小保持一致，才能完全展示出一张图片填充整张表格的效果，如图 4-53 所示。

图 4-52

图 4-53

接着对表格边框进行美化设计。选中表格后，选择“表设计”选项卡，在“笔颜色”下拉列表中选择颜色为“白色”，单击“边框”下拉按钮，选择“所有边框”选项，如图 4-54 所示。

最后，删除表格中不要的单元格。选中要删除的单元格并在“设置形状格式”工具箱中选中“无填充”单选按钮，如图 4-55 所示，效果就完成了。

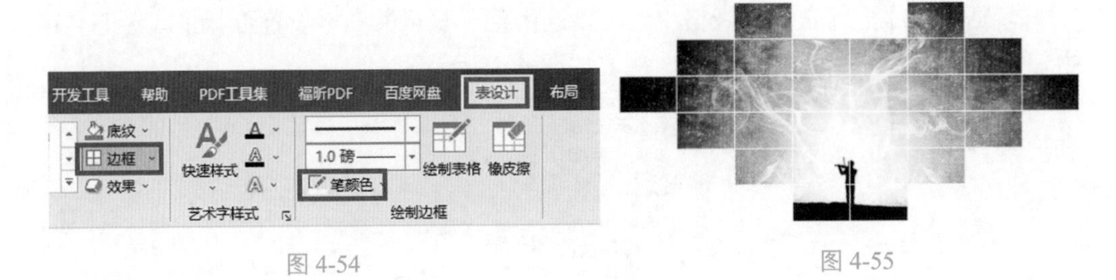

图 4-54

图 4-55

到这里就完成了 SmartArt 应用的介绍，利用 SmartArt 不仅可以制作组织框架图，还可以用于图片的创意排版。

2. 思维导图

除了 SmartArt，在整理思路时为了清晰展示逻辑框架或大纲，还建议使用思维导图的方式。这里推荐两个非常好用的思维导图工具。

（1）百度脑图：在线脑图工具。

（2）Xmind 软件：需要下载和安装。

3. Visio

Visio 是一个常用的梳理流程图相关的微软软件工具，在 Office 之外需要单独安装、使用。在本书附带的福利包中，笔者已经准备好该软件，有需要的读者可以自行安装、使用。

思维导图是逻辑思路的整理工具，而 Visio 是工作流程的梳理工具。图 4-56 所示为新员工入职的流程整理图。软件中也有需要的模板帮助提高工作效率。

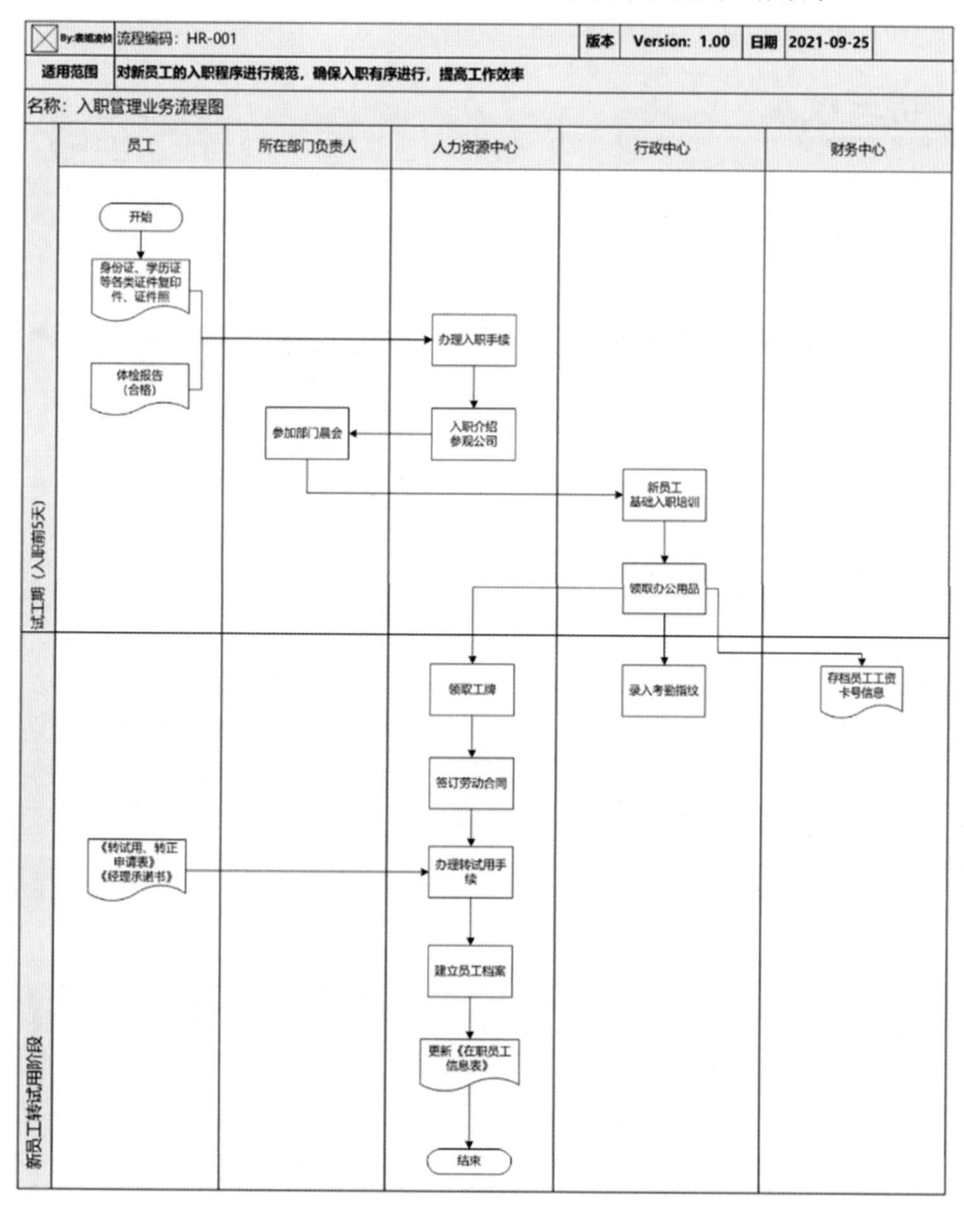

图 4-56

在 ERP 实施过程中，可以先根据实施过程中每个节点做出实施流程图，然后在每个节点标识出需要做的工作。如在某个节点需要做文档管理，或者数据的输入、输出、加工处理等都会体现出来。所以一般在 ERP 实施过程中，第一步是画流程图，第二步是根据流程图匹配每个节点需要的文档或表格来管理业务，第三步是对制度文档的建立。因此，先用 Visio 画流程图，再用 Excel 做表格，最后利用 Word 建立制度约束每一个操作步骤，建立管理规范。

学以致用

根据本章介绍的条件格式技巧，在“作业”工作表中完成图 4-57 所示的“2021 年度销售业绩统计表”图表的制作。

表姐凌祯科技有限公司　2021年度销售业绩统计表

序号	营销经理	季度目标	业绩总额	业绩-目标	是否达标	1月	第2周	第3周	第4周	第5周	第6周	第7周	第8周	第9周	第10周	第11周	第12周	第13周	整体趋势
1	表姐	12000	12653	653	☆	530	600	351	845	1423	1461	1250	967	1190	962	1232	895	947	
2	凌祯	11020	11984	964	☆	688	530	600	351	1050	1333	899	1127	1088	1262	1000	1075	981	
3	张盛茗	9500	11304	1804	☆	135	287	198	531	916	1555	1350	932	1100	1000	1000	1100	1200	
4	Ford	10000	10743	743	☆	441	293	222	287	596	1376	845	1200	1125	1339	880	990	1149	
5	王大刀	10200	10316	116	☆	379	538	121	228	558	1475	558	700	1120	1139	1000	1150	1350	
6	袁袁	9830	9191	-639	✖	222	295	402	378	391	1300	503	600	750	1100	1200	1050	1000	
7	Lisa	10500	6505	-3995	✖	850	900	880	920	1050	1200	374	331	0	0	0	0	0	
8	天天	4420	4802	382	☆	0	0	0	0	324	800	500	400	577	780	455	466	500	
汇总		77470	77498	28	☆	3245	3443	2774	3540	6308	10500	6279	6257	6950	7582	6767	6726	7127	

图 4-57

到这里就完成了本章内容的介绍。本章首先介绍了如何创建模板，并且为读者推荐了一些模板工具的网站。然后介绍了通过条件格式、迷你图和 REPT 函数 3 种方式高效完成图表的可视化呈现。最后介绍了自动化图表 SmartArt、思维导图和 Visio 的具体使用方法。这 3 个小工具具有大作用，相信在工作中具体使用时，它们会成为你的好助手。

第5章 图表神助手

动态图表的本质是数据源变动，图表随之联动变化。在图 5-1 所示的动态图表中，可以通过下拉按钮选择不同类别的数据，将图表与制定的数据绑定，联动变化，这个下拉按钮就是控件。这一章就来探索小按钮的大秘密，揭秘这个神奇的小按钮。

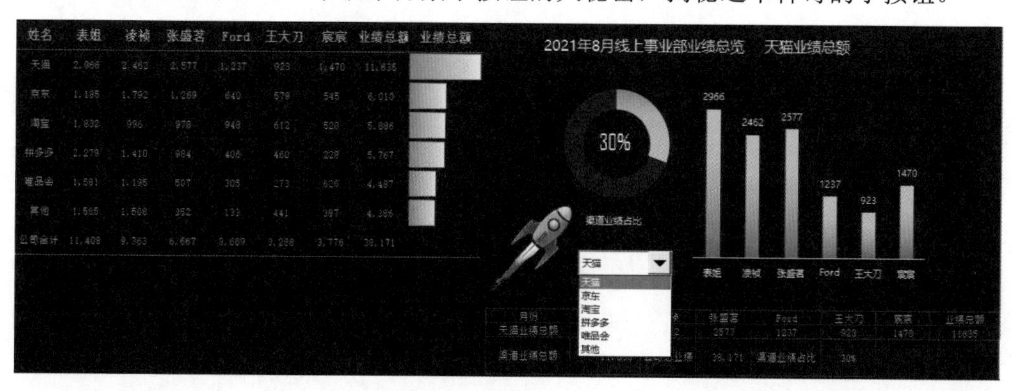

图 5-1

打开“\第 5 章 图表神助手-动态图表\5.1-动态图表：制作分公司业绩动态图表”源文件。

5.1 启用开发工具

在“控件”工作表中有一些常用的表单控件，每个控件对应不同的展现形式，如图 5-2 所示。这些神奇的小控件是如何制作的呢？接下来请跟着笔者的介绍一起来看看。

想要制作这些控件，需要打开“开发工具”选项卡，在“开发工具”选项卡中进行设置。Excel 默认的工具栏顶部是没有“开发工具”选项卡的，需要将它调用出来。

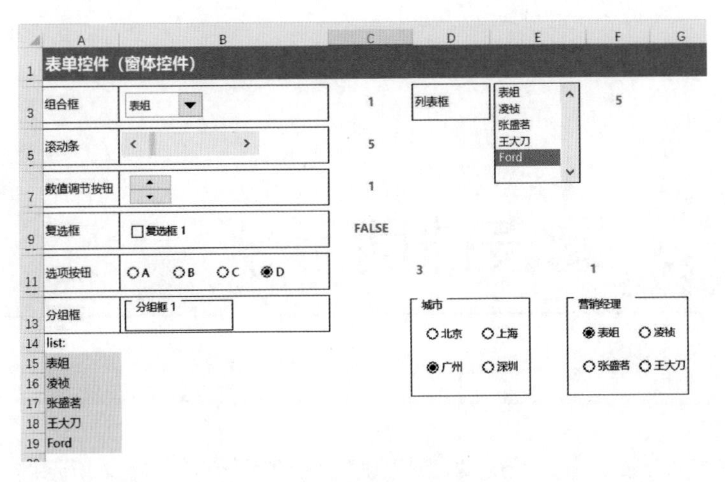

图 5-2

选择“文件”选项卡并单击“选项”按钮，在弹出的“Excel 选项”对话框中选择“自定义功能区”选项，勾选“开发工具”复选框，单击“确定”按钮，如图 5-3 所示。

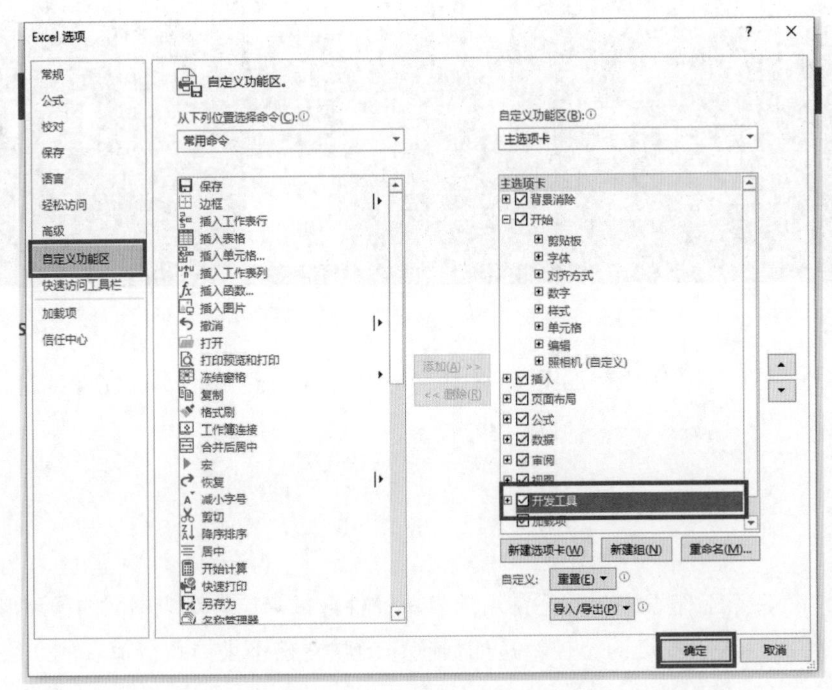

图 5-3

工具栏中出现了一个“开发工具”选项卡，看板中神奇的小按钮就是在这里进行设置的，调用出“开发工具”选项卡后，我们开始制作这些控件，如图 5-4 所示。

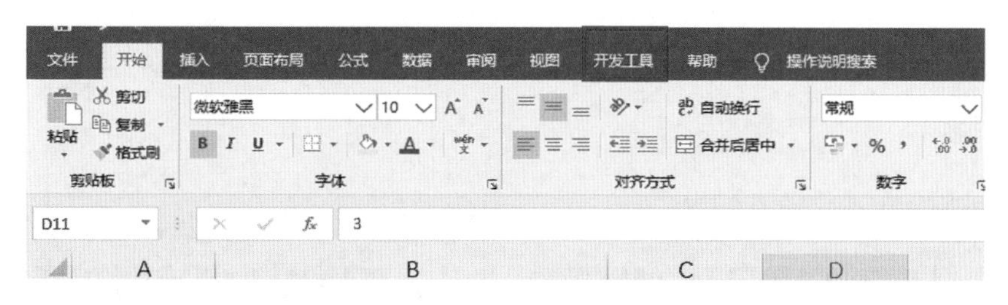

图 5-4

5.2　按钮传参揭秘

首先选择“开发工具”选项卡，然后单击“插入”下拉按钮，如图 5-5 所示。

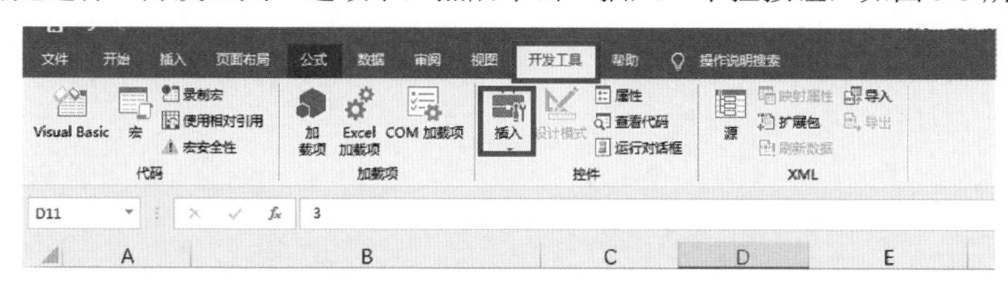

图 5-5

如图 5-6 所示，在“插入”下拉列表中，Excel 将所有控件分为两类：一类是“表单控件”，另外一类为“ActiveX 控件”。两者之间的逻辑关系基本是一样的，“ActiveX 控件”大多是触发 VBA 的动作的，如单击一个按钮，它会激活一个 VBA 的代码来编写代码。通常制作动态图表都是使用“表单控件”来完成动态图表的传参的。接下来我们针对“表单控件”逐一进行介绍。

“表单控件”用于 Excel 呈现时的交互使用，如选择框、滚动条等。

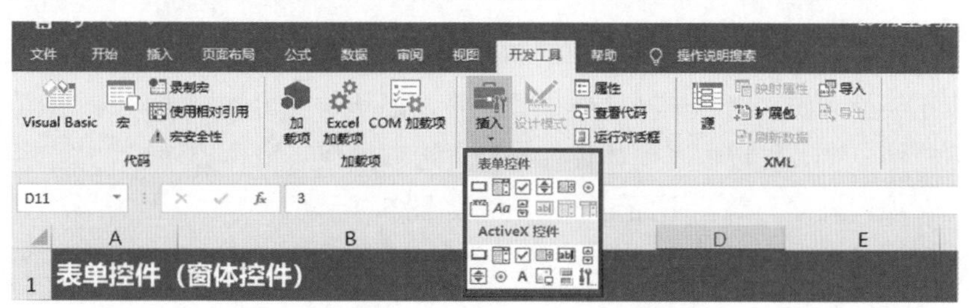

图 5-6

提示： 一般情况下使用的都是表单控件，ActiveX 控件多用来做 VBA。

通过单击最后一个“其他控件”按钮可以加载或自定义新的按钮。

单击“其他控件”按钮，如图 5-7 所示。

图 5-7

在弹出的“其他控件”对话框中，可以通过“加载”的方式或“注册自定义控件”的方式，将控件放到 Excel 中，如图 5-8 所示。

图 5-8

提示：这些加载的控件只可以存放于当前 PC 端，如果想要换一台电脑查看文件，就需要重新加载控件，否则 Excel 不支持使用该控件。因此，平时工作中不建议经常使用“其他控件”。

接下来介绍“插入”下拉列表中的第一类“表单控件”。在“表单控件”中包含了多种按钮类型，如“组合框（窗体控件）”“滚动条（窗体控件）”“数值调节按钮（窗体控件）”“复选框（窗体控件）”“选项按钮（窗体控件）”“分组框（窗体控件）”“列表框”等，下面逐一看看，如图 5-9 所示。

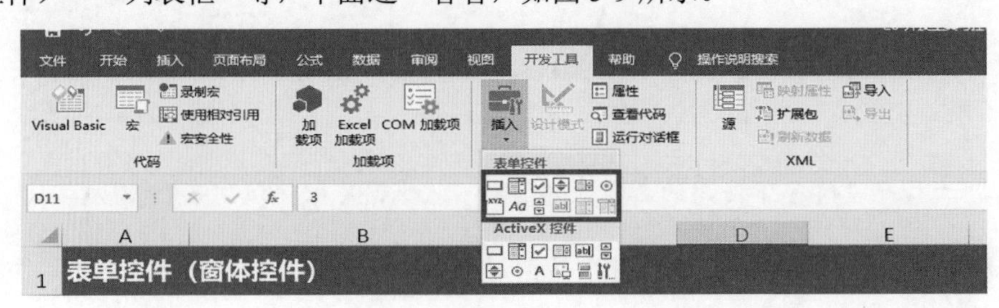

图 5-9

1. 组合框

组合框的效果与“数据有效性”比较相似。它们的区别在于“数据有效性”需要单击某一单元格，才会出现下拉小三角这样的下拉列表，而组合框是可以随意放置位置的，如图 5-10 所示。

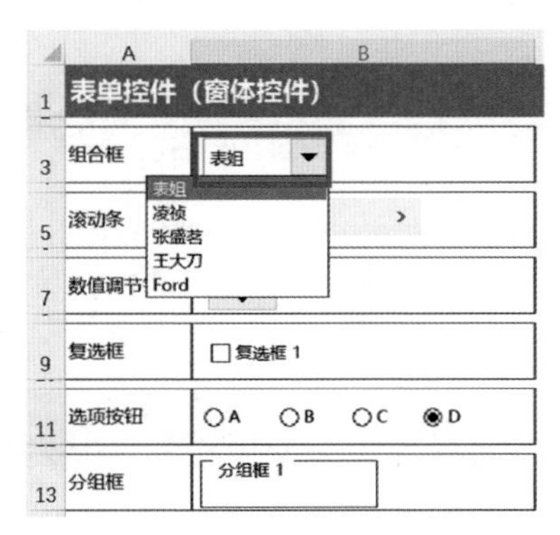

图 5-10

下面就来看一下这样下拉效果的组合框控件是如何制作的。

（1）插入控件。

选择“开发工具”选项卡，单击“插入”下拉按钮，选择“组合框（窗体控件）”选项，如图 5-11 所示。

图 5-11

在 Excel 界面下“B3”单元格内，按住鼠标左键同时拖曳鼠标绘制一个矩形，松开鼠标左键，即可完成绘制。如图 5-12 所示，就绘制出一个组合框了。

（2）属性设置。

绘制完成后，单击下拉小三角，在下拉列表中没有任何内容。所有的控件在绘制完成时都是一个空白的按钮，需要为它赋值。右击“组合框”控件，在弹出的快捷菜单中选择“设置控件格式”命令，如图 5-13 所示。

图 5-12

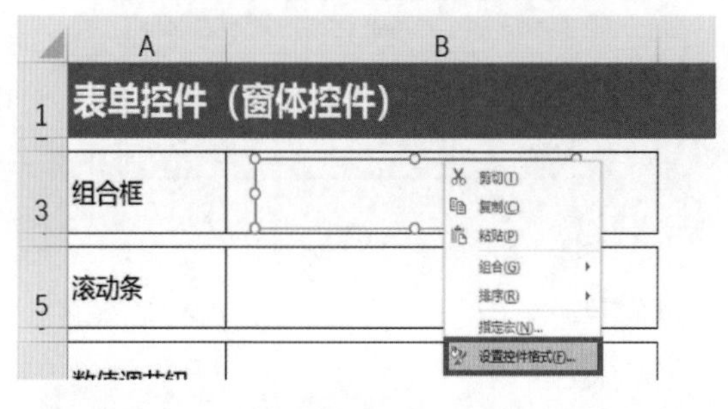

图 5-13

提示：右击控件表示选中，单击会激活控件。

在弹出的“设置对象格式”对话框的“控制”页签中需要设置图 5-14 所示的两个区域：“数据源区域”，指下拉列表中的内容所在的单元格区域；“单元格链接”，指每单击一次控件，背后数据的变化所关联的单元格。

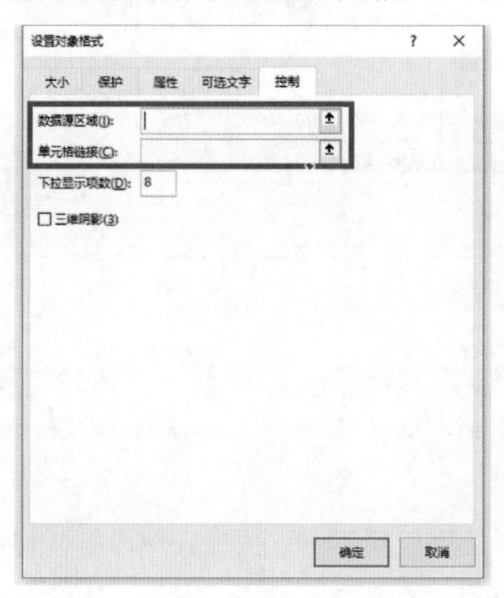

图 5-14

首先单击“数据源区域”文本框将其激活，然后拖曳鼠标选中列表内容区域，即“A15:A19”单元格区域，这里拖曳完成后，Excel 默认将该区域设为绝对引用，如图 5-15 所示。

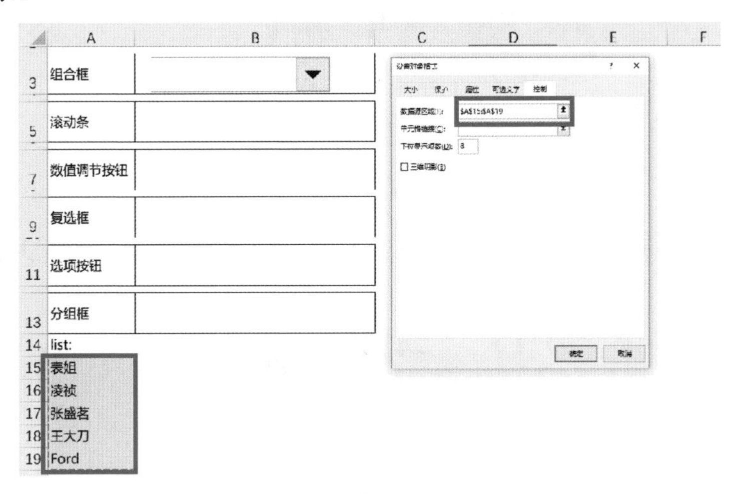

图 5-15

接下来，单击“单元格链接”文本框将其激活，选中控件所关联的单元格，即“C3”单元格，Excel 默认也将“C3”单元格设为绝对引用，单击“确定”按钮，如图 5-16 所示。

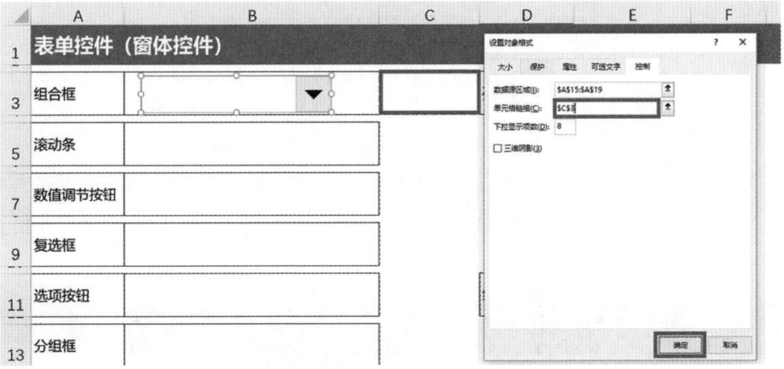

图 5-16

单击组合框右侧的下拉小三角，在下拉列表中选择不同的人员，那么在“C3”单元格就会对应显示出此人员在下拉列表中是第几位。例如，当选择“凌祯”，那么在“C3”单元格中就会显示数字“2”，它表示“凌祯”在下拉列表中位于第 2 位，如图 5-17 所示。

此时已经完成了组合框控件的制作，是不是非常简单呢？下面就按照上述方法，制作其他几个控件。

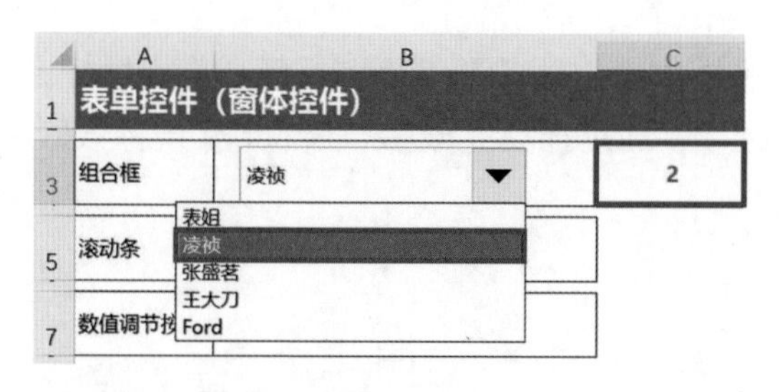

图 5-17

2．滚动条

如图 5-18 所示，这样可以滑动的控件就是滚动条，相信在我们平时的工作中也会经常遇到。

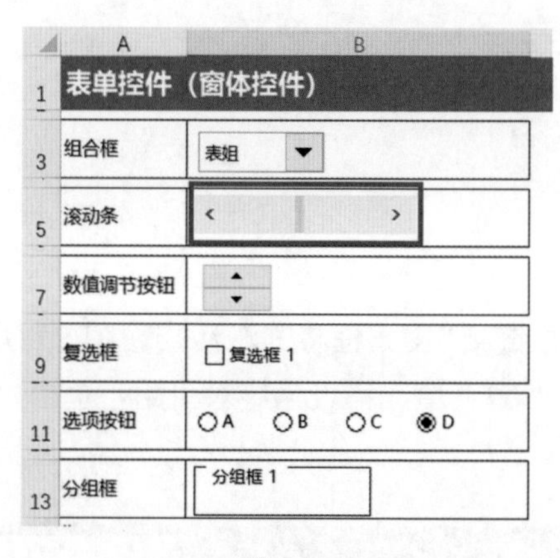

图 5-18

（1）插入控件。

选择“开发工具”选项卡，单击“插入”下拉按钮，选择“滚动条（窗体控件）”选项，如图 5-19 所示。在“B5”单元格中，按住鼠标左键不放同时向右拖曳进行绘制，松开鼠标左键，即可完成绘制。

图 5-19

提示：制作“滚动条”控件时需注意，向右拖曳鼠标进行绘制，滚动条方向为左右方向，向下拖曳鼠标进行绘制，滚动条方向为上下方向。

（2）属性设置。

右击“滚动条”控件，在弹出的快捷菜单中选择“设置控件格式”命令，如图 5-20 所示。

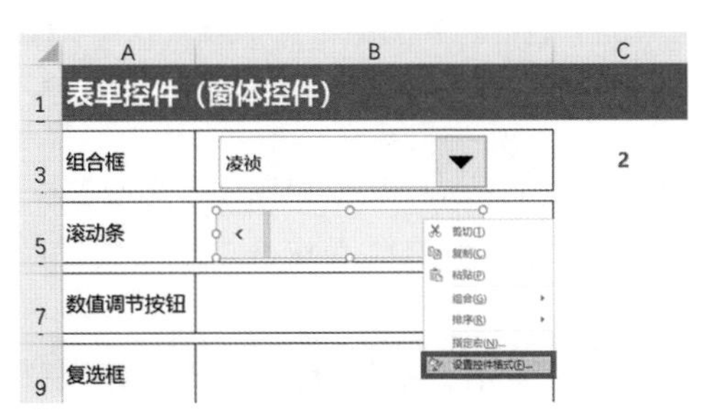

图 5-20

在弹出的“设置控件格式”对话框的“控制”页签下需要设置图 5-21 所示的 5 项参数：“最小值”，指滚动条起始位置值；“最大值”，指滚动条终止位置值；“步长”，指每单击一次小箭头所跳转的值；“页步长”，指每单击一次控件旁边的空白区域所跳转的值；“单元格链接”，依然指控件背后数据所关联的单元格。

根据每一个参数的含义，结合实际应用的需求，将“最小值”设为“0”，“最大值”设为“100”，“步长”设为“1”，“页步长”设为“10”。单击“单元格链接”文本框将其激活，并选中控件所关联的单元格，即“C5”单元格（默认绝对引用），设置完成后单击“确定”按钮，如图 5-22 所示。

图 5-21

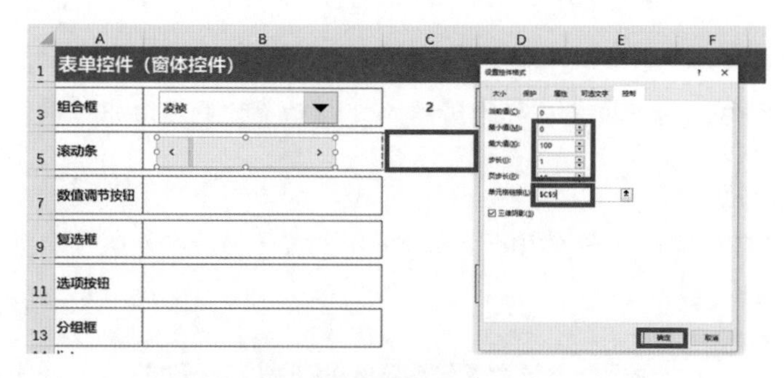

图 5-22

每单击一次向右的小箭头，“C5”单元格中的数值增加 1 个单位。同理，每单击一次向左的小箭头，“C5”单元格中的数值减小 1 个单位，如图 5-23 所示。

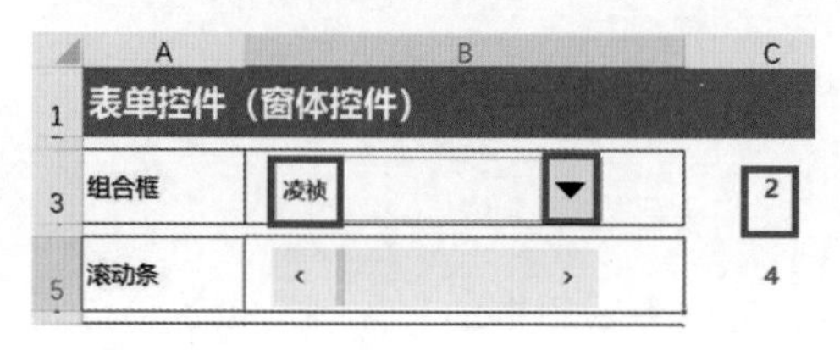

图 5-23

每单击一次控件中的空白位置，“C5”单元格中的数值以每 10 个单位进行跳动，如图 5-24 所示。

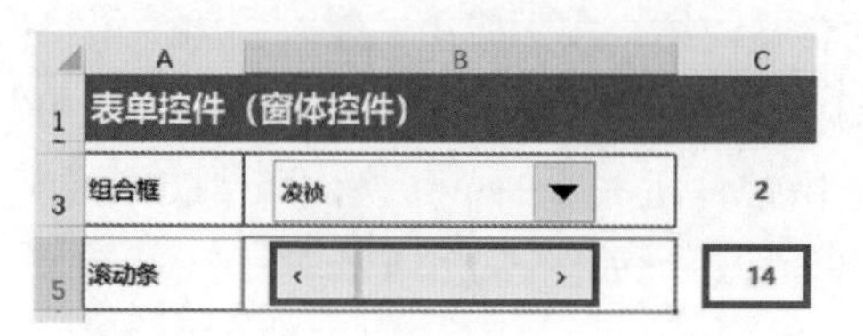

图 5-24

3．数值调节按钮

通过单击 按钮调节数值的就是数值调节按钮，如图 5-25 所示。

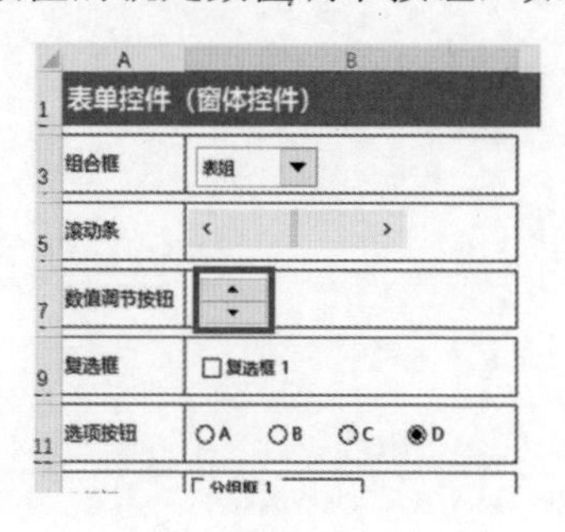

图 5-25

（1）插入控件。

选择“开发工具”选项卡并单击“插入”下拉按钮，选择“数值调节按钮（窗体控件）”选项，如图 5-26 所示。

图 5-26

在“B7”单元格中，按住鼠标左键不放同时向右拖曳进行绘制，松开鼠标左键，即可完成绘制，如图 5-27 所示。

	A	B	C
1	表单控件（窗体控件）		
3	组合框	凌祯	2
5	滚动条		14
7	数值调节按钮		

图 5-27

（2）属性设置。

右击“数字调节按钮”控件，在弹出的快捷菜单中选择“设置控件格式”命令。

在弹出的“设置控件格式”对话框的“控制”页签下同样需要设置图 5-28 所示的 4 项参数：“最小值”，指数值调节按钮起始位置值；“最大值”，指数值调节按钮终止位置值；“步长”，指每单击一次小箭头所跳转的值；“单元格链接”，依然指控件背后数据所关联的单元格。

根据每一个参数的含义，结合实际应用的需求，将“最小值”设为“1”，“最大值”设为“5”，“步长”设为“1”。单击“单元格链接”文本框将其激活，选中“C7”单元格（默认绝对引用），设置完成后单击“确定”按钮，如图 5-29 所示。

每单击一次向上的箭头，“C7”单元格中的数值增加 1 个单位，且最大增加到 5 个单位，因为我们设置了最大值为“5”。同理，每单击一次向下的箭头，“C7”单元格中的数值减小 1 个单位，如图 5-30 所示。

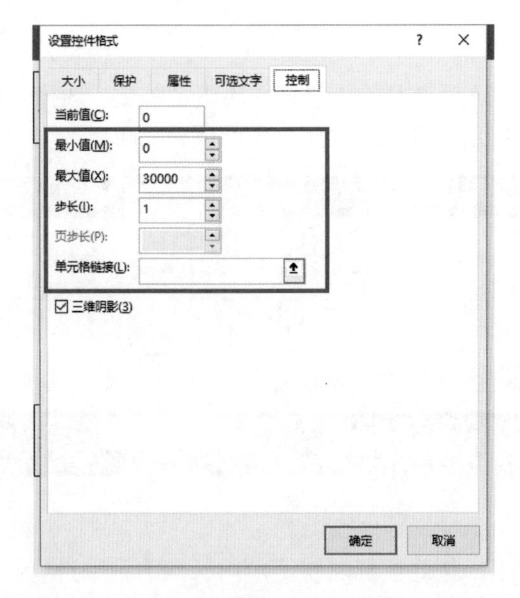

图 5-28

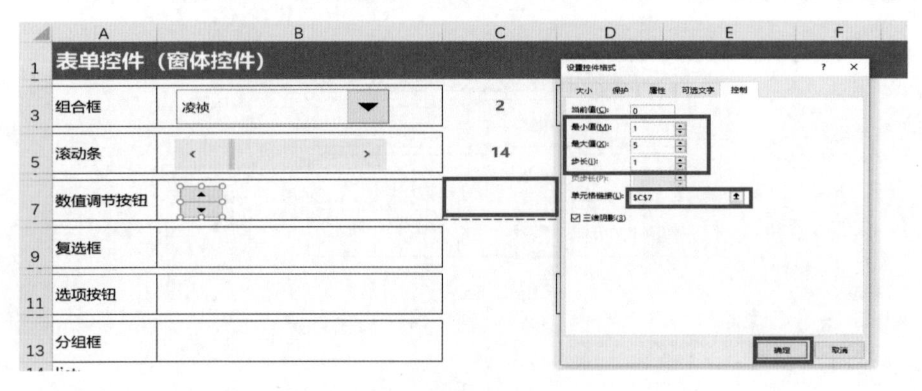

图 5-29

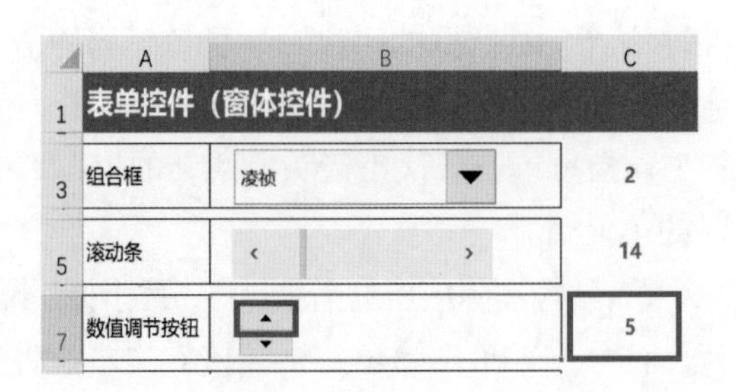

图 5-30

4．复选框

像这样可以通过打“√”进行勾选的控件叫作复选框，如图 5-31 所示。

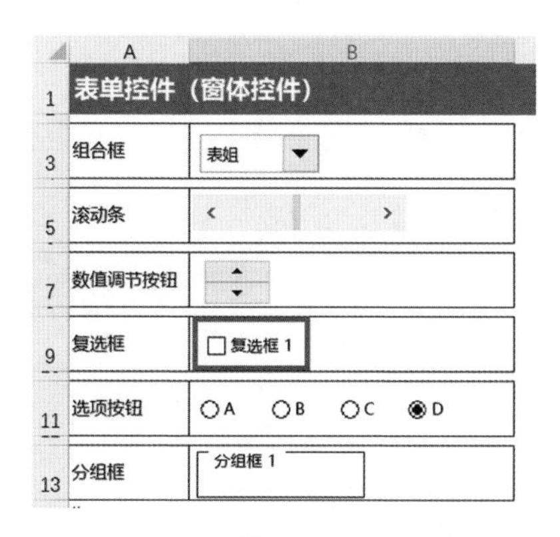

图 5-31

（1）插入控件。

选择“开发工具”选项卡并单击“插入”下拉按钮，选择“复选框（窗体控件）”选项，如图 5-32 所示。

图 5-32

在“B9”单元格中，按住鼠标左键不放同时向右拖曳进行绘制，松开鼠标左键，即可完成绘制。插入的复选框有一个默认的名字，可以选中复选框中的名称进行重命名。例如，将复选框重命名为“表姐凌祯”，如图 5-33 所示。

	A	B
1	表单控件（窗体控件）	
3	组合框	凌祯
5	滚动条	
7	数值调节按钮	
9	复选框	表姐凌祯
11	选项按钮	
13	分组框	

图 5-33

（2）属性设置。

右击“复选框”控件，在弹出的快捷菜单中选择“设置控件格式”命令，如图 5-34 所示。

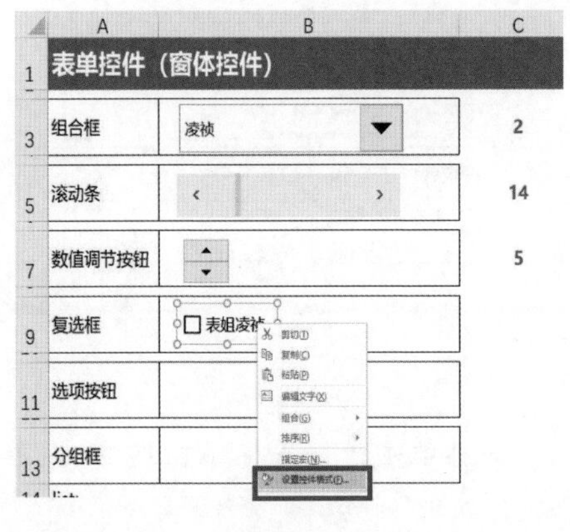

图 5-34

在弹出的“设置控件格式”对话框的“控制”页签下，首先单击“单元格链接”文本框将其激活，然后选中“C9”单元格，最后单击“确定”按钮，如图 5-35 所示。

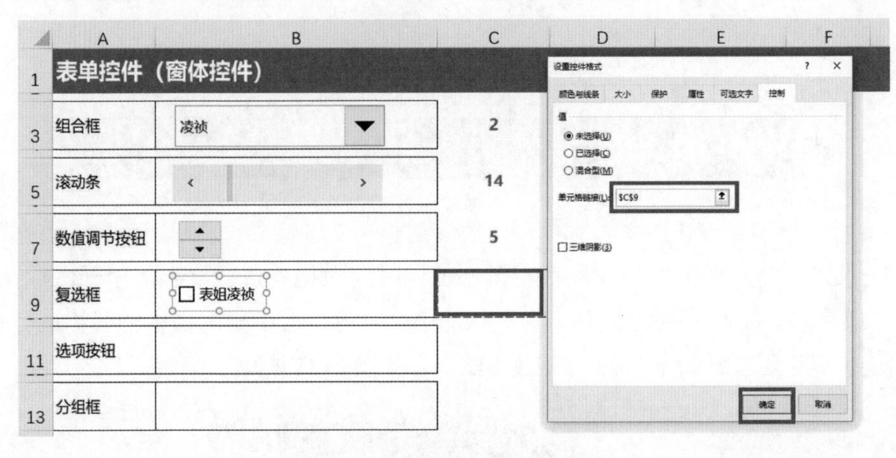

图 5-35

勾选“表姐凌祯”复选框，方框内则为“√”状态，在“C9”单元格内显示为“TRUE”，如图 5-36 所示。当再次单击复选框，取消方框中的“√”，在“C9”单元格内显示为“FALSE”。

这种勾选状态的小控件在平时工作中也会常常遇到，例如，填表时让我们勾选“性别”“有无病史”等。

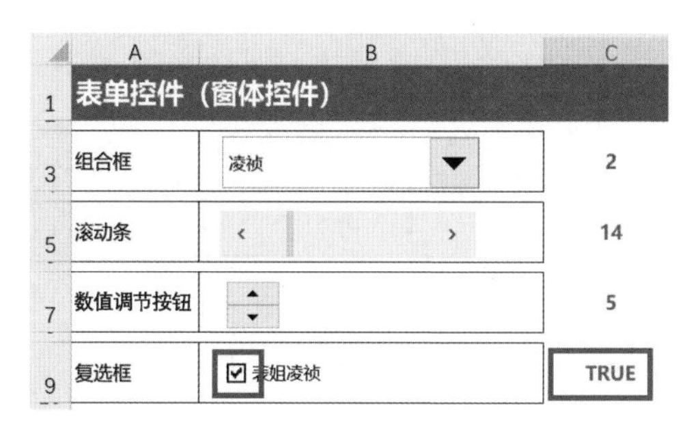

图 5-36

5. 选项按钮

如图 5-37 所示，这样的小按钮，你是不是觉得很熟悉呢？与我们考试时单选题的选项有些类似，它就是选项按钮。

图 5-37

（1）插入控件。

选择“开发工具”选项卡并单击“插入”下拉按钮，选择“选项按钮（窗体控件）”选项，如图 5-38 所示。

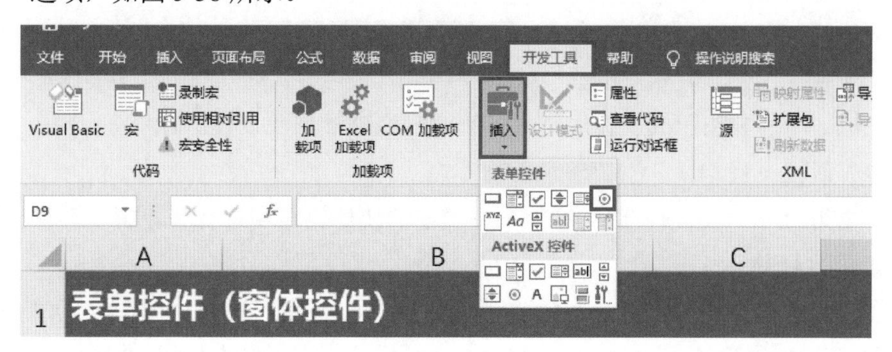

图 5-38

在“B11”单元格中，按住鼠标左键不放同时向右拖曳进行绘制，松开鼠标左键，即可完成绘制。绘制好选项按钮后，右击“选项按钮”控件，在弹出的快捷菜单中选择“编辑文字”命令，并将按钮内默认的名称修改为“A”，如图 5-39 所示。

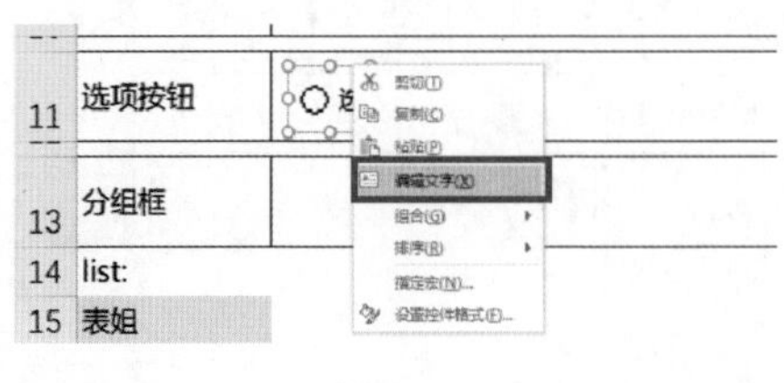

图 5-39

制作好一个选项按钮后，先右击选中控件，再单击该控件。同时按“Ctrl+Shift”组合键，移动鼠标，当光标变为四向箭头时，拖曳鼠标进行复制，松开鼠标左键，即可完成复制，重复操作复制出 3 份。接下来分别将这 3 个选项按钮重命名为“B”“C”“D”，如图 5-40 所示。

提示：右击选中控件，单击激活控件。

图 5-40

完成 4 个选项按钮的制作后，接下来对它们进行属性设置。

（2）属性设置。

右击第 1 个“选项按钮”控件，在弹出的快捷菜单中选择“设置控件格式”命令，如图 5-41 所示。

在弹出的“设置控件格式”对话框中的“控制”页签下，首先单击“单元格链接”文本框将其激活，然后选中“C11”单元格，最后单击“确定”按钮，如图 5-42 所示。

图 5-41

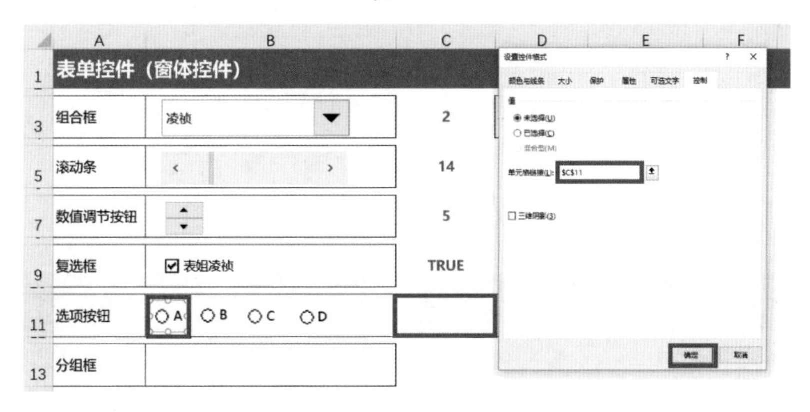

图 5-42

右击第 2 个“选项按钮”控件，在弹出的快捷菜单中选择“设置控件格式”命令，单击“单元格链接”文本框将其激活，并选中“C11”单元格，同样将第 2 个选项按钮的单元格链接放在“C11”单元格，单击“确定”按钮。

依次打开第 3 个、第 4 个选项按钮，可以发现单元格链接依然为“C11”单元格，这是因为 Excel 默认将拖曳复制而来的控件分为一组。当选中“A”“B”“C”“D”这 4 个按钮时，在“C11”单元格对应返回的值分别为“1”“2”“3”“4”，表示当前所选按钮，在这组按钮中对应的位置是第几位，如图 5-43 所示。

图 5-43

6．分组框

如果说选项按钮是一道单选题，Excel 会默认将复制而来的其他选项按钮划分为一组，那么每次只可以选中其中一项。如果一张工作表中有多个单选题，并且每道题各自独立、互不影响，那么这个就是分组框的功能了，如图 5-44 所示。

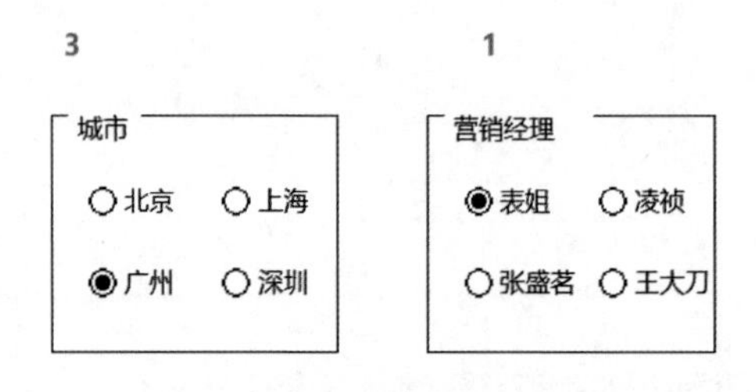

图 5-44

（1）插入控件。

选择“开发工具”选项卡并单击“插入”下拉按钮，选择“分组框（窗体控件）”选项，如图 5-45 所示。

图 5-45

在任意空白位置按住鼠标左键不放，同时向右拖曳进行绘制，松开鼠标左键，即可完成绘制，如图 5-46 所示。绘制完成后，可以修改分组框的名称。右击“分组框”控件，在弹出的快捷菜单中选择“编辑文字”命令。修改分组框名称为“测试分组框”，此时就完成了一个分组框的构建，如图 5-47 所示。

接下来在分组框中添加选项按钮。选择“开发工具”选项卡并单击“插入”下拉按钮，选择“选项按钮（窗体控件）”选项，如图 5-48 所示。

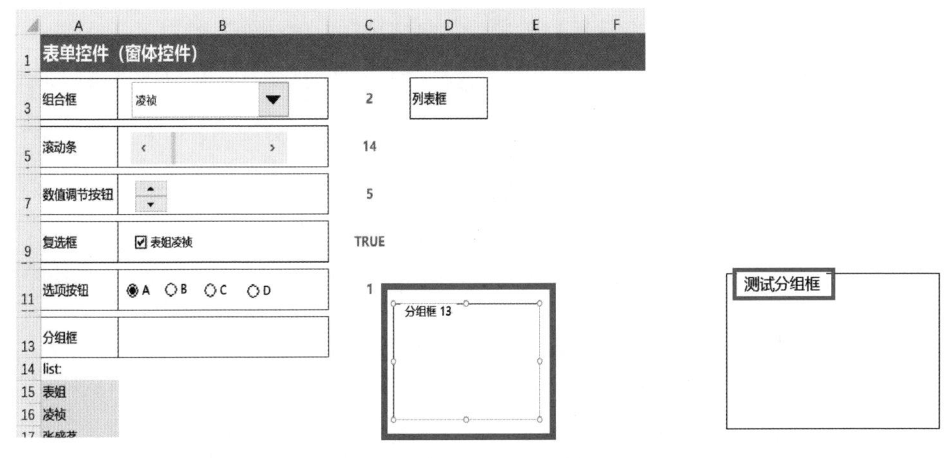

图 5-46　　　　　　　　　　　　　　　　　　图 5-47

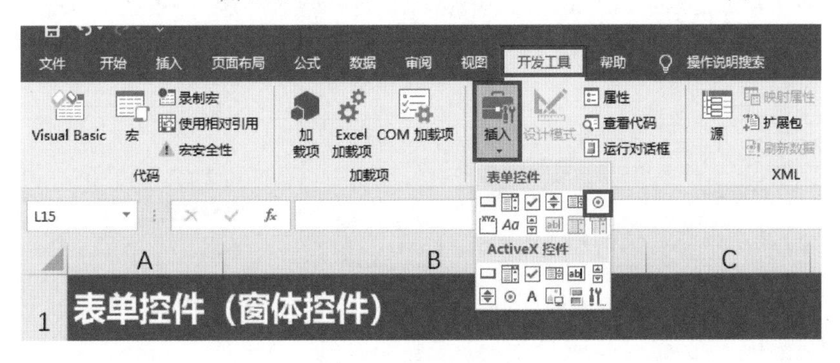

图 5-48

在“测试分组框”中按住鼠标左键不放，同时向右拖曳绘制选项按钮，松开鼠标左键，即可完成绘制。按“Ctrl+Shift”组合键，移动鼠标，当光标变为四向箭头时，拖曳鼠标进行复制，重复操作复制出 6 份，如图 5-49 所示。

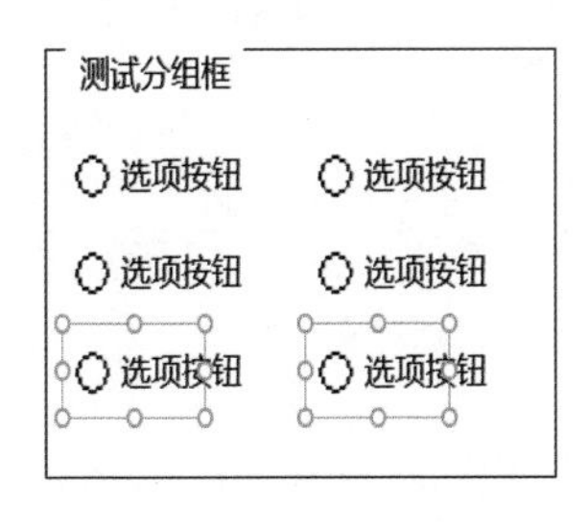

图 5-49

接下来对选项按钮设置控件格式。

（2）属性设置。

右击第 1 个“选项按钮”控件，在弹出的快捷菜单中选择“设置控件格式”命令，如图 5-50 所示。在弹出的“设置控件格式”对话框的“控制”页签下，单击“单元格链接”文本框将其激活，并选中“D11”单元格，单击“确定”按钮，如图 5-51 所示。

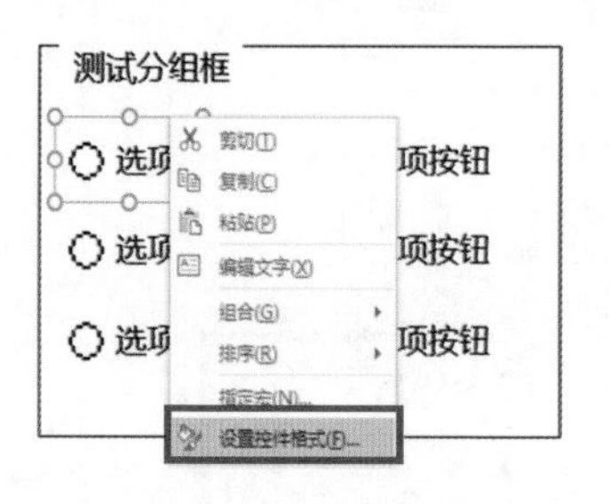

图 5-50

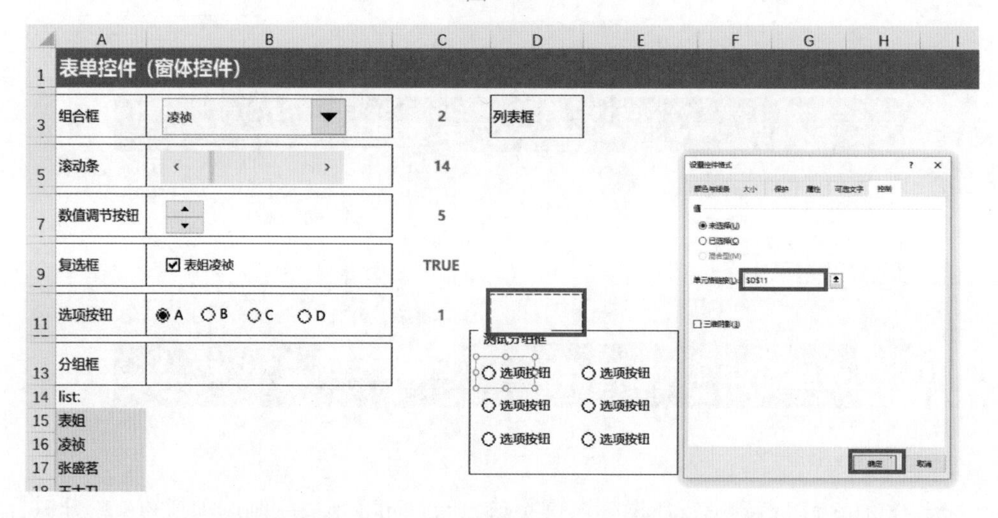

图 5-51

设置完成后，选择任意一个选项按钮，在“D11”单元格中就会显示出对应按钮的位置。例如，选择第 3 个按钮，那么在“D11”单元中就显示数字“3”，如图 5-52 所示。

提示：“D11”单元格显示的数字（选中的按钮是第几个）是由前面拖曳鼠标复制按钮时的操作顺序来决定的。

Excel 只将通过分组框控件框住的选项按钮默认分为一组。而在其他位置创建的选项按钮与该分组框内的按钮互不影响。这样就可以制作出多个单选题效果了，并且每个单选题互不影响，各自返回独立的值。

如果想要删除某些控件，可以右击控件，在弹出的快捷菜单中选择“剪切”命令，如图 5-53 所示。

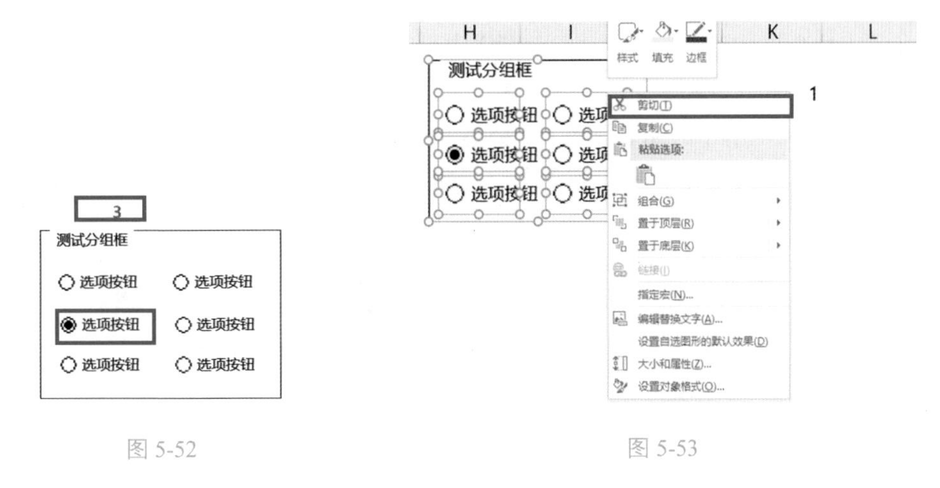

图 5-52　　　　图 5-53

7．列表框

如图 5-54 所示，像这样可以通过拖曳滚动条的滑块选择下拉选项的控件就是列表框。

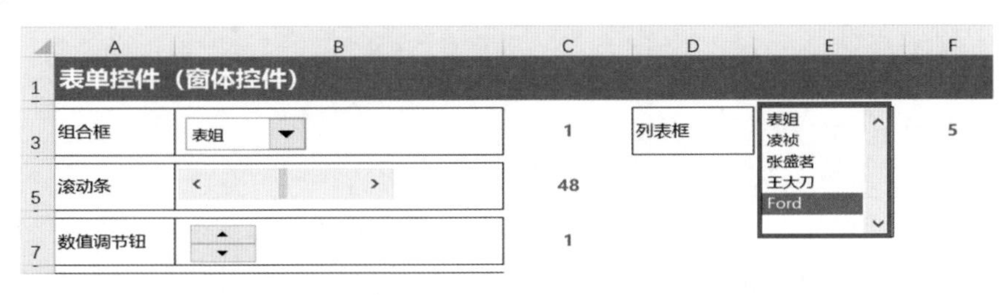

图 5-54

（1）插入控件。

选择“开发工具”选项卡并单击“插入”下拉按钮，选择“列表框（窗体控件）”选项，如图 5-55 所示。

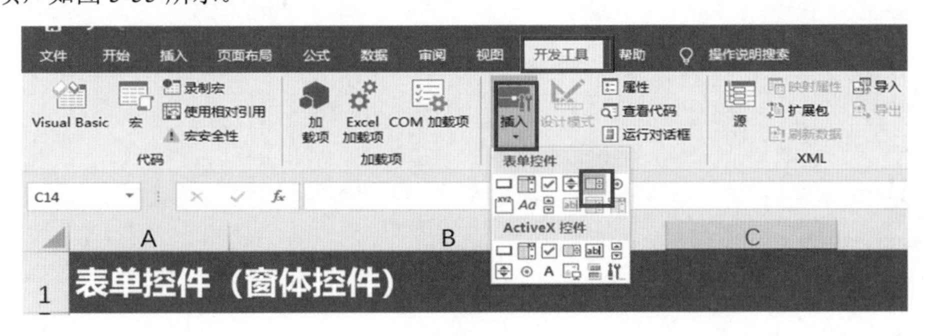

图 5-55

（2）属性设置。

在任意空白位置按住鼠标左键不放，同时向右拖曳进行绘制，松开鼠标左键，即可完成列表框的绘制。右击“列表框”控件，在弹出的快捷菜单中选择“设置控件格式”命令，如图 5-56 所示。在弹出的“设置对象格式”对话框的“控制”页签下，需要设置图 5-57 所示的两个区域：“数据源区域”，指下拉列表中的内容所在的单元格区域；“单元格链接”，指每单击一次控件，背后数据的变化所关联的单元格。

图 5-56

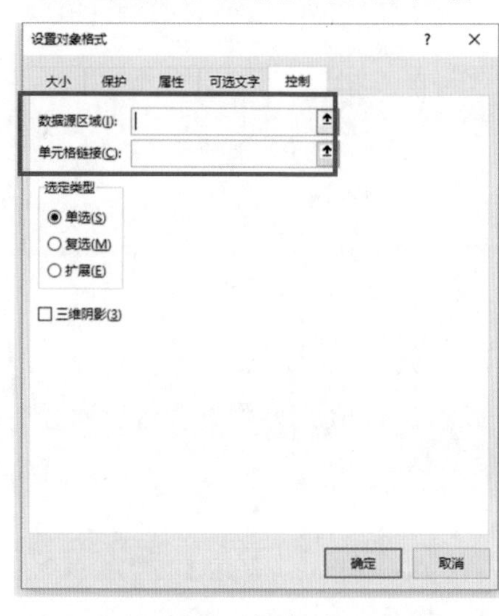

图 5-57

首先单击“数据源区域”文本框将其激活，然后拖曳鼠标选中列表内容区域，即“A15:A19”单元格区域，拖曳完成后，Excel 默认将该区域设为绝对引用，如图 5-58 所示。

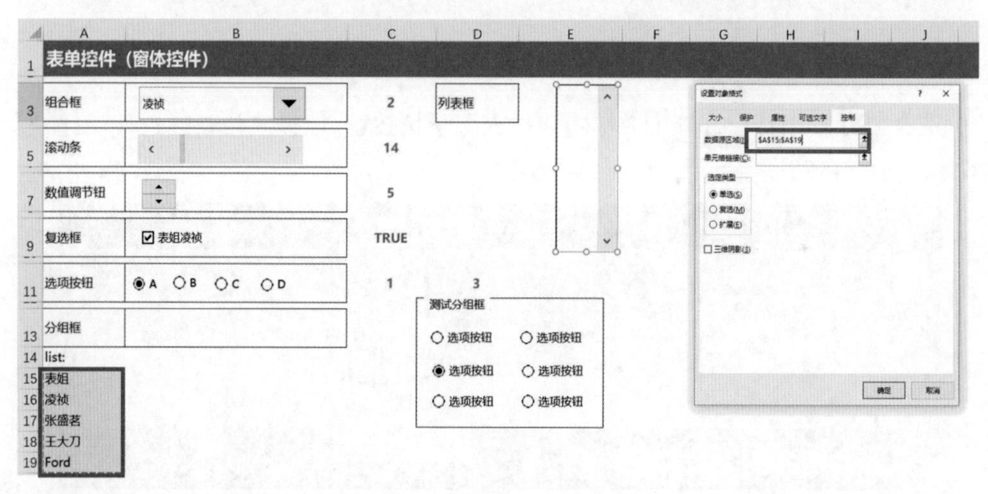

图 5-58

接下来单击“单元格链接”文本框将其激活，并选中控件所关联的单元格，即“F3”单元格，Excel 默认也将“F3”单元格设为绝对引用，单击“确定”按钮，如图 5-59

所示。如图 5-60 所示，选择列表中不同选项，在“F3”单元格内显示选项所在位数是第几位。

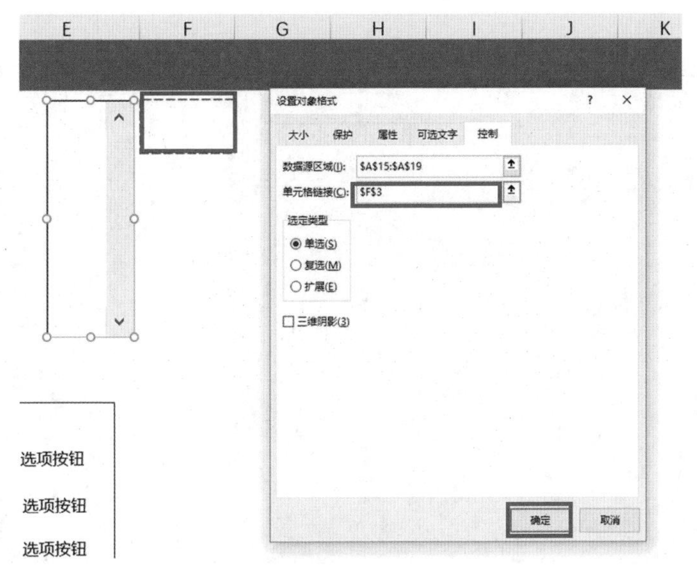

图 5-59

	A	B	C	D	E	F
1	表单控件（窗体控件）					
3	组合框	凌祯	2	列表框	表姐 凌祯 张盛茗 王大刀 Ford	2
5	滚动条		14			
7	数值调节钮		5			
9	复选框	☑ 表姐凌祯	TRUE			

图 5-60

不仅如此，列表框还支持反向修改。例如，修改“F3”单元格数值为“5”，在列表框中就选中了第 5 位，即“Ford”。

到此就完成了所有“表单控件”的介绍，了解了如何插入控件、如何设置控件属性，就可以将这些控件有效地应用到工作中。了解了控件的基础知识，就可以开始制作动态图表了。

5.3　制作动态图表

介绍了动态传参的小助手后，正式进入动态图表内容的介绍，制作图 5-61 所示的通过勾选不同类别的复选框切换到不同类别业绩报告的“【表姐凌祯】各分公司销售业绩趋势图”。这样的图表就是利用控件、函数和图表三者相互联动实现的，接下来进行详细的介绍。

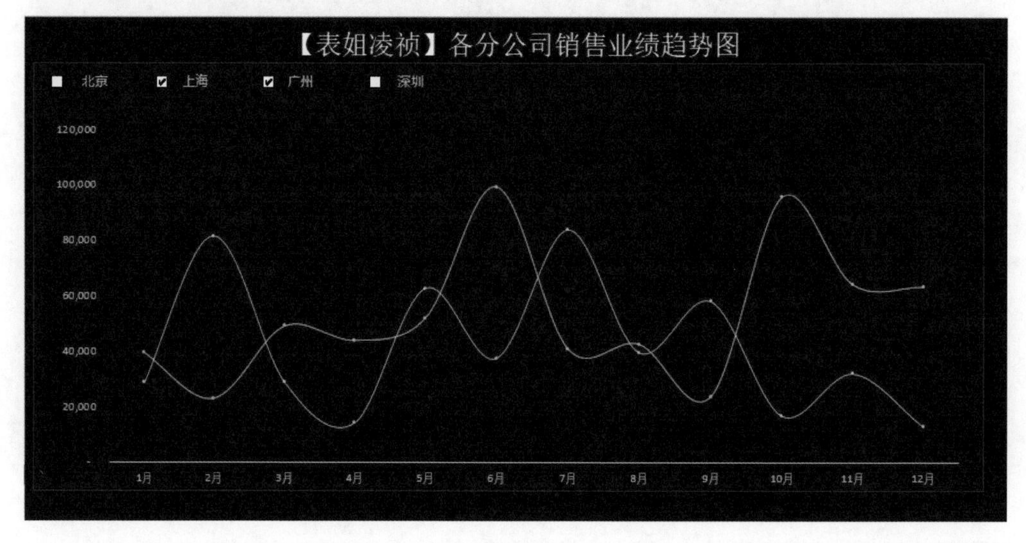

图 5-61

在动态图表中我们常常根据业绩的情况做一个“评估值”或“平均值”作为参考标准，在“动态图表”工作表的“C”列中已经利用 AVERAGE 函数完成了平均值的计算，这样当月份数据发生变化时平均值也会同步更新，如图 5-62 所示。这就是动态图表，当数据源发生变化时图表联动变化。

除此之外，在“动态图表-下拉”工作表中可以通过单击下拉按钮选择不同的城市从而显示不同的图表内容。这就需要我们基于基础数据源，在制作动态图表之前先整理作图用的数据源，根据作图用的数据源制作动态图表，实现图表联动变化。

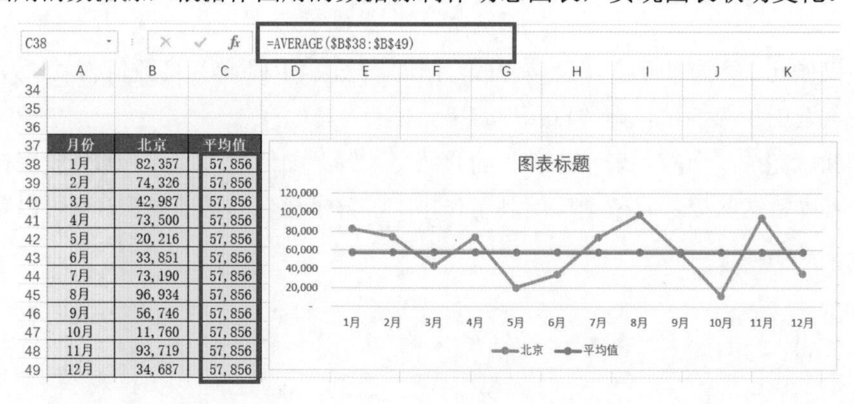

月份	北京	平均值
1月	82, 357	57, 856
2月	74, 326	57, 856
3月	42, 987	57, 856
4月	73, 500	57, 856
5月	20, 216	57, 856
6月	33, 851	57, 856
7月	73, 190	57, 856
8月	96, 934	57, 856
9月	56, 746	57, 856
10月	11, 760	57, 856
11月	93, 719	57, 856
12月	34, 687	57, 856

图 5-62

1. 下拉列表解锁动态图表

在“数据源-空白”工作表中，制作图 5-63 所示的“作图数据源”。其中，“北京”可以通过下拉列表进行筛选，所以在“M1”单元格进行数据验证，设置“城市”的下拉列表，并利用函数将“I3”单元格绑定“M1”单元格的值，就可以通过“M1”单元格的下拉列表来同步“I3”单元格所显示的城市了。

选中“M1”单元格并选择“数据”选项卡，单击“数据验证”按钮，在弹出的“数据验证”对话框的“允许”下拉列表中选择“序列”选项，在“来源”文本框中选择工作表中的“C3:F3”单元格区域（城市所在区域），单击“确定”按钮，即可完成“M1”单元格下拉列表的设置，如图 5-64 所示。

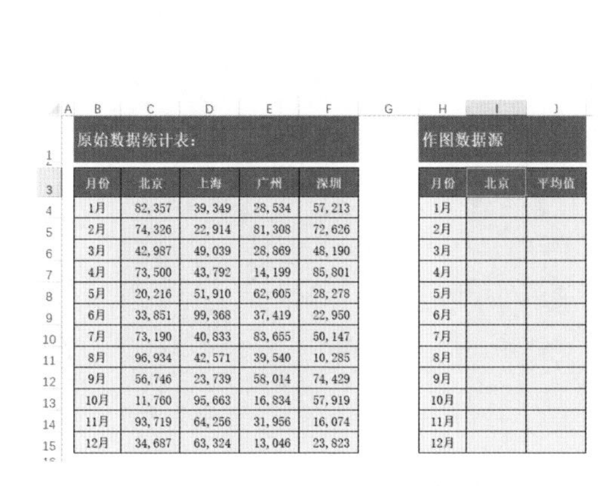

原始数据统计表：

月份	北京	上海	广州	深圳
1月	82,357	39,349	28,534	57,213
2月	74,326	22,914	81,308	72,626
3月	42,987	49,039	28,869	48,190
4月	73,500	43,792	14,199	85,801
5月	20,216	51,910	62,605	28,278
6月	33,851	99,368	37,419	22,950
7月	73,190	40,833	83,655	50,147
8月	96,934	42,571	39,540	10,285
9月	56,746	23,739	58,014	74,429
10月	11,760	95,663	16,834	57,919
11月	93,719	64,256	31,956	16,074
12月	34,687	63,324	13,046	23,823

作图数据源

月份	北京	平均值
1月		
2月		
3月		
4月		
5月		
6月		
7月		
8月		
9月		
10月		
11月		
12月		

图 5-63

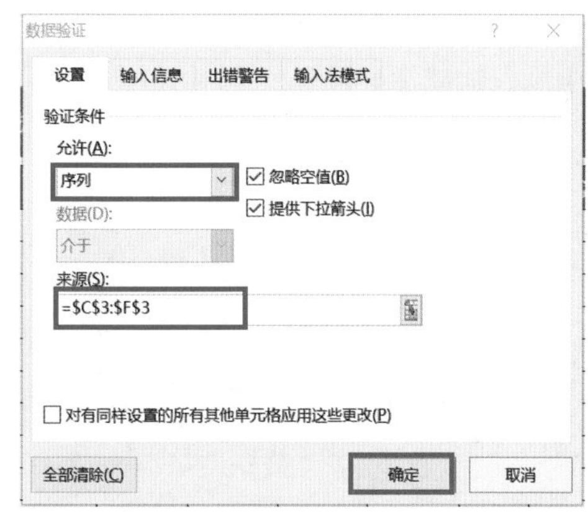

图 5-64

选中“I4”单元格并单击函数编辑区将其激活，输入“M1”，按“Enter”键确认，即可将“I4”单元格的值绑定“M1”单元格的值。

提示： 函数公式中的 M1 可以通过单击选中“M1”单元格来完成。

接下来利用 VLOOKUP 函数查找对应月份，即在“B3:F15”单元格区域中“北京”所对应的第“2”列的数值。选中“I4”单元格，单击函数编辑区将其激活后输入“=VLOOKUP($H4,$B$3:$F$15,2,0)”，并按“Enter”键确认，如图 5-65 所示。

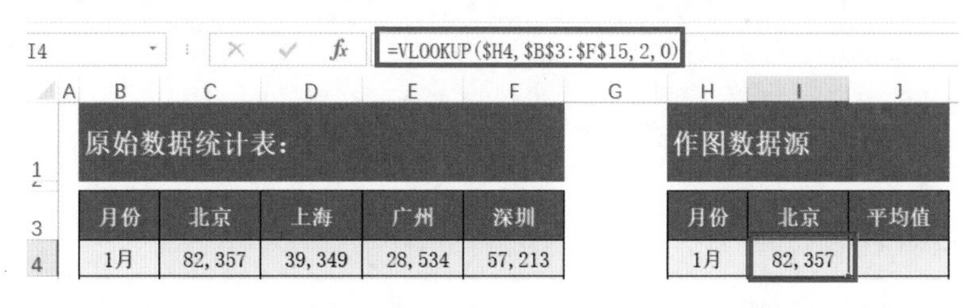

图 5-65

VLOOKUP 函数解析

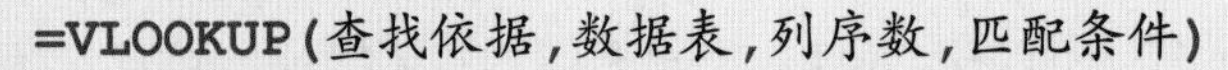

=VLOOKUP(查找依据,数据表,列序数,匹配条件)

=VLOOKUP(Lookup_value, Table_array, col_index_num, Range_lookup)

先根据查找依据找到目标数据，然后根据列序数返回目标数据中某一列的值。

此时由于“M1”单元格筛选出来的是“北京”，“北京”在“B3:F15”单元格区域中的第“2”列，所以 VLOOKUP 函数查找的列号为“2”。但当“M1”单元格下拉列表的筛选结果发生变化时，如何将变化结构所对应的列号同步到 VLOOKUP 函数中呢？这就需要嵌套一个 MATCH 函数来实现。

MATCH 函数解析

=MATCH(查找值,查找区域,0)

=MATCH(Lookup_ value,Lookup_array,[match type])

返回查找值在查找区域中的位置。

“I4”单元格嵌套函数后为“=VLOOKUP($H4,$B$3:$F$15,MATCH($M$1,$B$3:$F$3,0),0)”，将光标放在“I4”单元格右下角并双击，将公式向下填充。在“J4”单元格中输入“=AVERAGE($I$4:$I$15)”，完成平均值的计算。

接下来根据前面介绍的方法，将作图数据源插入带数据标记的折线图，并根据图表美化的方法对图表进行美化设置，如图 5-66 所示。

提示： 可以按住“Alt”键拖曳图表边缘将其对齐单元格边框。

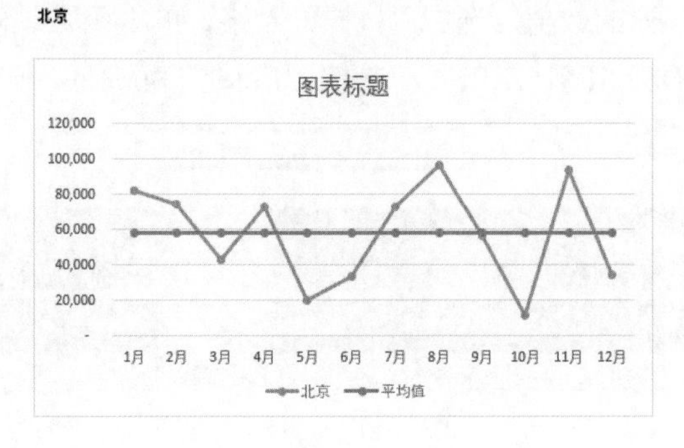

图 5-66

2．复选框按钮解锁动态图表

接下来介绍图 5-67 所示的动态图表，通过勾选城市复选框显示不同的折线效果。

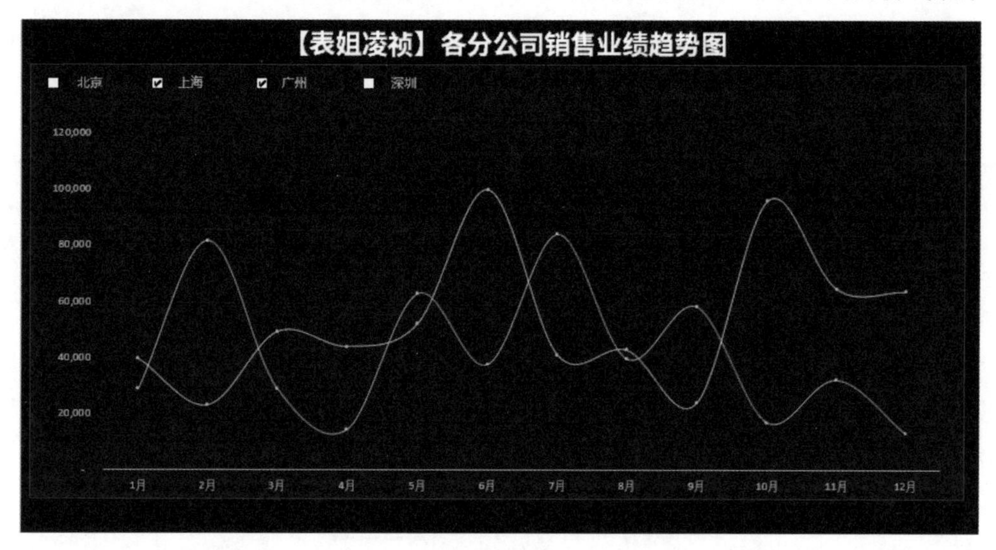

图 5-67

（1）制作控件按钮。

准备作图数据源表。新建工作表后，将“数据源-空白”工作表中的“B1:F15”单元格区域复制一份粘贴到新工作表中。

插入复选框控件。选择“开发工具”选项卡并单击“插入”下拉按钮，选择“复选框（窗体控件）”选项，拖曳完成绘制，如图 5-68 所示。

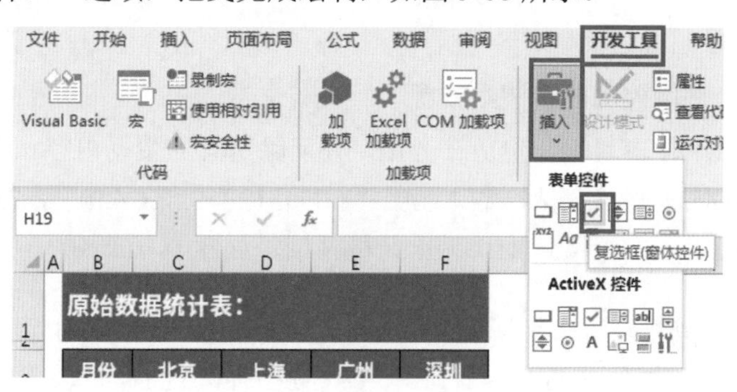

图 5-68

修改复选框控件中的文本为“北京”并右击鼠标，在弹出的快捷菜单中选择“设置控件格式”命令，在弹出的“设置控件格式”对话框的“控制”页签下，单击“单元格链接”文本框将其激活，选中“J1”单元格，单击“确定”按钮，如图 5-69 所示，即可将控件绑定“J1”单元格中的数据。

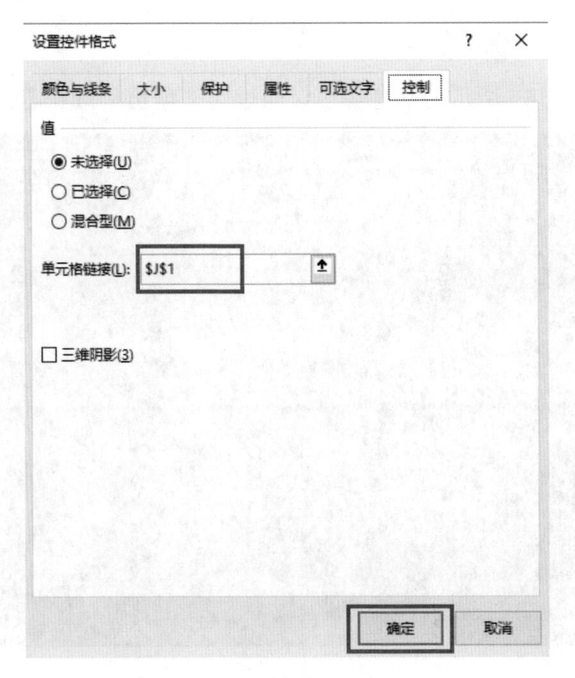

图 5-69

继续选中“北京”复选框控件，按“Ctrl+Shift”组合键拖曳复制 3 份，分别修改文本框中的城市为“上海”“广州”“深圳”。此时 4 个控件所绑定的都是“J1”单元格，接下来分别选中控件后右击鼠标，在“设置控件格式”对话框中修改每一个复选框绑定的单元格地址。将“上海”复选框所绑定的单元格地址修改为“K1”，“广州”复选框所绑定的单元格地址修改为“L1”，“深圳”复选框所绑定的单元格地址修改为“M1”。

（2）查找控件所控制的作图数据源。

将原始数据统计表复制一份放在旁边，并清除所有的数据内容。选中“J4”单元格并单击函数编辑区将其激活，输入函数“=IF(J$1=TRUE,C4,0)”，按“Enter”键确认后，将公式批量填充至“J4:M15”单元格区域，如图 5-70 所示。

提示：如果制作的结果数据无法全部显示出来，如图 5-71 所示，可能是复选框没有全部勾选的原因，此时可以将全部复选框勾选，即可显示出数据内容。

这样利用 IF 函数进行判断，当“J1”单元格为“TRUE”时显示为“C4”单元格中的值，否则显示为“0”。

提示：注意函数的锁定方式。

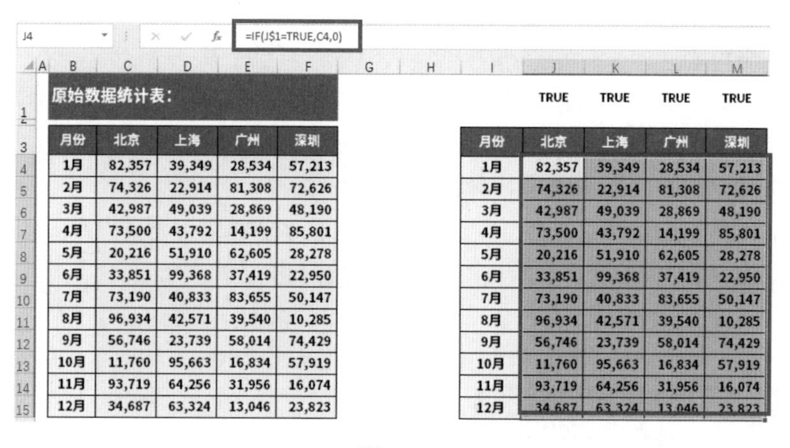

J4 =IF(J$1=TRUE,C4,0)

原始数据统计表：

月份	北京	上海	广州	深圳
1月	82,357	39,349	28,534	57,213
2月	74,326	22,914	81,308	72,626
3月	42,987	49,039	28,869	48,190
4月	73,500	43,792	14,199	85,801
5月	20,216	51,910	62,605	28,278
6月	33,851	99,368	37,419	22,950
7月	73,190	40,833	83,655	50,147
8月	96,934	42,571	39,540	10,285
9月	56,746	23,739	58,014	74,429
10月	11,760	95,663	16,834	57,919
11月	93,719	64,256	31,956	16,074
12月	34,687	63,324	13,046	23,823

	TRUE	TRUE	TRUE	TRUE
月份	北京	上海	广州	深圳
1月	82,357	39,349	28,534	57,213
2月	74,326	22,914	81,308	72,626
3月	42,987	49,039	28,869	48,190
4月	73,500	43,792	14,199	85,801
5月	20,216	51,910	62,605	28,278
6月	33,851	99,368	37,419	22,950
7月	73,190	40,833	83,655	50,147
8月	96,934	42,571	39,540	10,285
9月	56,746	23,739	58,014	74,429
10月	11,760	95,663	16,834	57,919
11月	93,719	64,256	31,956	16,074
12月	34,687	63,324	13,046	23,823

图 5-70

FALSE　FALSE　FALSE　FALSE　☐北京　☐上海　☐广州　☐深圳

月份	北京	上海	广州	深圳
1月	-	-	-	-
2月	-	-	-	-
3月	-	-	-	-
4月	-	-	-	-
5月	-	-	-	-
6月	-	-	-	-
7月	-	-	-	-
8月	-	-	-	-
9月	-	-	-	-
10月	-	-	-	-
11月	-	-	-	-
12月	-	-	-	-

图 5-71

（3）制作折线图。

根据准备好的作图数据源表插入带数据标记的折线图。选中“H3:J15”单元格区域并选择“插入”选项卡，单击“插入折线图或面积图”下拉按钮，选择“带数据标记的折线图”选项，此时折线图就创建出来了，如图 5-72 所示。

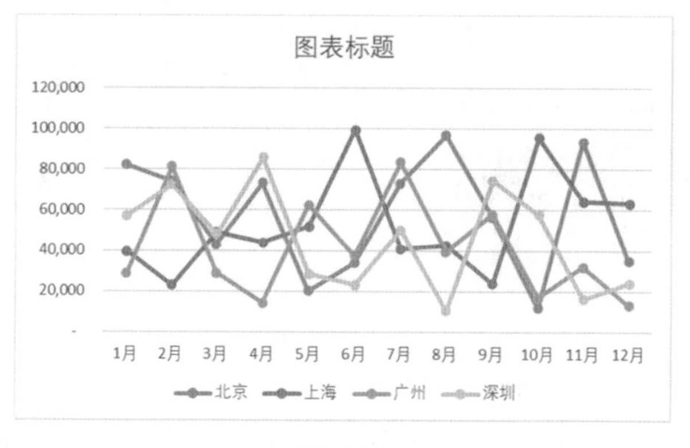

图 5-72

（4）隐藏数据。

为了使图表更清晰且易于读取，可以对图表元素进行设置。单击图表右上角的“+”按钮，在“图表元素”列表中勾选“图例”复选框，并在其下拉列表中选择“顶部”选项，可将图例调整到图表顶端，如图 5-73 所示。

当取消勾选“北京”复选框，在折线图图表中并没有将“北京”对应的“0”数据隐藏起来，而是在横坐标的底端“0”刻度线位置显示。

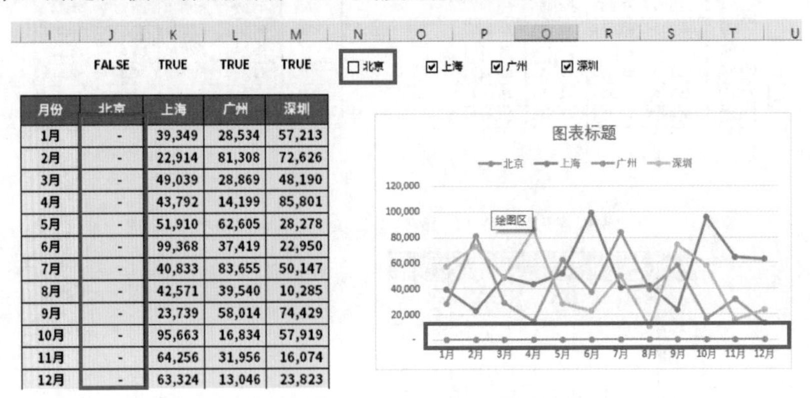

	FALSE	TRUE	TRUE	TRUE
月份	北京	上海	广州	深圳
1月	-	39,349	28,534	57,213
2月	-	22,914	81,308	72,626
3月	-	49,039	28,869	48,190
4月	-	43,792	14,199	85,801
5月	-	51,910	62,605	28,278
6月	-	99,368	37,419	22,950
7月	-	40,833	83,655	50,147
8月	-	42,571	39,540	10,285
9月	-	23,739	58,014	74,429
10月	-	95,663	16,834	57,919
11月	-	64,256	31,956	16,074
12月	-	63,324	13,046	23,823

图 5-73

想要将“0”的数据隐藏起来，可以将“0”对应的数据转化为错误值，利用错误值不在图表中显示的原则将其隐藏起来。

首先选中“J4”单元格并单击函数编辑区将其激活，将 IF 函数中最后一个参数“0”修改为“NA()”。即如果不满足条件就显示为错误值，然后将公式批量填充至“J4:M15”单元格区域，如图 5-74 所示。如图 5-75 所示，在折线图中“北京”所对应的数据就被隐藏起来了。

J4 =IF(J$1=TRUE,C4,NA())

	I	J	K	L	M
1		FALSE	TRUE	TRUE	TRUE
3	月份	北京	上海	广州	深圳
4	1月	#N/A	39,349	28,534	57,213
5	2月	#N/A	22,914	81,308	72,626
6	3月	#N/A	49,039	28,869	48,190

图 5-74

图 5-75

这是因为我们对空值或错误值进行了设置。选中图表并选择“图表设计”选项卡，单击“选择数据”按钮，在弹出的“选择数据源”对话框中单击“隐藏的单元格和空单元格”按钮，如图 5-76 所示。在弹出的“隐藏和空单元格设置”对话框中已经勾选了“将#N/A 显示为空单元格”复选框，并且选中了“空单元格显示为”旁边的“空距”单选按钮，如图 5-77 所示。如果同时将“显示隐藏行列中的数据”复选框勾选，那么这时即使将作图数据源隐藏了，图表数据也可以呈现出来。

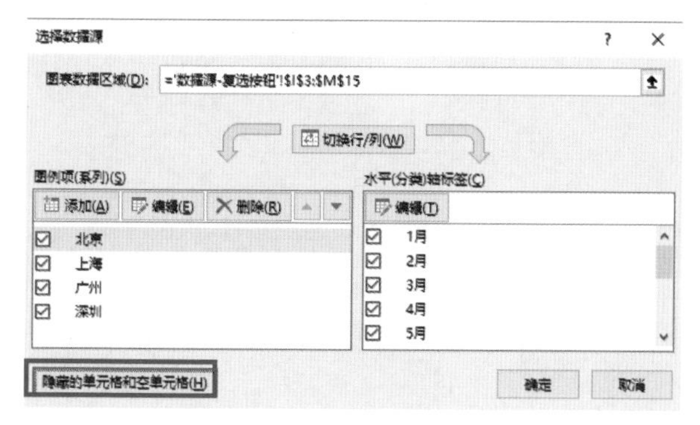

图 5-76

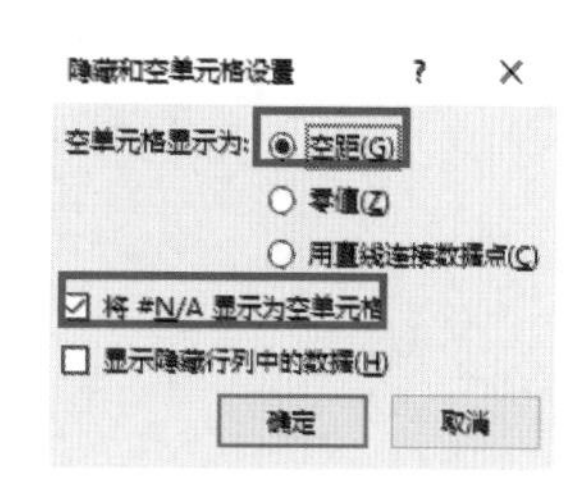

图 5-77

（4）美化图表。

对图表的配色和元素版式进行美化。根据图 5-61 所示的配色效果，利用取色器工具将对应的颜色拾取过来填充至图表中。由于 Excel 中没有取色器的功能，所以需要借助 QQ 截图或 ColorPix 取色器工具中的取色器拾取 RGB 值，根据拾取的结果在 Excel“颜色”对话框中录入数值进行填充。

这里推荐给大家一个好用的方法，使用 WPS 自带的取色器功能进行美化可以大大提高美化的工作效率。此处不再介绍，读者可以根据制作效果自行操作。

本章介绍了图表神助手，通过数据源的变动，使图表联动变化，利用控件实现数据的交互使用。到这里就完成了基础篇的介绍，下一篇将介绍进阶篇的内容，实现图表的颠覆和图表的数据分析方法。

第 2 篇　进阶篇

下面进入进阶篇的介绍，首先在第 6 章“图表颠覆之法”中将会为读者介绍 5 种方法实现图表的颠覆，做出不一样的图表样式。然后在第 7 章“图表跃迁之法”中将会为读者介绍 12 种跃迁图表的设计与制作，从多角度展示图表。接着通过第 8 章“图表分析之法”介绍数据背后的逻辑与语言，洞察数据背后隐藏的信息。最后通过数据语言进行演示，让数据为我们代言。

第6章 图表颠覆之法

在第 2 章中笔者介绍了常见图表的创建和使用方法，在实际工作中为了使图表更具有说服力，或者为了吸引观众还需要一些图表的颠覆式方法来实现可视化效果。接下来进入“图表颠覆之法”的介绍。

6.1 数据系列分组法

第 1 种图表颠覆方法是数据系列分组法。数据系列分组法就是先将数据源中原本一组数据拆分为两组或多组数据，然后通过插入堆积柱形图将不同的数据系列堆积起来，利用 ICON 填充的方式对拆分的数据系列单独进行美化设置。

传统的图表设计完成后，可以在图表顶部增加一个圆弧的形状，如图 6-1 所示，或者按照“小火箭冲天”的形式在柱形图顶部设置火箭样式，将柱子设置为火箭苗样式，如图 6-2 所示。通过这样的设置方法还可以在图表上做一些个性化的调整，例如，图 6-3 所示的小鲸鱼销售业绩图。

使用数据系列分组法增加数据系列可以让图表更加具有设计感，这也是实现图表联动的重要手段，是进阶图表高手的必经之路。接下来一起拓展数据结构，颠覆你的图表。

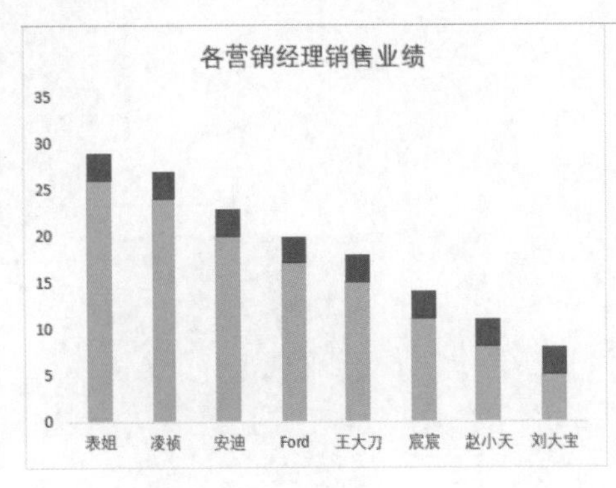

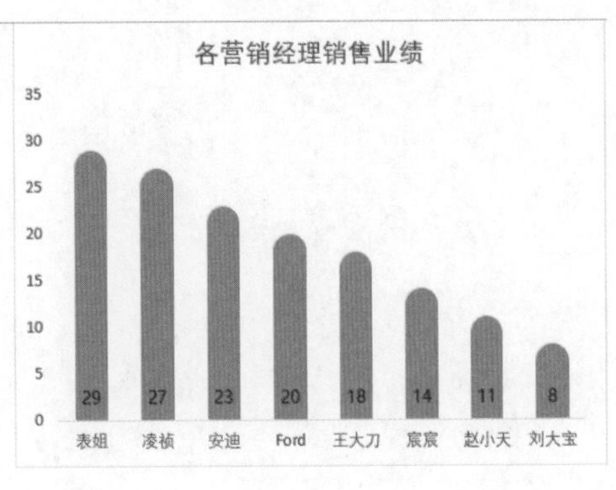

图 6-1

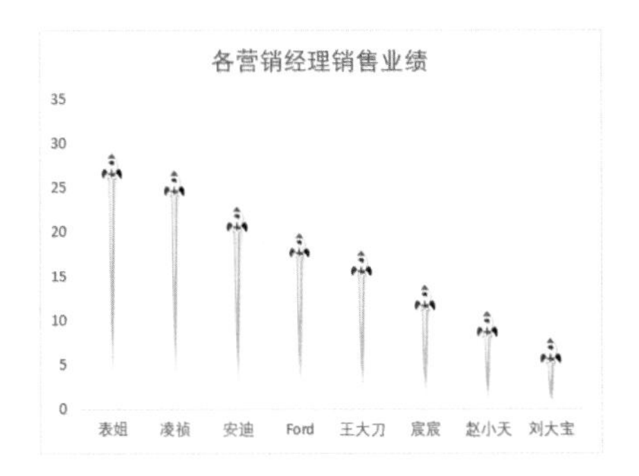

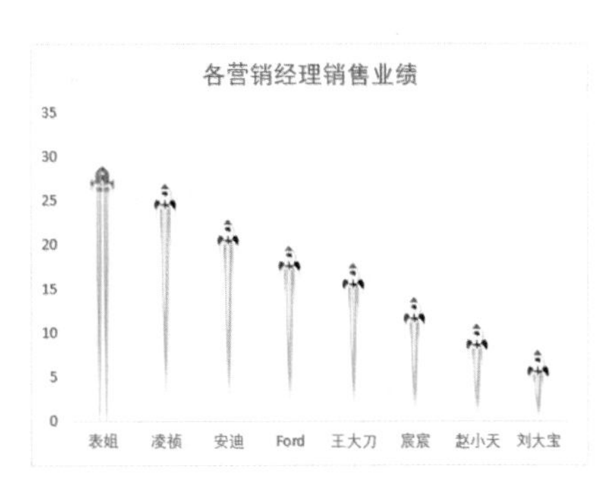

图 6-2

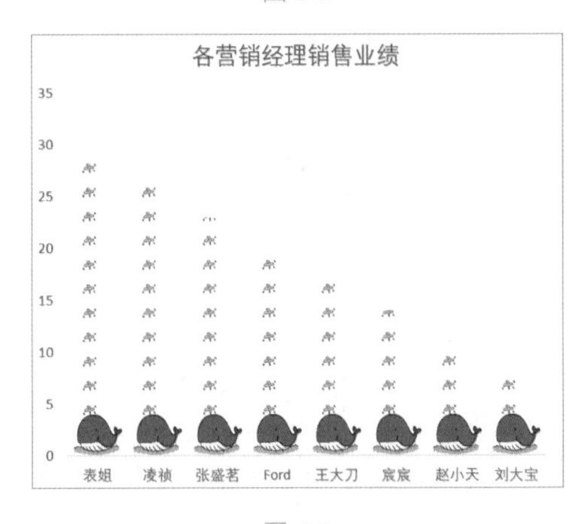

图 6-3

打开“\第 6 章 图表颠覆之法\6.1-数据系列分组法”源文件。

说明：本例中“业绩”的单位为“万元”，表中和下文中的单位省略，不再标出。

1．抓数据：整理作图数据源，对数据进行拆分

首先来完成图 6-1 所示的圆顶柱形图图表案例的制作。在“1 柱形图-1 组数据”工作表中插入传统的柱形图，由于数据源表中只有一组数据，直接利用插入柱形图的方式只可以制作出图 6-4 所示的默认样式。

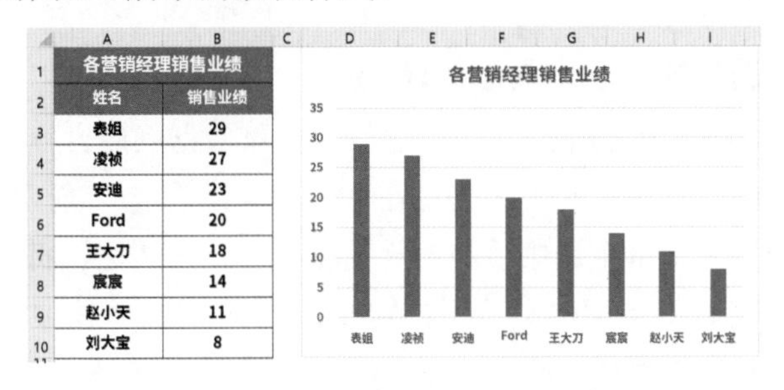

各营销经理销售业绩	
姓名	销售业绩
表姐	29
凌祯	27
安迪	23
Ford	20
王大刀	18
宸宸	14
赵小天	11
刘大宝	8

图 6-4

如果需要在图表顶部出现图 6-1 所示的半圆的形状，那么数据源中只有一组数据系列是没有办法实现的。想要图表中有不同的形状，使不同的数据系列具有不同的可视化效果，那么每一种效果在数据源中就需要有对应的数据系列。

因此，需要将数据拆分为“柱顶”和“柱身”两组数据系列，使“柱顶”数据相同，通过“柱身”的大小展示数据的不同。这就需要利用辅助列的方式将数据源进行拆分与扩建。

在“2 柱形图-2 组数据”工作表中制作作图数据源表，如图 6-5 所示。将“柱顶”一列数据统一设置为“3”（可以根据柱顶的大小自定义一个数据），“柱身”一列利用“销售业绩-柱顶”来表示，即可将原本的“销售业绩”拆分为“柱顶”和“柱身”两组数据系列。

	A	B	C	D
1	各营销经理销售业绩			
2	姓名	销售业绩	柱顶	柱身
3	表姐	29	3	26
4	凌祯	27	3	24
5	安迪	23	3	20
6	Ford	20	3	17
7	王大刀	18	3	15
8	宸宸	14	3	11
9	赵小天	11	3	8
10	刘大宝	8	3	5

图 6-5

提示：想要图表中存在不同的形状效果，对应的效果在数据源中必须存在对应的数据系列。

2．造图表：选择合适的图表类型，插入堆积柱形图

完成数据源的准备后，接下来选择合适的图表类型，插入堆积柱形图。同时选中“A2:A10”和“C2:D10”单元格区域并选择“插入”选项卡，单击“插入柱形图或条形图”下拉按钮，选择“堆积柱形图”选项，默认的堆积柱形图中“柱顶”数据显示在底端，如图 6-6 所示。

3．调顺序：调整数据系列显示顺序

如何将“柱顶”数据移至柱子顶端？这就需要对数据顺序进行调整。首先选中已经插入的堆积柱形图，然后选择“图表设计”选项卡并单击“选择数据”按钮，在弹出的“选择数据源”对话框中选中“柱身”选项，单击▲按钮，将其调整到上方后，单击“确定”按钮，如图 6-7 所示。如图 6-8 所示，即可将“柱顶”数据调整到“柱身”顶部。

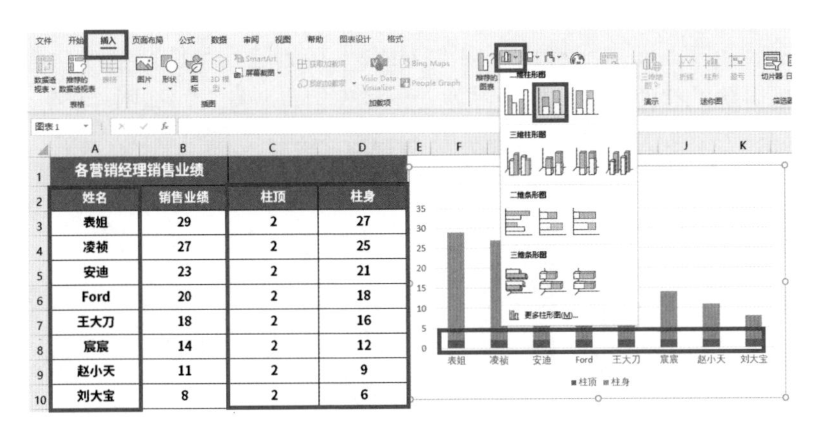

各营销经理销售业绩			
姓名	销售业绩	柱顶	柱身
表姐	29	2	27
凌祯	27	2	25
安迪	23	2	21
Ford	20	2	18
王大刀	18	2	16
宸宸	14	2	12
赵小天	11	2	9
刘大宝	8	2	6

图 6-6

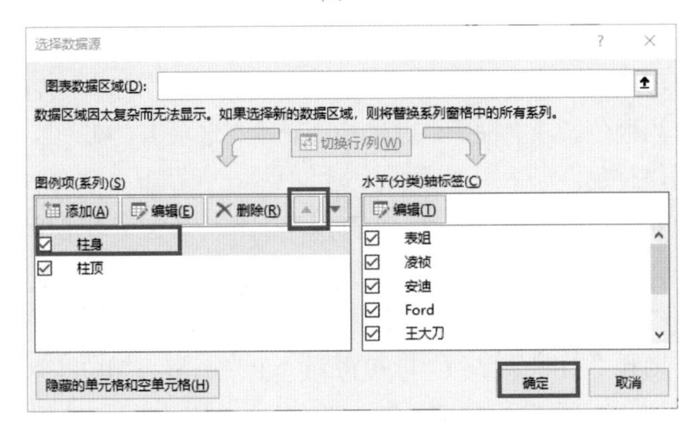

图 6-7

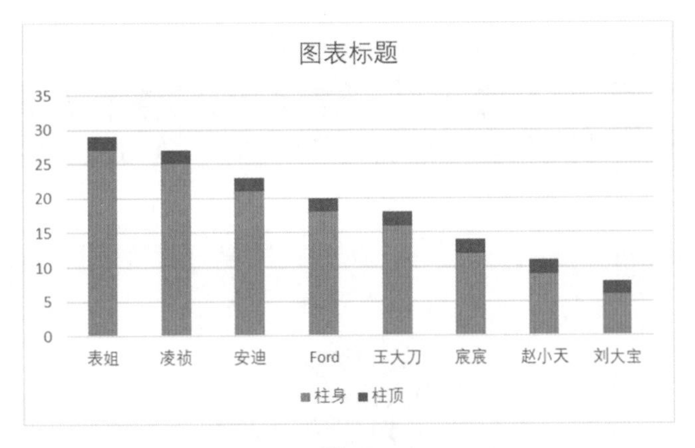

图 6-8

4．塑质感：优化图表元素，做减法

初步完成堆积柱形图的创建之后，我们开始进入图表的美化环节。接下来利用第 3 章介绍的方法完成图表的美化，将其美化为圆顶的样式。

优化图表元素。选中网格线，按“Delete”键删除冗余的网格线。选中图例按“Delete”键删除。修改图表标题为“各营销经理销售业绩”，如图 6-9 所示。

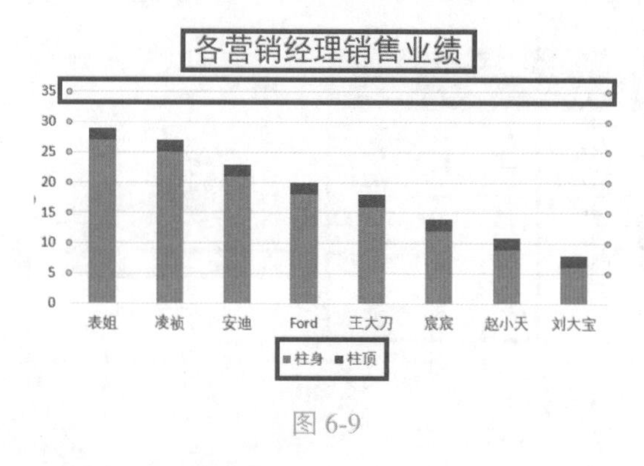

图 6-9

5. 塑美感：美化图表，调整配色

将柱身修改为橙色。选中柱子，并选择“开始”选项卡，在“填充颜色”下拉列表中选择颜色为“橙色”。

需要特殊说明的是，关于“柱顶”半圆形的制作方法。可以借助 PowerPoint，首先在幻灯片中插入一个圆形，并插入一个大一些的矩形，使矩形覆盖一半圆形。然后选中圆形，按“Ctrl”键选中矩形后，选择“形状格式”选项卡，最后单击“合并形状”下拉按钮，选择“剪除”选项，即可得到一个半圆形，如图 6-10 所示。

选中半圆形按“Ctrl+C”组合键复制，在 Excel 中按“Ctrl+V”组合键粘贴。再次选中半圆形按“Ctrl+C”组合键复制，选中图表中“柱顶”后，按“Ctrl+V”组合键粘贴，即可完成圆顶柱形图的效果，如图 6-11 所示。

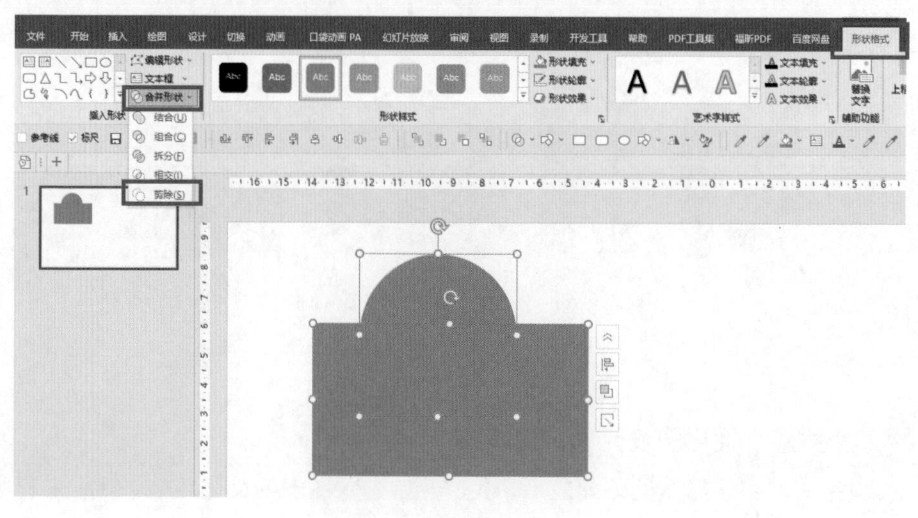

图 6-10

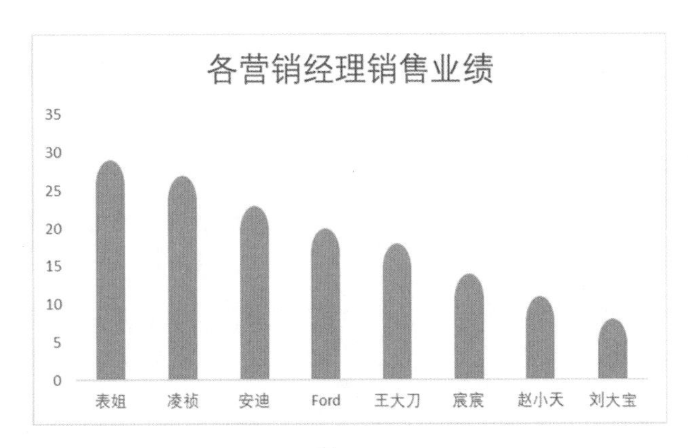

图 6-11

提示： 通过修改“柱顶”数据大小或拖曳图表调整图表大小可以改变圆顶的大小样式。

6．补信息：添加数据标签，显示数据值

为了使数据易于读取可以添加数据标签。选中柱形并右击鼠标，在弹出的快捷菜单中选择“添加数据标签”命令。

此时，图表中显示的数据标签值为“柱身”的数值，想要展示出“销售业绩”的值，可以自定义设置数据标签所在的单元格区域。选中数据标签并右击鼠标，在弹出的快捷菜单中选择“设置数据标签格式”命令，在弹出的“设置数据标签格式”工具箱中勾选“单元格中的值”复选框，接着在弹出的“数据标签区域”对话框中选中“B3:B10”单元格区域，单击“确定”按钮，如图 6-12 所示。

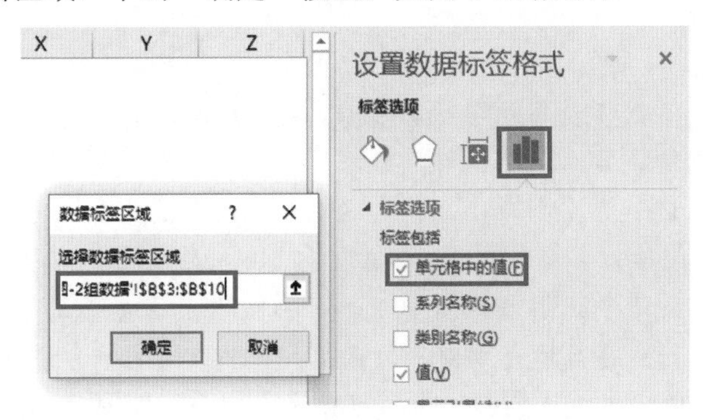

图 6-12

到这里数据标签中就显示出“销售业绩”的值了。

在“设置数据标签格式”工具箱中取消勾选“值”和“显示引导线”复选框，在“标签位置”中选中“轴内侧”单选按钮，如图 6-13 所示。到这里就完成了圆顶柱形图的绘制，如图 6-14 所示。

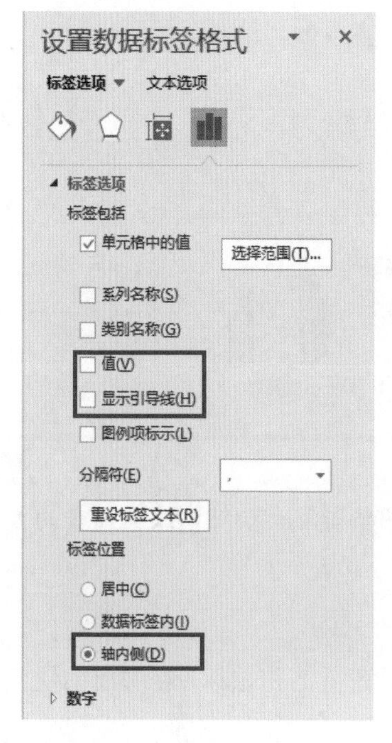

图 6-13

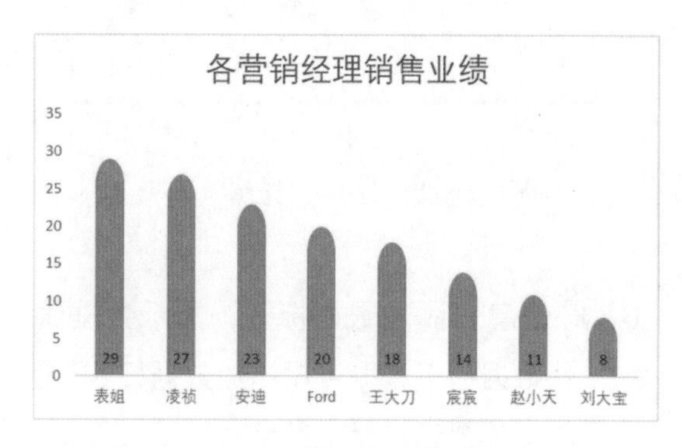

图 6-14

现在我们完成了第 1 个圆顶柱形图小案例的制作，先利用辅助列将数据源拆分为两部分，再利用图表的美化方法分别对堆积柱形图的“柱顶”和“柱身”进行填充与美化，就可以实现顶部的特殊效果。

学以致用

到这里完成了数据系列分组法的介绍，请读者自行在“6.1-数据系列分组法”工作簿中完成以下作业。

我们想要将这个弧度变成小火箭也是同样的道理，只需要将火箭头和火箭苗分别复制、粘贴。

首先在美化图表前通过图片裁剪工具分别制作出“火箭头”和“火箭苗”的填充图片，然后分别将其填充到对应的数据柱形内，并且火箭头的大小可以通过修改“柱顶”数据的大小来调整。需要特殊说明的是，如图 6-15 所示，要凸显某一个柱子火箭头的样式，在完成柱顶的统一填充后，可以单击两次第一个柱顶，将其单独选中并填充不一样的图片。

对应图 6-16 所示的小鲸鱼图表，同样可以分别将“鲸鱼”和“气泡”填充到对应的数据柱形内，并通过第 3 章图表美化方式的介绍将填充方式设置为“层叠”，将“气泡”平铺在柱形图内。通过调整“柱顶”和“柱身”数据顺序可以将“鲸鱼”显示在柱形底端，通过调整柱形的“间隙宽度”可以将鲸鱼显示得大一点，通过调整“鲸鱼”数据的大小调整“鲸鱼”的高矮。

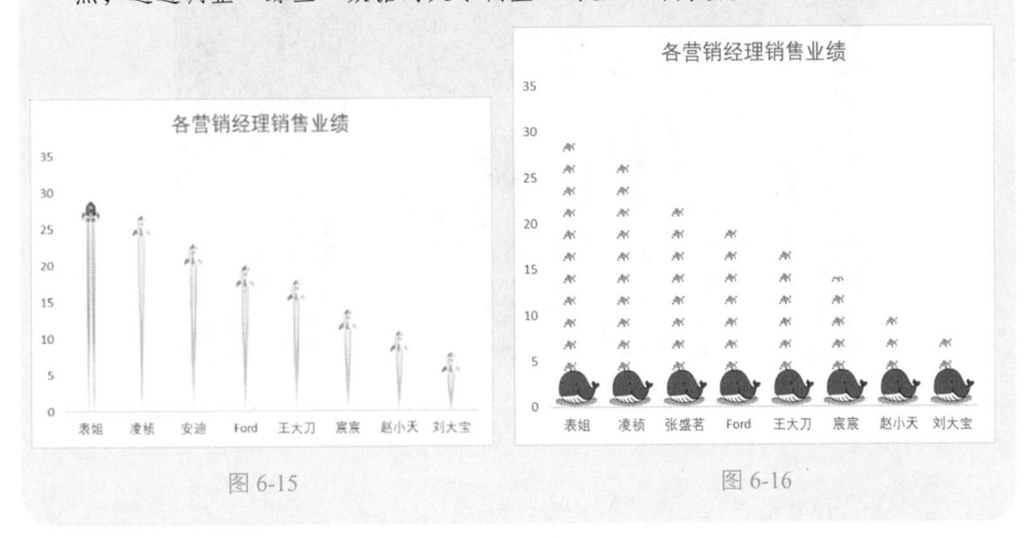

图 6-15　　图 6-16

6.2 系列重叠显示法

第 2 种图表颠覆方法是系列重叠显示法。系列重叠显示法就是通过将两组柱子的系列重叠值设置为 100%后，两组柱子重叠显示的一种方法。

在实际应用中常用于“销售业绩”与“业绩目标”之间的对比情况的图表呈现，“销售业绩”是黑色的，“目标业绩”是橘色的，这样就可以显示出每位销售经理的业绩完成情况。像这样的图表类型被称为温度计图。这样在“销售业绩”后面映衬一个阴影背景，显示出底纹的效果，可以使图表更加具有设计感，如图 6-17 所示。

本章还会介绍温度计图的更多玩法。当“完成率”高于 70%时，显示为“蓝色”柱子，当“完成率”低于 70%时，就显示为“红色”的未达标效果。这些都是温度计图的进一步衍生效果，如图 6-18 所示。

接下来进入具体的实操演练，如图 6-19 所示，这张是笔者提前完成好的图表，读者在练习的时候可以将它放在工作表的旁边，参照着来操作。

打开“\第 6 章　图表颠覆之法\6.2-主次坐标分类法”源文件。

说明： 本例中“业绩”的单位为“万元”，表中和下文中的单位省略，不再标出。

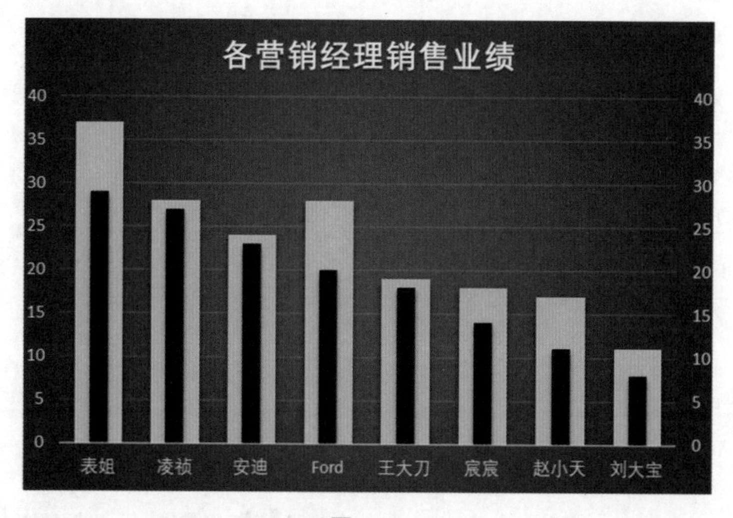

图 6-17

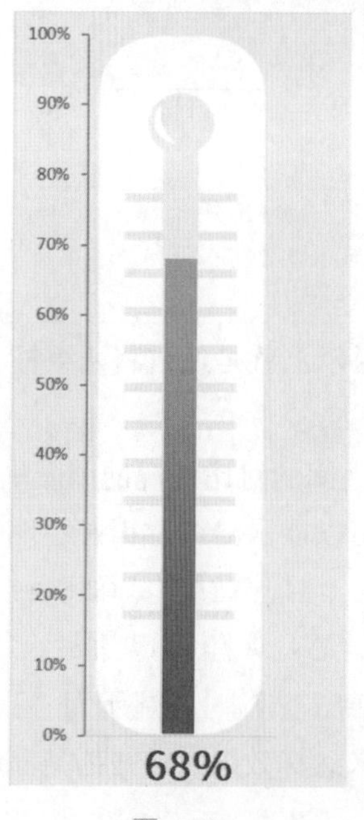

图 6-18

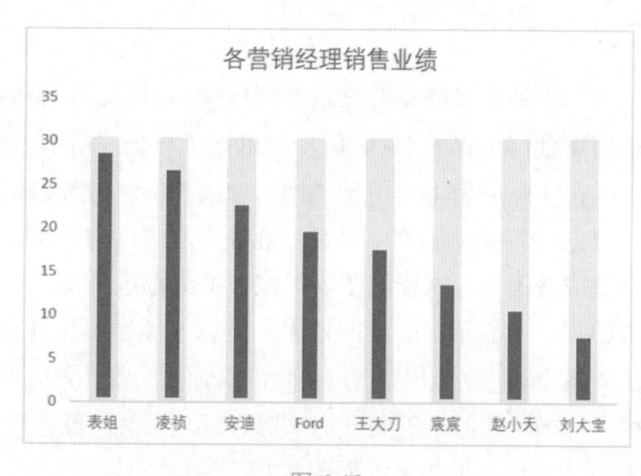

图 6-19

1. 抓数据：整理作图数据源，补充辅助数据系列

在“1 灰度背景”工作表中根据实际“销售业绩”设置了“灰度背景”辅助列，将其数值设置为“销售业绩”的最大值，为了取整，这里统一将“灰度背景”的数值设置为“30”，如图 6-20 所示。

	A	B	C
1	各营销经理销售业绩		
2	姓名	销售业绩	灰度背景
3	表姐	29	30
4	凌祯	27	30
5	安迪	23	30
6	Ford	20	30
7	王大刀	18	30
8	宸宸	14	30
9	赵小天	11	30
10	刘大宝	8	30

图 6-20

2. 造图表：选择合适的图表类型，插入柱形图

准备好作图数据源后，选择合适的图表类型，插入柱形图。选中“A2:C10”单元格区域并选择“插入”选项卡，单击“插入柱形图或条形图”下拉按钮，选择“簇状柱形图”选项，如图 6-21 所示。

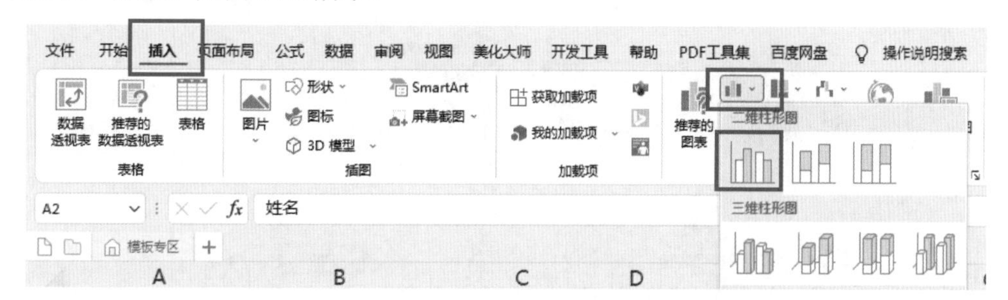

图 6-21

默认插入的柱形图中两组柱子是分离的，想要制作出温度计图的重叠样式可以通过修改系列重叠值来实现，如图 6-22 所示。

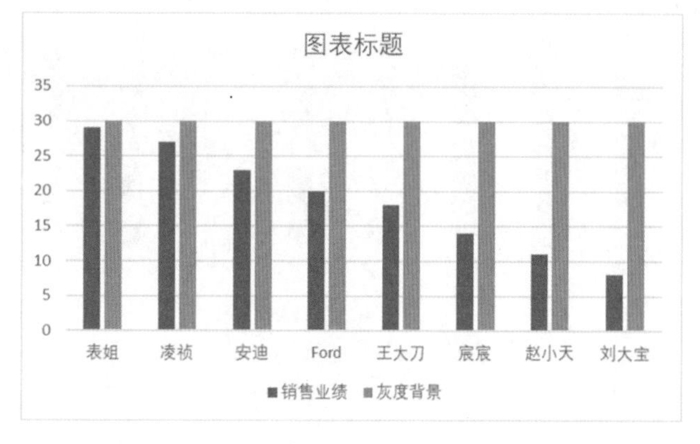

图 6-22

3．图表设置：设置系列重叠为 100%

选中柱形图中的柱子并右击鼠标，在弹出的快捷菜单中选择“设置数据系列格式”命令，在弹出的“设置数据系列格式”工具箱中拖曳“系列重叠”旁边的滑块，调整为“100%”。

4．调顺序：调整数据系列显示顺序

想要将“灰度背景”柱子显示在“销售业绩”柱子后面，可以选中柱形图，选择“图表设计”选项卡并单击“选择数据”按钮，在弹出的“选择数据源”对话框中选中“灰度背景”选项，单击▲按钮，将其调整到“销售业绩”复选框上面，单击“确定”按钮，如图 6-23 所示。

如图 6-24 所示，“灰度背景”柱子就显示在“销售业绩”柱子底层了。

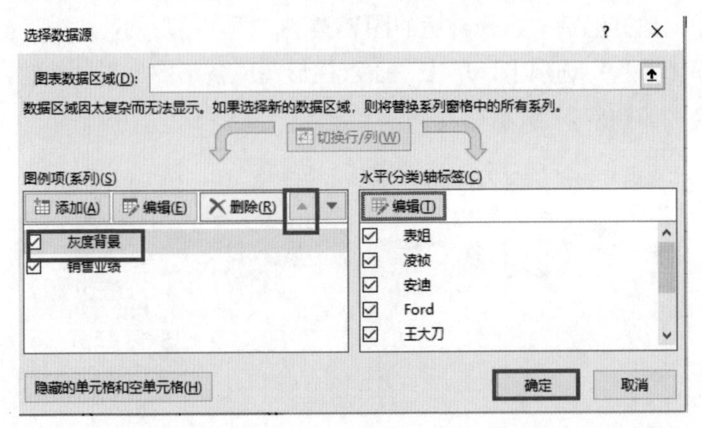

图 6-23

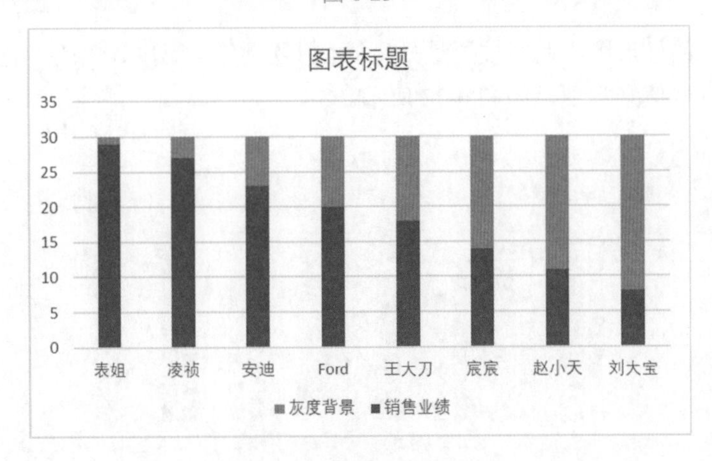

图 6-24

5．塑质感：优化图表元素，做减法

利用第 3 章介绍的图表美化方法对柱形图进行美化。

首先优化图表元素，选中网格线，按“Delete”键删除冗余的网格线。选中图例按“Delete”键删除。然后添加数据标签，选中前面的柱形图并右击鼠标，在弹出的快捷菜单中选择“添加数据标签”命令，选中添加的数据标签。在右侧“设置数据标签格式”工具箱中单击“标签选项”按钮，在“标签位置”中选中“轴内侧”单选按钮，如图 6-25 所示。此时，图 6-26 所示的效果就完成了。

图 6-25

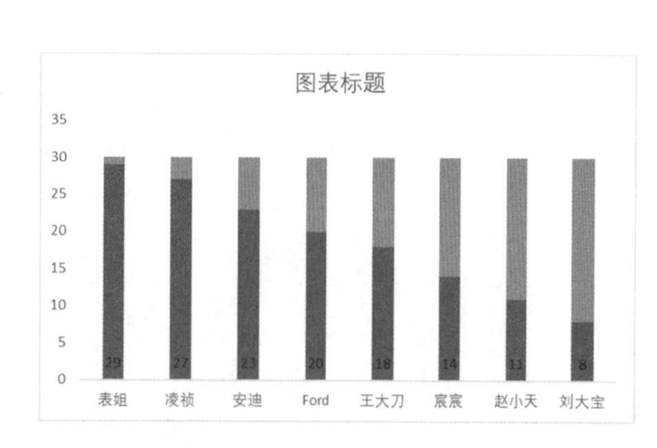

图 6-26

6．塑美感：美化图表，调整配色

对图表进行颜色的美化。首先修改数据标签的字体与颜色，选中数据标签并选择“开始”选项卡，然后在“字体颜色”下拉列表中选择颜色为“白色”，在“字号”下拉列表中选择字号为“11”，最后单击“B”按钮加粗字体。

对柱子进行颜色的美化。想要将后面的柱子设置为灰度效果，选中“灰度背景”柱子并选择“格式”选项卡，单击“形状轮廓”下拉按钮，在弹出的下拉列表中选择颜色为“灰色”，以及选择“粗细”→“6 磅”选项，此时即可通过边框的粗细在视觉上营造出两组柱子宽度不一致的效果了，如图 6-27 所示。

将“灰度背景”填充颜色同样修改为与边框一样的灰色，使“灰度背景”柱子的边框与柱子融为一体。

选中“灰度背景”柱子并选择“格式”选项卡，单击“形状填充”下拉按钮，在弹出的下拉列表中选择颜色为“灰色”。如图 6-28 所示，两组柱子的宽度差异不是非常明显，可见仅仅通过设置“灰度背景”柱子无法将前后两根柱子变成一粗一细的效果，想要“销售业绩”柱子更细一点就需要对“销售业绩”柱子的边框轮廓做进一步的优化。

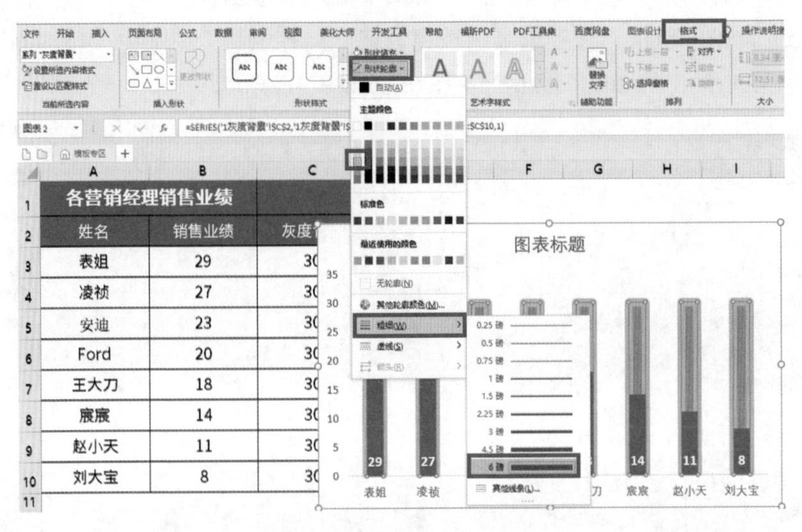

图 6-27

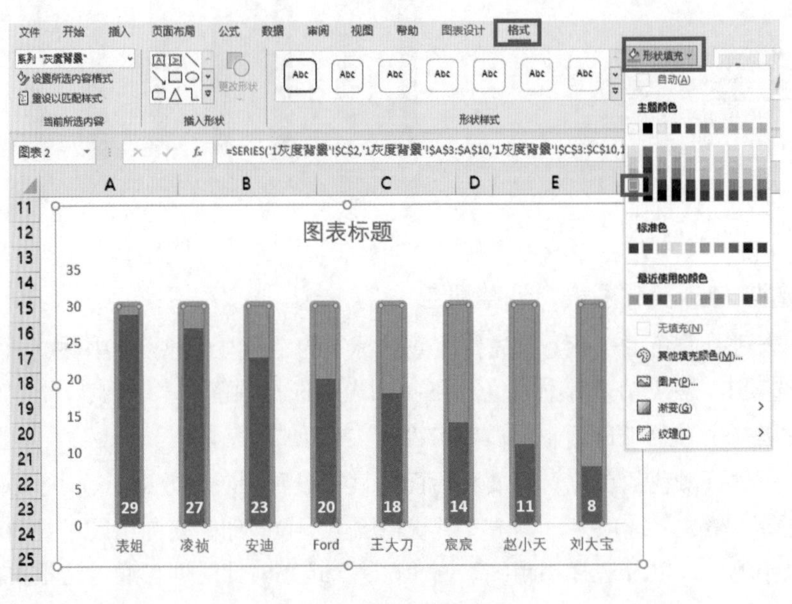

图 6-28

选中“销售业绩”柱子并选择“格式”选项卡，单击“形状轮廓”下拉按钮，在弹出的下拉列表中选择颜色为“灰色”，以及选择“粗细”→“3 磅”选项。这样在视觉上就可以营造出底层柱子和前置柱子宽窄不一致的效果了，如图 6-29 所示。

通过边框轮廓的设置可以形成底层柱子和前置柱子宽窄不一致的效果，本质上它们的宽度仍然是相同的，只是在视觉上呈现出了宽窄不一的效果。

除了这种“灰度背景”的温度计图效果，利用温度计图还可以实现“销售业绩”和“业绩目标”的对比，只需先将“灰度背景”数据调整为“业绩目标”，再通过图表的美化，即可实现图 6-30 所示的效果。此外，还可以为其添加数据标签和所需要的图例项，以便读者可以更清晰地理解图表。

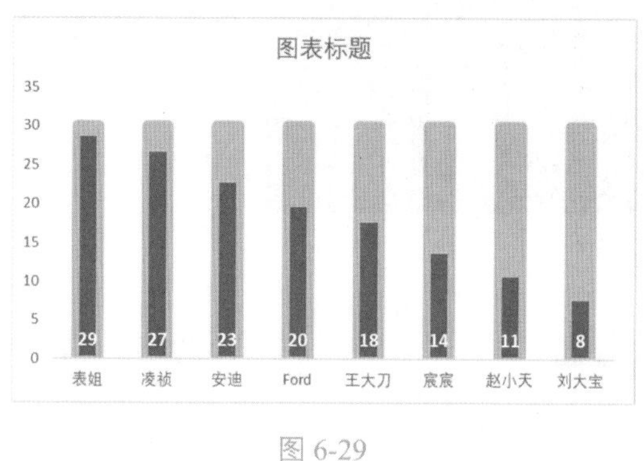

图 6-29

图 6-30

如果修改“安迪”的“销售业绩”高于“业绩目标”，那么仅仅通过系列重叠的方法无法显示出底层的“业绩目标”，如图 6-31 所示。想要解决这一问题就要利用 6.3 节介绍的主次坐标分类法。

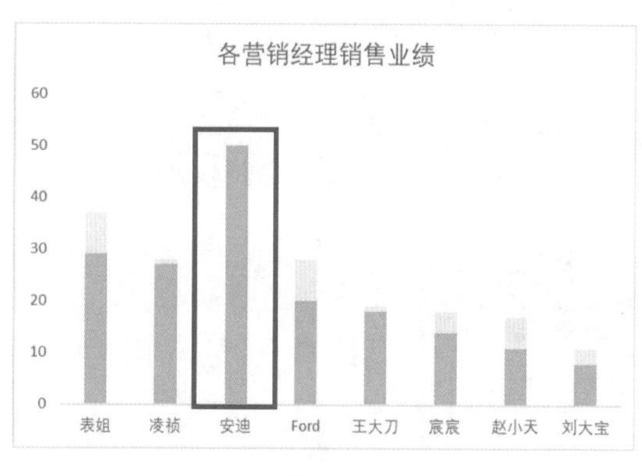

图 6-31

6.3　主次坐标分类法

在“销售业绩”与“业绩目标”对比图表中，如何直观地显示出超额完成业绩的情况呢？当“安迪”的“销售业绩”高于“业绩目标”时，黑色的“销售业绩”就会超出黄色的“业绩目标”，这种情况通过系列重叠显示法无法展示出“业绩目标”，本节就介绍一种主次坐标分类法来解决这个问题，制作出图 6-32 所示的效果图表。

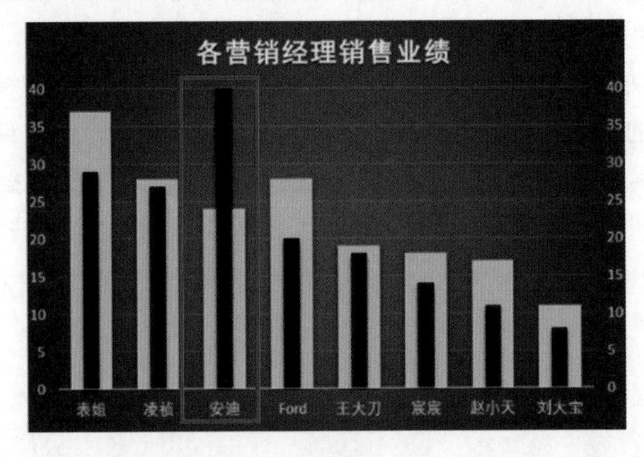

图 6-32

案例 1：销售业绩与业绩目标对比

说明：本例中“业绩”的单位为“万元”，表中和下文中的单位省略，不再标出。

1. 造图表：选择合适的图表类型，插入柱形图

在“3 主次坐标轴”工作表中，与前文一样根据准备好的作图数据源插入柱形图。选中“A2:C10”单元格区域并选择“插入”选项卡，单击“插入柱形图或条形图”下拉按钮，选择“簇状柱形图”选项，如图 6-33 所示。

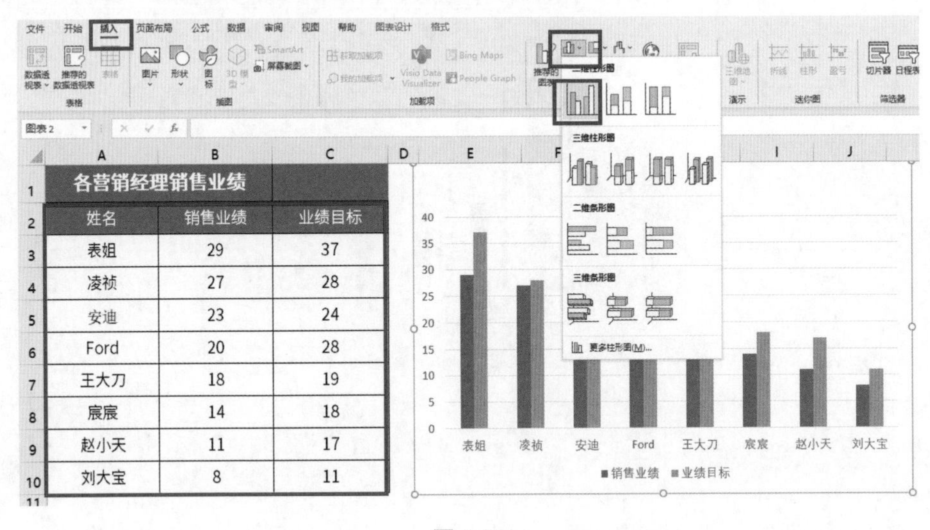

各营销经理销售业绩		
姓名	销售业绩	业绩目标
表姐	29	37
凌祯	27	28
安迪	23	24
Ford	20	28
王大刀	18	19
宸宸	14	18
赵小天	11	17
刘大宝	8	11

图 6-33

2. 图表设置：启用次坐标轴，统一主次坐标轴

将两组柱子重叠在一起营造出前后的效果。选中想要显示在前面的柱子，这里选中“销售业绩”柱子并右击鼠标，在弹出的快捷菜单中选择“设置数据系列格式”命令，在右侧“设置数据系列格式”工具箱中选中“次坐标轴”单选按钮。

通过设置次坐标轴的方式显示出的两组柱子高度差异与实际的差异效果不一致，这是主次坐标轴的刻度范围不一致造成的，所以在通过设置主次坐标轴的方式将两组柱子显示为重叠效果时，需要将次坐标轴的刻度值调整为与主坐标轴的刻度值一致，如图 6-34 所示。

统一主次坐标轴。选中次坐标轴并在右侧“设置坐标轴格式”工具箱中单击“坐标轴选项”按钮，在“坐标轴选项”组中将“边界”中的“最大值”设置为“40.0”，将“单位”中的“大”设置为与主坐标单位一致的“5.0”，如图 6-35 所示。

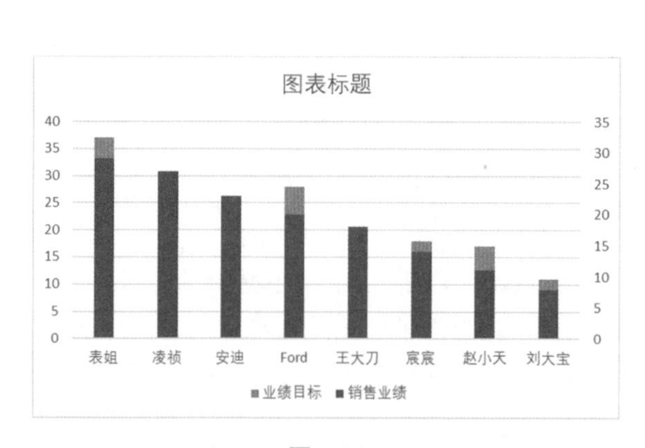

图 6-34

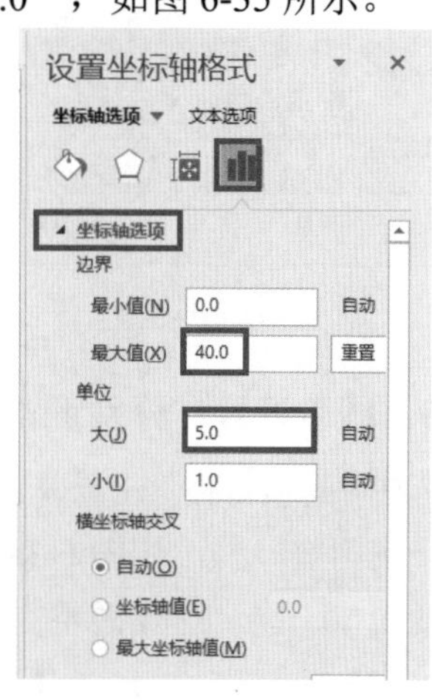

图 6-35

到这里就初步完成了两组柱子的对比设置，通过统一主次坐标轴的方式，可以将两组数据的对比显示出来，如图 6-36 所示。

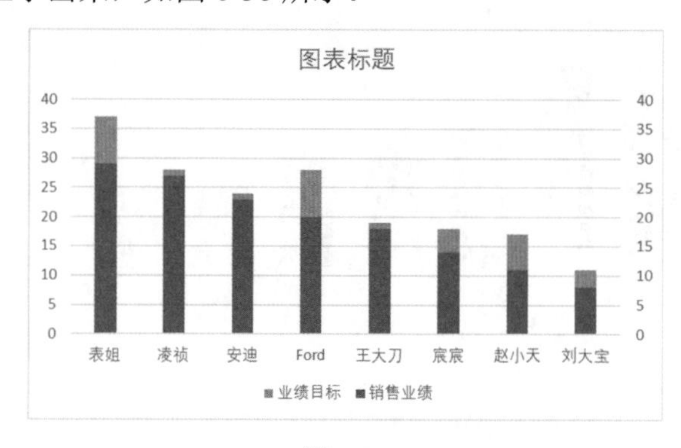

图 6-36

4．塑美感：优化图表元素，调整配色

对图表进行美化，优化图表元素。选中网格线，按“Delete”键删除冗余的网格线。

分别修改两组柱子的填充颜色。选中“业绩目标”柱子，选择“格式”选项卡并单击“形状填充”下拉按钮，在弹出的下拉列表中选择颜色为“深蓝色”。选中“销售业绩”柱子，选择“格式”选项卡并单击“形状填充”下拉按钮，在弹出的下拉列表中选择颜色为“绿色”，如图 6-37 所示。

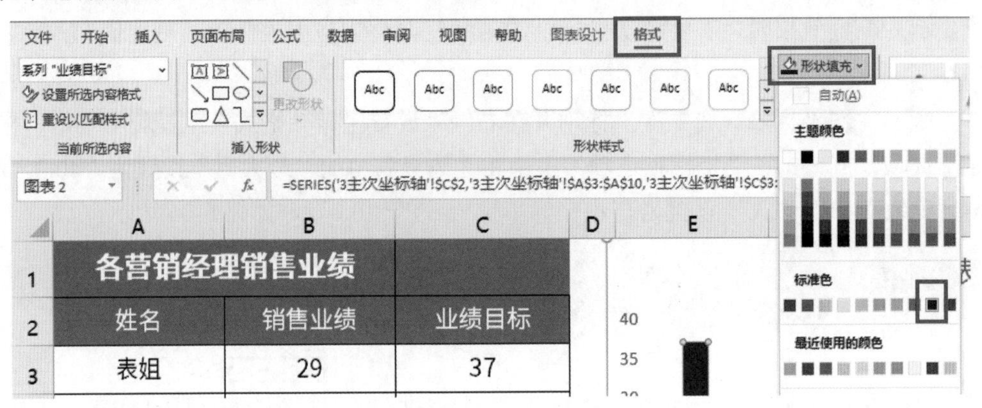

图 6-37

5．图表设置：分别调整两组柱子的间隙宽度

选中“业绩目标”柱子并在右侧“设置数据系列格式”工具箱中减小“间隙宽度”，使柱子变得宽一些，如图 6-38 所示。同理，增加“销售业绩”柱子的“间隙宽度”，使它变得窄一些，这样调整完两组柱子的宽窄就区分开了，如图 6-39 所示。

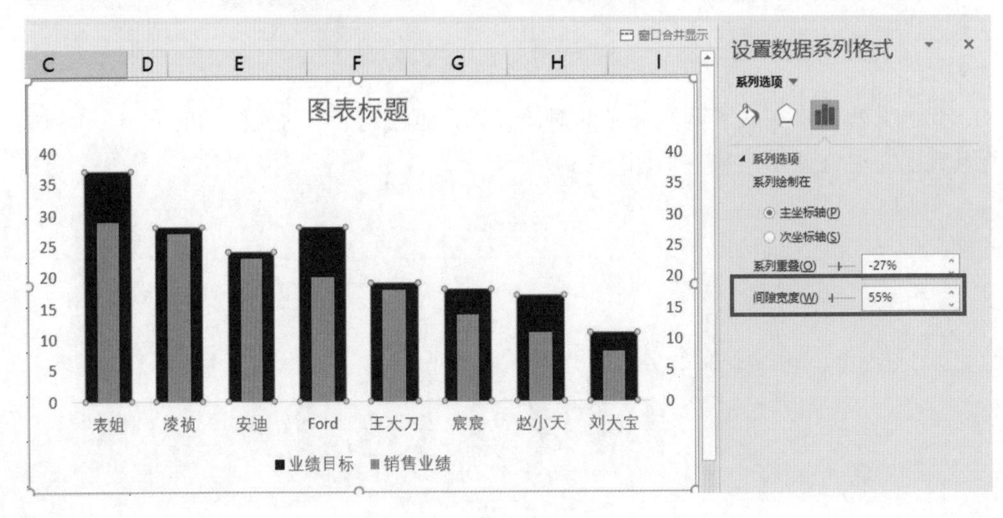

图 6-38

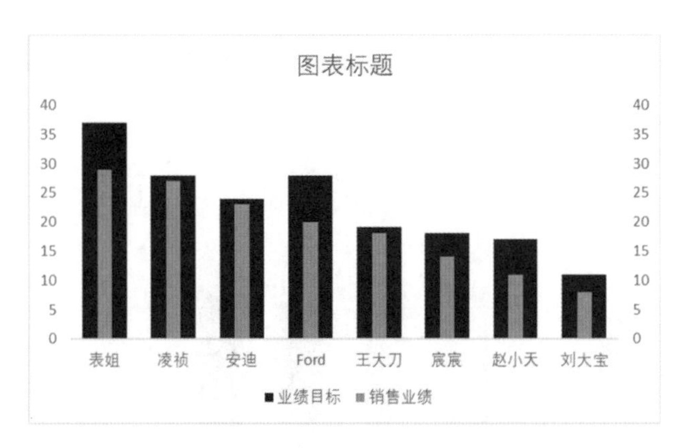

图 6-39

将“安迪”的“销售业绩”调整为“40”，此时“安迪”的“销售业绩”就会冲破“业绩目标”，由于“业绩目标”柱子的宽度大于“销售业绩”柱子的宽度，所以可以清晰地显示出来，如图 6-40 所示。

利用主次坐标分类法的方式设置可以分别调整两组柱子的“间隙宽度”，从而展现出不同柱子的宽度效果，当“销售业绩”冲破了“业绩目标”时仍然可以正常显示出来。这就是利用主次坐标分类法的方式设置两组数据重叠在一起的好处。

此外，在展示金额和数量的情况，或者销售业绩和增长率的情况时，由于两组数据差别比较大，也会常常使用主次坐标分类法来体现。

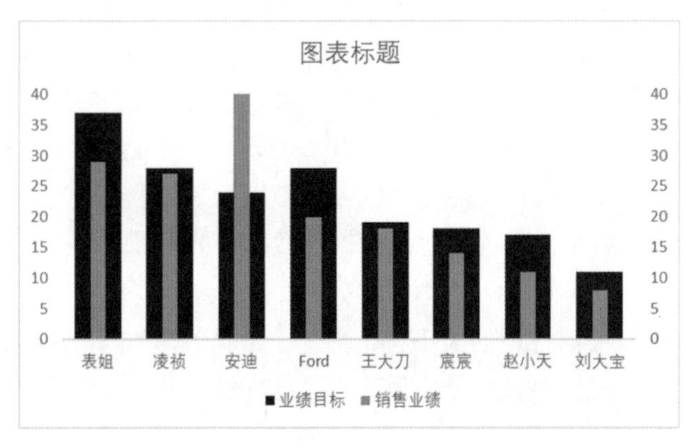

图 6-40

案例 2：销售业绩与业绩目标温度计图

说明：本例中“业绩”的单位为“万元”，表中和下文中的单位省略，不再标出。

除了前面介绍的几种温度计图，结合前面介绍过的数据系列分组法和主次坐标分类法，利用 ICON 填充图表数据，还可以制作出图 6-41 所示的更加具有设计感的温度计效果图。

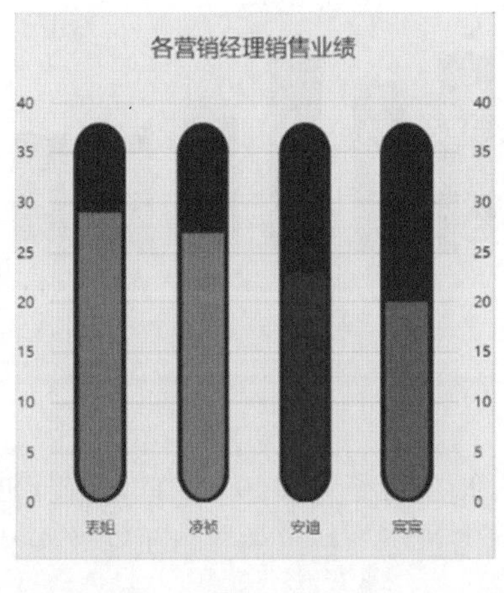

图 6-41

1．抓数据：整理作图数据源，拆分数据并增加辅助数据

首先拆解图表，如图 6-41 所示，温度计图的“销售业绩”是由一个“柱身”和一个“柱底”组成的，经过前面的介绍我们知道这样的柱底效果可以利用数据系列分组法，将“柱底”和“柱身”设置为堆积柱形图。然后在“销售业绩”后面设置一个灰度的背景板，并将其设置为次坐标轴显示在“销售业绩”后面。了解图表底层的逻辑后，正式开始图表的制作。

制作图表时凡是可见的图表效果，都存在独立的数据源。想要制作出底端半圆形样式，需要在数据源中分别设置“柱底”和“柱身”两组数据系列，使“柱底”数据相同，通过“柱身”的大小展示数据的不同，这里需要借助辅助列将数据源进行拆分与扩建。同时设置一组数值相等的“温度板”数据作为背景。

在“4 温度计图”工作表中制作作图数据源表。将“销售业绩柱底”一列数据统一设置为“5”（可以根据柱顶的大小自定义一个数据），“销售业绩柱身”一列利用“销售业绩”和“销售业绩柱底”来实现，将“温度板”统一设置为“38”，如图 6-42 所示。

	A	B	C	D	E
1	各营销经理销售业绩				
2	姓名	销售业绩	销售业绩柱底	销售业绩柱身	温度板
3	表姐	29	5	24	38
4	凌祯	27	5	22	38
5	安迪	23	5	18	38
6	宸宸	20	5	15	38

图 6-42

2．造图表：选择合适的图表类型，插入柱形图

同时选中“A2:A10”和“C2:C6”单元格区域并选择“插入”选项卡，单击“插入柱形图或条形图”下拉按钮，选择“簇状柱形图”选项，制作完成后默认的效果如图 6-43 所示。

修改图表类型，将“销售业绩柱底”和“销售业绩柱身”两组数据设置为“堆积柱形图”。选中图表并选择“图表设计”选项卡，单击“更改图表类型”按钮，在弹出的“更改图表类型”对话框中选择“组合图”选项，将“销售业绩柱底”设置为“堆积柱形图”，将“销售业绩柱身”设置为“堆积柱形图”，将“温度板”设置为“簇状柱形图”。分别勾选“销售业绩柱底”和“销售业绩柱身”后面的“次坐标轴”复选框，单击“确定”按钮，如图 6-44 所示。

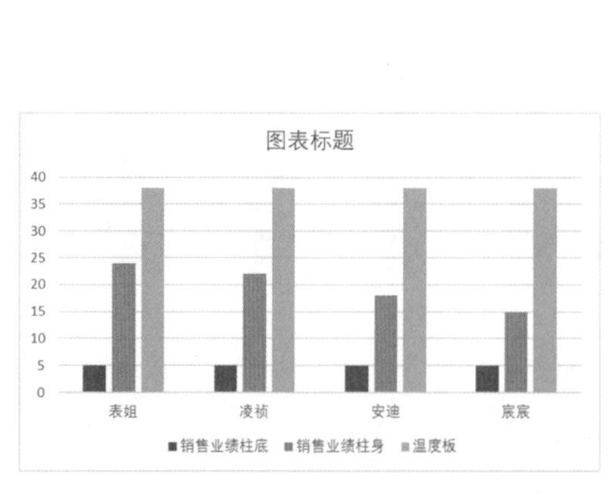

图 6-43

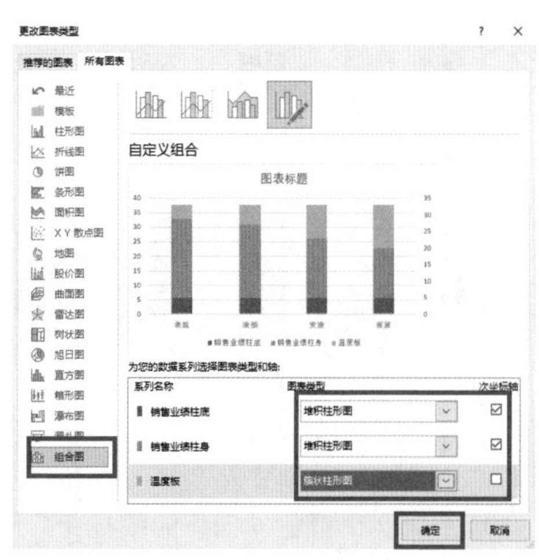

图 6-44

3．图表设置：统一主次坐标轴

选中次坐标轴并在右侧“设置坐标轴格式”工具箱中单击“坐标轴选项”按钮，在“坐标轴选项”组中将“边界”中的“最大值”设置为“40.0”，如图 6-45 所示。

到这里就完成了温度计图的基本创建，在图表中可以看到 3 组柱子的效果，接下来只需分别利用对应的形状对柱子进行填充美化即可，如图 6-46 所示。

4．塑美感：利用 ICON 填充法美化图表

到这里进入图表美化的步骤。根据图表样式，选中第 1 个“温度板”对应的填充形状按“Ctrl+C”组合键复制，选中图表中底层的“温度板”数据，按“Ctrl+V”组合键粘贴，如图 6-47 所示。

图 6-45

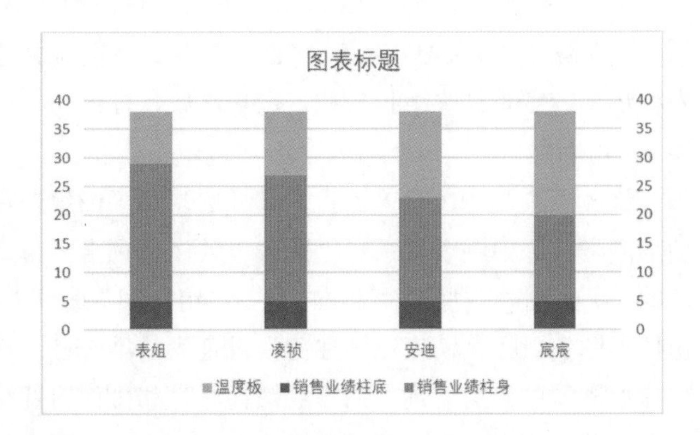

图 6-46

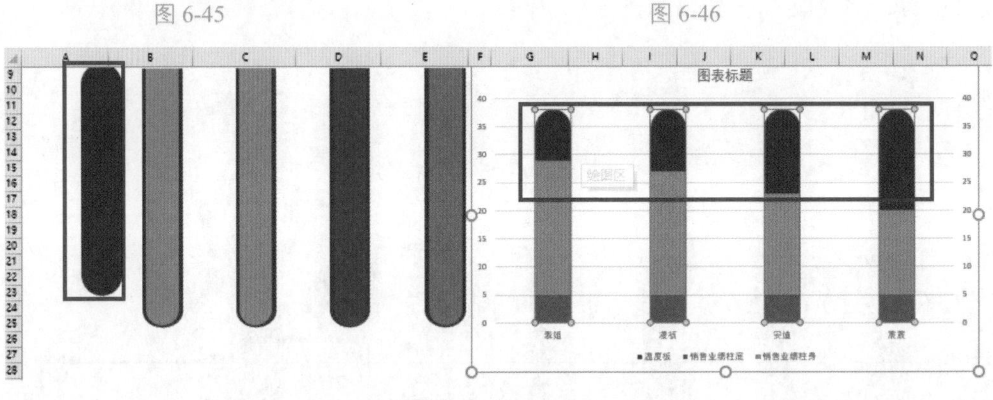

图 6-47

选中第 2 个橙色“销售业绩柱身”对应的填充形状，按“Ctrl+C”组合键复制。单击两次图表中“表姐”的“销售业绩柱身”柱子，按“Ctrl+V”组合键粘贴，将橙色柱身单独填充到“表姐”的柱身中。同理，完成其他柱底和柱身的填充，效果如图 6-48 所示。

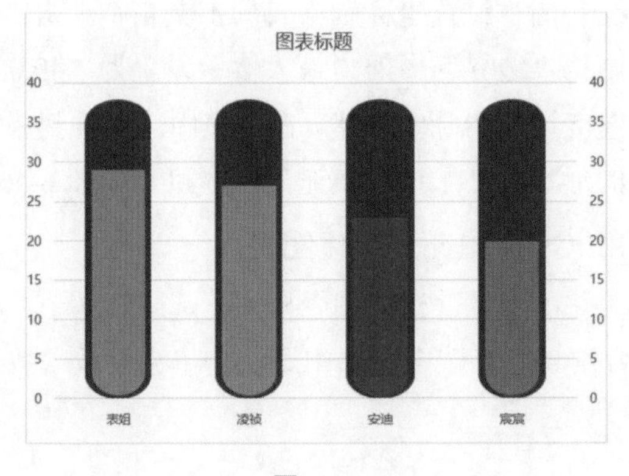

图 6-48

5．补信息：添加数据标签，显示数据值

完成前面的制作后，现在为图表添加数据标签。选中图表中的柱身并右击鼠标，在弹出的快捷菜单中选择“添加数据标签”命令，如图 6-49 所示，显示出的数值仅为“销售业绩柱身”的值，而不是真正的“销售业绩”。

选中数据标签，在右侧“设置数据标签格式”工具箱单击“标签选项”按钮，勾选“单元格中的值”复选框，在弹出的“数据标签区域”对话框中选择“B3:B6”单元格区域，单击“确定”按钮，在“设置数据标签格式”工具箱中取消勾选“值”和“显示引导线”复选框，并在“标签位置”中选中“数据标签内”单选按钮，如图 6-50 所示。

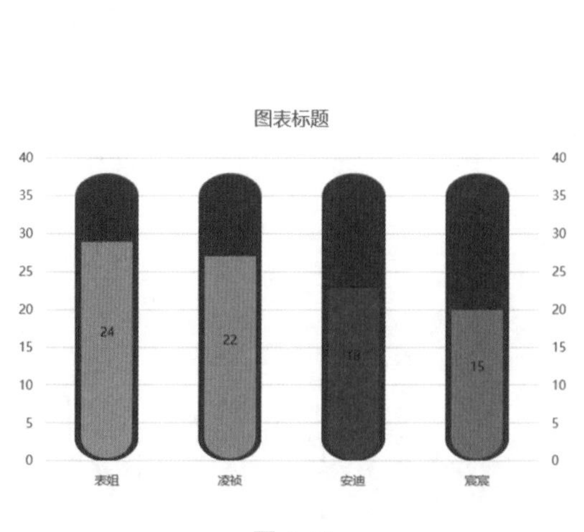

图 6-49

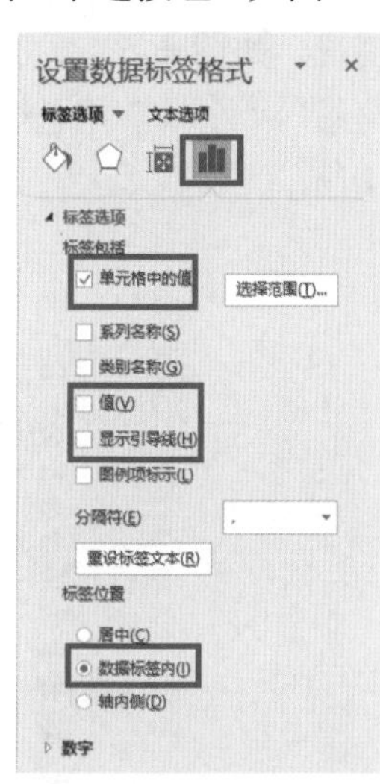

图 6-50

可以进一步对图表进行细节设置。修改数据标签的颜色为“白色”，图表标题为“各营销经理销售业绩”，修改图表背景的填充颜色，删除图例项。到这里就完成了图表的设置，如图 6-51 所示。

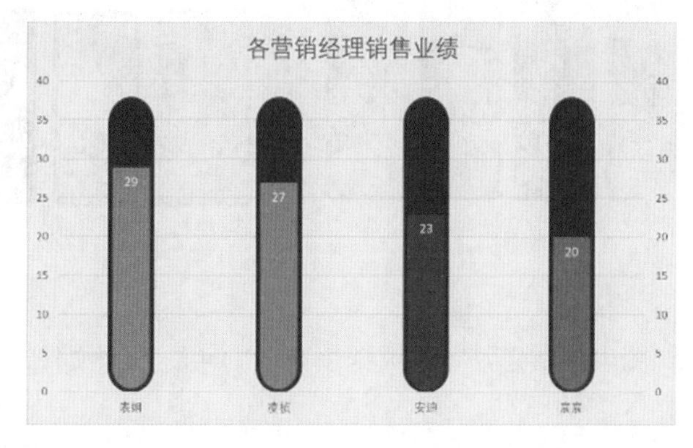

图 6-51

提示： 关于填充形状的制作，可以借助 PowerPoint 绘制形状，结合布尔运算来实现。利用 PowerPoint 和 Excel 联合办公可以提高工作效率。

6.4 数据 ICON 填充法

接下来继续解锁图表的颠覆之法——利用 ICON 填充数据图表，它可以使图表瞬间具有设计感。例如，将图标填充到柱形图中，如图 6-52 所示。除此之外，还可以实现使用不同的图片填充图表的效果，在这里可以看到某品牌手机在某月不同销售渠道的销售情况，如图 6-53 所示。或者在电商平台各品牌销售业绩的完成率中，将“华为”“苹果”“小米”“老年机”的完成率情况利用不同的颜色做一个填充展示，如图 6-54 所示。

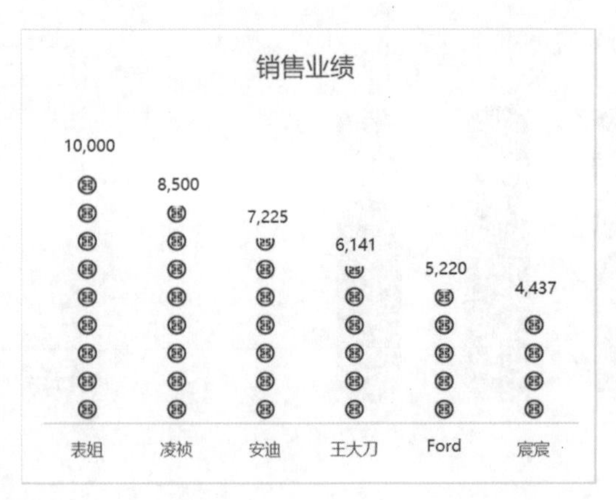

图 6-52

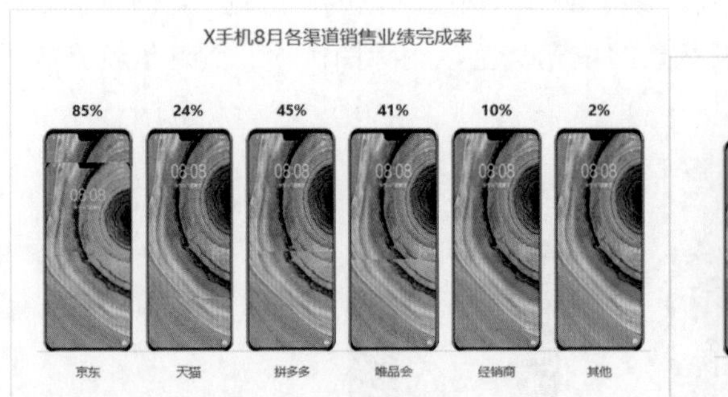

图 6-53

图 6-54

打开“\第 6 章 图表颠覆之法\6.4-数据填充 ICON 法”源文件。

案例 1：利用 ICON 填充法制作卡通风格柱形图

说明：本例中“业绩”的单位为“万元”，表中和下文中的单位省略，不再标出。

在“1 ICON 层叠法”工作表中，选中“B1:C7”单元格区域并按“Alt+F1”组合键可以快速插入图表，如图 6-55 所示。

可以用小图标为数据做填充。选中“爱心”图标并按“Ctrl+C”组合键复制，选中柱形图并按“Ctrl+V”组合键粘贴。此时，爱心填充柱形图后被拉伸了，如图 6-56 所示，这时需要对图标的填充形式进行调整。

	A	B	C
1	序号	姓名	销售业绩
2	1	表姐	10,000
3	2	凌祯	8,500
4	3	安迪	7,225
5	4	王大刀	6,141
6	5	Ford	5,220
7	6	宸宸	4,437

图 6-55

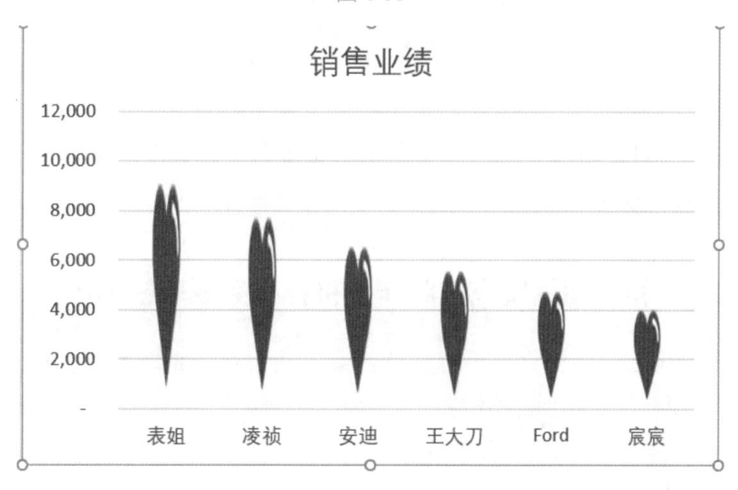

图 6-56

选中柱子并右击鼠标，在弹出的快捷菜单中选择“设置数据系列格式”命令，在弹出的“设置数据系列格式”工具箱中，单击“填充与线条”按钮，在“填充”组中选中“层叠”单选按钮，如图 6-57 所示，“爱心”图标就被平铺在柱子中了。

图 6-57

此外，想要填充其他图标，可以利用同样的方法，直接复制对应图标再进行填充就可以了。到这里就完成了利用简单的 ICON 填充数据图表的介绍。对于 ICON 图标，笔者推荐一个工具网站 Iconfont，通过这个网站可以直接选择不同类型的图标进行下载。

提示： 对于 WPS 的用户无法直接复制图标进行填充，可以将图标以图片或纹理的形式填充进去。

案例 2：利用图片填充法制作手机样机完成率柱形图

接下来进入第 2 个案例“X 手机 8 月各渠道销售业绩完成率”的介绍。利用一张灰度的手机图片和一张彩色的手机图片对数据进行填充，利用前面介绍的主次坐标分类法可以实现图 6-58 所示的完成率情况的图表。

对于手机模型这里推荐第 2 个工具网站：觅元素。在觅元素网站直接搜索“手机”或其他所需要的主题关键词直接下载即可。

想要黑白颜色的样机图片，可以选中彩色样机图片后，选择“图片格式”选项卡，在“颜色”下拉列表中选择一个黑白效果即可，如图 6-59 所示。

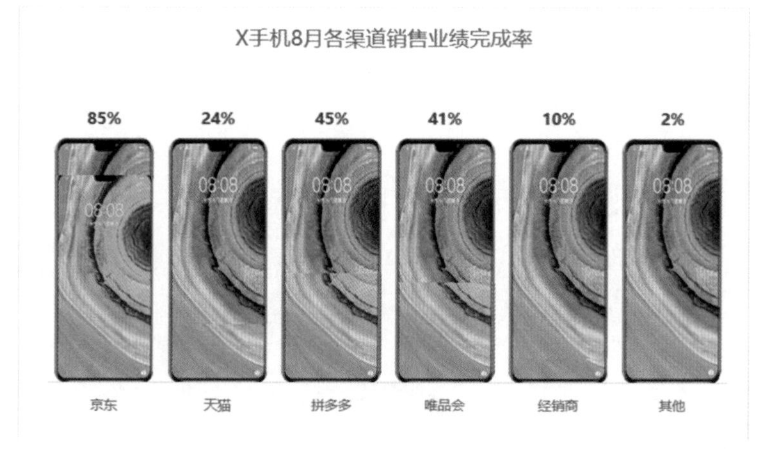

图 6-58

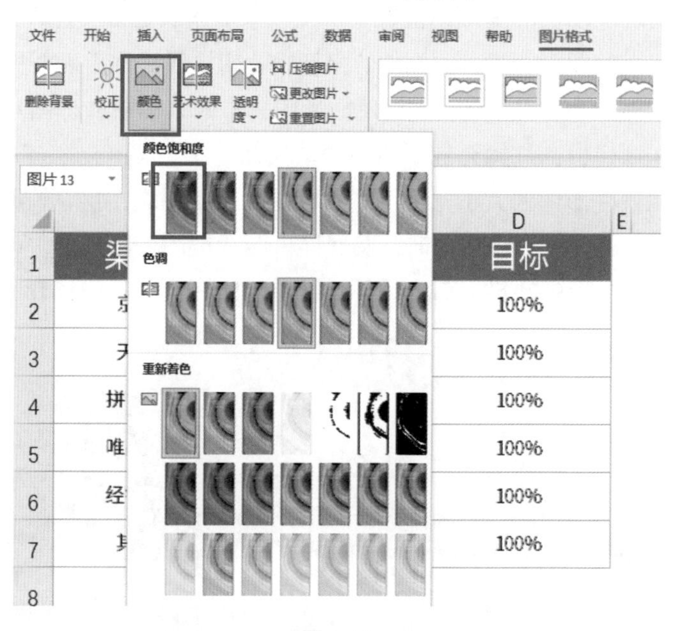

图 6-59

在“2 销售达成率”工作表中，选中“B1:D7”单元格区域并选择“插入”选项卡，单击“插入柱形图或条形图”下拉按钮，选择“簇状柱形图”选项。

插入柱形图后，选中柱形图，在右侧“设置数据系列格式”工具箱中，将“系列重叠”调整为“100%”，如图 6-60 所示，此时两组柱子完全重叠在一起。

调整数据的前后顺序。首先选中图表，选择“图表设计”选项卡，然后单击“选择数据”按钮，在弹出的“选择数据源”对话框中选中“业绩完成率”选项，单击按钮，最后单击“确定”按钮，如图 6-61 所示。

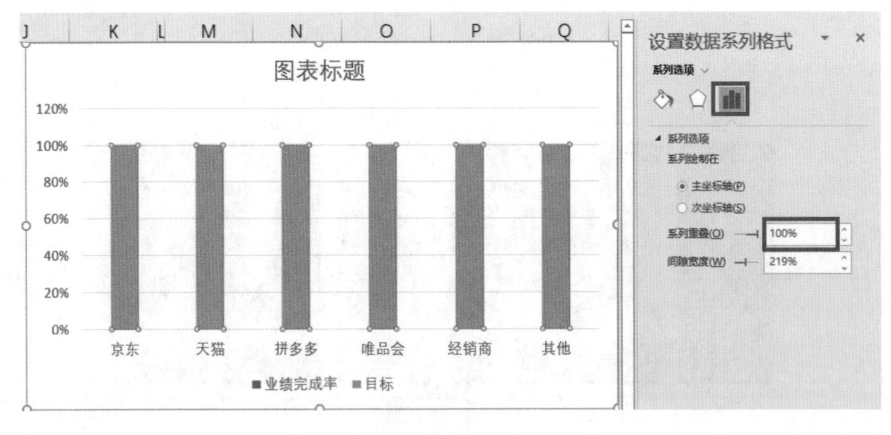

图 6-60

到这里就实现了图表的基础模型效果，接下来对图表进行美化。

首先删除冗余的图表元素，如图例、坐标轴、网格线。然后需要根据样机图片的大小来调整图表的大小和柱子的宽度，使柱形图柱子的大小与样机图片的大小完全一致，这样可以保证样机图片填充柱子后不会被拉伸。

为了方便调整柱形图的大小，这里将样机图片置于图表上层，辅助我们参考、调整。直接拖曳样机图片到图表上层时，发现样机图片被图表覆盖了，可以先对样机图片的层级进行调整。选中样机并右击鼠标，在弹出的快捷菜单中选择“置于顶层”命令，如图 6-62 所示。

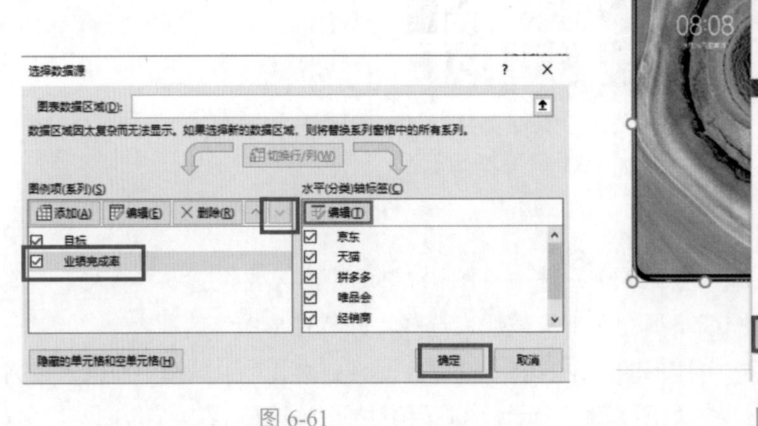

图 6-61

图 6-62

接下来拖曳调整，使样机图片位于柱子上层，选中柱子，在“设置数据点格式”工具箱中调整“间隙宽度”，同步调整图表的长和宽，使柱子的大小与样机图片的大小一致即可，如图 6-63 所示。

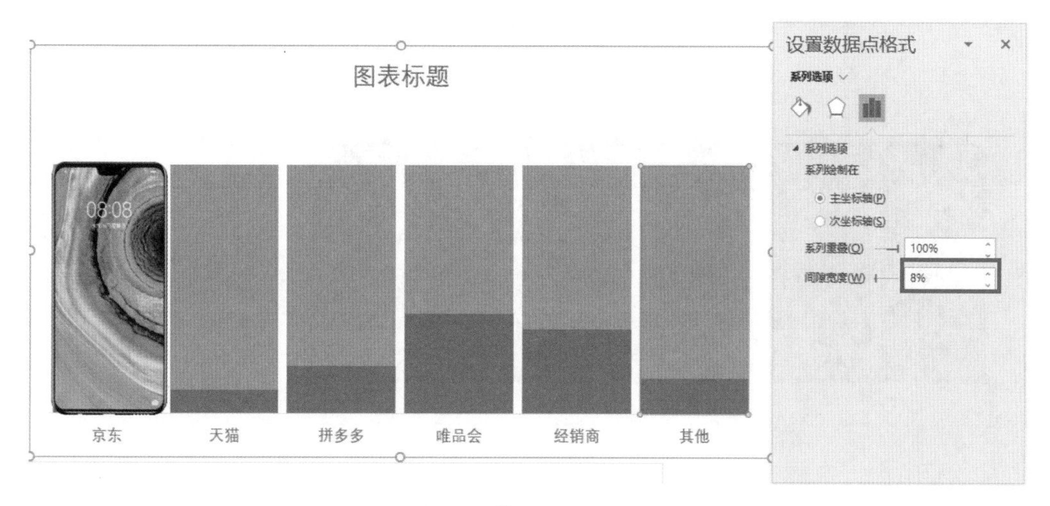

图 6-63

选中黑白样机图片，按“Ctrl+C”组合键复制后，选中“业绩目标”柱形图，按“Ctrl+V”组合键粘贴。

选中彩色样机图片，按“Ctrl+C”组合键复制后，选中“业绩完成率”柱形图，按“Ctrl+V”组合键粘贴。这时彩色样机图片填充柱形图后被拉伸了，如图 6-64 所示，需要对图片的填充形式进行调整。

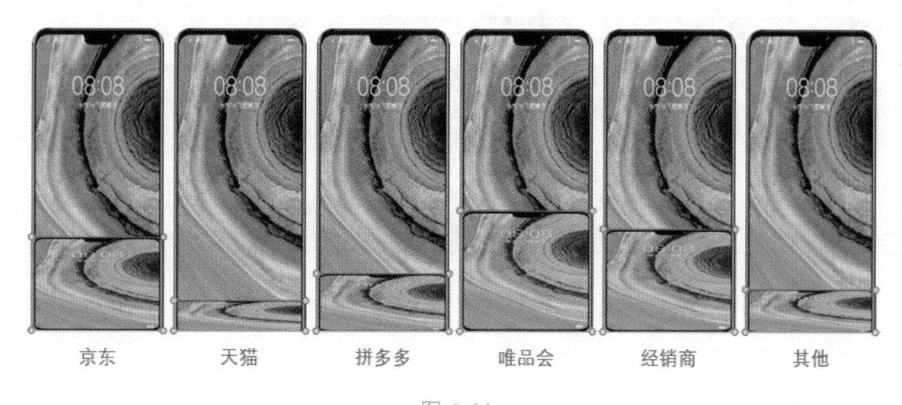

图 6-64

选中柱子并右击鼠标，在弹出的快捷菜单中选择“设置数据系列格式”命令，在弹出的“设置数据系列格式”工具箱中单击“填充与线条”按钮，在“填充”组中选中“层叠”单选按钮，如图 6-65 所示，图表效果就显示出来了。

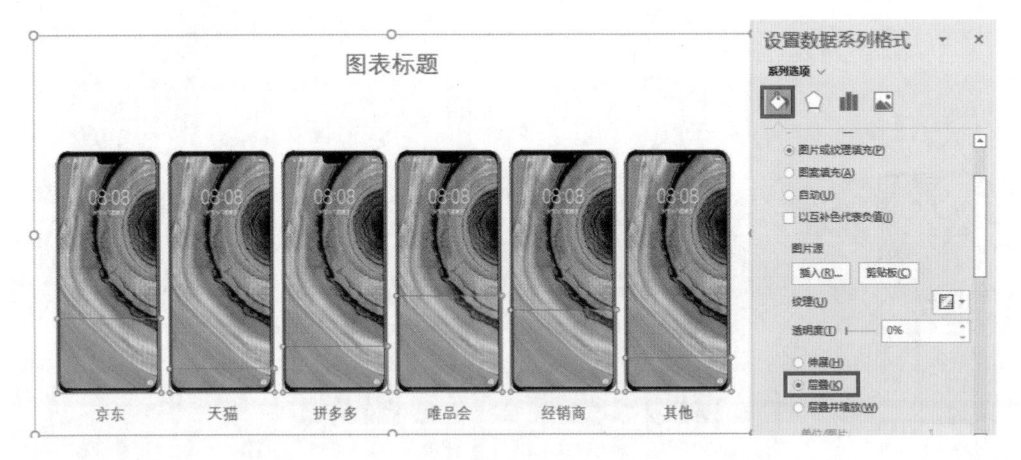

图 6-65

为图表添加数据标签。选中目标柱子并右击鼠标，在弹出的快捷菜单中选择“添加数据标签”命令，默认的数据标签与我们想要的不符，我们需要将数据标签更改为单元格当中的值。首先选中数据标签，在右侧“设置数据标签格式”工具箱中，单击“标签选项”按钮，然后取消勾选“值”复选框，勾选“单元格中的值”复选框，单击“选择范围”按钮，在弹出的“数据标签区域”对话框中选中“C2:C7”单元格区域，最后单击“确定”按钮，如图 6-66 所示。

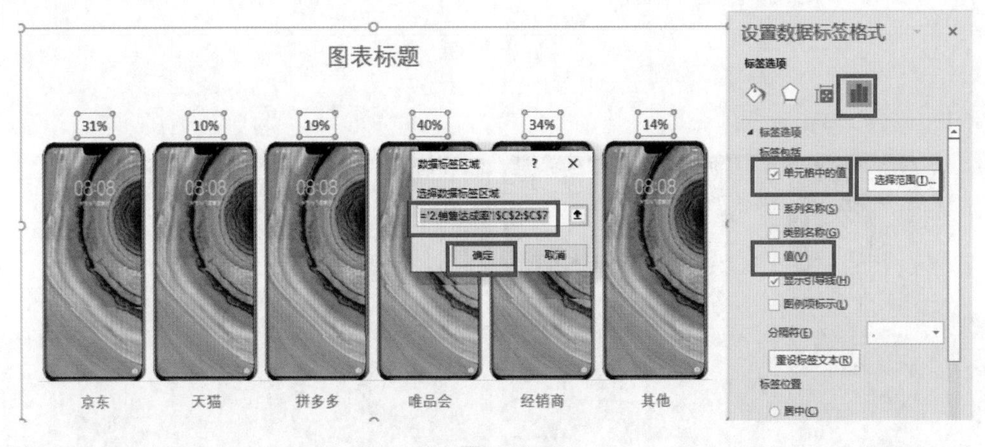

图 6-66

修改图表标题为“X 手机 8 月各渠道销售业绩完成率”，字体为“微软雅黑”，图表就制作完成了，如图 6-67 所示。

到这里就完成了“X 手机 8 月各渠道销售业绩完成率”图表的制作，利用黑白样机图片和彩色样机图片对柱形图进行填充，可以直观地展示出完成率的情况。

如果在实际案例中有多个产品型号，那么该如何制作展示数据的可视化图表呢？

如“前三季度 电商平台各品牌手机 销售业绩完成率”图表，在完成基础图表模型的创建后，在进行样机图片填充时需要分别对每一个柱子的“业绩完成率”和“目标”柱子进行填充，如图 6-68 所示。

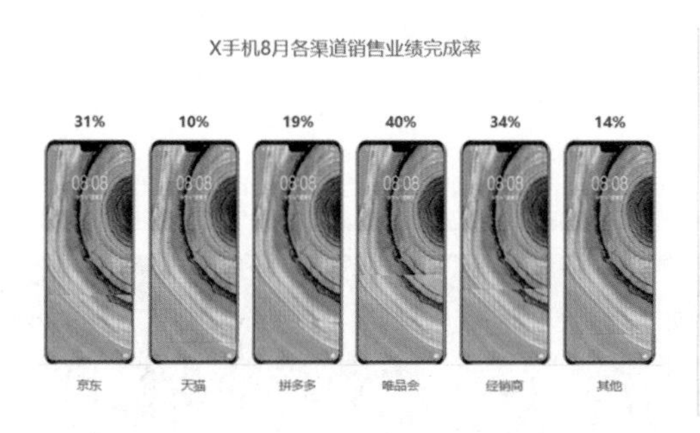

图 6-67

前三季度 电商平台各品牌手机 销售业绩完成率
75%
80%
86%
45%
华为
苹果
小米
老年机

图 6-68

需要注意的是，为了保证样机图片的填充效果，对于大小不一致的样机图片填充素材，如图 6-69 所示，可以预先调整其大小，使大小不统一的填充图片保持一致。

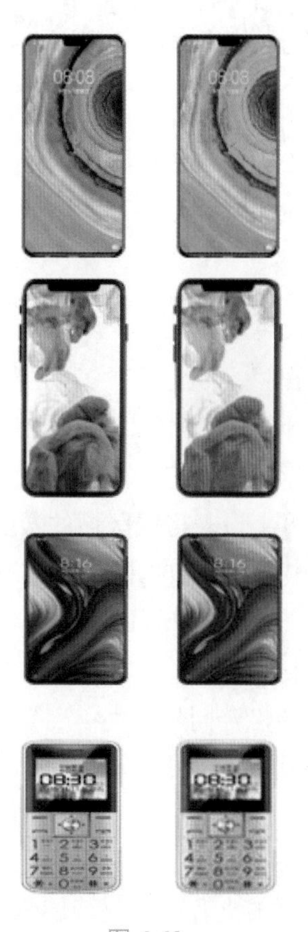

图 6-69

6.5 数据联动切片法

这一节笔者要介绍的是图表颠覆之法中的数据联动切片法，利用数据透视表中切片器的功能来实现图表的动态切换。当我们选择不同的营销员时图表就会联动显示出对应的业绩可视化情况，如图 6-70 所示。

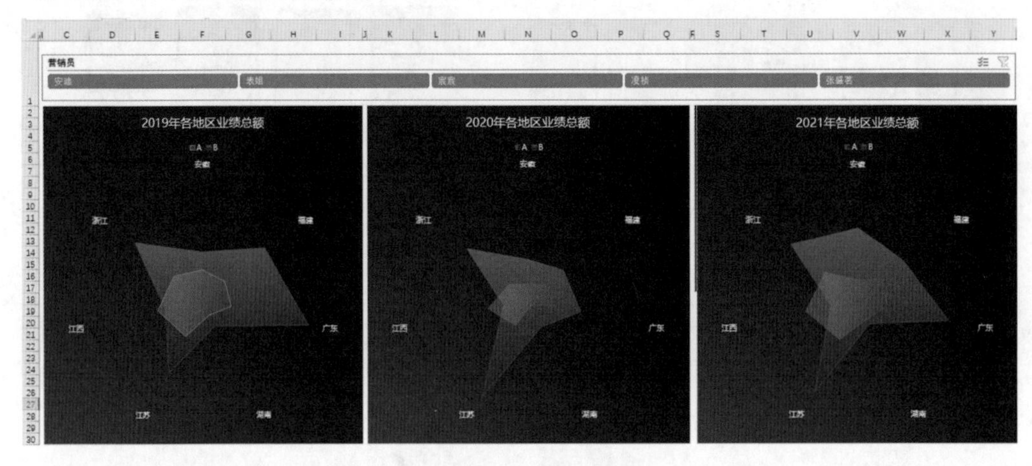

图 6-70

打开“\第 6 章 图表颠覆之法\6.5-数据联动切片法”源文件。

1．抓数据：创建数据透视表

说明：本例中“销售金额”的单位为“元”，表中和下文中的单位省略，不再标出。

在“数据源”工作表中存在“合同号”“年度”“省份”“产品类别”“销售金额”“营销员”几个字段，接下来我们做一张数据透视表。

首先将鼠标定位到数据源区域的任意单元格，选择“插入”选项卡并单击“数据透视表”按钮，此时弹出一个“来自表格或区域的数据透视表”对话框，在这个对话框中，Excel 会自动将数据源中连续的数据区域全部选中，然后选中“新工作表”单选按钮，最后单击“确定”按钮，如图 6-71 所示。

这时 Excel 会自动新建一个工作表，在工作表的右侧出现“数据透视表字段”工具箱，在字段列表中的字段包括“合同号”“年度”“省份”“产品类别”“销售金额”“营销员”，可以发现这个字段与数据源中的标题行是一一对应的，如图 6-72 所示。

使用数据透视表做数据的统计分析非常方便，只需要将需要展示的字段选中后拖曳至“行”“列”区域即可，接下来我们就来拆解本节案例的展示效果。

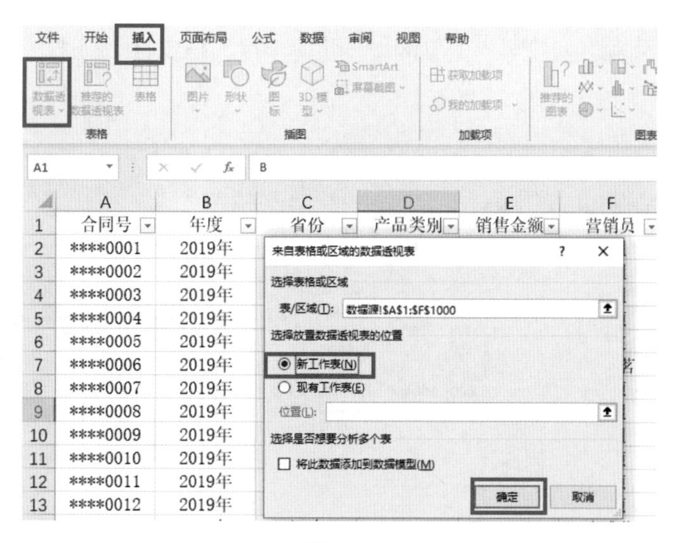

图 6-71

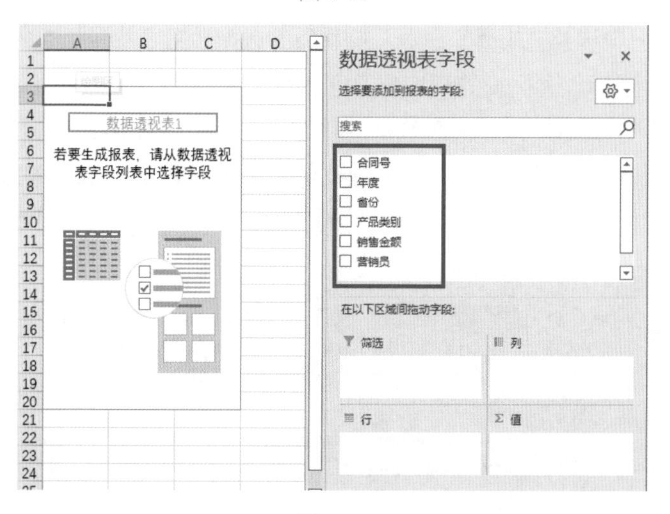

图 6-72

在“组合（2）”工作表中，当我们选中不同的营销员姓名时，可以看到其在“2019”“2020”“2021”年度下各个省份销售业绩的变化情况。例如，在“切片器”中选中“表姐”选项，在图表中可以看出表姐在 A、B 两个类型产品的销售中，A 类产品在“江西”区域销售得比较好，而 B 类产品除“江西”区域之外，在其他地区的销售业绩都是优于 A 类产品的。这种雷达图，或者说蛛网图，可以在多个数据指标方面进行清晰的展示，对多维度数据的对比具有较好的呈现力。在这一节的案例中笔者就利用雷达图来为读者进行展示和介绍。

创建基础业绩统计表。我们要统计的是不同年份下的不同省份，A、B 两个类型产品的销售业绩。所以我们将“省份”拖曳至“行”区域，将“产品类别”拖曳至“列”

区域，将“销售金额”拖曳至“值”区域，将“年度”拖曳至“筛选”区域，如图 6-73 所示。

年度	2019年		
求和项:销售金额	列标签		
行标签	A	B	总计
安徽	9600	15600	25200
福建	9300	27000	36300
广东	9700	37000	46700
湖南	5500	9600	15100
江苏	13300	26500	39800
江西	15500	12900	28400
浙江	12400	29800	42200
总计	75300	158400	233700

图 6-73

在数据透视表中，如果数据源发生改变，那么选中透视表中的任意单元格并右击鼠标，在弹出的快捷菜单中选择“刷新”命令，刷新后的数据会随着数据源的变化同步更新。

这里刷新数据后，透视表的列宽发生了改变，这是透视表设置了自动更新列宽所导致的。我们选中透视表中的任意单元格并右击鼠标，在弹出的快捷菜单中选择“数据透视表选项”命令，在弹出的“数据透视表选项”对话框中取消勾选“更新时自动调整列宽”复选框，单击“确定”按钮。如图 6-74 所示，即可锁定设置好的列宽。

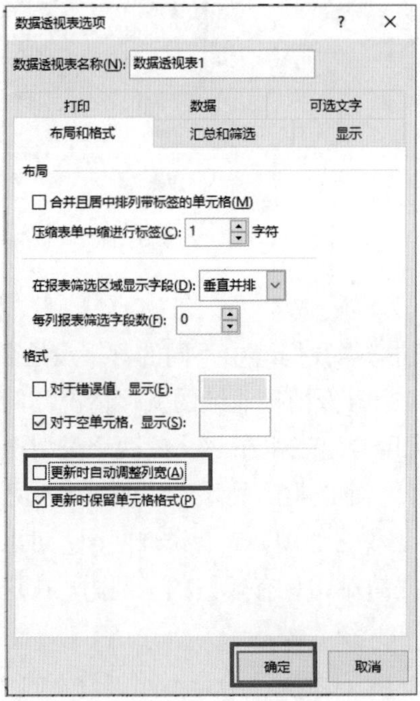

图 6-74

完成数据透视的统计后，接下来插入图表进行数据的可视化呈现。

2. 造图表：插入数据透视图

选中透视表中的任意单元格，选择“数据透视表分析”选项卡并单击“数据透视图”按钮，在弹出的“插入图表”对话框中选择“雷达图”→“带数据标记的雷达图”选项，单击“确定”按钮，如图 6-75 所示。

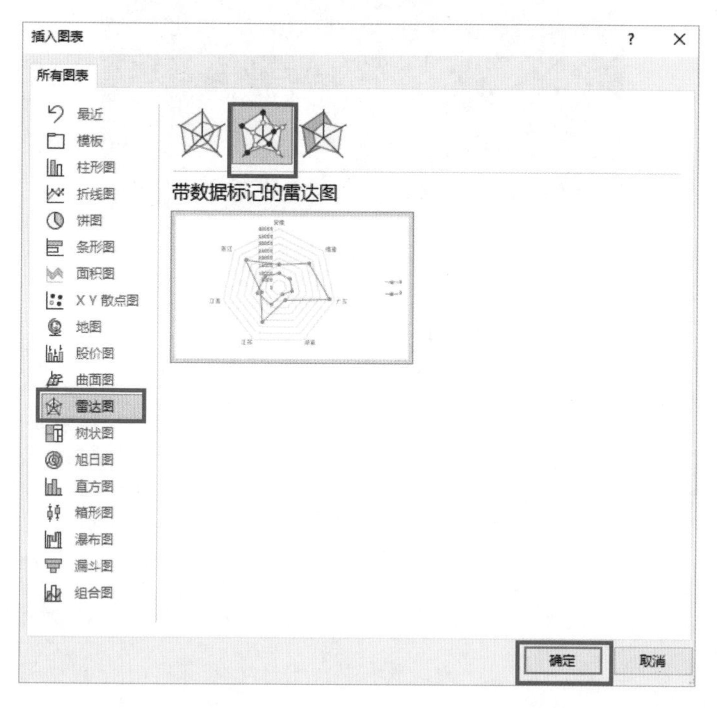

图 6-75

提示：也可以选中“填充雷达图”选项制作面积样式的雷达图。

3. 塑质感：优化图表元素

参考“2019”工作表中的图表进行美化操作，如图 6-76 所示，可以将图表复制后粘贴到“Sheet1”工作表中，参照着完成图表的美化。首先将图表上的小按钮都清除。选中数据透视图并选择“数据透视图分析”选项卡，在“字段按钮”下拉菜单中选择“全部隐藏”选项，即可将图表上的所有按钮隐藏，如图 6-77 所示。

然后将 A、B 这两个数据的图例放在图表顶部。选中图表并单击图表右上角的“＋”按钮，在“图表元素”列表中勾选“图例”复选框，并在其下拉列表中选择“顶部”选项，勾选“图表标题”复选框，并将图表标题粘贴进去。接着选中图表后选择“开始”选项卡，在“字体”下拉列表中选择字体为“微软雅黑”。

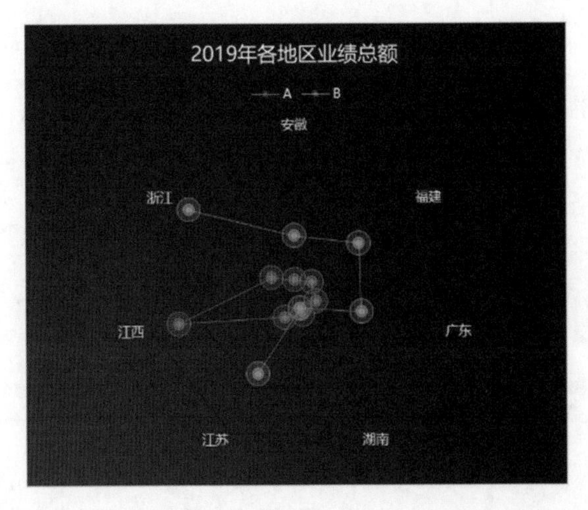

图 6-76

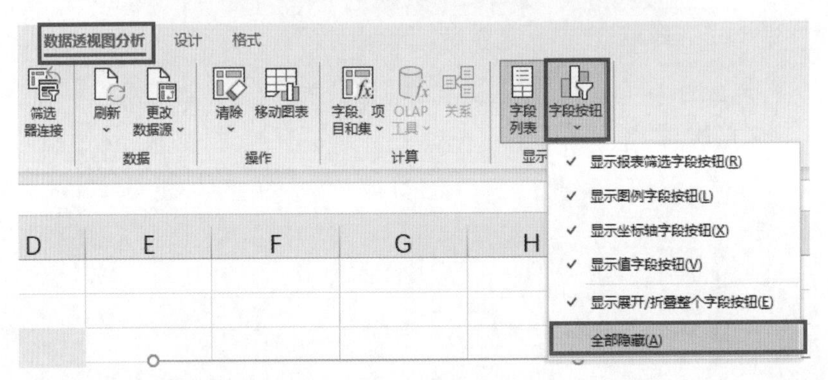

图 6-77

4．塑美感：图表颜色美化

对图表颜色进行美化设置。首先填充图表背景颜色，为了节省操作时间，我们可以选中完成的效果图并右击鼠标，在弹出的快捷菜单中选择“设置图表区域格式”命令，在“设置图表区格式”工具箱中单击“填充与线条”按钮，然后在“填充”组中先选中“无填充”单选按钮，再选中“渐变填充”单选按钮，即可将此渐变填充样式自动记忆。

选中我们制作的图表，在“设置图表区格式”工具箱中单击“填充与线条”按钮，在“填充”组中选中“渐变填充”单选按钮，即可将渐变效果填充进去，如图 6-78 所示。

将字体的颜色修改一下。选中图表并单击“开始”选项卡，在“字体颜色”下拉列表中选择颜色为“白色”，选中“数据标签轴”后按“Delete”键将其删除。选中雷达图的网格线，在“设置主要网格线格式”工具箱的“颜色”下拉列表中选择颜色为“蓝色”，调整“透明度”为“17%”，如图 6-79 所示。

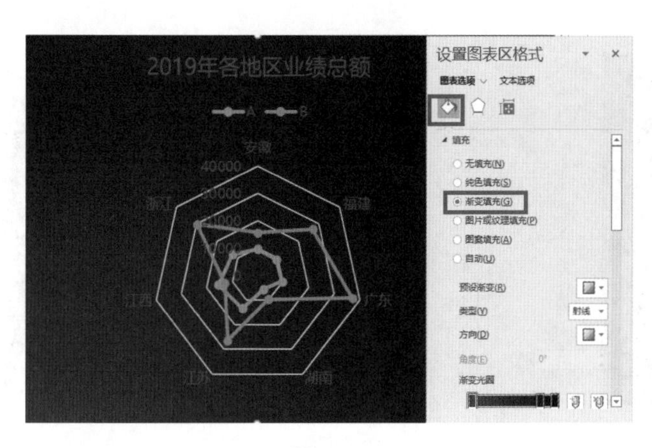

图 6-78

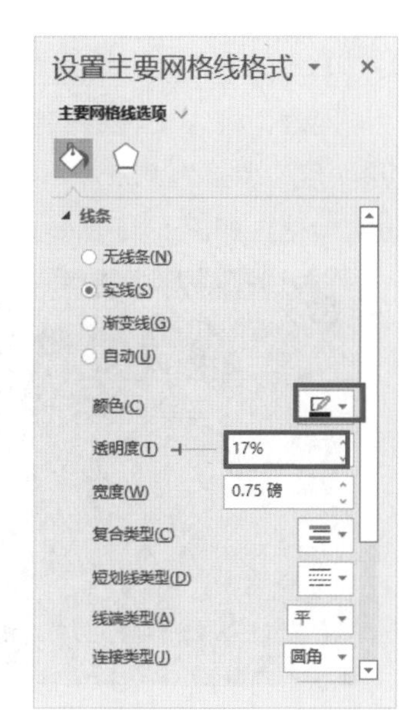

图 6-79

下面我们进行标记点的美化。如图 6-80 所示，标记点好像有一个发光的效果，它实际上就是通过将 3 个正圆形设置为不同的透明度效果并叠放在一起实现的。在“元素”工作表中笔者已经制作了用来填充的形状。

选中两个元素，按“Ctrl+C”组合键复制，在新建的“Sheet1”工作表中按“Ctrl+V”组合键粘贴。同时选中两个元素，按“Shift”键拖曳调整其大小，使其适用于图表标记点。选中“蓝色”元素，按“Ctrl+C”组合键复制，选中外圈标记点，按“Ctrl+V”组合键粘贴。选中“红色”元素，按“Ctrl+C”组合键复制，选中内圈标记点，按“Ctrl+V”组合键粘贴，如图 6-81 所示。

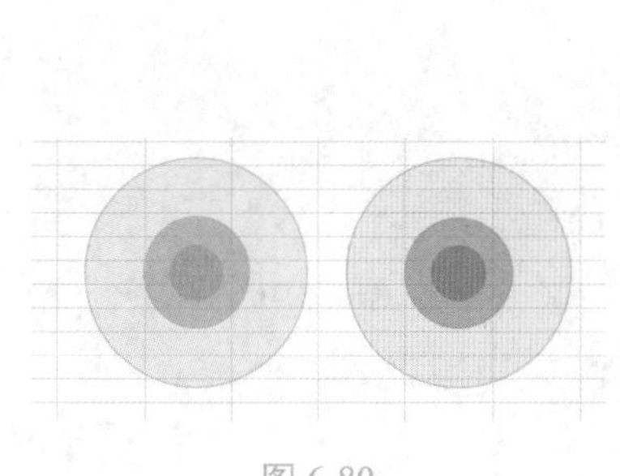

图 6-80

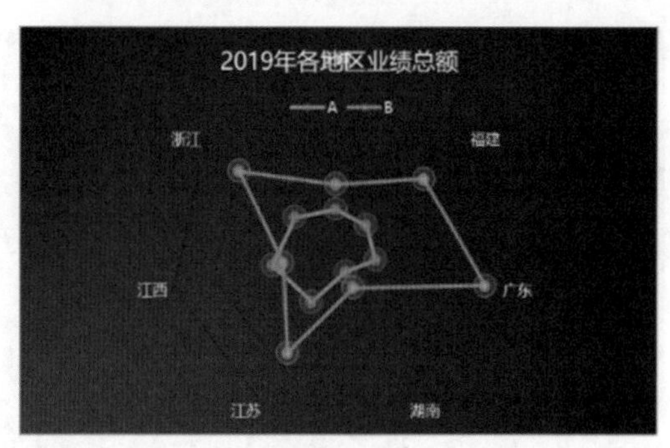

图 6-81

美化图表线条。选中 B 数据的线条，在“设置数据系列格式”工具箱中单击“填充与线条”按钮，并在“颜色”下拉列表中选择颜色为“浅蓝色”，将“宽度”调整为“0.25 磅”，将“透明度”调整为“25%”，如图 6-82 所示。

同理，将 A 对应的数据颜色设置为“红色”，将“宽度”调整为“0.25 磅”，将“透明度”调整为“25%”，修改图表的大小，使图表绘图区域尽可能在图表区域显示得大一些，如图 6-83 所示。

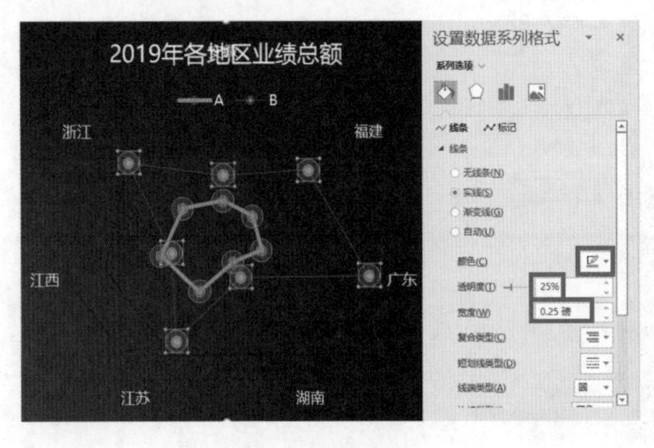

图 6-82

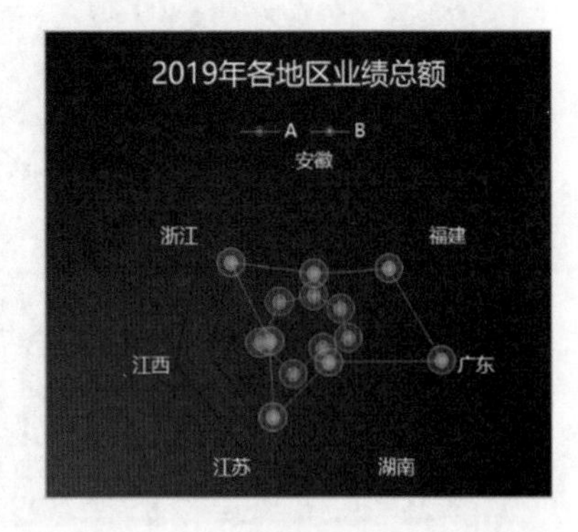

图 6-83

到这里就完成了 2019 年的图表制作，当单击“年度”下拉按钮选择不同年度时，可以显示出不同年度的图表。接下来我们继续观察看板样式，在看板中有 5 个“营销员”筛选按钮，可以通过选中姓名快速切换到对应的图表，这个按钮就是切片器，如图 6-84 所示。

在“Sheet1”工作表中选中数据透视图，选择“数据透视图分析”选项卡，单击“插入切片器”按钮，在弹出的“插入切片器”对话框中勾选“营销员”复选框，单击“确定”按钮，如图 6-85 所示。

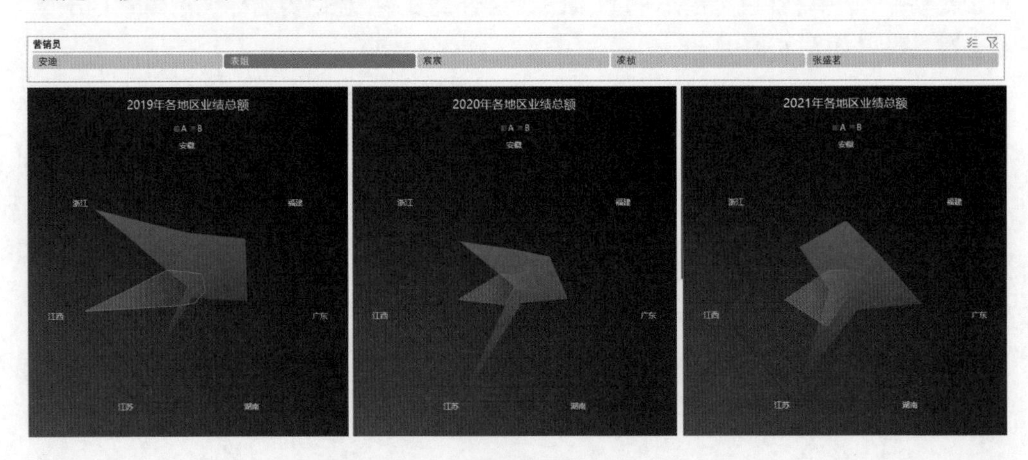

图 6-84

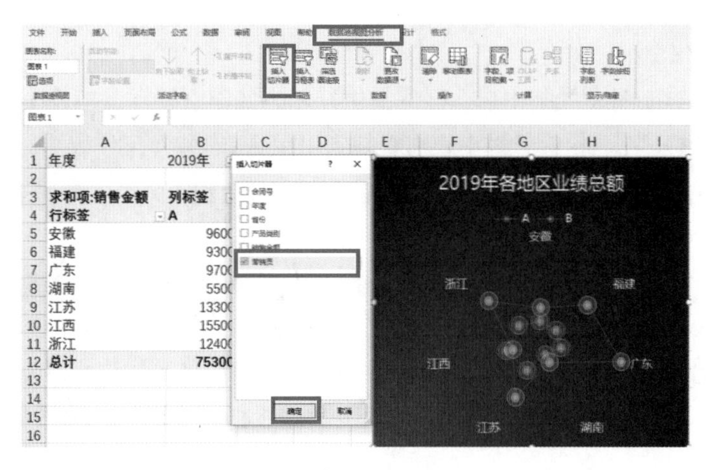

图 6-85

此时即可生成一个“营销员”切片器面板，在这里通过选中不同的营销员可以切换到对应的图表，如图 6-86 所示。

图 6-86

根据这样的方法还可以继续创建 2020 年、2021 年的图表。或者我们也可以快速完成图表的复制，修改工作表名称为“2019 年”，选中工作表拖曳复制两份，分别修改工作表名称为“2020 年”“2021 年”。在“2020 年”工作表中将“年度”选择为“2020 年”，在“2021 年”工作表中将“年度”选择为“2021 年”，修改图表标题。这时，如图 6-87 所示，当数据表的内容发生变化时，图表即可联动变化。

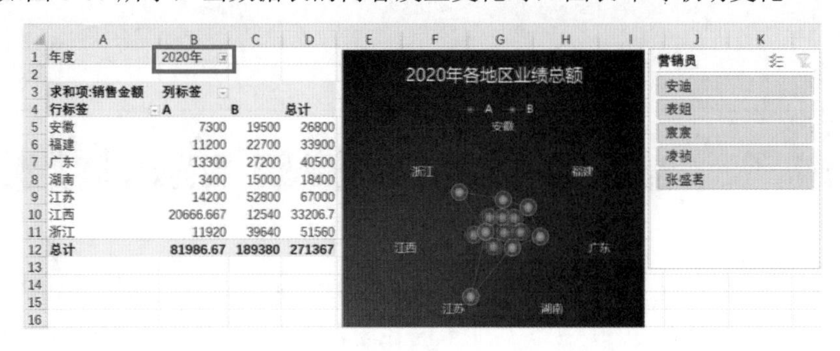

年度	2020年		
求和项:销售金额	列标签		
行标签	A	B	总计
安徽	7300	19500	26800
福建	11200	22700	33900
广东	13300	27200	40500
湖南	3400	15000	18400
江苏	14200	52800	67000
江西	20666.667	12540	33206.7
浙江	11920	39640	51560
总计	81986.67	189380	271367

图 6-87

5. 看板组合

完成 3 个年度图表的制作后，接下来进行图表的组合操作。新建一个工作表并命名为“组合（3）”，将 3 个图表分别复制到“组合（3）”工作表中。

选中“2019”图表，按“Ctrl+C”组合键复制后在“组合（3）”工作表中选中“A4”单元格，按“Ctrl+V”组合键粘贴；选中“2020”图表，按“Ctrl+C”组合键复制后，在“组合（3）”工作表中选中“H4”单元格，按“Ctrl+V”组合键粘贴；选中“2021”图表，按“Ctrl+C”组合键复制后，在“组合（3）”工作表中选中“O4”单元格，按“Ctrl+V”组合键粘贴。调整 3 个图表的大小，使图表与单元格边缘尽量对齐。同时选中“G”列和“N”列，缩小列宽。将“2019 年”工作表中的切片器也同样复制过来，如图 6-88 所示。

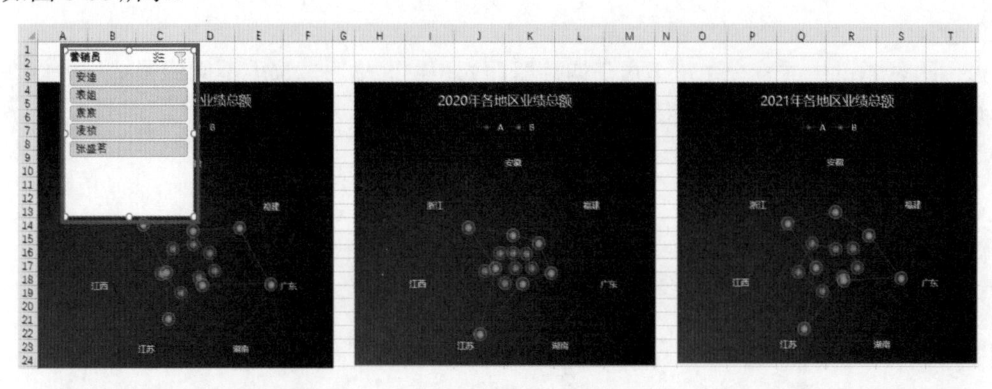

图 6-88

调整切片器显示的列数，使“营销员”选项横向排列。选中切片器并选择“切片器”选项卡，设置“列”为“5”，拖曳调整切片器的长度，使其与 3 个图表整体长度一致，并将其置于图表顶端，在“切片器样式”功能区中可以选择一个美化效果，如图 6-89 所示。

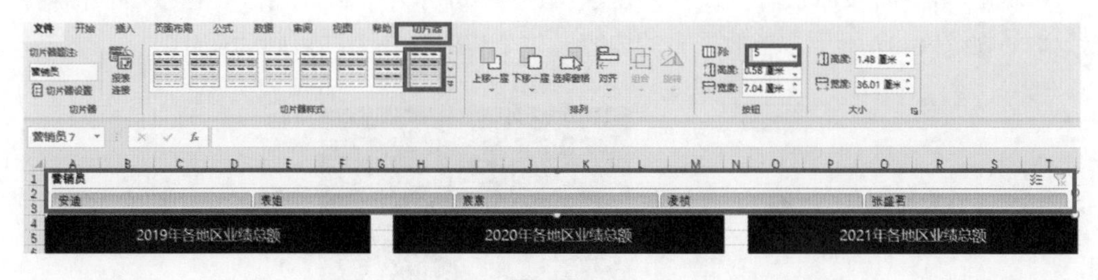

图 6-89

这时我们尝试查看切片器的效果，选择“安迪”选项，此时只有“2019”图表随着切片器按钮的选择而进行切换，其他年度并没有变化。这是因为当前切片器只绑定了“2019”图表，并没有与其他两张图表进行绑定，接下来我们将切片器与其他两张图表同时绑定。

选中切片器并选择“切片器”选项卡，单击“报表连接”按钮，在弹出的“数据透视表连接（营销员）”对话框中，将“2019 年”“2020 年”“2021 年”工作表复选框同时勾选，单击“确定”按钮，如图 6-90 所示。

图 6-90

此时选择“表姐”选项，3 张图表就会联动变化了，如图 6-91 所示。接下来取消工作表中的网格线，使看板看起来干净一些。选择“视图”选项卡并取消勾选“网格线”复选框，如图 6-92 所示。

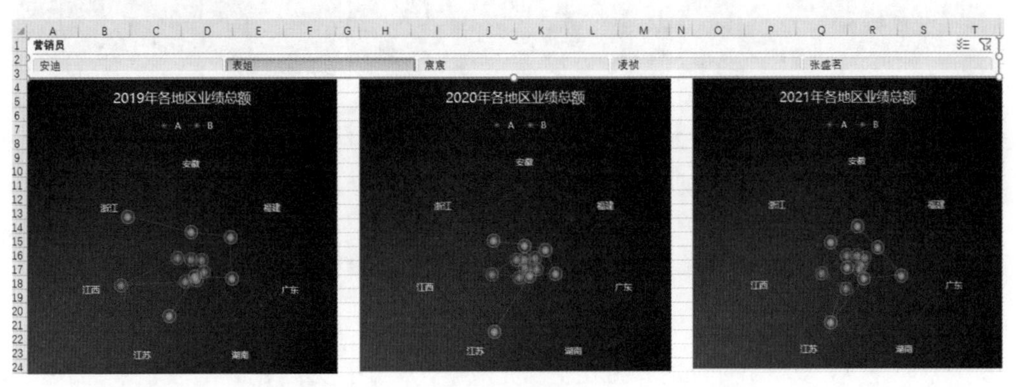

图 6-91

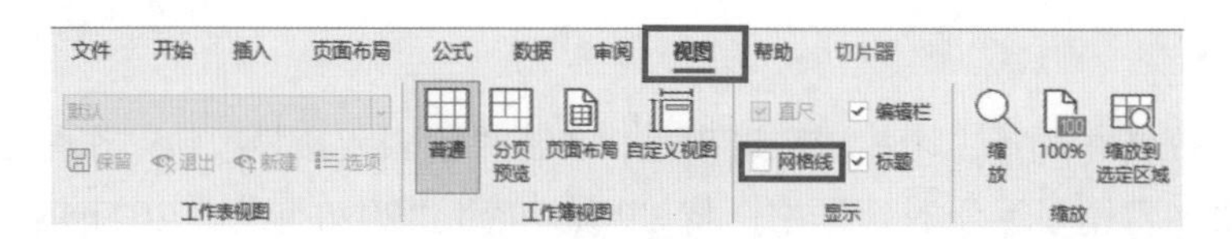

图 6-92

到这里组合图表看板就完成了，这个案例中我们是利用雷达图介绍的，雷达图有利于我们在多个维度上进行对比，它比单独的柱形图更加直观。雷达图在制作时要对它的标记点做一些美化，可以做成波光点的效果，如图 6-93 所示。另外，在插入图表时，还可以使用面积的形式，通过直接比较面积的大小来展示数据的差异，如图 6-94 所示。

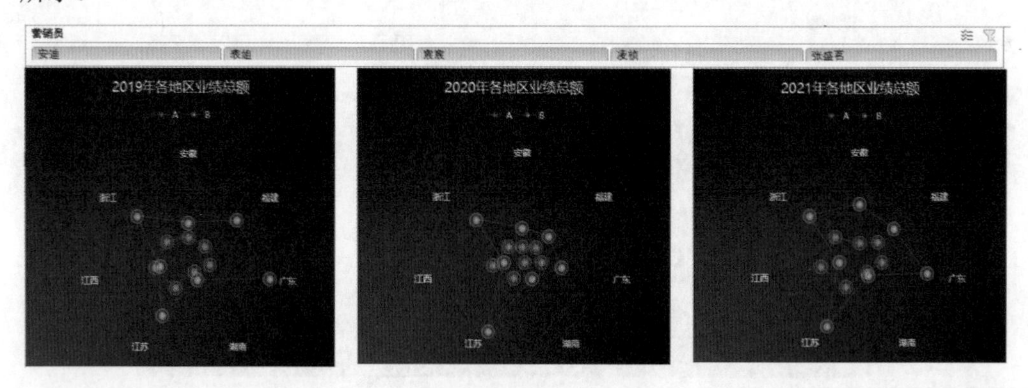

图 6-93

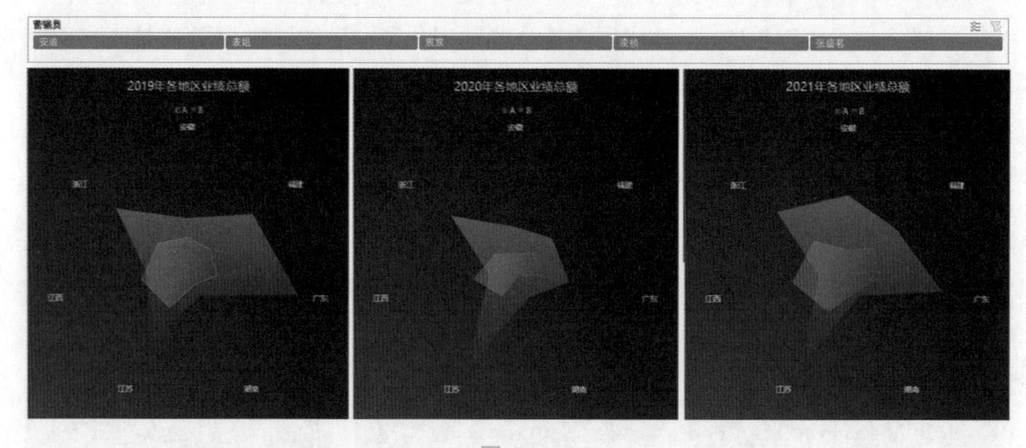

图 6-94

到这里数据联动切片法的介绍就全部完成了。本节主要利用数据透视表中的透视图和切片器来实现动态图表的联动变化，并且通过雷达图或雷达面积图可以完成 3 年各营销员在各地区业绩的动态图表的制作，通过多维度的比较可以发现数据当中的一些问题和奥秘。

到这里就完成了本章图表颠覆之法的介绍。利用 Excel 中一些综合的技能可以实现复杂图表的制作，在完成一个操作之后能够熟练掌握各类图表的结构，实现从认识图表到熟练掌握如何制作图表的蜕变。在这一章中笔者介绍的图表仍然是比较基础的，只是颠覆了原本传统制作图表的思维而已。

在下一章图表跃迁之法的介绍中，笔者将加入更多新思路，如环形柱形图、仪表盘、滑珠图、双层饼图、南丁格尔玫瑰图、帕累托图、树形图、旭日图、雷达图、词云图、热力地图及 3DMap 的制作。在下一章中笔者会结合一些具体的业务场景进行介绍，如房地产行业、万科屋的销售业绩该如何来呈现，通过这些案例的介绍，使图表更好地融入日常工作中，让图表更加具有说服力。

第7章 图表跃迁之法

上一章介绍了柱形图、折线图、饼图 3 种基础图表的颠覆式玩法，除了这 3 种基础图表，为了让图表更加具有设计感，这一章将介绍图 7-1 所示的 12 种具有代表性的进阶型图表。针对这些图表逐一进行拆解和制作，相信可以将这些图表更好地结合到动态图表及函数公式中，让数据可视化提升一个等级。

本章会根据不同行业来定义目标企业或岗位的关键点，以供读者在工作中可以直接使用。此外，还会提升到 Excel 以外的视角，如介绍一些数据采集器来做数据爬取。在熟悉了图表的制作和美化之后，可以结合业务让图表更加融于数据可视化呈现的应用场景，从而制作出更加专业的图表。

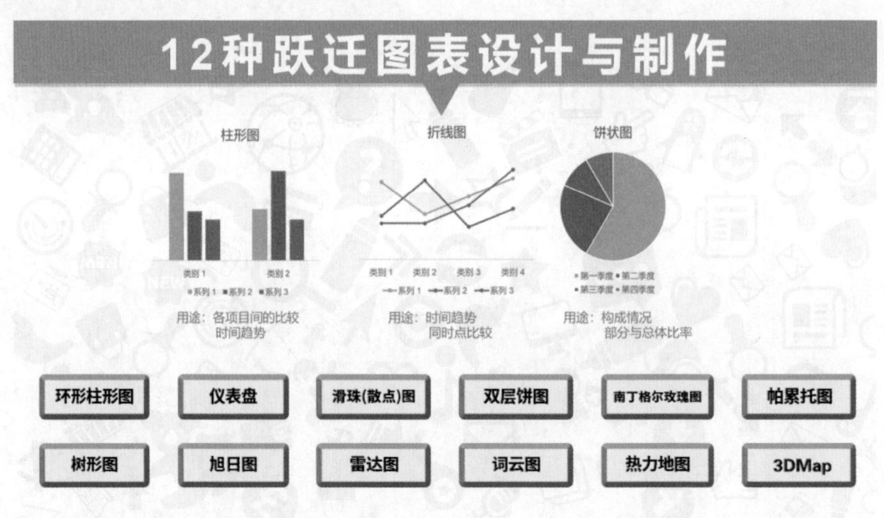

图 7-1

打开“\第 7 章 图表跃迁之法\7.1-图表跃迁之法：12 种跃迁图表设计与制作”源文件。

7.1　环形柱形图

在前面第 2 章已经简单介绍过环形柱形图，相信读者对其已经有了一定的认识。环形柱形图是柱形图变形呈现形式的一种，是一类比较具有设计感的图表。常规的柱形图是由一根柱子向上的趋势，即使是条形图，也是横向的趋势。而环形柱形图打破了柱形图和条形图单一的业绩增长方向，是以圆环的形式呈现出业绩的。这种环形柱形图在本质上是由一层一层的圆环堆积而成的，既能展示不同项目之间数据的对比情况，又能体现每一项的完成率，适用于多项完成率之间的数据可视化图表。

环形柱形图在呈现的时候有两种技巧，第一种是以 360° 作为 100%业绩呈现的。如图 7-2 所示，圆环中彩色扇区是“实际业绩达成率”，灰色扇区是“未达成率”，二者之和为 360° 的 100%业绩。第二种是以 270° 作为业绩的最大值，其他每个数值根据所占最大值的比例换算出 270° 为满额时对应的度数。如图 7-3 所示，我们可以看到“独栋 75”的销售量最高，将其设置为 270° ，其他数据根据最大值 270° 进行转化，用计算出的角度来填充，并由最外环至最内环逐级递增地呈现数据。

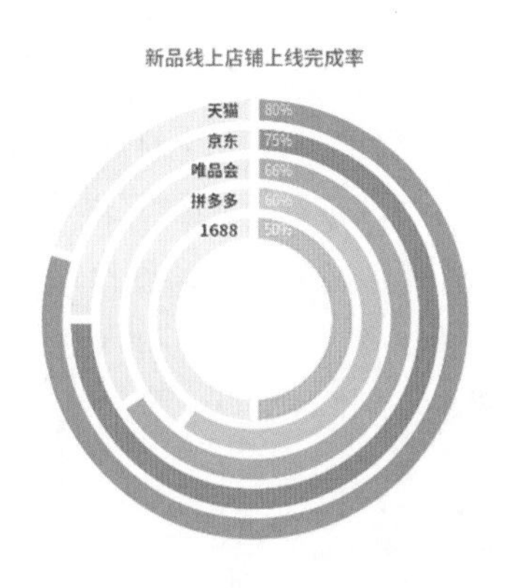

图 7-2

图 7-3

案例 1：利用 360° 环形图分析线上店铺完成率

1．抓数据，造图表：设置辅助数据，插入圆环图

经过前面章节的介绍，我们已经可以了解每个图表究竟是如何构成的。在“新品线上店铺上线完成率”案例中统计了每个新品在“天猫”“京东”“唯品会”“拼多多”“1688”各个渠道平台的“上线率”，对应的“1-上线率”，也就是未上线率。在环形图中未上线率用灰色的圆环进行占位，并将多个环形图堆叠起来就形成了环形柱形图。

如图 7-4 所示，在“环形柱形图”工作表中“E7:G12”单元格区域已经将“F”列数据源按照降序排列，制作前先选择数据源中的第一组数据插入“圆环图”。在“环形柱形图”工作表中，选择“E8:G8”单元格区域并选择“插入”选项卡，单击“插入饼图或圆环图”下拉按钮，选择“圆环图”选项，。

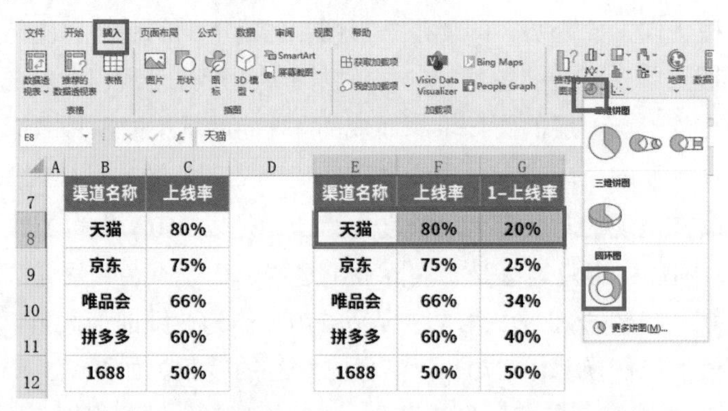

图 7-4

2．追加图表数据，完善图表

完成一个圆环的制作后继续追加数据，将其他的圆环叠加到第一个圆环中。选中“E9:G9”单元格区域并按“Ctrl+C”组合键复制，选中图表，按“Ctrl+V”组合键粘贴，即可将“京东”所对应的数据追加到图表中，如图 7-5 所示。同理，将“唯品会”“拼多多”“1688”对应的数据依次追加进来，删除图例并调整图表绘图区域的大小。

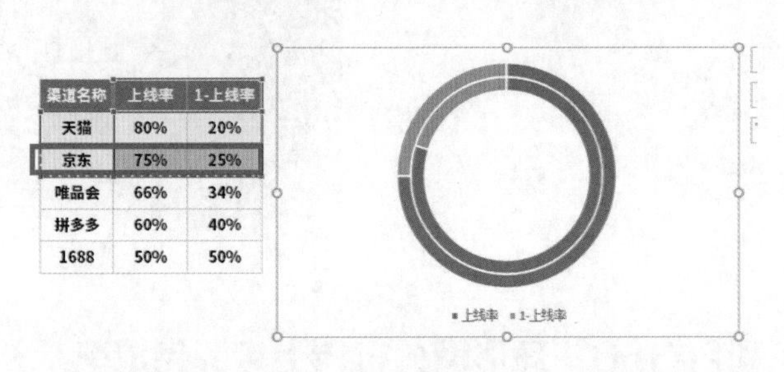

图 7-5

3．塑质感：调整圆环大小，优化图表元素

完成图表的创建后，调整图表圆环的大小，使柱子变得粗一些。选中图表并右击鼠标，在弹出的快捷菜单中选择“设置数据系列格式”命令，在右侧弹出的“设置数据系列格式”工具箱中将“圆环图圆环大小”调整为“34%”，如图 7-6 所示。

选中图表并单击图表右侧的“＋”按钮，勾选“图表标题”复选框添加图表标题。

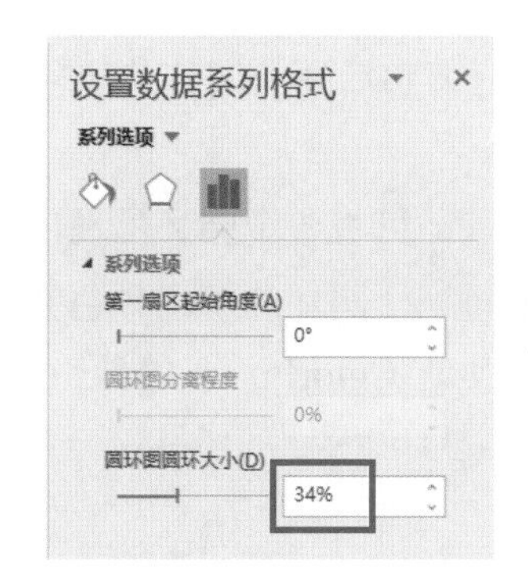

图 7-6

4. 塑美感：美化图表，调整配色

修改图表标题内容为“新品线上店铺上线完成率”，字体为“思源黑体 CN Bold”，字号为“11”。美化边框，为每个圆环都添加一个白色粗边框，使各个圆环之间具有“呼吸感”。选中最外侧圆环并选择“格式”选项卡，单击“形状轮廓”下拉按钮，在弹出的下拉列表中选择颜色为“白色”，以及选择“粗细”→“4.5 磅”选项。

分别对其他圆环边框进行设置。选中第二个圆环并按“F4”键重复上一步操作，即可快速完成与前面一样的设置，同理，完成剩余几个圆环边框的设置。

填充颜色。选中最外侧圆环并再次单击，单独选中左侧浅蓝区域，选择“格式”选项卡，单击“形状填充”下拉按钮，在弹出的下拉列表中选择颜色为“灰色”。

分别选中其他圆环中左侧浅蓝色区域并按“F4”键重复上一次的操作，快速完成其他扇区颜色的填充，如图 7-7 所示。

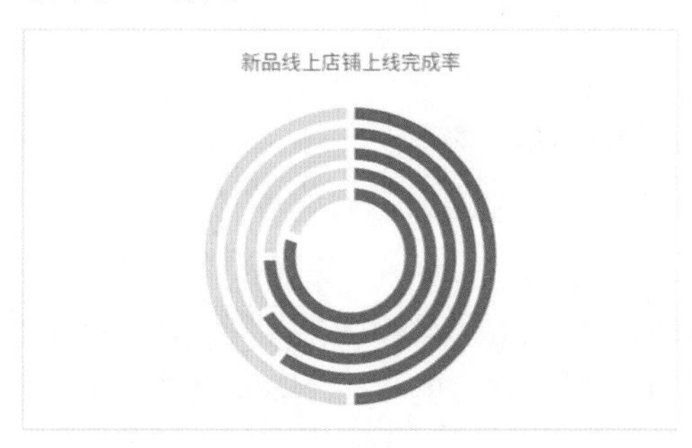

图 7-7

5. 调顺序：调整数据系列显示顺序

为了美观，常将环形柱形图由最外环至最内环逐级递减地呈现数据。接下来调整数据顺序，从最外环至最内环，使数据逐层递减。

调整数据顺序。选中图表并选择“图表设计”选项卡，单击“选择数据”按钮，在弹出的“选择数据源”对话框中选中“天猫”选项后单击按钮，使其位于最下方，如图 7-8 所示。完成一项数据的调整后继续调整其他项的位置，使其倒序排列，最后单击“确定”按钮。

到这里通过调整数据顺序，即可将各个圆环呈现出外侧大、内侧小的效果。

利用取色器工具分别拾取每一个圆环的填充颜色并将其填充到图表中。在此不做过多赘述，可以利用 WPS 或其他 ColorPix 取色器工具进行拾取，填充后的效果如图 7-9 所示。

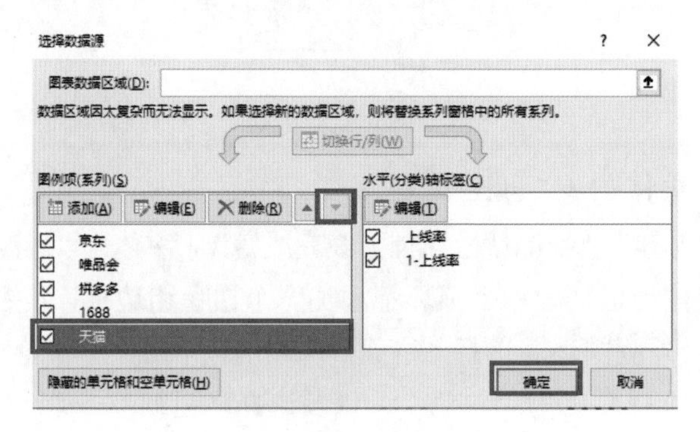

图 7-8

图 7-9

6. 补信息：添加辅助信息

为了使图表信息直观可见，补充渠道名称标签。首先选中图表，选择“插入”选项卡，然后单击“形状”下拉按钮，选择“文本框”选项，接着拖曳鼠标绘制文本框后选中文本框，在函数编辑区内输入“=E8”，最后按“Enter”键确认。修改文本框字体为“思源黑体 CN Bold”，字号为“11”，设置颜色为“黑色”，单击“居中”和“垂直居中”按钮将其对齐，如图 7-10 所示。

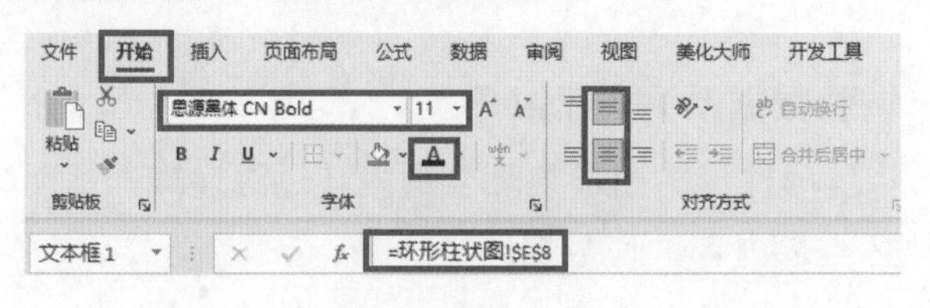

图 7-10

选中文本框，按“Ctrl+Shift”组合键向下拖曳文本框复制 4 个。选中第 2 个文本框，单击函数编辑区将其激活，修改单元格地址为“=E9”。同理，依次完成每个文本框绑定的单元格地址。

同时选中前面设置好的 5 个文本框，按“Ctrl+Shift”组合键向右拖曳文本框复制 5 个，分别修改绑定的单元格为 F8、F9、F10、F11、F12，并修改字体颜色为“白色”，将字体修改为比较细的样式，调整字号为“10”，效果如图 7-11 所示。

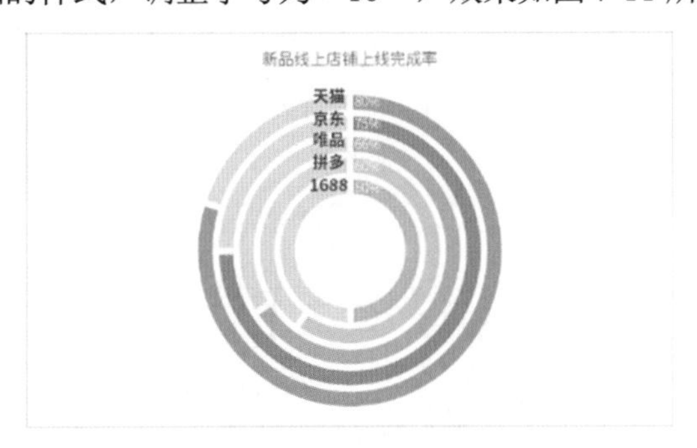

图 7-11

到这里就完成了 360° 环形柱形图的制作。环形柱形图是以圆环的形式呈现业绩的一种方式，而 360° 环形柱形图以 360° 的圆环作为业绩总额，用彩色扇区表示实际达成情况，由最外环至最内环逐级递减地呈现数据。

学以致用

在“环形柱形图”工作表中完成图 7-12 所示的“各工龄段员工离职率”环形柱形图的制作。

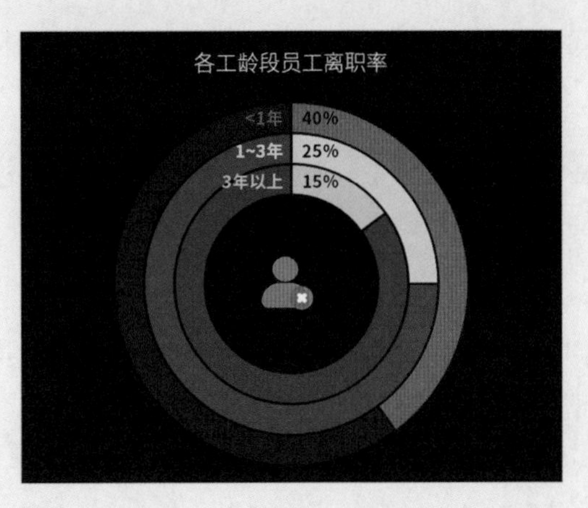

图 7-12

案例 2：利用 270° 环形柱形图分析万科屋销售业绩

利用环形柱形图可以实现多种图表效果，通常单个数据系列的最大值不超过 270°，由最外环至最内环逐级递减地呈现数据，如图 7-13 所示。

也有些情况由最内环至最外环逐级递减地呈现数据，如“万科屋 各房型销售业绩总额”图表是将最大值设置为 270°，其他数据根据占最大值的比例换算为对应的度数，由内至外逐层递减地呈现数据。接下来完成这样一个环形柱形图的创建，如图 7-3 所示。

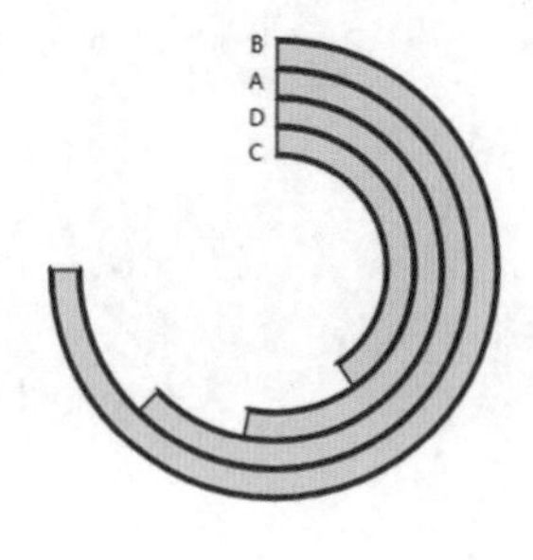

图 7-13

说明：本例中“销售额”的单位为“万元”，表中和下文中的单位省略，不再标出。

1. 抓数据：整理作图数据源，补充辅助数据系列

创建环形柱形图的第一步是创建数据源，这里创建数据源需要做 3 件事。

（1）将原始数据降序排列。

如图 7-13 所示，环形柱形图最小数据在外圈，最大数据在内圈，但是由于环形图主数据是置于左半圈的，而环形图默认的值是右侧占位扇区，相当于占位区外圈最大，内圈最小，所以创建图表前要将原始数据降序排列。

提示：在环形柱形图中，右扇区由外到内，与数据源由上至下是一一对应的。右扇区由外到内，由大到小，数据降序排列；左扇区由外到内，由小到大，数据升序排列。

在“环形柱形图”工作表中“B60:C65”单元格区域为原始数据，将“C61:C65”单元格区域数据进行降序排列并放在“E60:F65”单元格区域，如图 7-14 所示。

（2）添加数据：将原始数据最大值转化为 270°。

在“G”列提取出“F”列的最大值为“75”。在“H61”单元格将“F61”单元格按照最大值为 270° 进行转化，输入公式“=F61/G61*270”，并将公式向下填充至“H65”

单元格，如图 7-14 所示。

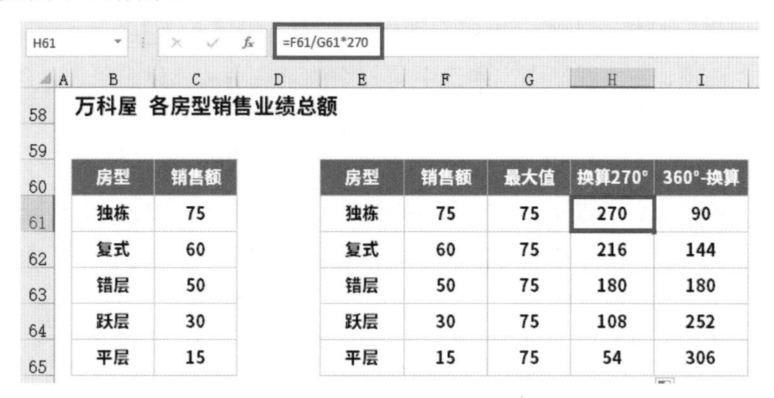

H61 =F61/G61*270

万科屋 各房型销售业绩总额

房型	销售额
独栋	75
复式	60
错层	50
跃层	30
平层	15

房型	销售额	最大值	换算270°	360°-换算
独栋	75	75	270	90
复式	60	75	216	144
错层	50	75	180	180
跃层	30	75	108	252
平层	15	75	54	306

图 7-14

提示：为了使圆环由外至内，由小至大排列，除了可以调整数据源的排列顺序，创建好图表后还可以选中图表，选择“图表设置”选项卡，单击“选择数据”按钮，在“选择数据源”对话框中通过调整图例项的顺序来改变圆环的排列方式，如图 7-15 所示。

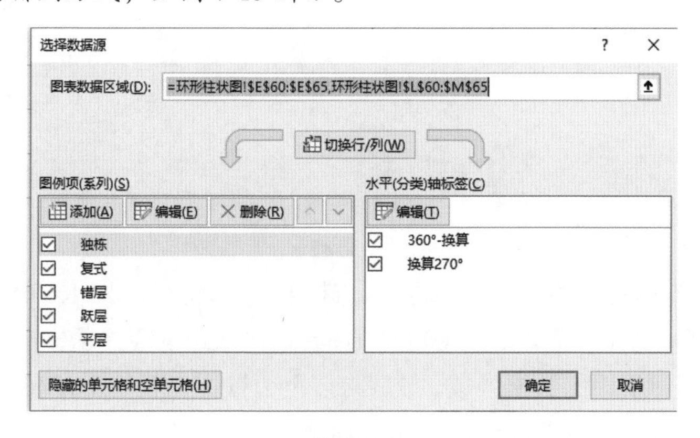

图 7-15

（3）做辅助列。

完成 270° 数据的转化之后，添加辅助数据在环形柱形图中进行占位。这个辅助数据主要是环形图的空白补充部分，即它和转化的最大值加起来等于 360°，也就是一个完整的圆环。

所以在“I61”单元格内输入函数“=360-H61”，并将公式向下填充至“I65”单元格，到这里就完成了数据源的创建。

2. 造图表：选择合适的图表类型，插入环形图

利用图表数据源创建环形柱形图。首先按“Ctrl”键的同时选中“E60:E65”和

“G60:F65”单元格区域，选择“插入”选项卡，然后单击“推荐的图表”按钮，在弹出的“插入图表”对话框中选择“所有图表”页签，选择“饼图”选项后选中最后一个“圆环图”选项，在“圆环图”中选中第二个圆环图样式，最后单击“确定”按钮，如图 7-16 所示。

此时如图 7-17 所示，“换算 270° ”数据显示在环形图的右边，而“360° -换算”显示在左边。而图 7-13 所示的“万科屋 各房型销售业绩总额”图表中实际上是将“换算 270° ”显示在圆环的左侧，所以需要将作图数据源中“换算 270° ”和“360° -换算”两组数据的数据源进行调换。

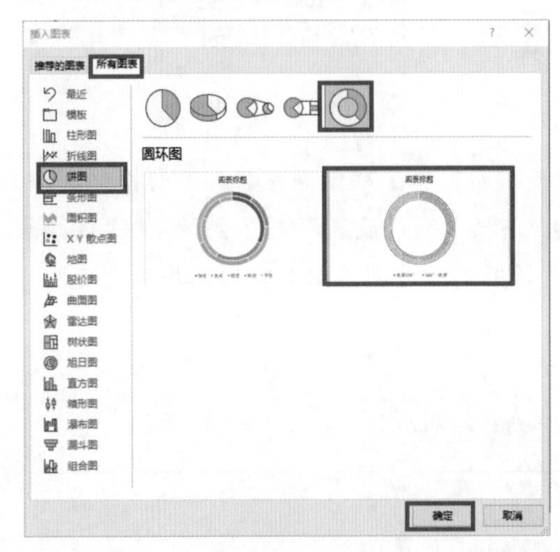

图 7-16

图表标题

■ 换算270° ■ 360° -换算

图 7-17

首先将“E”列数据和“G:H”数据区域提取出来，整理出“K60:M65”的作图用数据源区域。然后选中图表，在“H60:I65”单元格区域边缘会显示出一个蓝色的边框，它是指选中图表所使用的数据区域，最后将蓝色边框拖曳至“L60:M65”单元格区域，即可修改图表对应的数据源区域，如图 7-18 所示。

	E	F	G	H	I	J	K	L	M	N
60	房型	销售额	最大值	换算270°	360°-换算		房型	360°-换算	换算270°	组合标签
61	独栋	75	75	270	90		独栋	90	270	→独栋75
62	复式	60	75	216	144		复式	144	216	→复式60
63	错层	50	75	180	180		错层	180	180	→错层50
64	跃层	30	75	108	252		跃层	252	108	→跃层30
65	平层	15	75	54	306		平层	306	54	→平层15

图 7-18

此时环形柱形图中的“换算 270° ”数据就显示在圆环中左侧的“浅蓝”扇区了，如图 7-19 所示。

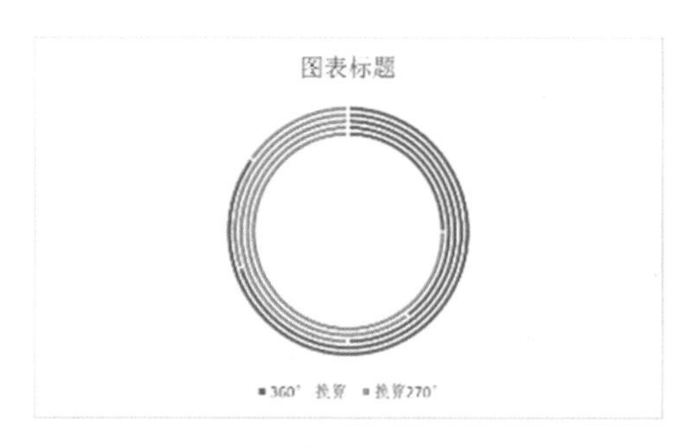

图 7-19

3. 塑美感：美化图表，调整配色

图表创建好之后就要进入图表美化步骤了，接下来请跟着笔者的介绍一步步操作起来。

（1）调整环形图内径大小。

选中环形柱形图后右击鼠标，在弹出的快捷菜单中选择“设置数据系列格式”命令，在“设置数据系列格式”工具箱中单击“系列选项”按钮，将“圆环图圆环大小”调整为“43%”。

（2）修改圆环颜色。

选中最外侧圆环并选择“格式”选项卡，单击“形状轮廓”下拉按钮，选择“无轮廓”选项，将其他圆环同样设置为“无轮廓”。

选中最外侧圆环，再次单击右侧“深蓝”扇区将其单独选中，选择“格式”选项卡，单击“形状填充”下拉按钮，并选择“无填充”选项。继续选中外侧第 2 个圆环，再次单击右侧“深蓝”扇区将其单独选中，选择“格式”选项卡，单击“形状填充”下拉按钮，并选择“无填充”选项。将其他 3 个圆环中右侧“深蓝”扇区同样设置为“无填充”的效果，如图 7-20 所示。

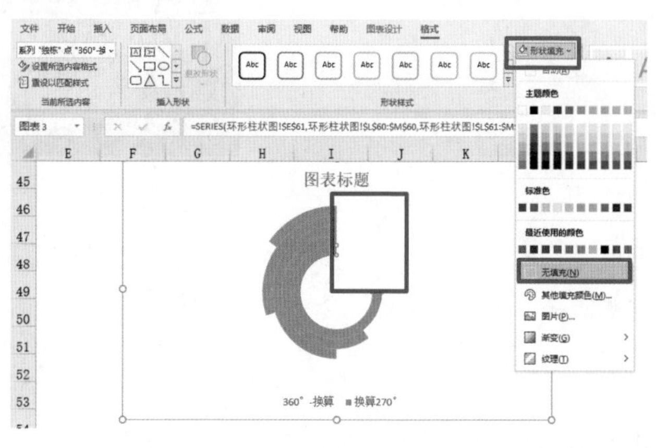

图 7-20

利用取色器工具根据图表效果，将每一个圆环填充为对应的渐变效果，这里不做过多赘述。或者也可以在完成的效果图中选中一个环形扇区，在“设置数据点格式”工具箱中先选中“纯色填充”单选按钮，然后重新切换选中“渐变填充”单选按钮，此时 Excel 可将渐变颜色记录下来。选中要填充的环形扇区，在“设置数据点格式”工具箱中选中“渐变填充”单选按钮，Excel 可自动为其填充记忆的渐变效果，如图 7-21 所示。

选中整个图表，选择“格式”选项卡并单击“形状填充”下拉按钮，在弹出的下拉列表中选择颜色为“深蓝色”。单击“形状轮廓”下拉按钮，选择“无轮廓”选项，将图表背景填充进去。删除冗余的图例项，修改图表标题为“万科屋 各房型销售业绩总额”，并将字体颜色修改为“白色”，将字体修改为“思源黑体 CN Bold”，完成后的效果如图 7-22 所示。

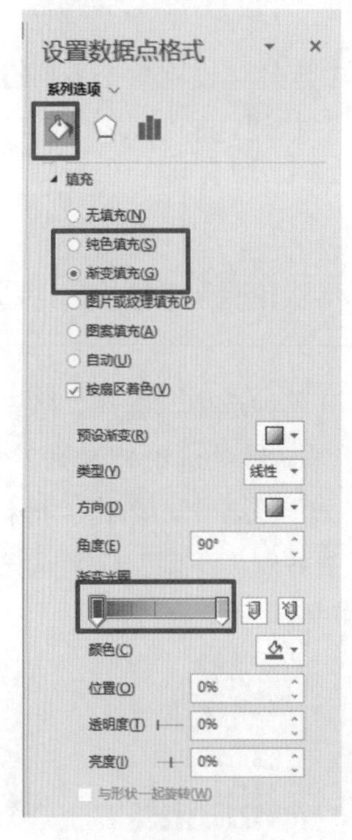

图 7-21

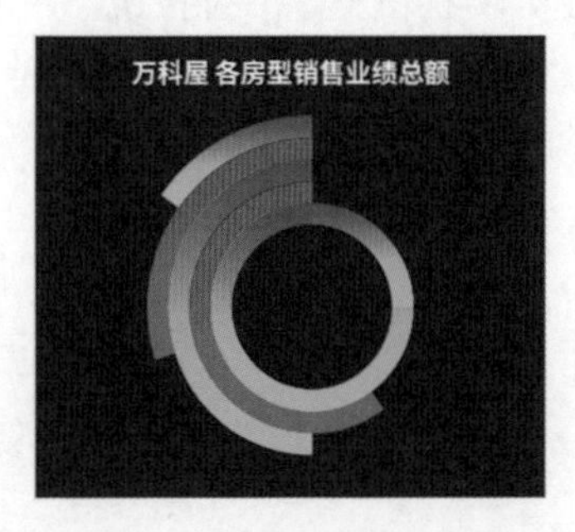

图 7-22

需要特殊说明的是，如图 7-23 所示，最内侧圆环中右侧的细边框是如何制作的。

可以选中最内侧圆环，再次单击单独选中右侧扇区，在“设置数据点格式”工具箱中选中“渐变填充”单选按钮，将蓝绿色渐变效果填充进来。在“边框”组中选中“实线”单选按钮，在“颜色”下拉列表中选择颜色为图表背景的“深蓝色”，将“宽度”调大，这里调整为“18 磅”，这样就形成了一个细细的线条样式，如图 7-24 所示。

图 7-23

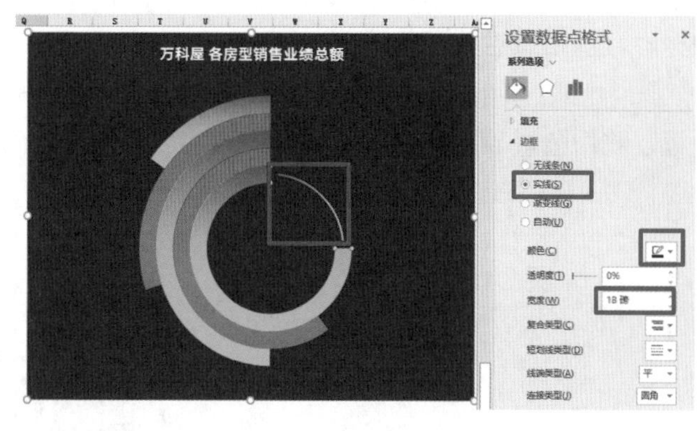

图 7-24

（3）增加标签。

选中图表并选择“插入”选项卡，单击“形状”下拉按钮，选择“横排文本框”选项，拖曳鼠标绘制文本框并将其放在最外侧圆环右侧位置。单击文本框边界，在函数编辑区内输入“=”并选中“N61”单元格，将文本框与“N61”单元格进行绑定，如图 7-25 所示。

提示：先选中图表，再插入文本框，这样插入的文本框会与图表融合为一个整体，可以一起进行拖曳。

选中文本框，按“Ctrl+Shift”组合键向下拖曳文本框复制 4 个，并依次修改绑定的单元格为 N62、N63、N64、N65。同时选中 5 个文本框，将字体颜色修改为“白色”，将字体修改为“思源黑体 CN Bold”，如图 7-26 所示。

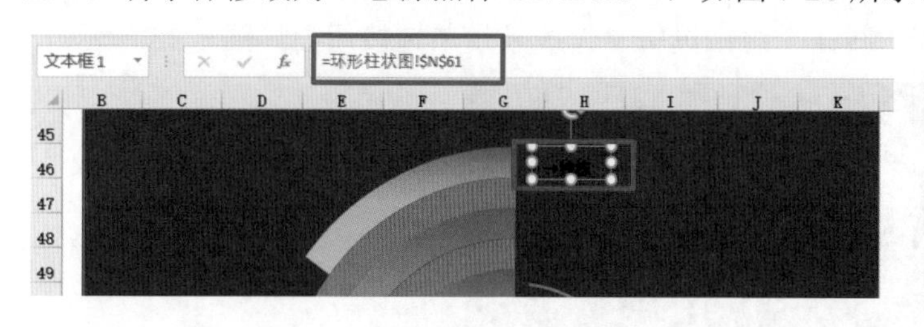

图 7-25

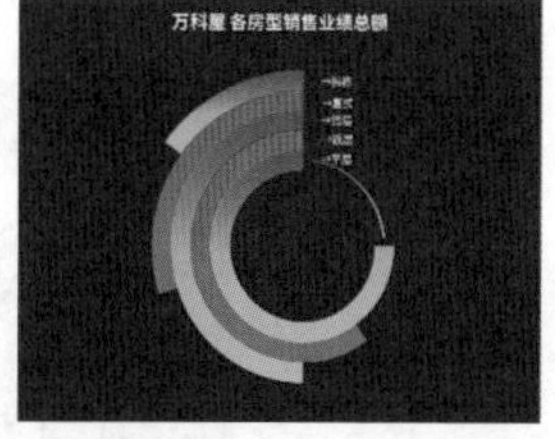

图 7-26

除了添加文本框的方式，还可以启用照相机功能完成数据标签的创建。对于作图数据源中“N61:N65”单元格区域，即环形柱形图的数据标签。首先选中“N61:N65”单元格区域并选择“开始”选项卡，单击“填充颜色”下拉按钮，选择与图表背景一致的“深蓝色”。接着在“字体颜色”下拉列表中选择颜色为“白色”，单击“边框”下拉按钮，选择“无边框”选项。然后选中“N61:N65”单元格区域，单击“照相机”按钮，在工作表的空白处单击鼠标，即可粘贴为图片。此时粘贴的图片有一个白色的边框，可以稍微对其进行裁剪，如图 7-27 所示。

选中粘贴的图片，选择“图片格式”选项卡并单击“裁剪”按钮，稍微调整裁剪边框，将白色边界裁掉即可，最后将图片放在圆环右侧合适的位置就可以了。

	K	L	M	N	O
60	房型	360°-换算	换算270°	组合标签	→独栋75
61	独栋	90	270	→独栋75	→复式60
62	复式	144	216	→复式60	→错层50
63	错层	180	180	→错层50	→跃层30
64	跃层	252	108	→跃层30	→平层15
65	平层	306	54	→平层15	

图 7-27

这样利用照相机功能添加的数据标签与绑定单元格一样，当单元格中的文本发生变化时，数据标签同步变化。

（4）利用 ICON 填充法为图表添加图形，进行修饰。

选中整个图表区域并选择“插入”选项卡，单击“形状”下拉按钮，选择“圆形”选项。按住“Shift”键拖曳鼠标画一个正圆形，并将其放在图表中心的位置，调整大小使之与环形柱形图的圆心大小适应。

修改圆形的填充颜色。选中圆形，在“设置形状格式”工具箱的“填充”组中选中“纯色填充”单选按钮，在“颜色”下拉列表中选择颜色为“白色”，调整“透明度”大小为“76%”，在“线条”组中选中“无线条”单选按钮，如图 7-28 所示。

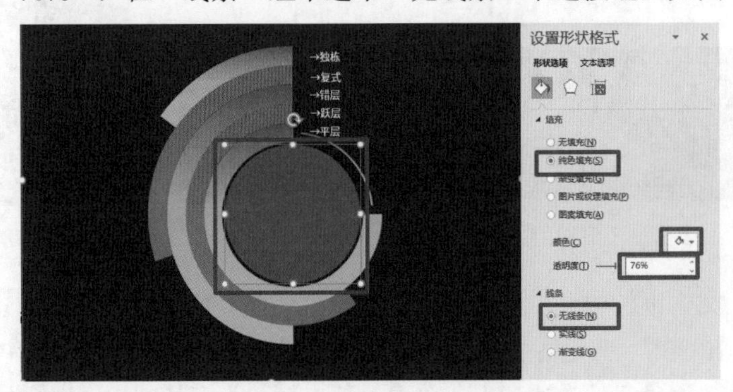

图 7-28

接下来先选中圆形，按“Ctrl+Shift”组合键拖曳再复制一个正圆形，修改其“透明度”为“0”，并将其缩小，放在第一个圆形的中心位置。然后将两个正圆形中心对齐，同时选中两个圆形后选择“形状格式”选项卡，单击“对齐”下拉按钮，选择“水平居中”选项，接着选择“垂直居中”选项。

最后将公司的名称文本框与 Logo 粘贴后置于圆形中心，如图 7-29 所示。

图 7-29

到这里关于“万科屋”的环形柱形图就制作完成了，这样就可以将它直接粘贴到幻灯片中做汇报使用了。

在制作环形柱形图时，需要整理作图数据源，根据右扇区数据由外到内将数据源降序排列。利用整理好的数据源可以统一插入环形图，也可以每次选择一组数据进行添加。如果数据顺序不符合要求，还可以通过调整数据顺序进一步改变圆环顺序。此外，当主数据需要显示在左侧，右侧作为占位使用时，可以在数据源中将主数据与占位数据的顺序进行对调。在图表美化时为图表添加数据标签，通过文本框绑定单元格和照相机功能可以实现同步单元格数据的效果。

到这里就完成了制作环形柱形图的介绍，环形柱形图其实是将业绩做一个环形的转化，让原来垂直的柱形图或横向的条形图变成一个弧形的图表来呈现，让图表更加具有设计感。环形柱形图在呈现时通常有两种模式：第一种是将 360° 作为满额度数；第二种是将最大值设置为 270°，预留出一个 90° 空白区域作为图表的呈现。这两种方法可以制作出不同效果的环形柱形图，读者可以结合实际需要选择使用。

7.2 仪表盘

仪表盘常用来展示业绩完成率的情况，一般来说，完成率都在 100%以内，如图 7-30 所示。但在实际工作中也存在超额完成的情况，如图 7-31 所示。仪表盘多是将环形图作为业绩的载体，将饼图的小扇区作为指针，当数据变化时图表联动显示的一种呈现方式。在第 10 章中，大型看板的制作也涉及仪表盘的制作，接下来具体介绍几种仪表盘。

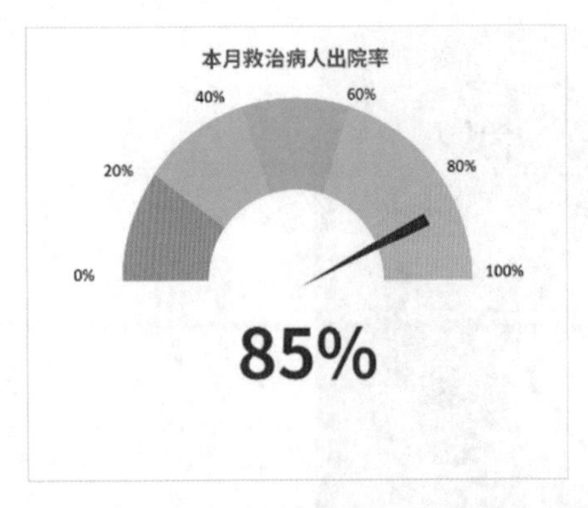

图 7-30

图 7-31

案例 1：百分百完成率仪表盘

1．抓数据：整理底盘数据源，拆解扇区度数

拆解图表。仪表盘是由底盘和指针两部分组合而成的，在“仪表盘”工作表中，图 7-30 所示的仪表盘底盘以 180° 作为展示界面，其余 180° 为隐藏扇区，并且展示界面被平均分为 5 个扇区，故每个扇区为 180° /5=36° ，将每一个扇区与对应的度数列出来，整理出图 7-32 所示的“E7:F13”的作图数据源区域。

本月救治病人出院率

总度数	360
隐藏扇区度数	180
展示度数	180
划分档数	5
每扇度数	36

作图数据	度数
隐藏扇区度数	180
每扇度数1	36
每扇度数2	36
每扇度数3	36
每扇度数4	36
每扇度数5	36

图 7-32

2．造图表，做底盘：选择合适的图表类型，插入圆环图

根据整理好的数据源区域插入圆环图。选中“E7:F13”单元格区域并选择“插入”选项卡，单击“插入饼图或圆环图”下拉按钮，选择“圆环图”选项。插入圆环图后删除图例并修改图表标题，设置字体样式并调整图表大小，如图 7-33 所示。

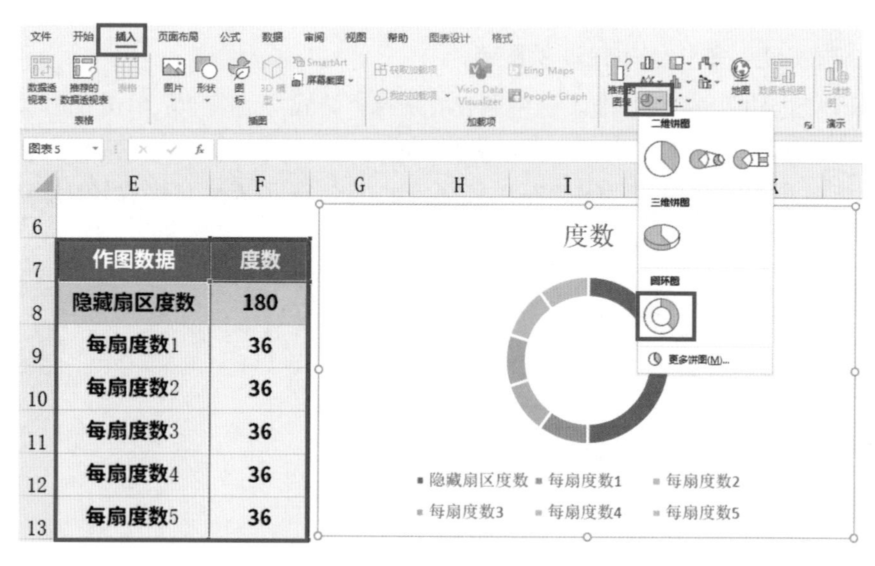

作图数据	度数
隐藏扇区度数	180
每扇度数1	36
每扇度数2	36
每扇度数3	36
每扇度数4	36
每扇度数5	36

图 7-33

3. 图表设置：调整起始角度和圆环大小

到这里想要调整环形图的角度，使 5 个 36° 的扇区展示在水平线以上范围，可以选中环形图并右击鼠标，在弹出的快捷菜单中选择“设置数据系列格式”命令，在弹出的“设置数据系列格式”工具箱中调整“第一扇区的起始角度”为“90° ”，为了使环形图柱子宽一些，可以继续调整“圆环图圆环大小”为“50%”，如图 7-34 所示。

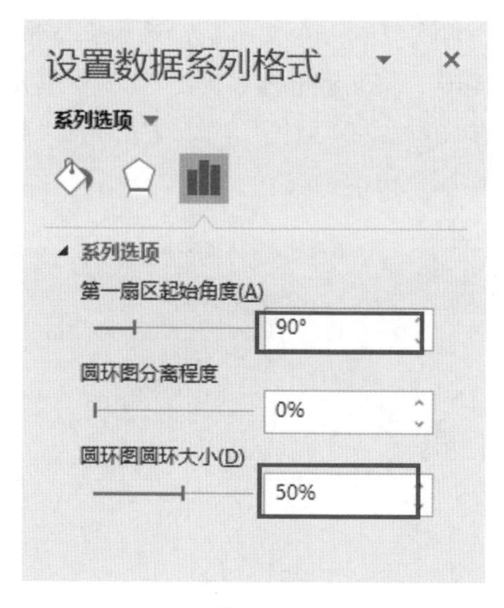

图 7-34

4．塑美感：美化图表，调整配色

接下来进入图表美化环节。选中图表并选择“格式”选项卡，单击“形状轮廓”下拉按钮，选择“无轮廓”选项。选中图表后再次单击选中下方 180° 扇区，单击“形状填充”下拉按钮，选择“无填充”选项，如图 7-35 所示，仪表盘轮廓就显示出来了。

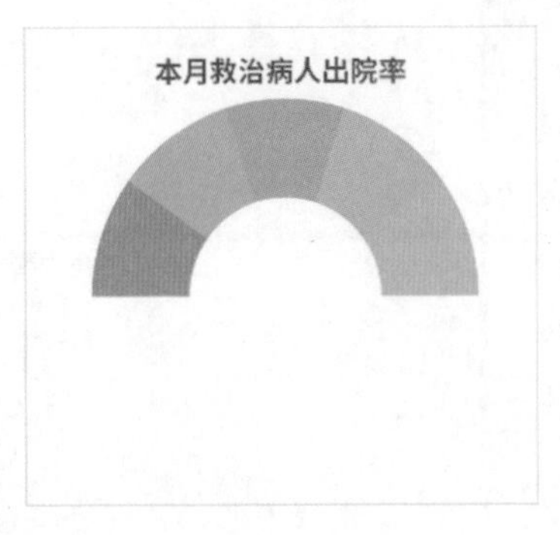

图 7-35

5．补信息：添加辅助信息

通过插入文本框的形式添加仪表盘的刻度值。选中图表并选择“插入”选项卡，单击“形状”下拉按钮，选择“文本框”选项，拖曳鼠标绘制文本框，输入“0%”。修改字体为“Arial”，修改字号为“11”。选中设置好的文本框，按住“Ctrl”键拖曳复制其他 5 个文本框并分别修改其刻度值，如图 7-36 所示。

制作完成率文本框。再次复制一个文本框，选中文本框并单击函数编辑区输入“=C16”，按“Enter”键确认，将文本框内容绑定“C17”单元格中的值，修改字体为“思源黑体 CN Bold”，修改颜色为“蓝色”，修改字号为“44”，并将文本框放置于环形图的合适位置，如图 7-37 所示。

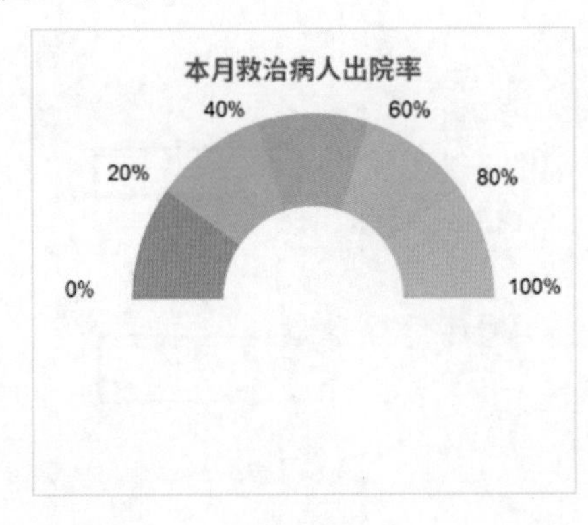

图 7-36

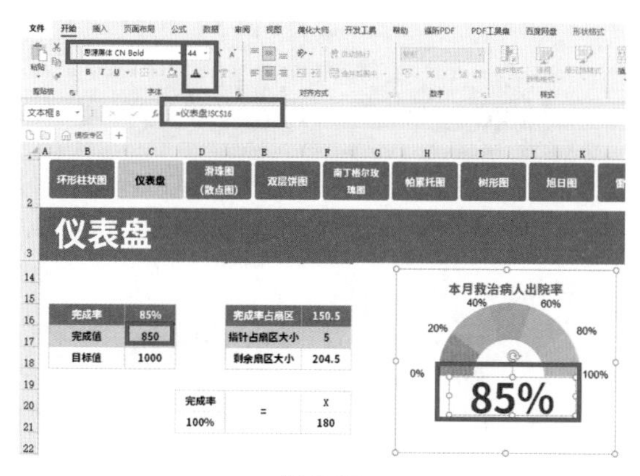

图 7-37

到这里就完成了仪表盘底盘的制作，下面继续完成指针的制作。

6. 制作仪表盘指针

指针的制作是一个饼图的拆解过程，令指针所占扇区为 5°（分别占完成率和未完成率的 2.5°），左半边为完成率，右半边为未完成率，下面 180°为占位扇区，如图 7-38 所示。

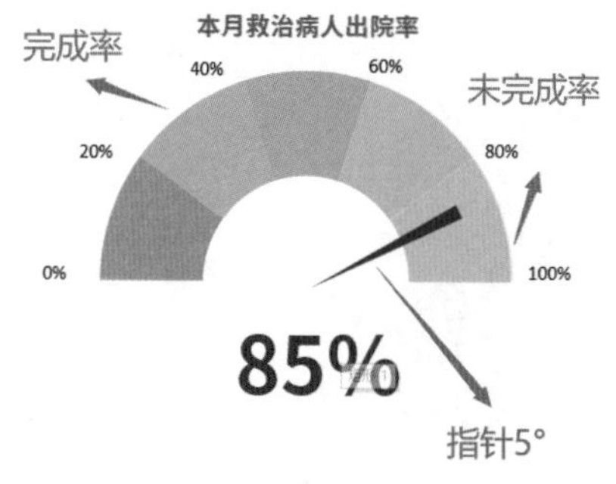

图 7-38

按照拆分的结果将完成率、扇区、未完成率整理成作图数据源。

在“F16”单元格内将“C16”单元格的完成率按照 180°对应 100%的比例进行换算，公式为“=C16*C9-2.5”。在“F18”单元格计算出除指针和完成率之外的未完成率和占位的扇区大小“=360-F16-F17”，如图 7-39 所示。

函数解析

指针占扇区大小：5°（分别占完成率和未完成率的 2.5°）。

完成率占扇区大小：完成率×180°-半个指针（2.5°）。

剩余扇区大小：360°-指针占扇区大小 5°-完成率占扇区大小。

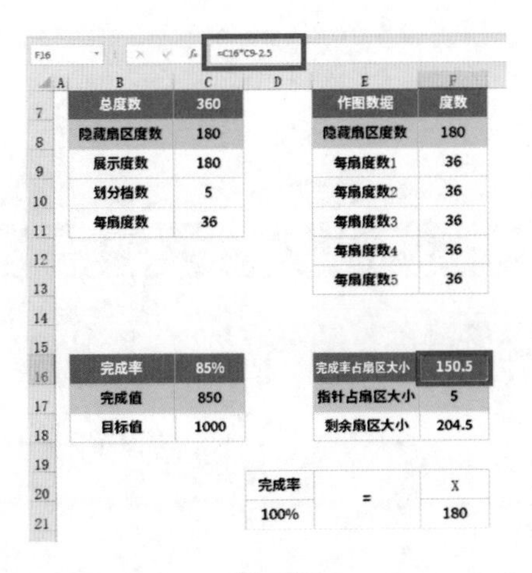

=C16*C9-2.5

总度数	360
隐藏扇区度数	180
展示度数	180
划分档数	5
每扇度数	36

作图数据	度数
隐藏扇区度数	180
每扇度数1	36
每扇度数2	36
每扇度数3	36
每扇度数4	36
每扇度数5	36

完成率	85%
完成值	850
目标值	1000

完成率占扇区大小	150.5
指针占扇区大小	5
剩余扇区大小	204.5

完成率	=	X
100%		180

图 7-39

插入饼图。选中“E16:F18”单元格区域并选择“插入”选项卡，单击“插入饼图或圆环图”下拉按钮，选择“饼图”选项。

删除图表标题和图例。选中饼图，在右侧“设置数据系列格式”工具箱中将“第一扇区起始角度”修改为“270° ”，此时指针位置即为所需要的角度，如图 7-40 所示。

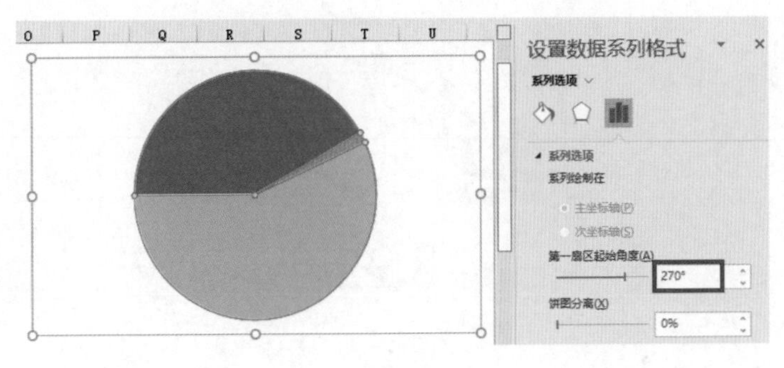

图 7-40

完成了指针饼图的创建后，对其进行颜色的美化设置。首先选中整个图表并选择“格式”选项卡，单击“形状轮廓”下拉按钮，选择“无轮廓”选项。

然后单击选中饼图中的左侧扇区，单击“形状填充”下拉按钮，选择“无填充”选项。再次单击选中饼图中的右侧扇区，单击“形状填充”下拉按钮，选择“无填充”选项。

接着拖曳调整图表绘图区和整个图表的大小，效果如图 7-41 所示。

最后将指针饼图与仪表盘底座的环形图进行对齐，使二者的圆心尽可能重合。在调整对齐时可以同步调整指针图表的大小，使之适用于底盘图表。同时选中两个图表并右击鼠标，在弹出的快捷菜单中选择“组合”命令，可将二者组合为一个整体。如

图 7-42 所示，仪表盘就制作完成了。

图 7-41

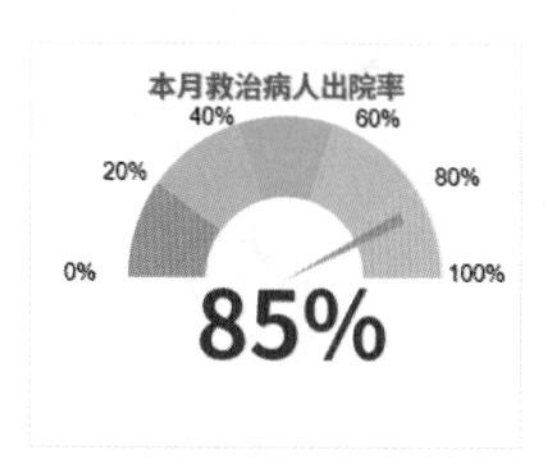

图 7-42

提示：环形图与饼图对齐，首先可以将二者比例调整得尽可能一致，然后在经过“水平居中”和“垂直居中”后通过微调来完成。

到这里就完成了以 180° 为 100%完成率效果的仪表盘的制作，这样的仪表盘效果也是一个基础的仪表盘效果。

案例 2：超额完成率仪表盘

除了 100%完成率效果，利用仪表盘还可以制作出图 7-31 所示的更加复杂的超额完成率效果，这类仪表盘的制作与前面的案例一样，同样分为底盘和指针两部分。

1．抓数据：整理底盘数据源，拆解扇区度数

拆解图表。在“仪表盘”工作表中，如图 7-31 所示，仪表盘底盘以 270° 作为展示界面，其余 90° 为隐藏扇区，并且展示界面被平均分为 15 个扇区，故每个扇区为 270° /15=18° ，将每一个扇区与对应度数列出来，整理出图 7-43 所示的“E32:F48”的作图数据源区域。

本周销售业绩完成率

总度数	360
隐藏扇区度数	90
展示度数	270
划分档数	15
每扇度数	18

作图数据	度数
隐藏扇区度数	90
每扇度数1	18
每扇度数2	18
每扇度数3	18
每扇度数4	18
每扇度数5	18
每扇度数6	18
每扇度数7	18
每扇度数8	18
每扇度数9	18
每扇度数10	18
每扇度数11	18
每扇度数12	18
每扇度数13	18
每扇度数14	18
每扇度数15	18

图 7-43

2．造图表，做底盘：选择合适的图表类型，插入圆环图

根据整理好的数据源插入圆环图。选中“E32:F48”单元格区域并选择“插入”选项卡，单击“插入饼图或圆环图”下拉按钮，选择“圆环图”选项。插入圆环图后删除图例并修改图表标题，设置字体样式并调整图表大小。

3．图表设置：调整起始角度和圆环大小

想要调整环形图的角度，使 15 个 18° 的扇区展示在水平线以上范围，可以选中环形图并右击鼠标，在弹出的快捷菜单中选择“设置数据系列格式”命令，在弹出的“设置数据系列格式”工具箱中调整“第一扇区起始角度”为“135° ”，如图 7-44 所示。

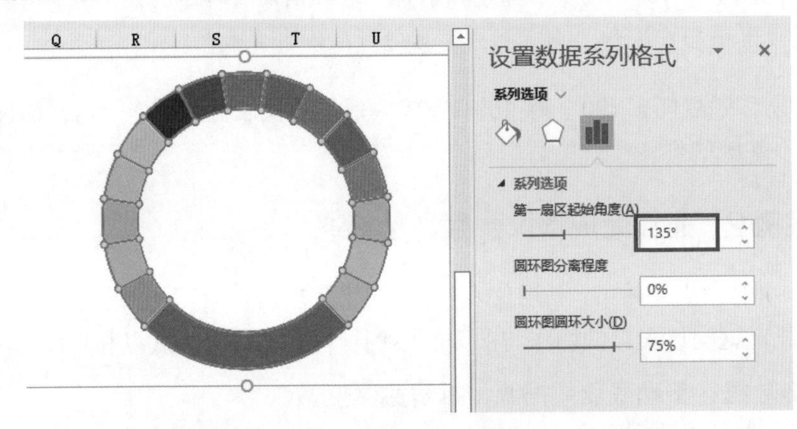

图 7-44

4．塑美感：美化图表，调整配色

接下来进入图表美化环节。选中图表并选择“格式”选项卡，单击“形状填充”下拉按钮，在弹出的下拉列表中选择颜色为“黑色”，从而修改图表背景颜色。

选中图表并右击鼠标，在弹出的快捷菜单中选择“设置数据系列格式”命令，单击“填充与线条”按钮，在“颜色”下拉列表中选择与背景同样的颜色，将“线条”调整为“4.5 磅”。选中图表后再次选中下方 90° 扇区，单击“形状填充”下拉按钮，选择“无填充”选项，此时仪表盘轮廓就显示出来了。

根据图表的完成效果修改每一个扇区的填充颜色。在修改过程中可以先设置一个填充颜色，然后其他扇区通过修改颜色的亮度来进行区分，可以将多个扇区设置为同色系的不同效果，如图 7-45 所示。

选中图表并选择“插入”选项卡，单击“形状”下拉按钮，选择“文本框”选项，拖曳鼠标绘制一个文本框，输入“0%”，选中文本框并选择“开始”选项卡，在“字体颜色”下拉列表中选择颜色为“白色”。接下来拖曳复制 14 个文本框，从 0%开始以 10%为步长修改文本内容，放置在对应的扇区位置。

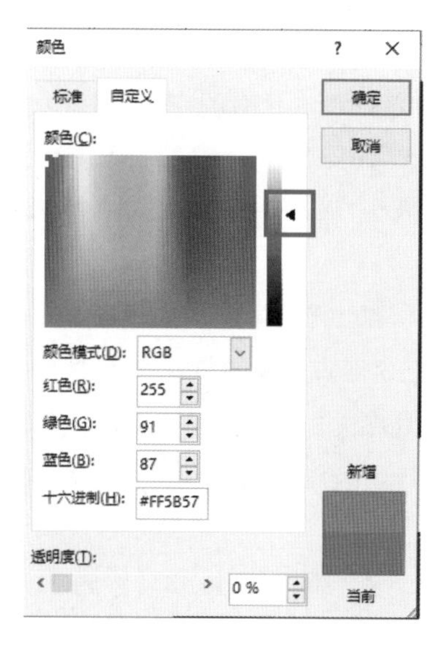

图 7-45

为底盘添加修饰元素，可以插入一个正圆形，修改填充颜色和边框轮廓为“墨绿色”，调整填充颜色的透明度。添加文本框补充信息，即可制作出图 7-46 所示的效果。

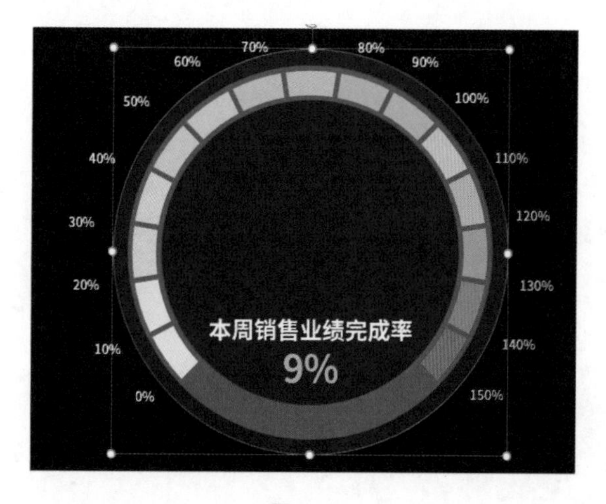

图 7-46

到这里关于超额完成率仪表盘的底盘部分就制作完成了。

5. 制作仪表盘指针

接下来进入指针部分的介绍，与前面案例 1 的制作方法相同，令指针所占扇区为 2°（分别占完成率和未完成率的 1°），左半边为完成率，右半边为未完成率和占位扇区之和。

按照拆分的结果将完成率、扇区、未完成率整理出作图数据源。

在“F52”单元格内将“C52”单元格的完成率按照 270° 对应 150%的比例进行换算，公式为“=C52*F57/D57-(F53/2)”。在“F54”单元格计算出除指针和完成率之外的未完成率和占位的扇区大小“=360-F52-F53”，如图 7-47 所示。

函数解析

指针占扇区大小：2°（分别占完成率和未完成率的 1°）。

完成率占扇区大小：完成率×270°/150%-半个指针（1°）。

剩余扇区大小：360°-指针占扇区大小 2°-完成率占扇区大小。

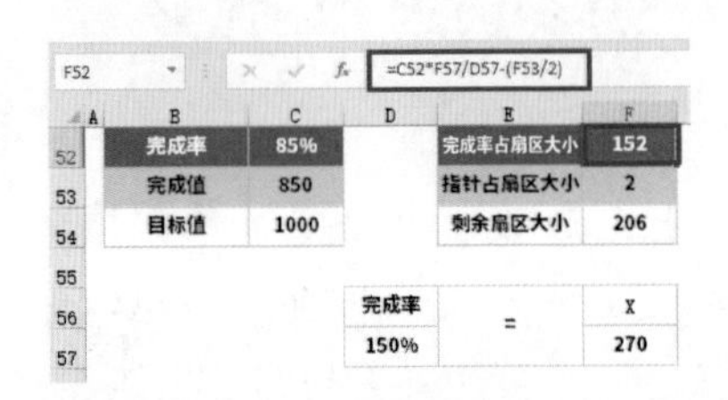

F52 =C52*F57/D57-(F53/2)

	A	B	C	D	E	F
52		完成率	85%		完成率占扇区大小	152
53		完成值	850		指针占扇区大小	2
54		目标值	1000		剩余扇区大小	206
55						
56				完成率	=	X
57				150%		270

图 7-47

插入饼图。选中“E52:F54”单元格区域并选择“插入”选项卡，单击“插入饼图或圆环图”下拉按钮，选择“饼图”选项。

删除图表标题和图例。选中饼图，在右侧“设置数据系列格式”工具箱中将“第一扇区起始角度”修改为“225°”，此时指针位置即为所需要的角度，如图 7-48 所示。

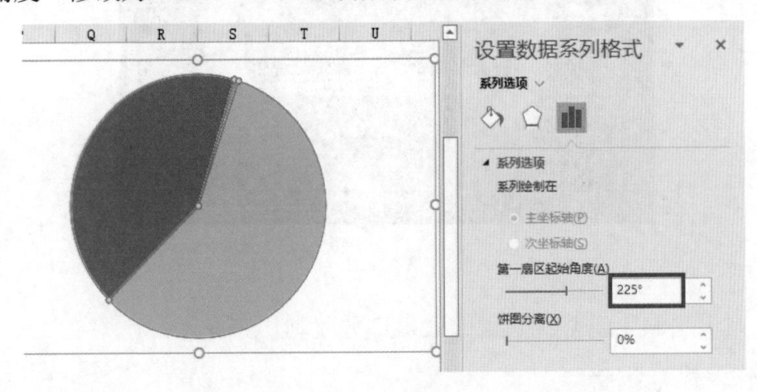

图 7-48

完成指针饼图的创建后，对其进行颜色的美化设置。首先选中整个图表并选择“格式”选项卡，单击“形状轮廓”下拉按钮，选择“无轮廓”选项。

然后单击选中饼图中的左侧扇区，单击“形状填充”下拉按钮，选择“无填充”选项。再次单击选中饼图中的右侧扇区，单击“形状填充”下拉按钮，选择“无填充”选项。选中指针扇区，单击“形状填充”下拉按钮，选择颜色为“红色”。

接着拖曳调整图表绘图区和整个图表的大小，效果如图 7-49 所示。

最后将指针饼图与仪表盘底座的环形图进行对齐，使二者的圆心尽可能重合。在调整对齐时可以同步调整指针图表的大小，使之适用于底盘图表。同时选中两个图表并右击鼠标，在弹出的快捷菜单中选择“组合”命令，可将二者组合为一个整体。如图 7-50 所示，仪表盘就制作完成了。

图 7-49

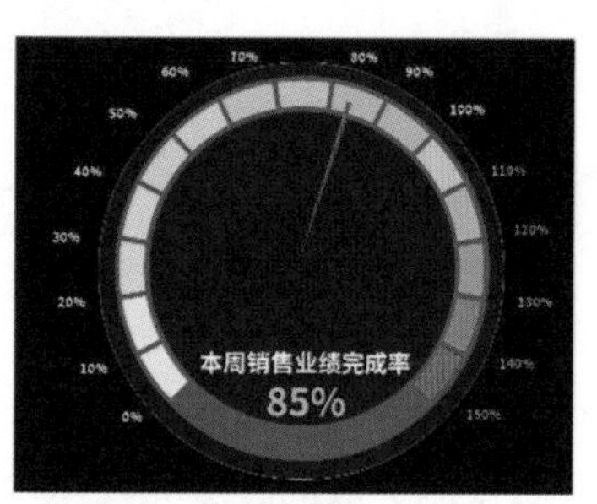

图 7-50

提示： 完成仪表盘的制作后，我们也可以将它用在其他案例中。在制作看板时可以先将组合图表与单元格边框对齐，然后通过选中图表所对应的单元格区域，将其选择性粘贴为“图片”放在看板工作表中，这样做的好处是可以随意调整图表的大小，并且不会改变图表的排版，如图 7-51 所示。

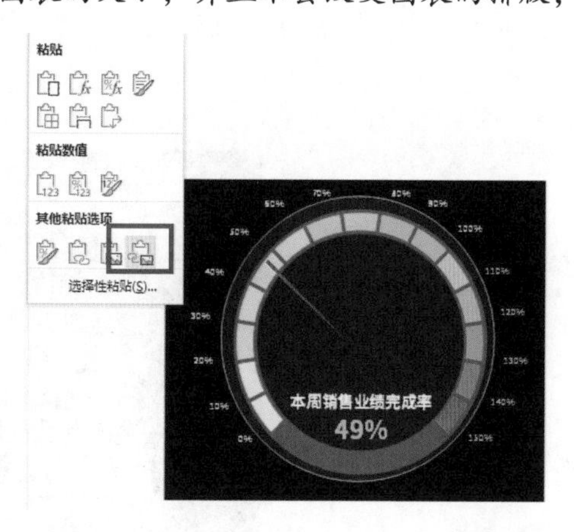

图 7-51

这里还准备了一组仪表盘小工具，在实际工作中，读者可以直接将数据源和图表一同复制后使用，如图 7-52 所示。

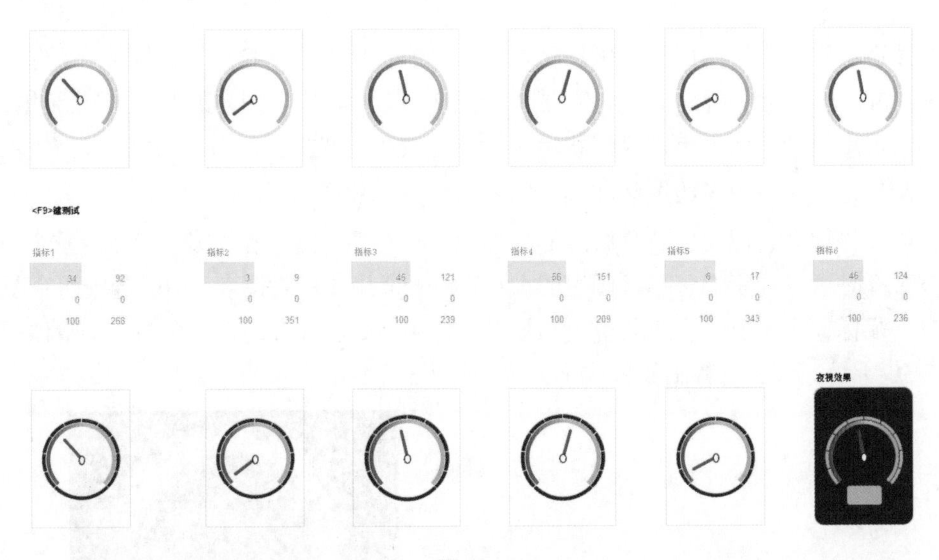

图 7-52

到这里就完成了仪表盘的制作，仪表盘常用于展示完成率的情况，在实际工作中也可以直接复制完成的模板来使用。

7.3 滑珠（散点）图

滑珠图本质上是散点图和条形图的组合图表。利用散点图可以突出显示数据条的端点。如在“本月各营销经理销售业绩完成情况”图中利用销售员的头像位表示业绩值所在的位置，如图 7-53 所示；在“销售业绩 TOP 10 客户的回款率情况”图中利用圆点表示回款率所在的位置，如图 7-54 所示。

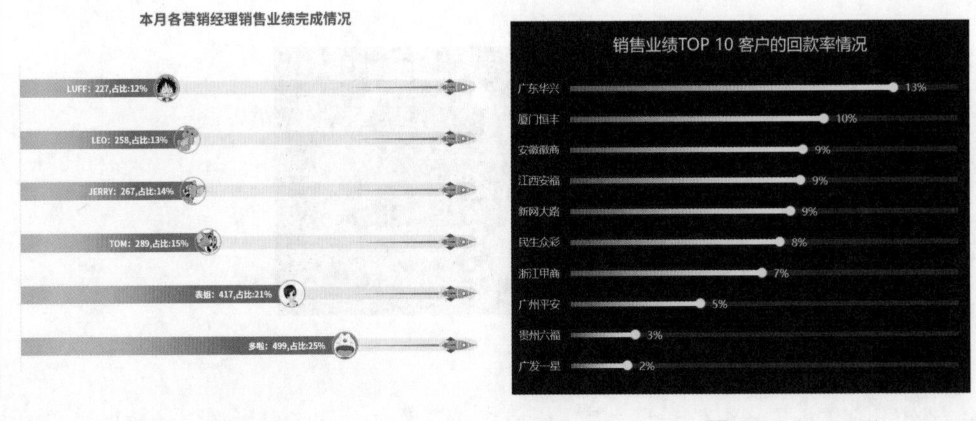

图 7-53　　图 7-54

1．拆图表：根据图表样式拆分图表结构

说明：本例中“业绩”的单位为“万元”，表中和下文中的单位省略，不再标出。

拆解图表。在“滑珠图”工作表中，选中“本月各营销经理销售业绩完成情况”图表并选择“图表设计”选项卡，单击“更改图表类型”按钮，在弹出的“更改图表类型”对话框中可以看到图 7-53 所示的头像位滑珠图是由簇状条形图和散点图构成的组合图表类型，如图 7-55 所示。了解了图表的组成后，下面进入图表的制作阶段。

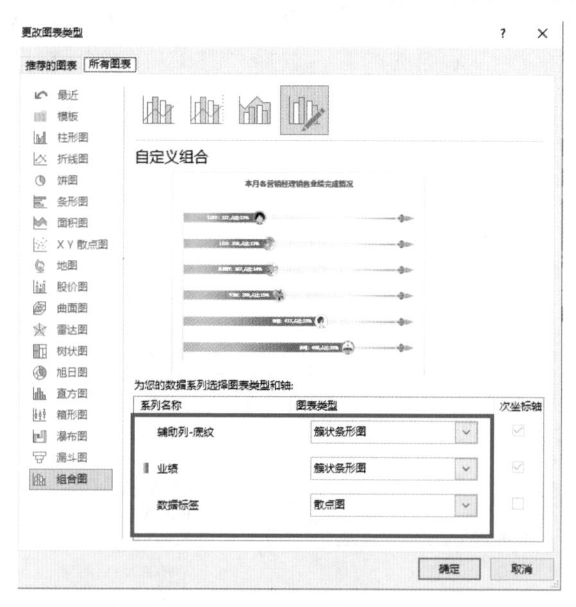

图 7-55

2．抓数据：整理作图数据源

前面介绍过，凡是图表中涉及的效果，其本质都是一个独立的数据。根据这个原则，在“滑珠图”工作表中已经包括图表所需的所有数据，如图 7-56 所示。

本月各营销经理销售业绩完成情况

姓名	业绩	辅助列-底纹	业绩占比	辅助列—Y轴	数据标签
多啦	499	700	25%	0.5	多啦：499,占比:25%
表姐	417	700	21%	1.5	表姐：417,占比:21%
TOM	289	700	15%	2.5	TOM：289,占比:15%
JERRY	267	700	14%	3.5	JERRY：267,占比:14%
LEO	258	700	13%	4.5	LEO：258,占比:13%
LUFF	227	700	12%	5.5	LUFF：227,占比:12%

图 7-56

3．造图表：选择合适的图表类型，插入图表

同时选中“B7:D13”和“F7:F13”单元格区域并选择“插入”选项卡，单击“推荐的图表”按钮，选择“所有图表”页签，选中“组合图”选项，将“业绩”和“辅助列-底纹”选择为“簇状条形图”选项，将“辅助列-Y 轴”选择为“散点图”选项，单击“确定”按钮，如图 7-57 所示。

调整图表的大小。选中图表并选择“图表设计”选项卡，单击“选择数据”按钮，在弹出的“选择数据源”对话框中选中“辅助列-Y 轴”选项，单击“编辑”按钮，在弹出的“编辑数据系列”对话框中，在“系列名称”中修改为“散点图头像位”，在“X 轴系列值”中删除“=”后面的内容，选择“C8:C13”单元格区域，在“Y 轴系列值”中删除“=”后面的内容，选择“F8:F13”单元格区域，依次单击“确定”按钮，如图 7-58 所示。

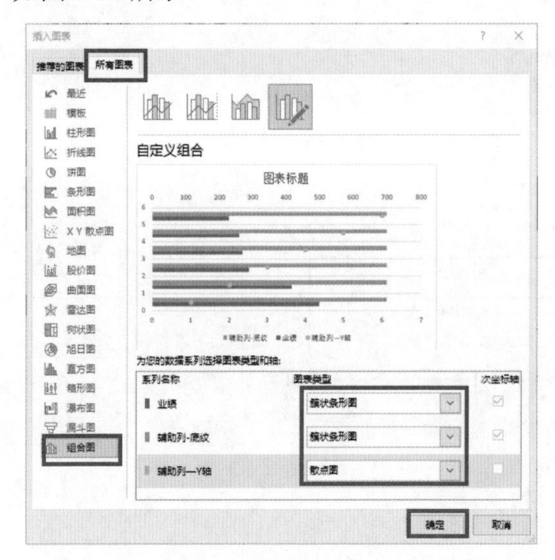

图 7-57

图 7-58

4．图表设置：调整系列重叠为 100%

接下来需要将两根柱子前后摆放起来形成底纹的效果，前面介绍过主次坐标分类法，想要将谁显示在前面，就将它设置为次坐标轴。选中图表，选择“图表设计”选项卡，单击“更改图表类型”按钮，此时可以发现 Excel 已经将“业绩”和“辅助列-底纹”默认勾选了“次坐标轴”复选框，我们无法修改。这是由于散点图已经默认同时占用了图表中的 X 轴、Y 轴两个坐标轴，所以当散点图和其他图表组合时无法自定义调整次坐标轴，如图 7-59 所示。

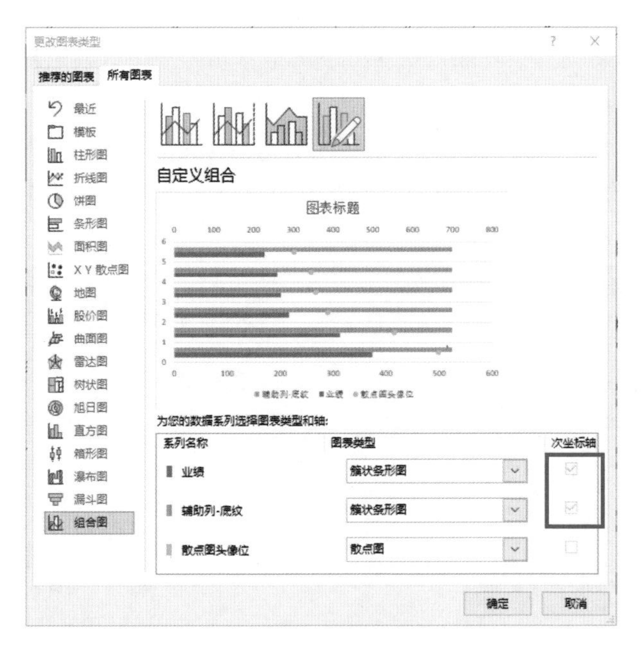

图 7-59

除了使用主次坐标分类法，还可以利用系列重叠显示法实现两组柱子前后重叠放置的效果。选中柱形图中的柱子并右击鼠标，在弹出的快捷菜单中选择“设置数据系列格式”命令，在弹出的“设置数据系列格式”工具箱中拖曳“系列重叠”旁边的滑块调整为“100%”。此时“辅助列-底纹”柱子显示在“业绩”柱子上面，将“业绩”柱子完全遮盖住了，如图 7-60 所示。想要将“辅助列-底纹”柱子显示在“业绩”柱子后面，就需要对数据顺序进行调整。

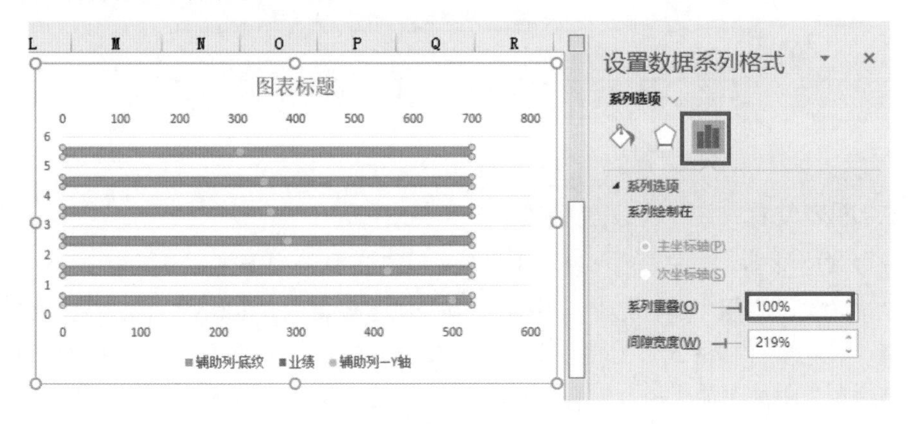

图 7-60

5. 调顺序：调整数据系列显示顺序

选中柱形图，选择“图表设计”选项卡，单击“选择数据”按钮，在弹出的“选择数据源”对话框中选中“辅助列-底纹”选项，单击按钮将其调整到“业绩”上方，单击“确定”按钮，如图 7-61 所示。

此时散点图的点位与“业绩”条形图的数值点位没有重叠，这是因为主次坐标轴的刻度范围不一致，如图 7-62 所示，想要解决这个问题，就需要统一主次坐标轴。

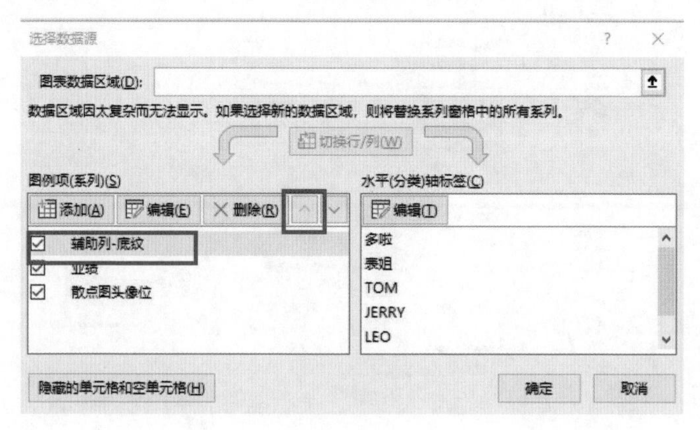

图 7-61

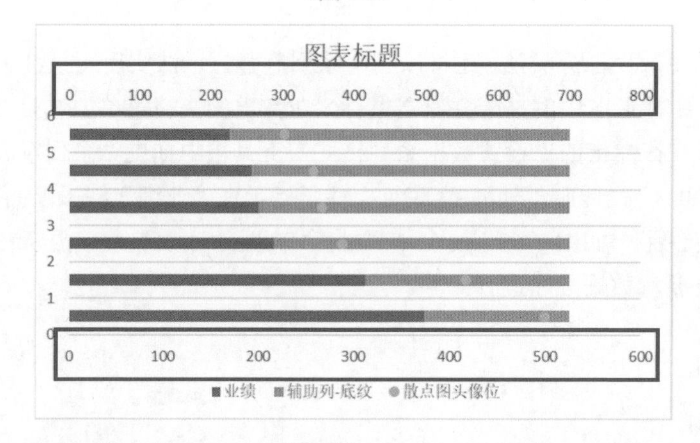

图 7-62

6. 图表设置：统一主次坐标轴

选中次坐标轴，并在右侧“设置坐标轴格式”工具箱中单击“坐标轴选项”按钮，在“坐标轴选项”组中将“边界”中的“最大值”设置为“700.0”。选中主坐标轴，在右侧“设置坐标轴格式”工具箱中单击“坐标轴选项”按钮，在“坐标轴选项”组中将“边界”中的“最大值”设置为“700.0”。散点图的点位就位于“业绩”条形图的边缘了，如图 7-63 所示。

由于“辅助列-底纹”数据条的最大值为 700，所以同时将主次坐标轴的最大值都设置为 700，可以使条形图填满图表区域，避免图表右侧存在空白的区域。

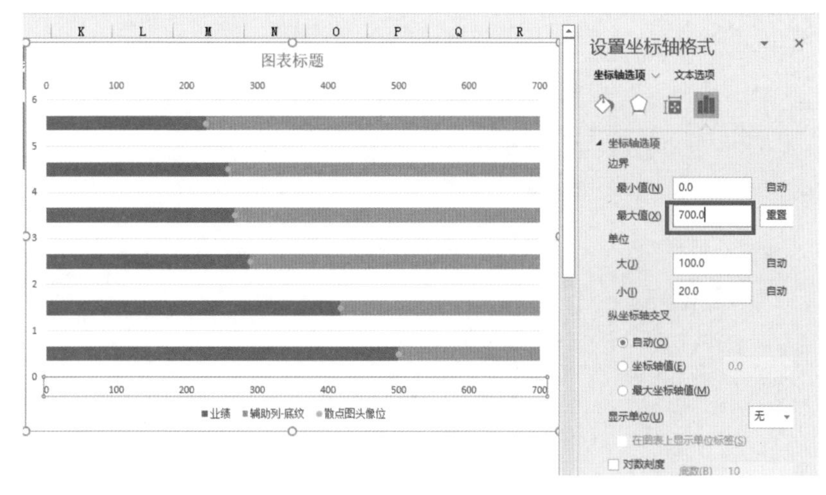

图 7-63

7．塑美感：美化图表，调整配色

进入图表的美化阶段。首先在觅元素网站上下载一个小火箭，将它与灰色的圆柱进行组合，作为“辅助列-底纹”条形图的填充图案，如图 7-64 所示。

然后选中组合图形并按“Ctrl+C”组合键复制，选中“辅助列-底纹”条形并按“Ctrl+V”组合键粘贴，将其填充到底纹中，如图 7-65 所示。

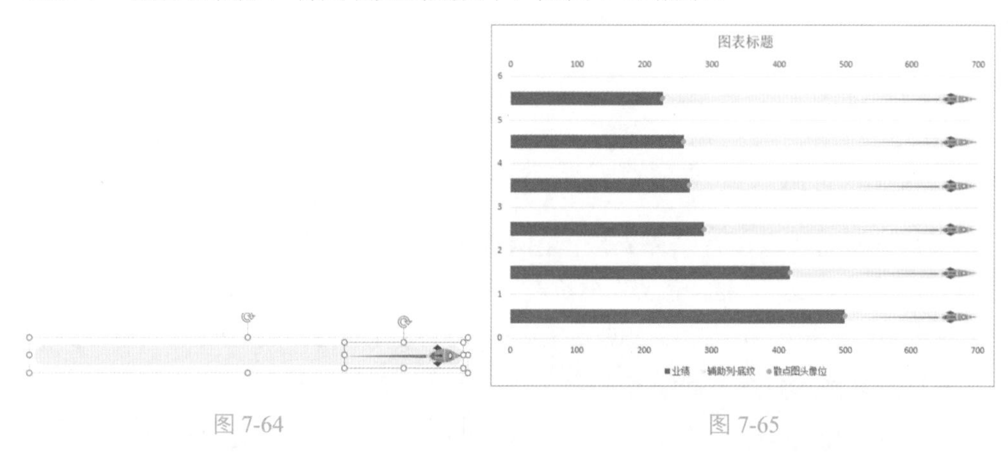

图 7-64　　图 7-65

对于“业绩”条形的填充是利用渐变颜色来实现的。选中“业绩”条形，在右侧“设置数据系列格式”工具箱中单击“填充与线条”按钮，在“填充”组中选中“渐变填充”单选按钮，在“渐变光圈”中保留 3 个停止点，选中“停止点 1”，在“颜色”下拉列表中选择颜色为“亮绿色”（也可以利用取色器工具拾取 RGB 值来填充）。选中“停止点 2”，在“颜色”下拉列表中选择颜色为“鲜绿色”。选中“停止点 3”，在“颜色”下拉列表中选择颜色为“蓝色”。单击“方向”下拉按钮，选择“线性向右”

选项，如图 7-66 所示。

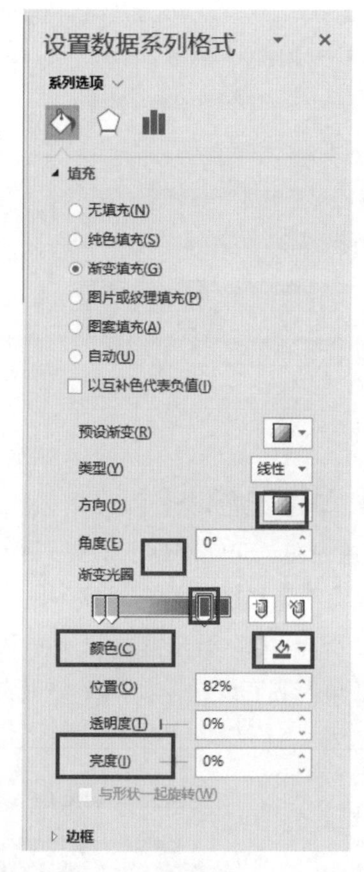

图 7-66

最后分别将头像图片填充到散点图中对应的点位。选中第一张头像图片，按“Ctrl+C”组合键复制，选中散点图并单击第一个散点，可单独将其选中，按“Ctrl+V”组合键粘贴，可将头像图片填充到散点中。同理，将其他头像图片填充到对应的散点中。

8．补信息：补充数据标签

为图表添加数据标签。选中头像位并右击鼠标，在弹出的快捷菜单中选择“添加数据标签”命令，选中数据标签后在“设置数据标签格式”工具箱中单击“标签选项”按钮，在“标签位置”中选中“靠左”单选按钮，取消勾选“显示引导线”复选框和“Y 值”复选框，勾选“单元格中的值”复选框，单击“选择范围”按钮，如图 7-67 所示。

在弹出的“数据标签区域”对话框中选择“G8:G13”单元格区域并单击“确定”按钮，如图 7-68 所示。

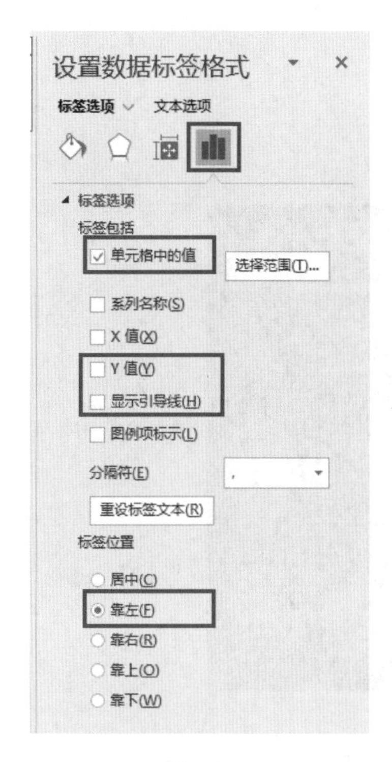

图 7-67

图 7-68

将数据标签的字体颜色修改为“白色”，修改图表标题为“本月各营销经理销售业绩完成情况”，优化图表元素，删除图例、网格线、主次坐标轴和 *Y* 轴，如图 7-69 所示，滑珠图就完成了。

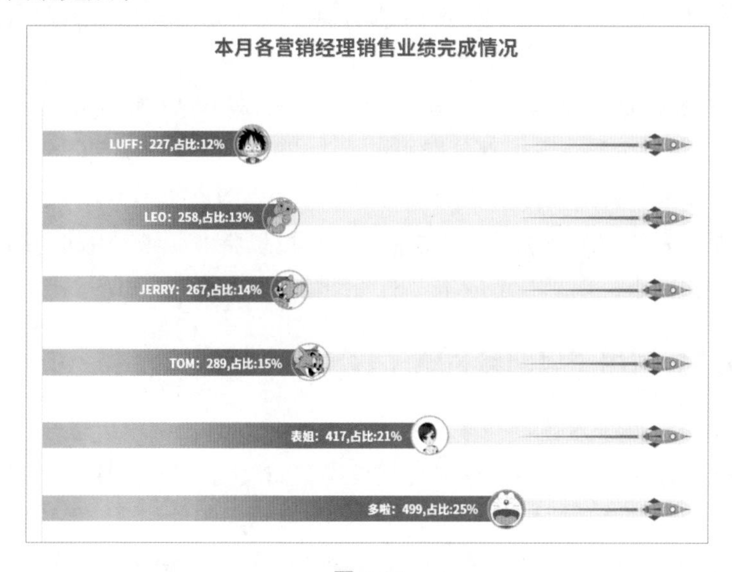

图 7-69

学以致用

利用本节的知识完成图 7-70 所示的图表的创建。

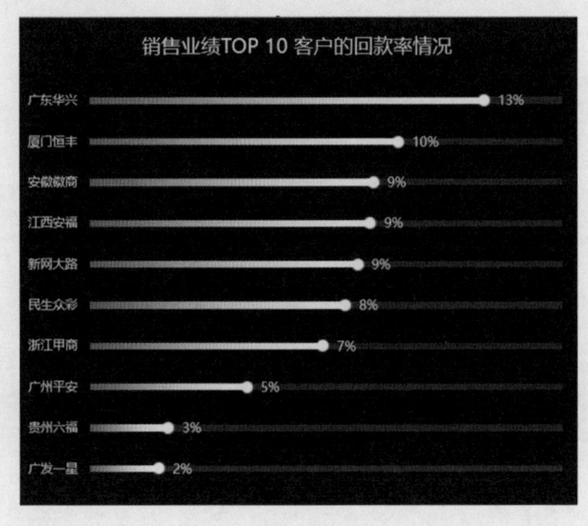

图 7-70

7.4 双层饼图

为了体现各项目占比组成情况，在制作饼图时除了传统的图表，如果数据分层类别比较多，还可以将二级明细体现出来，接下来就进入图表跃迁之法的第 4 部分双层饼图的介绍。

如“蜗牛公寓 成本结构情况分析”图，在它的成本结构情况中除了“转让费”“中介费”“预付租金”，其他部分费用占比为 70%，想要体现这部分的二级费用构成情况，有一个非常好的业务承载图表类型就是子母图，如图 7-71 所示。

如果需要将它的明细情况展示在饼图中，还可以将“其他”中的明细单独列举出来，利用双层饼图来呈现“改造成本”的明细情况，如图 7-72 所示。

案例 1：利用子母图分析蜗牛公寓成本结构

当数据中某一部分涵盖特别多的数据项目，且在总比例中可以合计为一类情况时，可将该部分单独以子饼图的形式进行呈现。如“蜗牛公寓 成本结构情况分析”图，对于占比 70%的“其他”扇区需要将其展开显示详细的划分，像这样想要查看部分费用的二级构成，就需要使用子母图来完成，如图 7-71 所示。

1．抓数据：整理作图数据源

在“双层饼图”工作表中，已经按照费用类别分别设置了“业务大类”“成本占比”“二级分类”“二级占比”4 类数据，我们想要制作子母图，需要根据数据源整理出作图用的数据源表，将所有“改造成本”中的“二级分类”与其他业务大类进行梳理，整理出图 7-73 所示的作图数据源表。

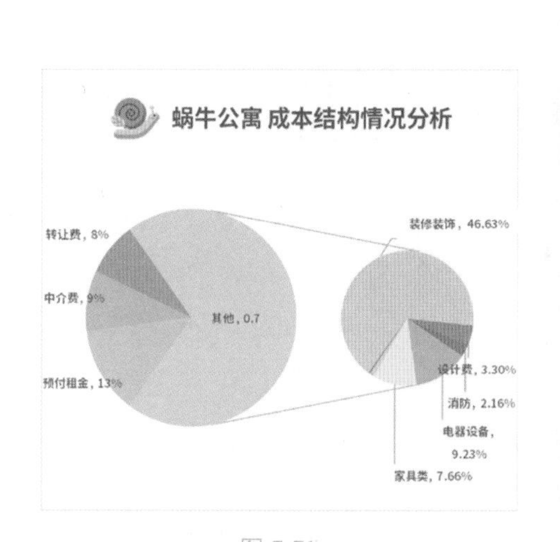

图 7-71

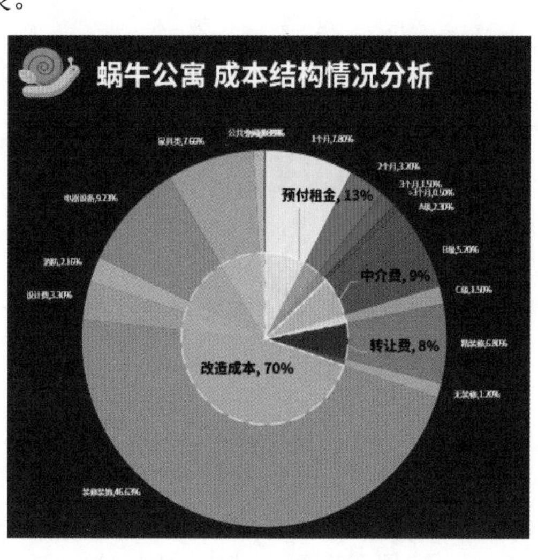

图 7-72

业务大类	成本占比	二级分类	二级占比
预付租金	13%		
中介费	9%		
转让费	8%		
		装修装饰	66.62%
		设计费	4.71%
		消防	3.09%
改造成本	70%	电器设备	13.18%
		家具类	10.94%
		公共空间	1.25%
		杂项	0.21%

业务大类	成本占比
预付租金	13%
中介费	9%
转让费	8%
装修装饰	46.63%
设计费	3.30%
消防	2.16%
电器设备	9.23%
家具类	7.66%
公共空间	0.88%
杂项	0.15%
改造成本	70.00%

（表格标题：蜗牛公寓 成本结构情况分析）

图 7-73

2．造图表：选择合适的图表类型，插入子母图

选中“G7:H17”单元格区域并选择“插入”选项卡，单击“插入饼图或环形图”下拉按钮，选择“子母饼图”选项，如图 7-74 所示。

提示：不要选中“H18”单元格。

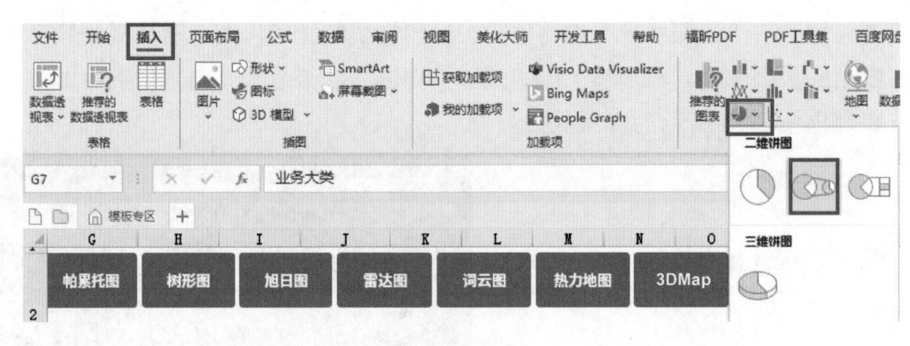

图 7-74

3．塑质感：优化图表元素

为图表添加数据标签。选中图表中的扇区并右击鼠标，在弹出的快捷菜单中选择“添加数据标签”命令。

选中数据标签并右击鼠标，在弹出的快捷菜单中选择“设置数据标签格式”命令，在右侧弹出的“设置数据标签格式”工具箱中勾选“类别名称”复选框。

接下来删除图例，选中图例后按“Delete”键删除，修改图表标题为“蜗牛公寓成本结构情况分析”。此时在右侧子图表中只显示了 4 项子类别，如图 7-75 所示。我们想要使子图表显示 7 类，这里需要对子图表显示的数量进行调整。

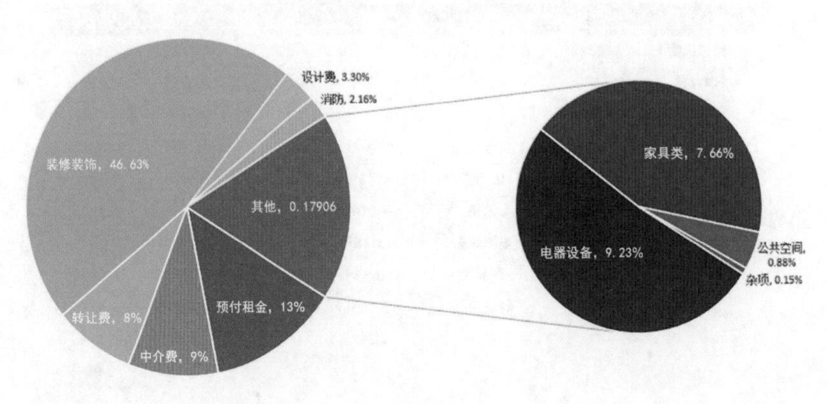

图 7-75

4．图表设置：设置子图扇区个数

选中子饼图，并在右侧“设置数据系列格式”工具箱中单击“系列选项”按钮，在“系列选项”组中将“第二绘图区中的值”调整为“7”，如图 7-76 所示。这样即可使子饼图显示出 7 类数据。

图 7-76

5. 塑美感：美化图表，调整配色

到这里就完成了图表的一般制作，接下来是美化图表。首先调整数据标签的位置，选中数据标签，在右侧“设置数据标签格式”工具箱中单击“标签选项”按钮，在“标签位置”中选中“数据标签外”单选按钮，如图 7-77 所示。设置完成后对位置不合适的标签手动进行拖曳调整。

然后对图表的字体、字号进行设置，对图表颜色进行填充，添加图标修饰，即可完成图 7-78 所示的图表。

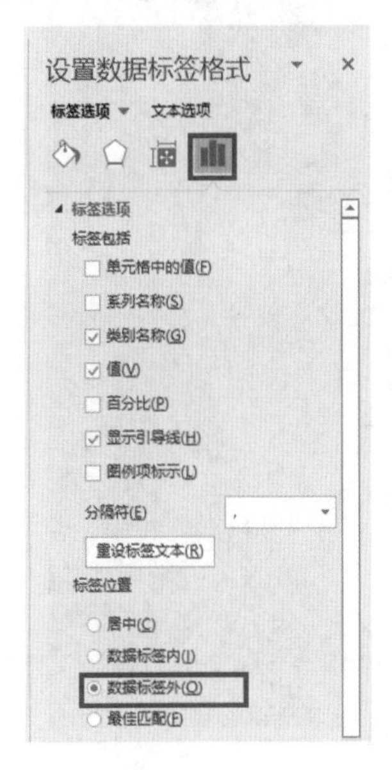

图 7-77

蜗牛公寓 成本结构情况分析
转让费，8%
中介费，9%
其他，70%
预付租金，13%
装修装饰，46.63%
设计费，3.30%
消防，2.16%
电器设备，9.23%
家具类，7.66%

图 7-78

到这里就完成了子母图的介绍。子母图用于表示数据之间的构成关系，在母图的比例关系中，当某一部分涵盖特别多的数据项目，且在总比例中可以合计为一类情况时，可将该部分单独以子饼图的形式进行呈现。

案例 2：利用双层饼图分析蜗牛公寓成本结构

除了子母图，如果一级分类中每一项都存在二级分类，如图 7-79 所示，可以看到，“预付租金”分为 1 个月、2 个月、3 个月、3 个月以上预付租金，“中介费”分为 A、B、C 三种类型，“转让费”分为精装修和无装修的。这种情况在制作饼图时可以设置两种不同的饼图，一种是总体的占比放在内圈，另一种是它的二级明细分类放在外圈，将两个饼图全部叠放在一起形成双层饼图的效果。这里需要利用图表中的组合图来完成。

1. 抓数据：整理作图数据源

在“双层饼图”工作表中，将成本结构的“成本占比”“二级分类”“二级占比”列举出来，制作出图 7-80 所示的作图数据源。

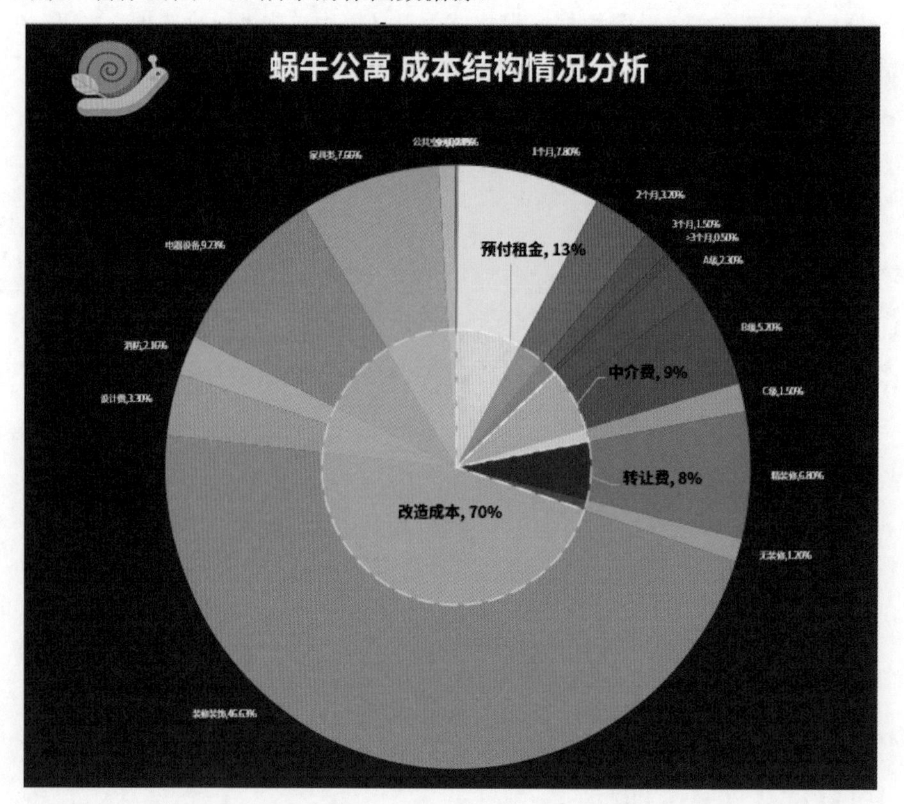

图 7-79

蜗牛公寓 成本结构情况分析

业务大类	成本占比	二级分类	二级占比
预付租金	13%	1个月	7.80%
		2个月	3.20%
		3个月	1.50%
		>3个月	0.50%
中介费	9%	A级	2.30%
		B级	5.20%
		C级	1.50%
转让费	8%	精装修	6.80%
		无装修	1.20%
改造成本	70%	装修装饰	46.63%
		设计费	3.30%
		消防	2.16%
		电器设备	9.23%
		家具类	7.66%
		公共空间	0.88%
		杂项	0.15%

图 7-80

2．造图表：选择合适的图表类型，插入饼图

按“Ctrl”键的同时选中“B25:C41”和“E25:E41”单元格区域，选择“插入”选项卡，单击“推荐的图表”按钮，在弹出的“更改图表类型”对话框中选择“所有图表”页签，选择“组合图”选项，单击“成本占比”的“图表类型”按钮，选择“饼图”选项，单击“二级占比”的“图表类型”按钮，选择“饼图”选项，两个饼图重叠后，我们需要将“成本占比”饼图显示在上层，所以勾选“成本占比”的“次坐标轴”复选框，单击“确定”按钮，如图 7-81 所示。

图 7-81

提示：哪类数据显示在前，就将该类数据设置为“次坐标轴”。

3．图表设置：调整分离程度

到这里虽然完成了两个饼图的组合图表的创建，如图 7-81 所示，但是由于上层饼图完全将下层饼图遮盖住了，使得我们只能看到一个饼图，所以这里需要对上层饼图进行调整。

选中外层饼图并右击鼠标，在弹出的快捷菜单中选择“设置数据系列格式”命令，在“设置数据系列格式”工具箱中调整“饼图分离”为“52%”。此时如图 7-82 所示，上层饼图中的各个扇区就分离开了。这时再次单击一个扇区将其单独选中，并将扇区向饼图圆心位置进行拖曳，接着分别将上层每一个扇区都拖曳至饼图中心位置，如图 7-83 所示，底层饼图就显示出来了。

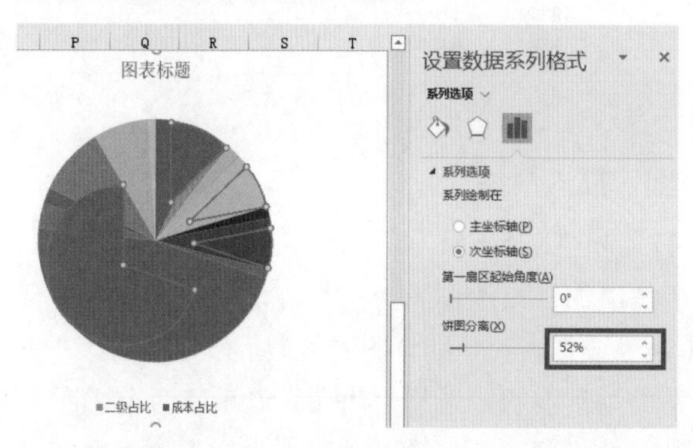

图 7-82

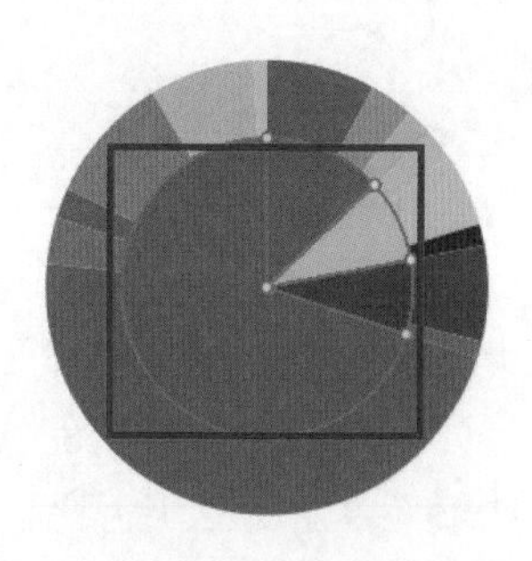

图 7-83

4．塑美感：美化图表，调整配色

对图表各个扇区的颜色进行美化设置，用不同的“填充颜色”和“边框轮廓”将各个扇区区分开。这里不做过多赘述，读者可以利用取色器工具根据图表效果逐一进行设置。

继续为图表添加数据标签。选中上层饼图并右击鼠标，在弹出的快捷菜单中选择“添加数据标签”命令，选中下层饼图并右击鼠标，在弹出的快捷菜单中选择“添加数据标签”命令，此时即可将两个饼图的数据标签全部添加进来。

完成数据标签的添加后，进一步对数据标签进行设置。选中外层饼图的数据标签，在“设置数据标签格式”工具箱的“标签位置”中选中“数据标签外”单选按钮，可将标签统一移动到饼图外侧。在“标签选项”组中勾选“单元格中的值”复选框，单击“选择范围”按钮，在弹出的“数据标签区域”对话框中选中“D26:D41”单元格区域，单击“确定”按钮，如图 7-84 所示。

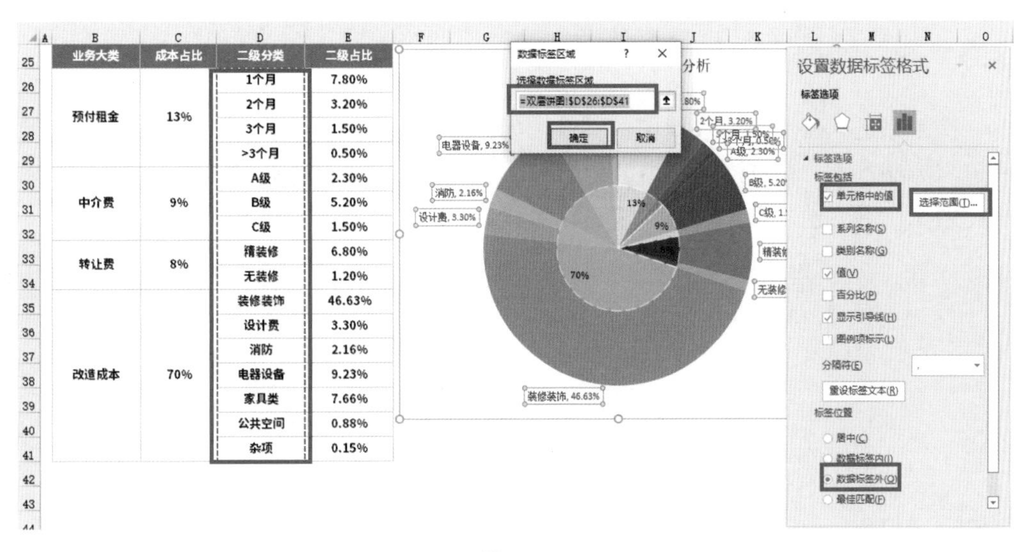

图 7-84

选中图表并选择“开始”选项卡，单击“填充颜色”下拉按钮，在弹出的下拉列表中选择颜色为“黑色”，将背景颜色设置为黑色效果。选中图表并在“字体”下拉列表中选择字体为“思源黑体 CN Bold”，在“字体颜色”下拉列表中选择颜色为“白色”，为图表添加修饰图标，如图 7-85 所示，双层饼图就完成了。

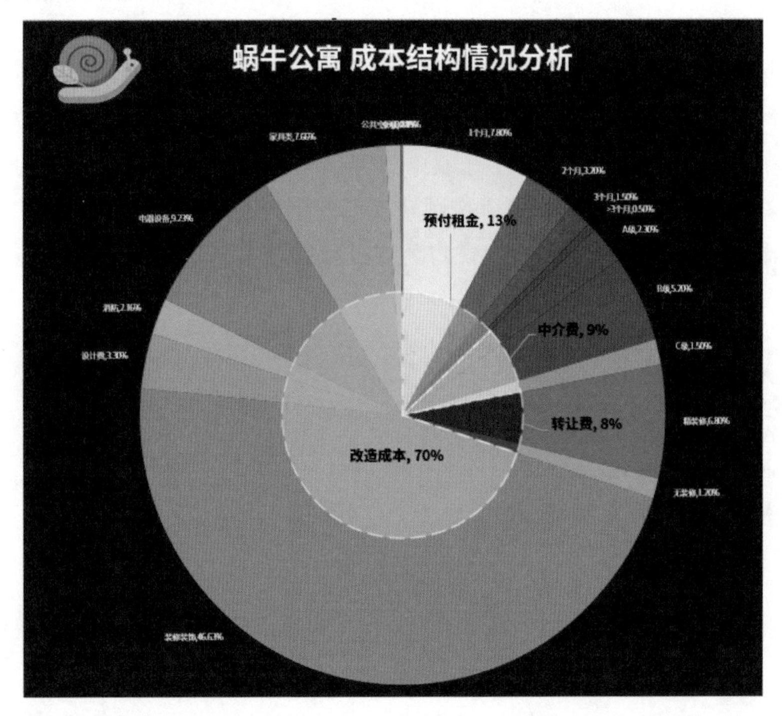

图 7-85

7.5 南丁格尔玫瑰图

接下来进入南丁格尔玫瑰图的制作，如图 7-86 所示。对于南丁格尔玫瑰图有两种建立方法，第一种方法是利用多圈扇形图，并利用美化设置形成玫瑰图的效果。本书使用第二种方法，利用雷达图来自动完成南丁格尔玫瑰图的制作。

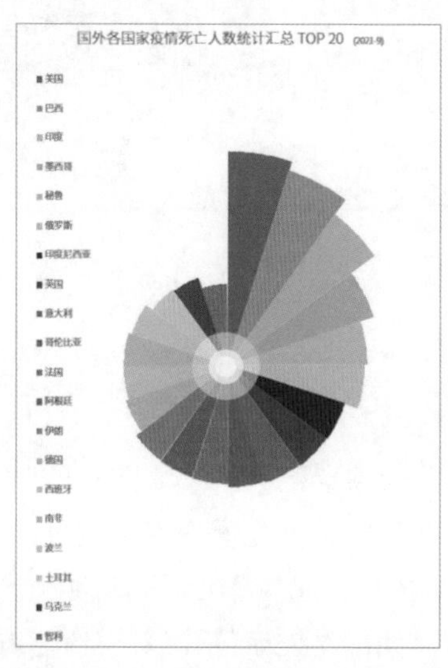

图 7-86

1. 抓数据：整理作图数据源

通过百度网站查找并整理出国外“疫情实时大数据报告”中死亡人数前 20 名的国家，并在“南丁格尔玫瑰图”工作表中整理出来，如图 7-87 所示。由于“死亡人数”比较多，所以在“D”列设置“作图转换”辅助列，对其做开立方处理。在“D8”单元格中输入函数“=C8^(1/3)”，并将公式批量向下填充到每一行。设置“占位符”辅助列，使每个国家对应的占位符都为“1”，如图 7-88 所示。

环形柱状图　仪表盘　滑珠图（散点图）　双层饼图

南丁格尔玫瑰图

国外各国家疫情死亡人数统计汇总

国家	死亡人数	作图转换	占位符
美国	666222	87.34	1
巴西	583628	83.57	1
印度	440894	76.11	1
墨西哥	263140	64.08	1
秘鲁	198488	58.33	1
俄罗斯	187990	57.29	1
印度尼西亚	136473	51.49	1

图 7-87

D8　=C8^(1/3)

国家	死亡人数	作图转换	占位符
美国	666222	87.34	1
巴西	583628	83.57	1
印度	440894	76.11	1

图 7-88

准备好数据源之后，选中“B7:E27”单元格区域并按“Ctrl+C”组合键复制，选中“G7”单元格并右击鼠标，在弹出的快捷菜单中选择“粘贴选项”子菜单中的“转置”命令，将纵向的数据列表转化为横向的。在表格中还设置了“各国在一圈中所占比例”，由于一共有 20 个国家，每个国家占比为 1/20，即 0.05，所以第 11 行中数据都为“0.05”。在第 12 行中设置“对应 360° 中的角度-起”，第 1 个“美国”对应度数为“0”，由于圆形有 360°，每个国家占比 0.05，所以“美国”所占扇区的终点度数为 360×0.05=18。第 2 个“巴西”对应的起始度数为“美国”终点度数，即“18”，以此类推，如图 7-89 所示。

	G	H	I	J	K	L	M	N	O	P	Q	R	S	T
6														
7	国家	美国	巴西	印度	墨西哥	秘鲁	俄罗斯	印度尼西亚	英国	意大利	哥伦比亚	法国	阿根廷	伊朗
8	死亡人数	666222	583628	440894	263140	198488	187990	136473	133274	129515	125278	114905	112511	111257
9	作图转换	87.34	83.57	76.11	64.08	58.33	57.29	51.49	51.08	50.59	50.04	48.62	48.28	48.10
10	占位符	1	1	1	1	1	1	1	1	1	1	1	1	1
11	各国在一圈中所占比例	0.05	0.05	0.05	0.05	0.05	0.05	0.05	0.05	0.05	0.05	0.05	0.05	0.05
12	对应360°中的角度-起	0	18	36	54	72	90	108	126	144	162	180	198	216
13	对应360°中的角度-止	18	36	54	72	90	108	126	144	162	180	198	216	234

图 7-89

形成转置的数据后，将 360° 中的每一度都列举出来，并利用函数在转置的数据源中查找出作图数据源，如图 7-90 所示。

在“H18”单元格中输入函数“=IF(AND($G18>=H$12,$G18<=H$13),H$9,0)”，并将公式批量填充到所有的数据区域，具体操作不再赘述，读者可以根据数据源中的函数自行查看。

度数	美国	巴西	印度	墨西哥	秘鲁	俄罗斯	印度尼西亚	英国	意大利	哥伦比亚	法国	阿根廷	伊朗	德国	西班牙	南非	波兰	土耳其	乌克兰	智利
0	87.33862	0	0	0	0	0	0	0	0	0	0	0	0	0	0	0	0	0	0	0
1	87.33862	0	0	0	0	0	0	0	0	0	0	0	0	0	0	0	0	0	0	0
2	87.33862	0	0	0	0	0	0	0	0	0	0	0	0	0	0	0	0	0	0	0
3	87.33862	0	0	0	0	0	0	0	0	0	0	0	0	0	0	0	0	0	0	0
4	87.33862	0	0	0	0	0	0	0	0	0	0	0	0	0	0	0	0	0	0	0
5	87.33862	0	0	0	0	0	0	0	0	0	0	0	0	0	0	0	0	0	0	0
6	87.33862	0	0	0	0	0	0	0	0	0	0	0	0	0	0	0	0	0	0	0
7	87.33862	0	0	0	0	0	0	0	0	0	0	0	0	0	0	0	0	0	0	0
8	87.33862	0	0	0	0	0	0	0	0	0	0	0	0	0	0	0	0	0	0	0
9	87.33862	0	0	0	0	0	0	0	0	0	0	0	0	0	0	0	0	0	0	0
10	87.33862	0	0	0	0	0	0	0	0	0	0	0	0	0	0	0	0	0	0	0
11	87.33862	0	0	0	0	0	0	0	0	0	0	0	0	0	0	0	0	0	0	0
12	87.33862	0	0	0	0	0	0	0	0	0	0	0	0	0	0	0	0	0	0	0
13	87.33862	0	0	0	0	0	0	0	0	0	0	0	0	0	0	0	0	0	0	0
14	87.33862	0	0	0	0	0	0	0	0	0	0	0	0	0	0	0	0	0	0	0
15	87.33862	0	0	0	0	0	0	0	0	0	0	0	0	0	0	0	0	0	0	0
16	87.33862	0	0	0	0	0	0	0	0	0	0	0	0	0	0	0	0	0	0	0
17	87.33862	0	0	0	0	0	0	0	0	0	0	0	0	0	0	0	0	0	0	0
18	87.33862	83.569032	0	0	0	0	0	0	0	0	0	0	0	0	0	0	0	0	0	0

图 7-90

2．造图表：选择合适的图表类型，插入图表

选中“H18:AA378”单元格区域并选择“插入”选项卡，单击“推荐的图表”按

钮，在弹出的“插入图表”对话框中选择“所有图表”页签，选择“雷达图”选项，接着选择“填充雷达图”选项，单击“确定”按钮，如图 7-91 所示。

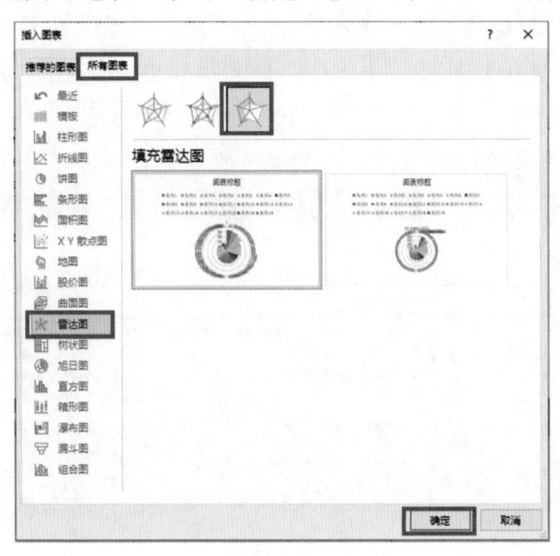

图 7-91

此时就形成了一个玫瑰图效果的雷达图，接下来将图表中冗余的元素删除即可，如图表标题、分类标签、网格线、坐标轴。

删除了冗余的元素，对图表进行美化工作。可以利用设置主题颜色的方式快速美化图表，也可以利用取色器工具完成自定义的颜色设置，这里不再赘述，读者可以自行完成，如图 7-92 所示。

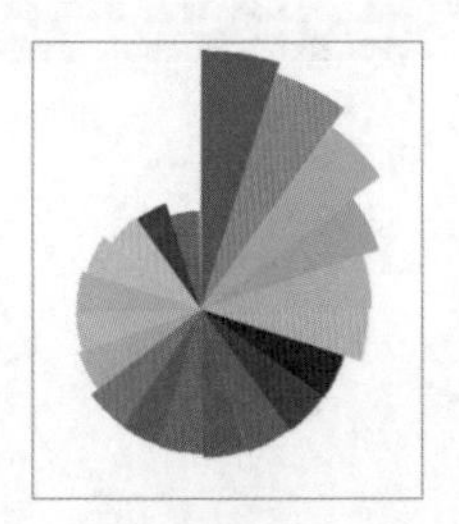

图 7-92

使用南丁格尔玫瑰图是为了引起阅读者的重视。用夸张的方法将图表的图形呈现出来，使阅读者强烈地意识到图表所突出显示的重点，以引起阅读者注意。

7.6 帕累托图

到这里进入帕累托图的介绍，如图 7-93 所示。帕累托图主要用于质量管理，反映的是质量管理中大约 80%的问题来源于大约 20%的原因。同样可以用于业绩管理中，大约 80%的业绩来源于大约 20%的客户贡献。

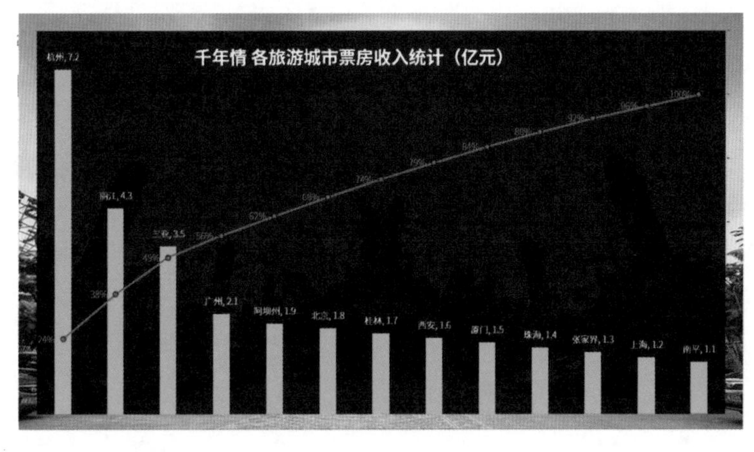

图 7-93

1. 抓数据：整理作图数据源

在“帕累托图”工作表中，整理出了“VLOOKUP 函数常见错误原因分析”列表，想要制作出帕累托图，需要根据完成的效果拆解图表结构。如图 7-94 所示，图表中包括柱形图、折线图、80%标准线及渐变效果的面积图。

对数据进行整理。对于帕累托图，制作的前提是数据必须是降序排列的，所以要对数据源进行降序处理。选中“C”列数据中任意单元格并右击鼠标，在弹出的快捷菜单中选择“排序”子菜单中的“降序”命令。

根据图表的拆解，将每一元素对应的数据列出来，形成图 7-95 所示的作图数据源。“出现率”对应的柱形图，“累计占比”对应折线图和面积图，“80%”对应 80%的标准线。

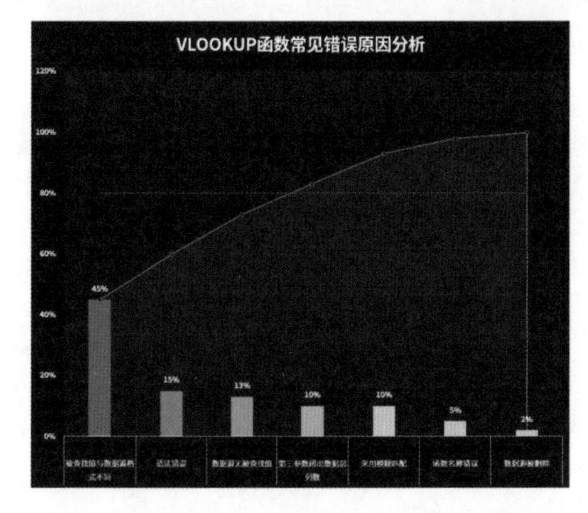

图 7-94

	B	C	D	E
18	错误原因	出现率	累计占比	80%
19	被查找值与数据源格式不同	45%	45%	80%
20	语法错误	15%	60%	80%
21	数据源无被查找值	13%	73%	80%
22	第三参数超出数据总列数	10%	83%	80%
23	采用模糊匹配	10%	93%	80%
24	函数名称错误	5%	98%	80%
25	数据源被删除	2%	100%	80%

图 7-95

其中，“累计占比”是将所在单元格和所在单元格以上的数据进行求和。例如，“D19”单元格中的函数为“=SUM($D$19:D19)”，即从固定的“$D$19”单元格开始，到当前单元格“D19”的求和。

2．造图表：选择合适的图表类型插入图表

插入图表。选择“B18:C25”单元格区域并选择“插入”选项卡，单击“插入柱形图或条形图”下拉按钮，选择“簇状柱形图”选项，即可插入图 7-96 所示的图表。

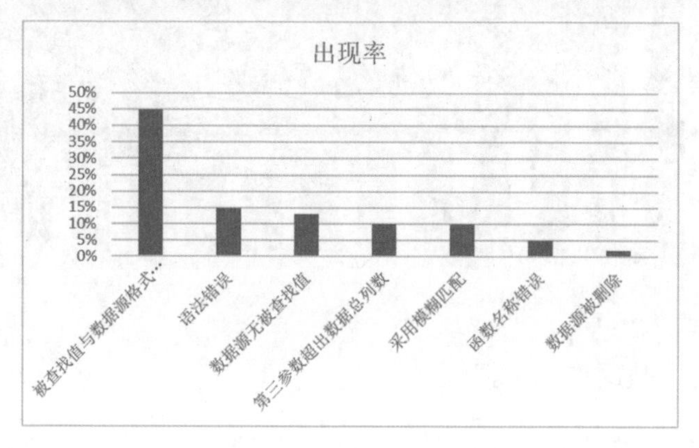

图 7-96

添加数据。选中图表并选择“图表设计”选项卡，单击“选择数据”按钮，在弹出的“选择数据源”对话框中单击“添加”按钮，在弹出的“编辑数据系列”对话框中单击“系列名称”文本框右侧的⬆按钮，选中“D18”单元格，将“系列值”文本框中的内容删除，单击文本框右侧的⬆按钮，选中“D19:D25”单元格区域，单击“确定”按钮，如图 7-97 所示。同理，将“E18”单元格对应的 80%数据添加进来，如图 7-98 所示。

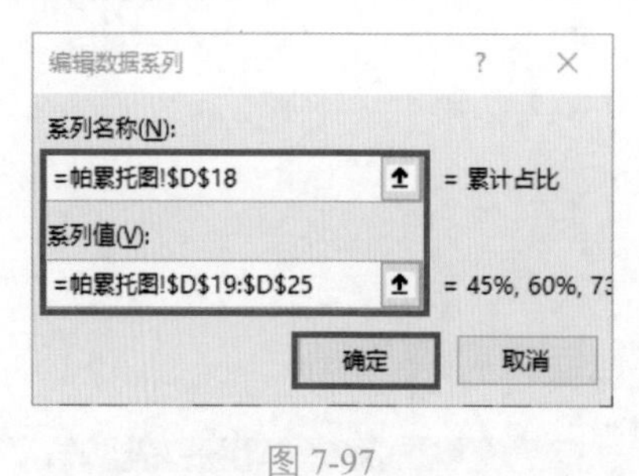

图 7-97

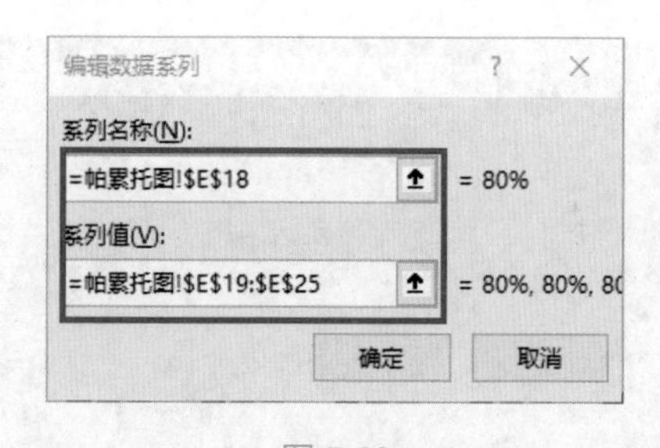

图 7-98

由于“累计占比”不仅对应折线图，还对应面积图，所以在“选择数据源”对话框中再添加一个“累计占比”数据作为面积图的数据来源，操作过程如上所述，这里不做赘述，单击“确定”按钮，如图 7-99 所示。完成后的图表如图 7-100 所示。

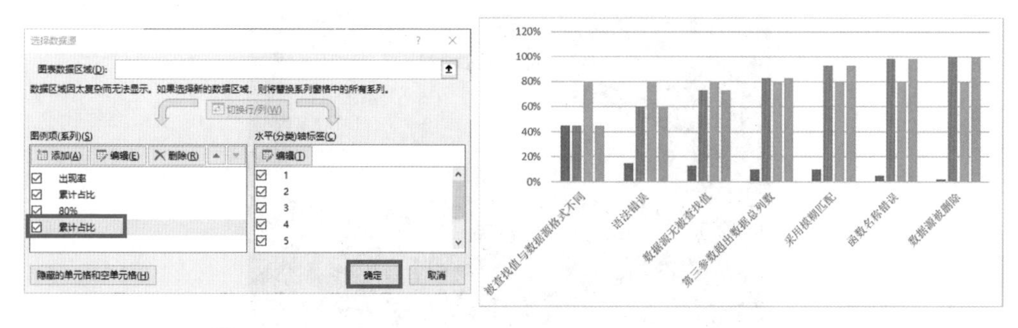

图 7-99　　　　图 7-100

3. 更改图表类型

选中图表并选择“图表设计”选项卡，单击“更改图表类型”按钮，在弹出的“更改图表类型”对话框中选择“组合图”选项，将“出现率”设置为“簇状柱形图”，将“累计占比”设置为“带数据标记的折线图”，将“80%”设置为“折线图”，将第二个“累计占比”设置为“面积图”，单击“确定”按钮，如图 7-101 所示。

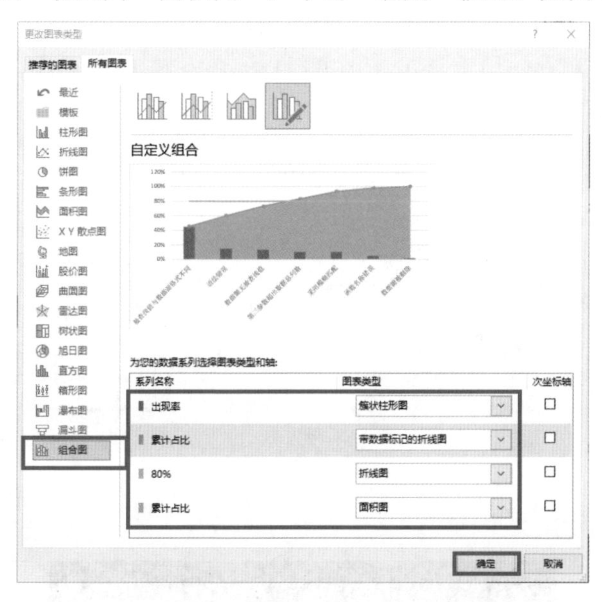

图 7-101

4. 塑美感：美化图表，调整配色

对图表进行美化。首先对填充背景进行设置，选中图表并选择“格式”选项卡，单击“填充”下拉按钮，在弹出的下拉列表中选择颜色为“黑色”。然后对字体进行设置，选择“开始”选项卡，在“字体颜色”下拉列表中选择颜色为“白色”，在“字体”下拉列表中选择字体为“思源黑体 CN Bold”或“微软雅黑”，删除网格线，如图 7-102 所示。

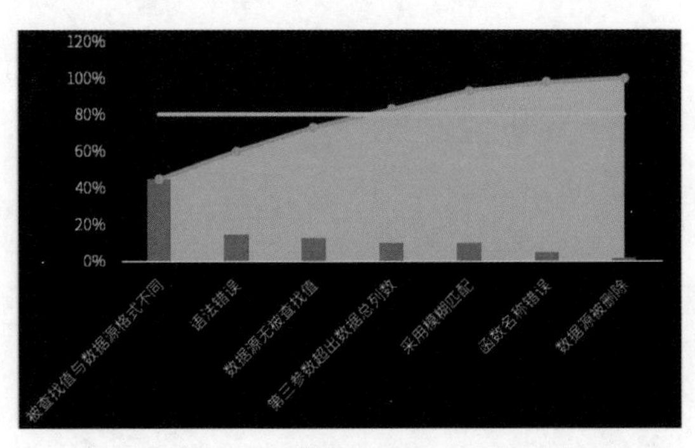

图 7-102

此时图表中的数据标签特别长，如何将其显示为自动换行效果呢？可以对作图数据源进行调整，选中“C”列并右击鼠标，在弹出的快捷菜单中选择“插入”命令，在其左侧插入一列，并将该列命名为“空白列”，选中“C19:C25”单元格区域，单击函数编辑区将其激活，输入空格，按“Ctrl+Enter”组合键批量填充。

选中图表并选择“图表设计”选项卡，单击“选择数据”按钮，在弹出的“选择数据源”对话框中单击“编辑”按钮，如图 7-103 所示。

在弹出的“轴标签”对话框中，拖曳鼠标选中工作表中“B19:C25”单元格区域后单击“确定”按钮，如图 7-104 所示。

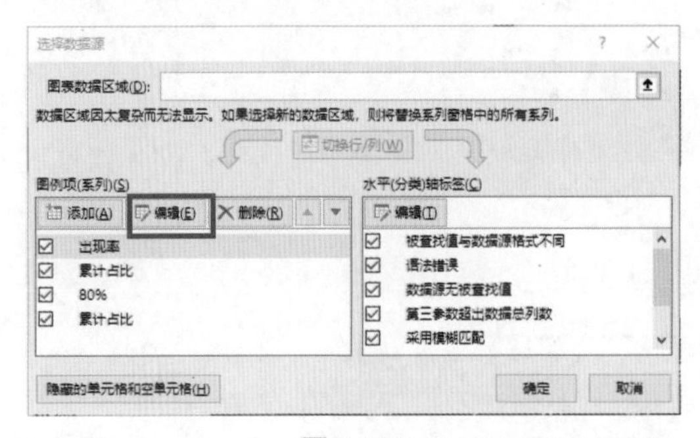

图 7-103

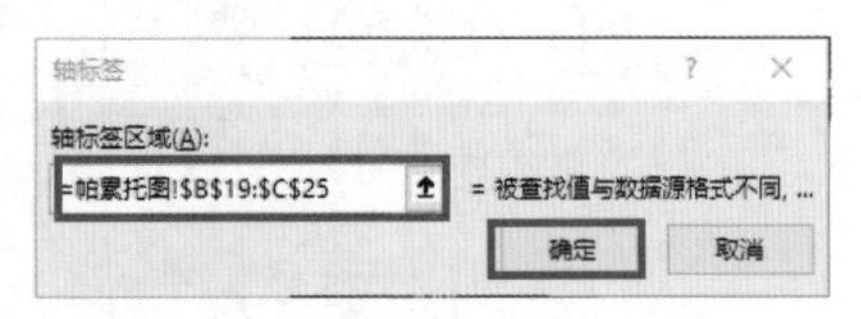

图 7-104

如图 7-105 所示，数据标签就显示为分行的效果了。

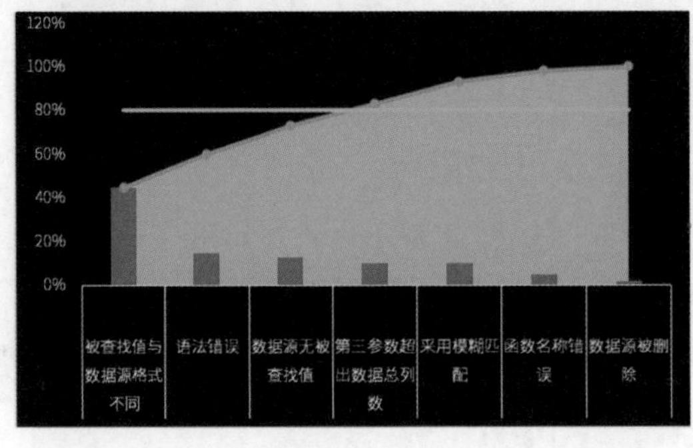

图 7-105

对图表颜色进行填充，也可以利用取色器工具进行自定义的美化设计，即可完成图 7-106 所示的图表效果。

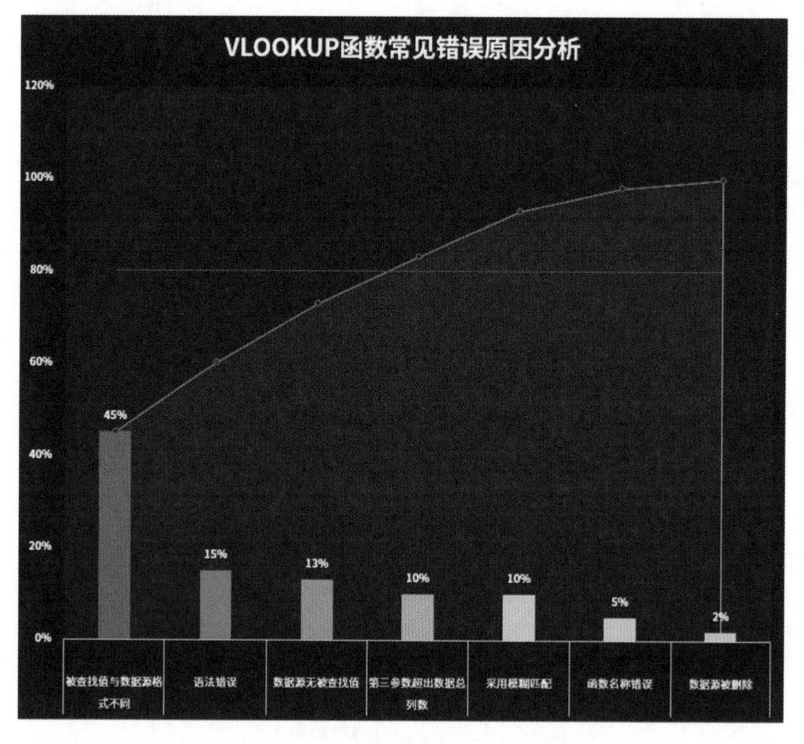

图 7-106

7.7 树形图

树形图的形状貌似大树，它将数据组按照不同的面积块大小进行区分，并将其组合在一起，用于表示各分部与总体之间的占比关系，如图 7-107 所示。树形图是用树状的面积来体现占比的大小。此外，还可以将默认的色块填充为图片。接下来介绍树形图的详细制作方法。

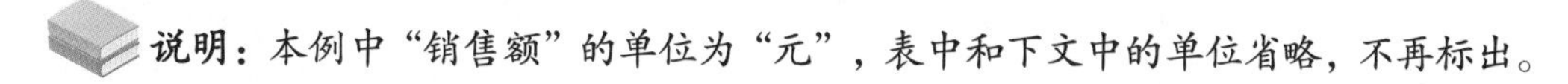
说明：本例中“销售额”的单位为“元”，表中和下文中的单位省略，不再标出。

在“树形图”工作表中已经准备好了数据源表，如图 7-108 所示。选中“D7:E21”单元格区域并选择“插入”选项卡，单击“插入层次结构图表”下拉按钮，选择“树状图”选项，如图 7-109 所示。到这里就可以生成图 7-110 所示的树状图了。

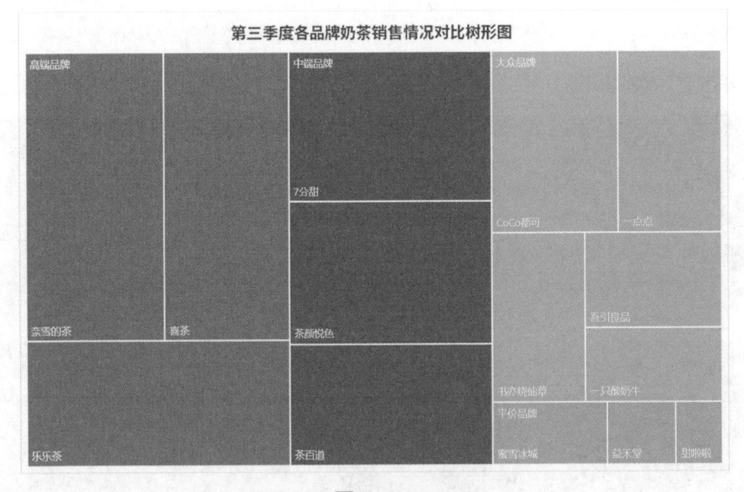

图 7-107

第三季度各品牌奶茶销售情况对比树形图

档次	客单价	品牌	销售额
高端品牌	客单价≥30	奈雪的茶	1723.96
		喜茶	1539.25
		乐乐茶	1416.11
中端品牌	16≤客单价<20	7分甜	1292.97
		茶颜悦色	1231.4
		茶百道	1046.69
大众品牌	10≤客单价16	CoCo都可	985.12
		一点点	800.41
		书亦烧仙草	677.27
		吾引良品	554.13
		一只酸奶牛	430.99
平价品牌	客单价<10	蜜雪冰城	307.85
		益禾堂	184.71
		甜啦啦	123.14

图 7-108

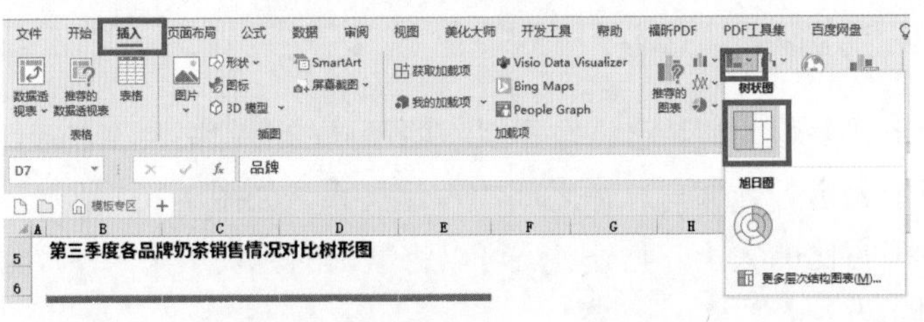

图 7-109

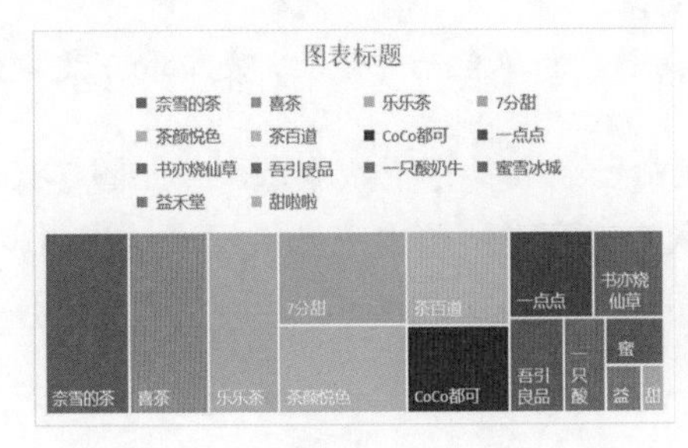

图 7-110

对于树形图的美化，除了与前面介绍的图表一样可以在“设置数据系列格式”工具箱中逐个对面积块进行颜色填充和线条的设置，还可以将其填充为对应的品牌 Logo、产品等图片。例如，选中树形图中的一个面积块并右击鼠标，在弹出的快捷菜单中选择“设置数据点格式”命令，在弹出的“设置数据点格式”工具箱中单击“填充与线条”按钮，在“填充”组中选中“图片或纹理填充”单选按钮，单击“插入”按钮，在弹出的“插入图片”对话框中选择“来自文件”选项，找到存储图片的位置并选中它，单击“确定”按钮，如图 7-111 所示。同理，对其他面积块分别填充对应的图片，即可完成图 7-112 所示的效果。

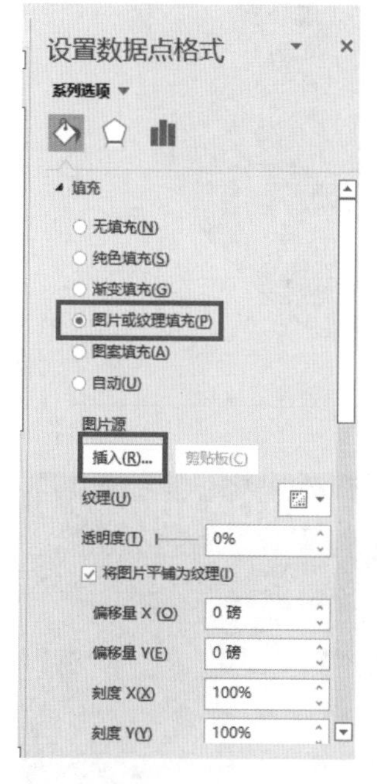

图 7-111

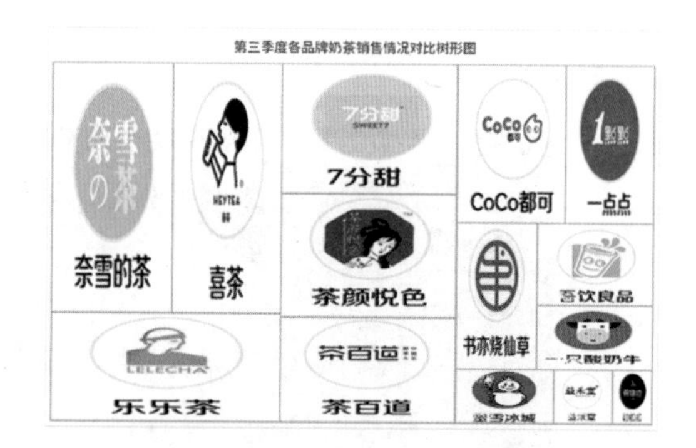

图 7-112

7.8 旭日图

旭日图也被称为太阳图，是一种圆环相接的图表。如图 7-113、图 7-114 所示，旭日图每一层圆环的扇区代表该项数据占同一层级的大小。距离圆心越近的圆环，表示它的层级越高，分类越笼统，距离圆心越远，表示分类越细。不同层级由内向外进行扩散，体现了不同层级之间的脉络组成。它的样式与前面介绍过的双层饼图的样式较为相似，对于 Excel 2016 及以上版本可以直接使用旭日图进行制作。

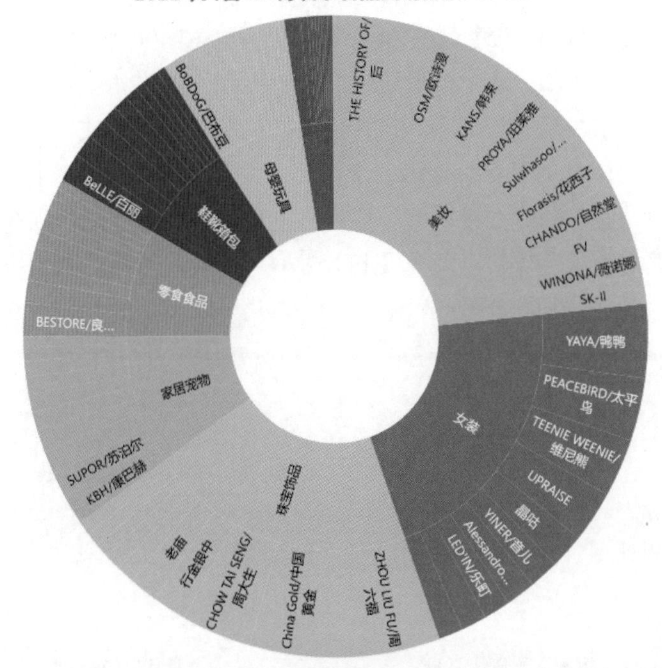
2021年抖音818好物节各品类销售额TOP 10
美妆
女装
珠宝饰品
家居宠物
零食食品
鞋靴箱包
母婴玩具
THE HISTORY OF/后
OSM/欧诗漫
KANS/韩束
PROYA/珀莱雅
Sulwhasoo/...
Florasis/花西子
CHANDO/自然堂
FV
WINONA/薇诺娜
SK-II
YAYA/鸭鸭
PEACEBIRD/太平鸟
TEENIE WEENIE/维尼熊
UPRAISE
晶咕
YINER/音儿
Alessandro...
LED'IN/乐町
ZHOU LIU FU/周六福
China Gold/中国黄金
CHOW TAI SENG/周大生
老庙
行金银中
SUPOR/苏泊尔
KBH/康巴赫
BESTORE/良...
BeLLE/百丽
BoBDoG/巴布豆
图 7-113

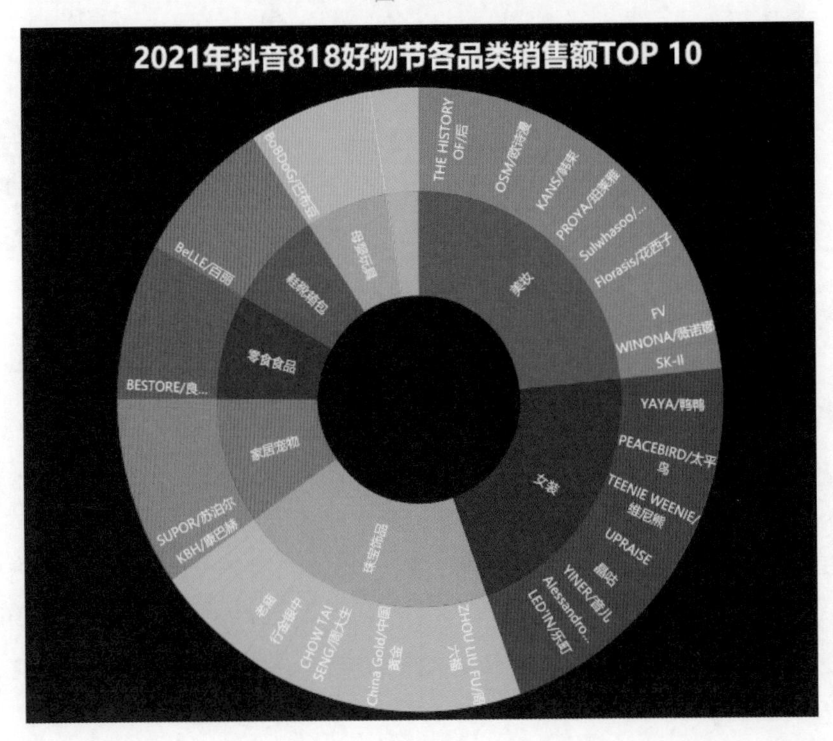
2021年抖音818好物节各品类销售额TOP 10
美妆
女装
珠宝饰品
家居宠物
零食食品
鞋靴箱包
母婴玩具
THE HISTORY OF/后
OSM/欧诗漫
KANS/韩束
PROYA/珀莱雅
Sulwhasoo/...
Florasis/花西子
FV
WINONA/薇诺娜
SK-II
YAYA/鸭鸭
PEACEBIRD/太平鸟
TEENIE WEENIE/维尼熊
UPRAISE
晶咕
YINER/音儿
Alessandro...
LED'IN/乐町
ZHOU LIU FU/周六福
China Gold/中国黄金
CHOW TAI SENG/周大生
老庙
行金银中
SUPOR/苏泊尔
KBH/康巴赫
BESTORE/良...
BeLLE/百丽
BoBDoG/巴布豆
图 7-114

在“旭日图”工作表中，将各层级的标题做好品类的划分。如图 7-115 所示，已经按照“品类”“品牌”“销售额”统计好数据。

**说明：**本例中“销售额”的单位为“元”，表中和下文中的单位省略，不再标出。

	B	C	D
7	品类	品牌	销售额
8	女装	YAYA/鸭鸭	9404.8
9	女装	PEACEBIRD/太平鸟	8054.6
10	女装	TEENIE WEENIE/维尼熊	7446.6
11	女装	UPRAISE	6564.8
12	女装	晶咕	4426
13	女装	YINER/音儿	3891.8
14	女装	Alessandro Paccuci	3863
15	女装	LED'IN/乐町	3495.6
16	女装	LooraPwd/罗拉密码	3353.3
17	女装	秋水伊人	3125.6
18	零食食品	BESTORE/良品铺子	4240.1
19	零食食品	yili/伊利	2876.6
20	零食食品	李子柒	2221.1
21	零食食品	认养一头牛	2182
22	零食食品	SIMEITOL/姿美堂	2011.6
23	零食食品	wonderlab	1809.8
24	零食食品	三只松鼠	1373.8
25	零食食品	天海藏	1310.7
26	零食食品	SXo	1291.4
27	零食食品	McDonald's/麦当劳	1264

图 7-115

选中“B7:D87”单元格区域并选择“插入”选项卡，单击“插入层次结构图表”下拉按钮，选择“旭日图”选项，如图 7-116 所示。

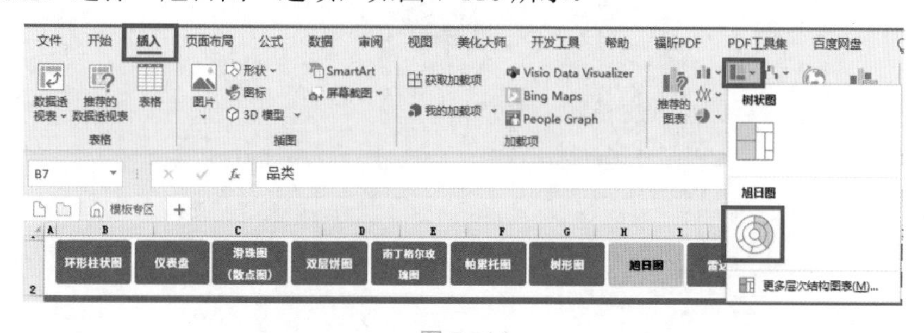

图 7-116

进入图表的美化阶段。可以将图表的轮廓设置为“无轮廓”，与其他图表的美化一样，可以对旭日图中的每一扇区进行颜色的设置。为了体现各层级的逻辑关系，对于旭日图颜色的填充要遵循同一大分类填充为同一色系的原则，利用亮度将不同层级进行区分。

例如，选中图表后，再次单击选中“美妆”扇区，即可将此区域整体单独选中，如图 7-117 所示。单击鼠标右键，在弹出的快捷菜单中选择“设置数据点格式”命令，在弹出的“设置数据点格式”工具箱中选择“填充与线条”页签，在“填充”组中选中“纯色填充”单选按钮，并选择合适的颜色，如图 7-118 所示。

如图 7-119 所示，再次单击单独选中二级分类下的小扇区。

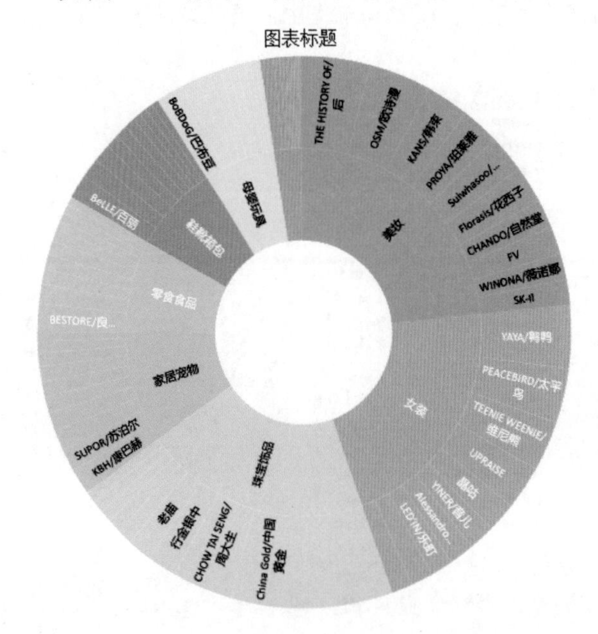

图 7-117

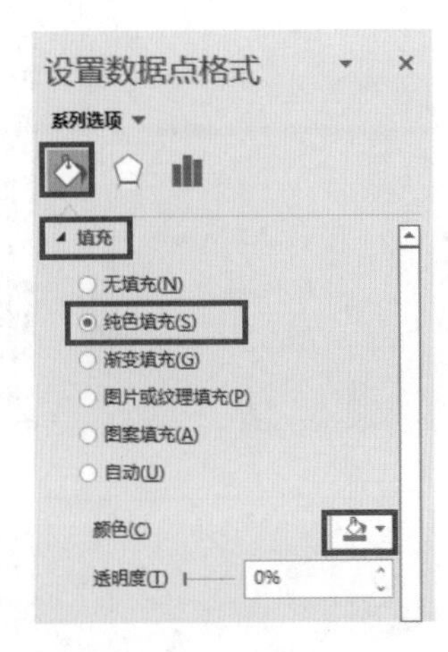

图 7-118

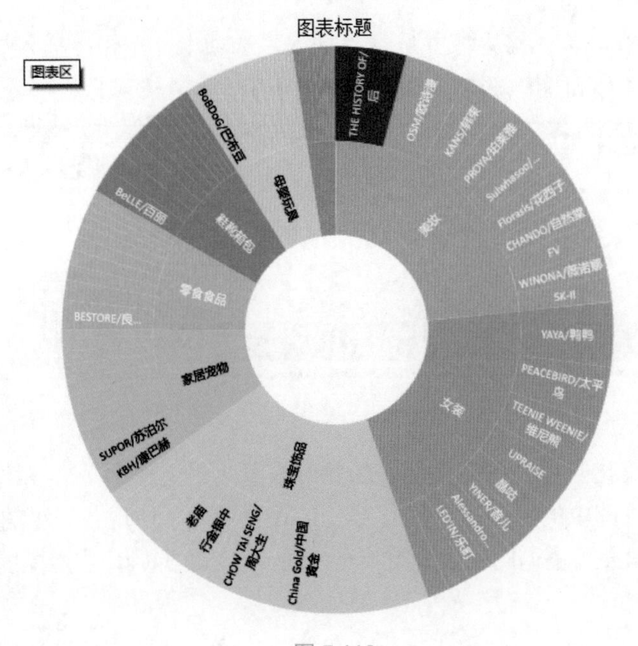

图 7-119

在右侧“设置数据点格式”工具箱中的“颜色”下拉列表中选择“其他颜色”选项。在弹出的“颜色”对话框中向上拖曳滑块调整其亮度，单击“确定”按钮，如图 7-120 所示。对“彩妆”一级分类下所有的二级分类扇区进行同样的操作。此时，图表中的二级扇区既与一级扇区保持了同样的紫色色系，又在亮度上做出了区分。

按照这样的方法，利用取色器工具可以完成图 7-115 所示的图表，既可以按照颜色划分出一级分类，又可以在各级颜色的亮度上区分出二级分类。

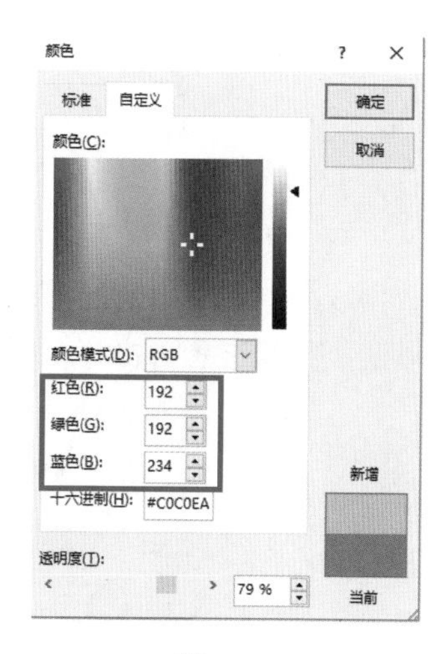

图 7-120

7.9　雷达图

雷达图又被称为戴布拉图、蛛网图，用于分析某一事物在各个不同纬度指标下的具体情况，并将各指标点连接成图。接下来进入雷达图的介绍，在前面章节中已经初步了解过雷达图的创建方式，本节通过图 7-121 所示的雷达图，进一步分析雷达图背后的逻辑。

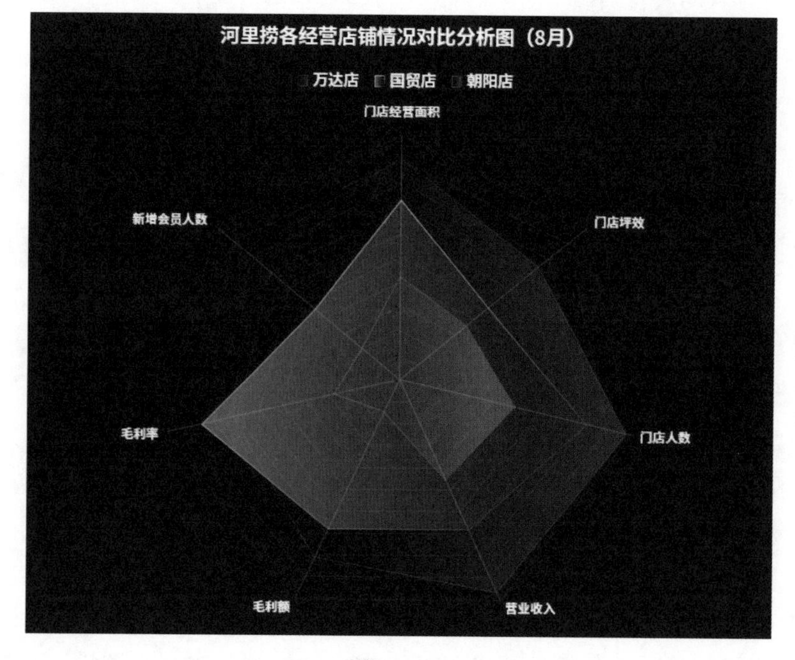

图 7-121

说明：本例中"面积"的单位为"平方米"，"人数"的单位为"人"，"收入"和"毛利额"的单位为"元"，表中和下文中的单位省略，不再标出。

1．抓数据：整理作图数据源

在"雷达图"工作表中的"B16:E23"单元格区域，根据"B7:F14"单元格区域的数据表按照完成率情况整理出作图数据源，即"C17"单元格内的函数为"=D8/$C8"。以此类推，读者可自行在数据源表中进行解读，如图 7-122 所示。

河里捞各经营店铺情况对比分析图（8月）

经营因素	核算目标值	万达店	国贸店	朝阳店
门店经营面积	500	455	368	210
门店坪效	4000	2987.65	1899.58	1433
门店人数	70000	68790.33	56390.23	35083.0683
营业收入	1300000	1259023.12	889084.55	591740.8664
毛利额	500000	404650.03	340430.47	73967.6083
毛利率	45%	32.14%	38.29%	12.50%
新增会员人数	1500	1234	687	300

经营因素	万达店	国贸店	朝阳店
门店经营面积	0.91	0.74	0.42
门店坪效	0.75	0.47	0.36
门店人数	0.98	0.81	0.50
营业收入	0.97	0.68	0.46
毛利额	0.81	0.68	0.15
毛利率	0.71	0.85	0.28
新增会员人数	0.82	0.46	0.20

图 7-122

2．造图表：选择合适的图表类型，插入图表

选中"B16:E23"单元格区域并选择"插入"选项卡，单击"推荐的图表"按钮，在弹出的"插入图表"对话框中选择"所有图表"页签，选择"雷达图"选项，继续选择"填充雷达图"选项，单击"确定"按钮，如图 7-123 所示。

3．塑美感：美化图表，调整配色

到这里就完成了雷达图的初步建立，接下来就是图表的美化了。关于图表的美化，前面章节中介绍过多种方法，可以利用图表样式快速设置，也可以利用取色器工具拾取颜色，进行自定义的美化设置。

这里需要特殊说明的是，图 7-124 所示的雷达图样式中的轴坐标如何显示出来呢？可以选中雷达图并选择"图表设计"选项卡，单击"更改图表类型"按钮，在弹出的"更改图表类型"对话框中选择"柱形图"选项，继续选择"簇状柱形图"选项，单击"确定"按钮，如图 7-125 所示。

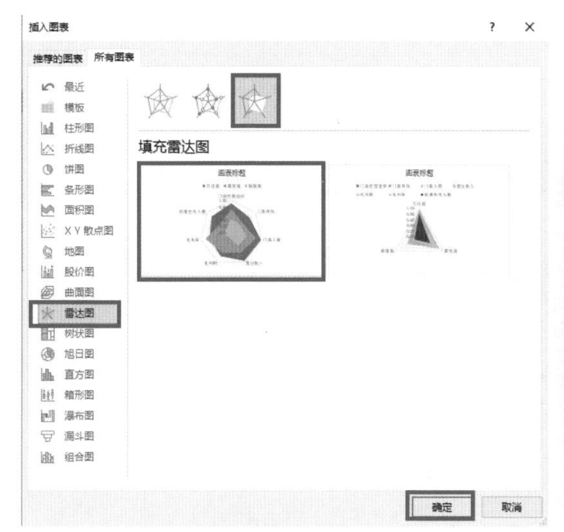

图 7-123

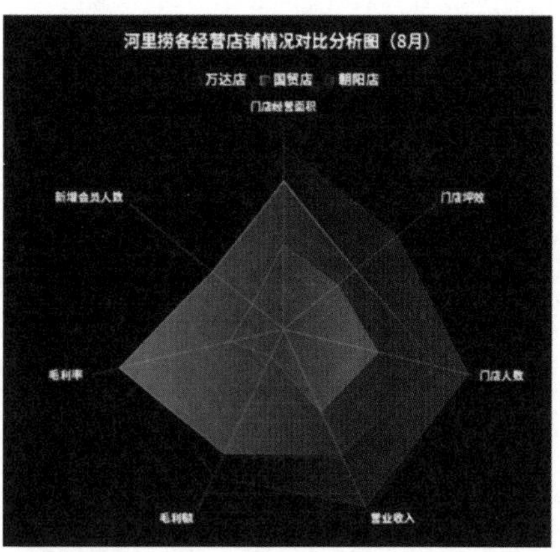

图 7-124

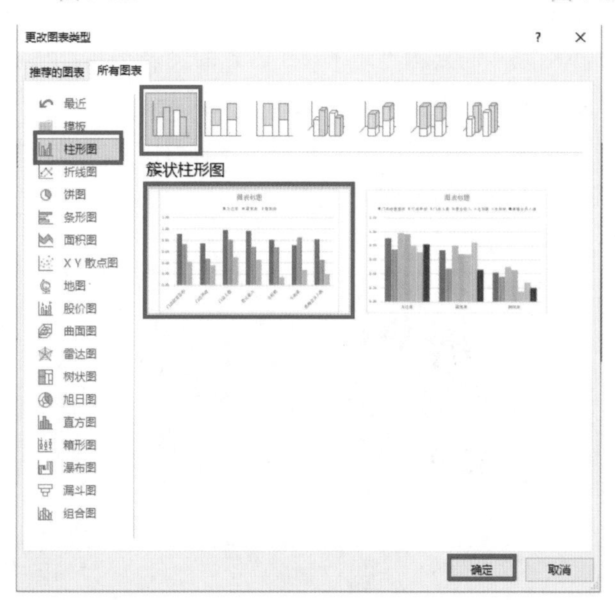

图 7-125

选中柱形图的纵坐标轴并选择“格式”选项卡，单击“形状轮廓”下拉按钮，在弹出的下拉列表中选择颜色为“白色”。

设置好坐标轴轮廓后再将图表修改为雷达图。选中柱形图并选择“图表设计”选项卡，单击“更改图表类型”按钮，在弹出的“更改图表类型”对话框中选择“雷达图”选项，继续选择“填充雷达图”选项，如图 7-126 所示，雷达图的坐标轴轮廓就显示出来了。

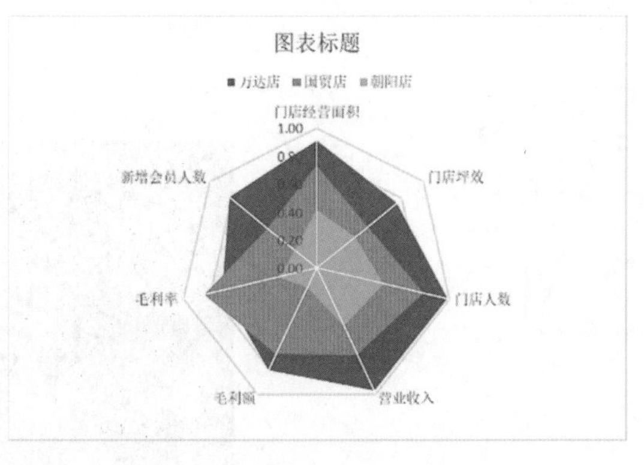

图 7-126

7.10 词云图

词云图是以文字出现数量的多少来进行的特殊化呈现形式，出现次数越多的文字显示出来的文字字号越大，词云图不是 Excel 内置的图表工具，需要借助第三方工具网站来实现，这里推荐两个词云图网站：图悦、微词云。

在实际制作词云图时，由于图悦网站的图表样式有限，可以先利用图悦网站将大段文字进行数据统计，再导出 Excel 表并将它上传到微词云网站，设置好看的图表样式，如图 7-127 所示。

图 7-127

7.11 热力地图

热力地图是利用条件格式中的数据条或色阶的方式来实现的。本节将介绍如何制作图 7-128 所示的美国新冠疫情感染情况的热力地图。

美国新冠肺炎各州感染人数

184675　263822　376889　538413　769162　8853838

AK 86598										ME 78071
									VT 29325	NH 108713
WA 577810	ID 225544	MT 129487	ND 119692	MN 655418	IL 1538324	WI 745707	MI 1070963	NY 2377594	MA 765584	RI 163742
OR 283873	NV 394595	WY 77206	SD 133855	IA 448636	IN 873480	OH 1257142	PA 1324721	NJ 1104439	CT 375135	
CA 4426919	UT 469429	CO 627415	NE 247320	MO 771811	KY 592489	WV 200308	VA 786910	MD 504856	DE 122370	
	AZ 1032808	NM 235390	KS 377123	AR 464732	TN 1071125	NC 1237393	SC 752378			
				OK 560850	LA 696900	MS 453348	AL 724688	GA 1433714		
HI 68265				TX 3708521					FL 3354253	

图 7-128

关于数据源，可以在网站上进行搜集，也可以采用爬虫的方法，利用后羿数据采集器对数据进行爬取。

1. 爬取数据源

在百度网站上找到美国新冠疫情情况数据，并将网站复制下来。打开后羿采集器，将网站粘贴到采集器中，单击“智能采集”按钮开始采集数据，如图 7-129 所示。

图 7-129

单击“开始采集”按钮，如图 7-130 所示。在弹出的对话框中单击“启用”按钮。

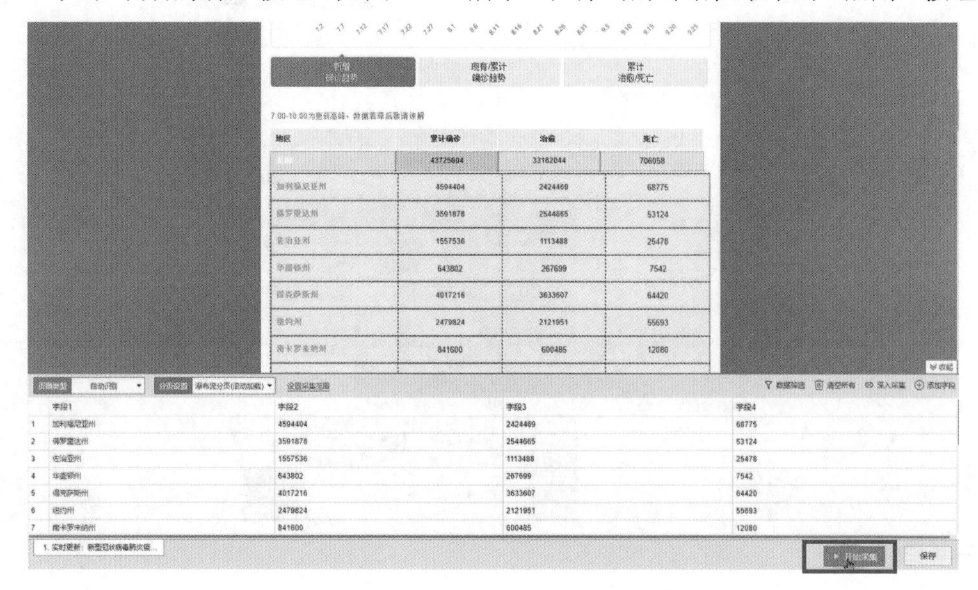

图 7-130

爬取完成后在弹出的对话框中单击“导出数据”按钮，采集器会自动生成一个 Excel 文件，选择一个合适的保存位置后单击“保存”即可。

到这里就完成了数据的采集，将所需要的数据提取出来置于数据源表中，根据采集结果整理出作图数据源表，如图 7-131 所示（这里已经准备好数据源表，读者可自行练习使用）。

缩写	地区	地区	累计确诊
AL	亚拉巴马州	Alabama	724688
AK	阿拉斯加州	Alaska	86598
AZ	亚利桑那州	Arizona	1032808
AR	阿肯色州	Arkansas	464732
CA	加利福尼亚州	California	4426919
CO	科罗拉多州	Colorado	627415
CT	康涅狄格州	Connecticut	375135
DE	特拉华州	Delaware	122370
FL	佛罗里达州	Florida	3354253
GA	佐治亚州	Georgia	1433714
HI	夏威夷州	Hawaii	68265
ID	爱达荷州	Idaho	225544
IL	伊利诺伊州	Illinois	1538324
IN	印第安纳州	Indiana	873480
IA	爱荷华州	Iowa	448636
KS	堪萨斯州	Kansas	377123
KY	肯塔基州	Kentucky	592489

地区	累计确诊	治愈	死亡
美国	40871538	31337885	666627
加利福尼亚州	4426919	2308147	66520
佛罗里达州	3354253	2347545	46324
得克萨斯州	3708521	3322596	58702
华盛顿州	577810	251217	6758
佐治亚州	1433714	1106230	23120
纽约州	2377594	2112317	54994
密苏里州	771811	592947	11610
密歇根州	1070963	882059	21672
南卡罗来纳州	752378	588101	10781
伊利诺伊州	1538324	1395682	26614
北卡罗来纳州	1237393	1112923	14708
爱达荷州	225544	121004	2379
俄亥俄州	1257142	1144635	20947
印第安纳州	873480	768774	14570
亚利桑那州	1032808	929247	18999
科罗拉多州	627415	540835	7489

图 7-131

提示：关于后羿数据采集器，读者可以自行在网上下载并安装。

2. 规划地图

根据美国地图，将各省份位置手动排列在各单元格中，如图 7-132 所示。

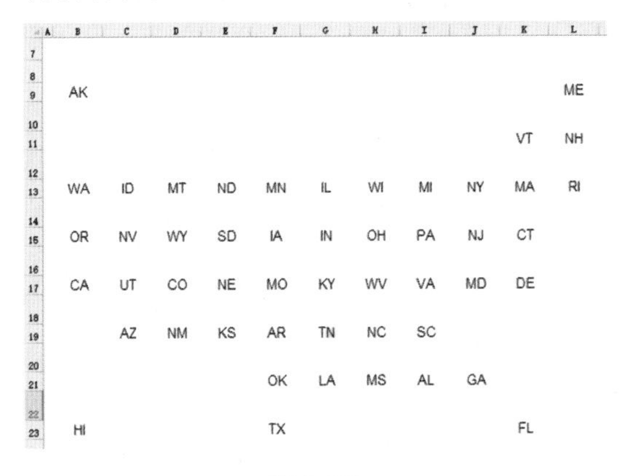

图 7-132

按照爬取出的数据，利用 VLOOKUP 函数在“V9:Y59”单元格区域内进行查找，将各地疫情数据显示在各地区名称单元格下方。关于数据的批量查找，为了便于选中单元格区域，可以为整个数据区域命名。按“Ctrl”键选中所有区域下方的单元格并单击名称框将其激活，输入“数据区域”，按“Enter”键确认。

单击名称框下拉按钮，选择“数据区域”，即可将所有的数据区域选中。此时激活的是“F22”单元格，所以利用 VLOOKUP 函数在“V9:Y59”单元格区域内对“F21”单元格的值进行查找，在函数编辑区内输入“=VLOOKUP(F21,$V$9:$Y$59,4,0)”，按“Ctrl+Enter”组合键批量查找，如图 7-133 所示。

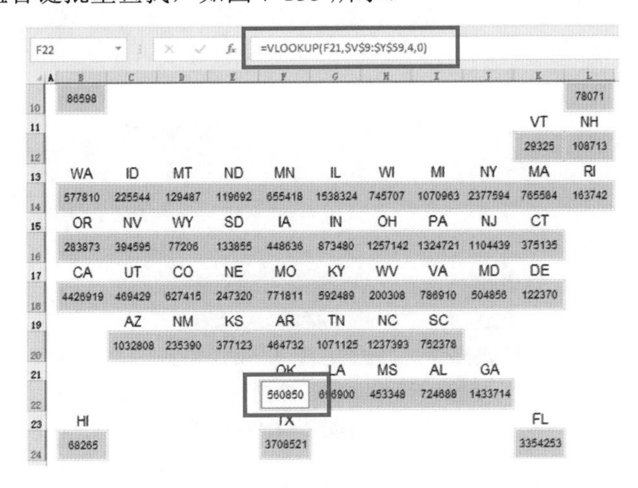

图 7-133

3．设置条件格式

完成数据的查找后，按照图 7-134 所示的预设规则，利用条件格式突出显示单元格的值。

利用名称框选中数据区域并选择“开始”选项卡，单击“条件格式”下拉按钮，选择“突出显示单元格规则”→“介于”选项。

图 7-134

在弹出的“介于”对话框中分别将“F6”单元格设置为起始值，将“G6”单元格设置为终止值，单击“设置为”右侧的下拉按钮选择“自定义格式”选项，如图 7-135 所示。在弹出的“设置单元格格式”对话框中选择“填充”页签，单击“其他颜色”按钮，在弹出的“颜色”对话框中利用取色器拾取对应的颜色进行填充，依次单击“确定”按钮。

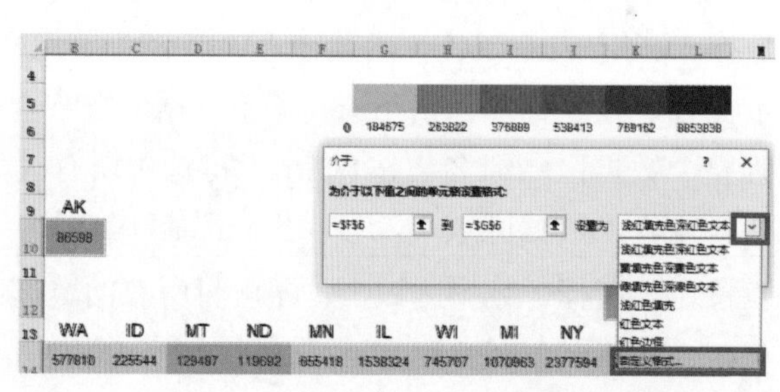

图 7-135

同理，利用条件格式依次对数据区域设置不同数据范围的突出显示效果，如图 7-136 所示。

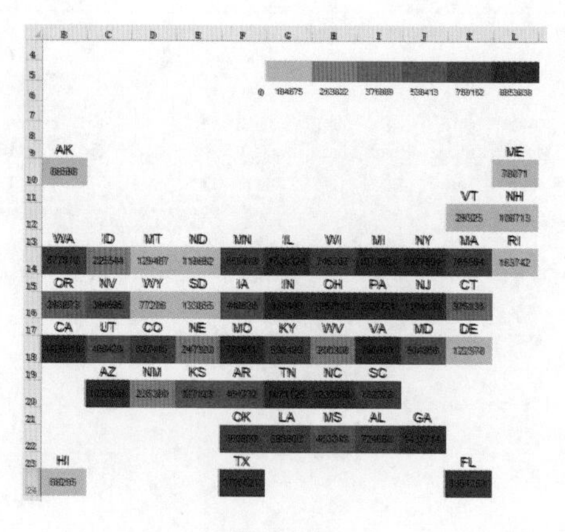

图 7-136

此时只有数据区域显示出填充的效果，那么如何令区域名称也显示出同样的效果呢？

选中“B9”单元格并选择“开始”选项卡，单击“条件格式”下拉按钮，选择“新建规则”选项，如图 7-137 所示。

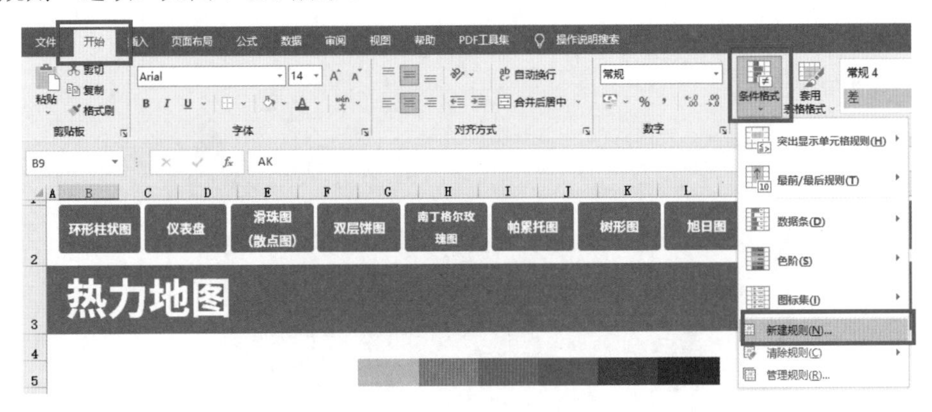

图 7-137

在弹出的“编辑格式规则”对话框中选择“使用公式确定要设置格式的单元格”选项，在“为符合此公式的值设置格式”文本框中输入函数“=AND(B10>$F$6,B10<$G$6)”，单击“格式”按钮设置填充颜色，单击“确定”按钮，如图 7-138 所示。

编辑格式规则

选择规则类型(S):

► 基于各自值设置所有单元格的格式
► 只为包含以下内容的单元格设置格式
► 仅对排名靠前或靠后的数值设置格式
► 仅对高于或低于平均值的数值设置格式
► 仅对唯一值或重复值设置格式
► 使用公式确定要设置格式的单元格

编辑规则说明(E):

为符合此公式的值设置格式(O):

=AND(B10>$F$6,B10<$G$6)

预览:　微软卓越 AaBbCc　格式(F)...

确定　取消

图 7-138

提示：由于要对其他单元格批量复制此格式的效果，所以“B10”单元格不要加$。

选中“B9”单元格并双击“格式刷”按钮，分别单击各区域单元格将条件格式进行填充。

同理，利用条件格式依次对数据区域设置不同数据范围的突出显示效果，如图 7-139 所示。

AK 86598										ME 78071
									VT 29325	NH 108713
WA 577810	ID 225544	MT 129487	ND 119692	MN 655418	IL 1538324	WI 745707	MI 1070963	NY 2377594	MA 765584	RI 163742
OR 283873	NV 394595	WY 77206	SD 133855	IA 448636	IN 873480	OH 1257142	PA 1324721	NJ 1104439	CT 375135	
CA 4426919	UT 469429	CO 627415	NE 247320	MO 771811	KY 592489	WV 200308	VA 786910	MD 504856	DE 122370	
	AZ 1032808	NM 235390	KS 377123	AR 464732	TN 1071125	NC 1237393	SC 752378			
				OK 560850	LA 696900	MS 453348	AL 724688	GA 1433714		
HI 68265				TX 3708521					FL 3354253	

图 7-139

7.12 3DMap

除了前面介绍的 11 种图表，还可以利用 3DMap 的方法制作出多种地图效果的图表，如图 7-140 所示。这些方法不常使用，感兴趣的读者可以延伸研究，这里不做过多介绍。

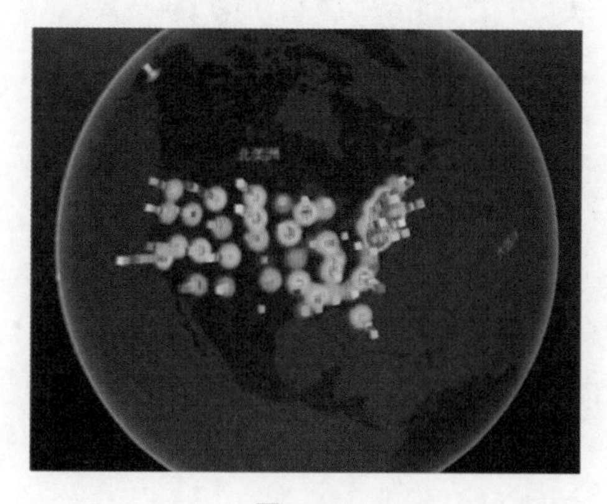

图 7-140

到这里就完成了本章中图表跃迁之法的介绍，通过图表跃迁中 12 种进阶型的图表的介绍，帮助读者打好图表设计的基础并结合实际案例进行呈现。

有了前面图表颠覆的知识，在图表跃迁中将思路打开后，就要进入图表数据分析可视化的下一个环节了：图表分析之法的介绍。在图表分析之法中将介绍 4 种方法：第 1 种方法是对比分析，帮助读者洞察数据背后的关键信息；第 2 种方法是拆解分析，将大问题做拆解；第 3 种方法是漏斗分析，主要用于转化率的分析过程，帮助读者拆解流程，快速发现关键环节中的问题，提高转化率；第 4 种方法是矩阵分析，帮助读者将有限的资源最大化地利用。

第 8 章 图表分析之法

本章将进入图表分析之法的介绍，利用分析方法结合图表的可视化，帮助读者发现数据背后的价值和秘密，洞察数据背后的信息。

首先笔者将从对比分析法开始介绍，为读者推荐一个获取数据的工具。然后利用拆解分析法，配合鱼骨图来逐层地进行拆解。接着在漏斗分析法中为读者介绍一个ARR 模型，帮助读者找到引发问题的关键点，提高数据的转化率。最后通过矩阵分析法，结合 KANO 模型帮助读者找到数据背后的秘密，提高读者对数据分析和解决问题的效率。

8.1 对比分析：洞察数据背后的关键信息

打开"\第 8 章 图表分析之法\8.1-对比分析，洞察数据背后的关键信息"源文件。

利用对比分析法对一个真实案例进行分析，洞察数据背后隐含的关键信息。

HR 招聘经理小张的人员招聘情况与费用消耗情况统计表，如图 8-1 所示。在这组数据中可以看到今年上半年已花费 49600 元，招聘人数只有 39 人；而去年下半年花费 80000 元，招聘了 79 人。同期人均招聘成本今年高于去年，但招聘的总人数反而降低。

为了更好地展示数据，小张还根据表格制作出柱形图来表达数据的结论，如图 8-2 所示。这样的一份报告如果交给领导显然是非常不理想的，那么如何才能找对问题，提供切实可行的报告呢？这就需要我们利用专业的图表分析之法来实现。

说明：本例中"成本"的单位为"元"，表中和下文中的单位省略，不再标出。

时间	招聘渠道	招聘网站	校园招聘	大型招聘会	猎头	内部推荐	汇总
时间	去年-下半年招聘成本	18000	10000	45000	3500	3500	80000
	今年-已花费成本	4600	8000	35000	1000	1000	49600
	去年人均招聘成本	2250	333	1286	3500	700	1013
	今年人均招聘成本	511	1333	4375	200	91	1272
去年下半年	简历总数	60	55	88	6	35	244
	入职人数	8	30	35	1	5	79
当期	简历总数	57	29	66	16	29	197
	入职人数	9	6	8	5	11	39
时间	招聘渠道	招聘网站	校园招聘	大型招聘会	猎头	内部推荐	汇总
入职/简历	去年同期	13%	55%	40%	17%	14%	32%
	当期	16%	21%	12%	31%	38%	20%

图 8-1

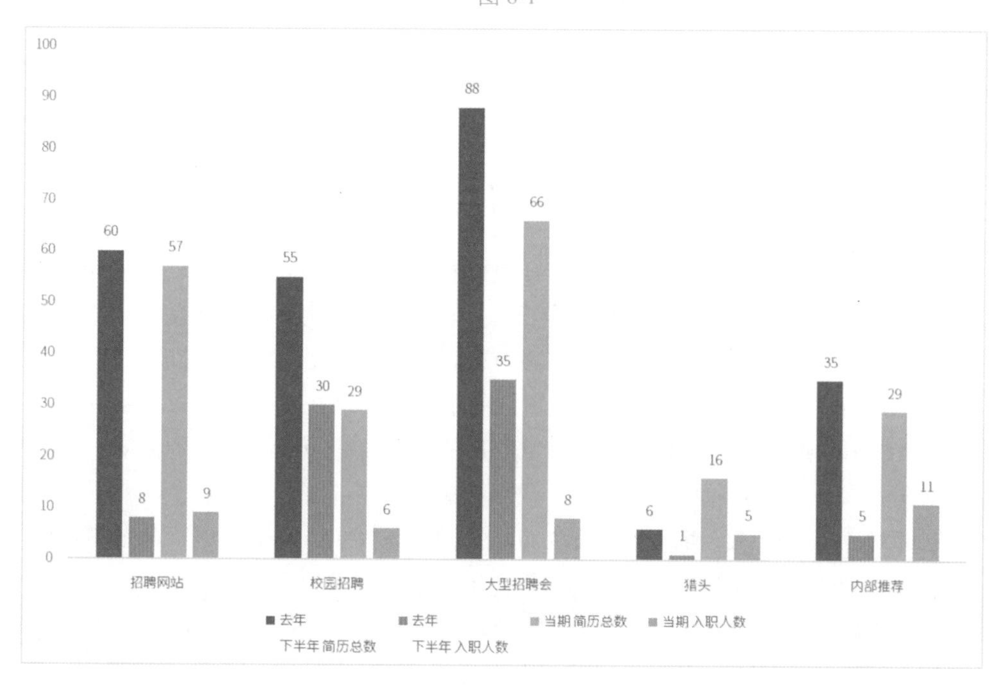

图 8-2

前面整个梳理的过程，其实就是一个对比的过程。对于数据分析，最常用的分析方法就是对比分析法，利用对比分析法可以对数据的增长率变化情况进行比较。并且，一份好的可视化报告是为了让数据呈现得更具有说服力，达到提高效率的目的，实现业绩的提升。

使用对比分析法来进行数据的分析，主要目的是发现数据的异常，找对引发问题的关键点。究竟如何来做数据的对比分析呢？可以找标杆儿，让业务有目标。

利用公司内部数据做纵向对比，将当期数据与公司历史数据做同比，或者将本月数据和上个月数据做环比；还可以进行横向对比，将不同渠道的数据进行拆分。例如，将传统的招聘渠道和猎头等其他渠道进行拆解，并分别与平均值和优秀标杆进行对比。

如果没有公司的内部数据，就进行行业整体对比。例如，与同地区同行业的标杆企业进行对比，这些标杆企业都有自己的年报、财报，可以直接从里面提取出来。此外，还可以通过招聘的方法从外部数据获取。当公司要开辟一个新事业线时，招聘是一个很好的判断项目可行性的方法。例如，我们招聘到一个很好的项目经理，由她来负责项目的整体推进，如果项目顺利就可以有效地落地，获得双赢。如果是项目经理的能力原因造成失败，那公司只需要付出两到三个月的试用期成本，就可以得到一个比较有效的结论。另外，还可以在招聘过程中的几轮人事谈判中，了解目标人才对未知情况的预判与可行性分析，以及判断目标人才是否符合我们未来推进业务的一个方向需要。

回到本节开始的案例，如果小张将图 8-3 所示的这样一份报告交给领导，可否达到想要的结果呢？

首先在报告的顶部给出了结论“优化渠道预算方案，保标降本提效能”。然后提出了针对结论和目标的对应解决方案。在数据表中可以发现渠道中比较大的问题，如校园招聘和大型招聘会之类的传统渠道成本占比较高，但实际的产出反而较低，也就是高投入、低产出型。所以可以调整策略方向，转而优化猎头和内部推荐的渠道。由于进行优化需要重新申请预算，这里就需要展示出花费这些费用能够为企业节约多少成本。所以需要继续给出具体方案，提供数据的业务支撑及业务调整的方向。最后利用数据图表来证明我们所表达的观点，提高说服力。在图表可视化部分，为了突出强调数据的观点，笔者并没有选择大而全的一张图表来展示，而是采用了多张图表进行呈现，并将其排列组合在一起，用相对简单的图表类型降低阅读成本。

当我们做图表时，无须用一张图表承载所有数据，面对结构复杂的数据表格可以对数据进行拆分，制作出多张不同的图表来共同呈现。拆分是一个经验积累的过程，随着对业务的了解，拆分的维度会更加具有说服力。接下来笔者就利用小张的这个案例为读者进行具体的拆分介绍。

纵向的同比分析。通过第一个堆积柱形图可以清晰地观察到，传统的“校园招聘”和“大型招聘会”两种数据中，今年较去年有大幅度的下降。即“校园招聘”和“大型招聘会”去年招聘人数占比 82%，今年缩减到 36%。所以在做堆积柱形图时，不需要将所有项目的颜色都设置为一样的，只需要将关注的核心项目设置一个突出的颜色标识即可。本案例中笔者是利用比率来表现的，并利用文本框做了一个标识，如图 8-4 所示。

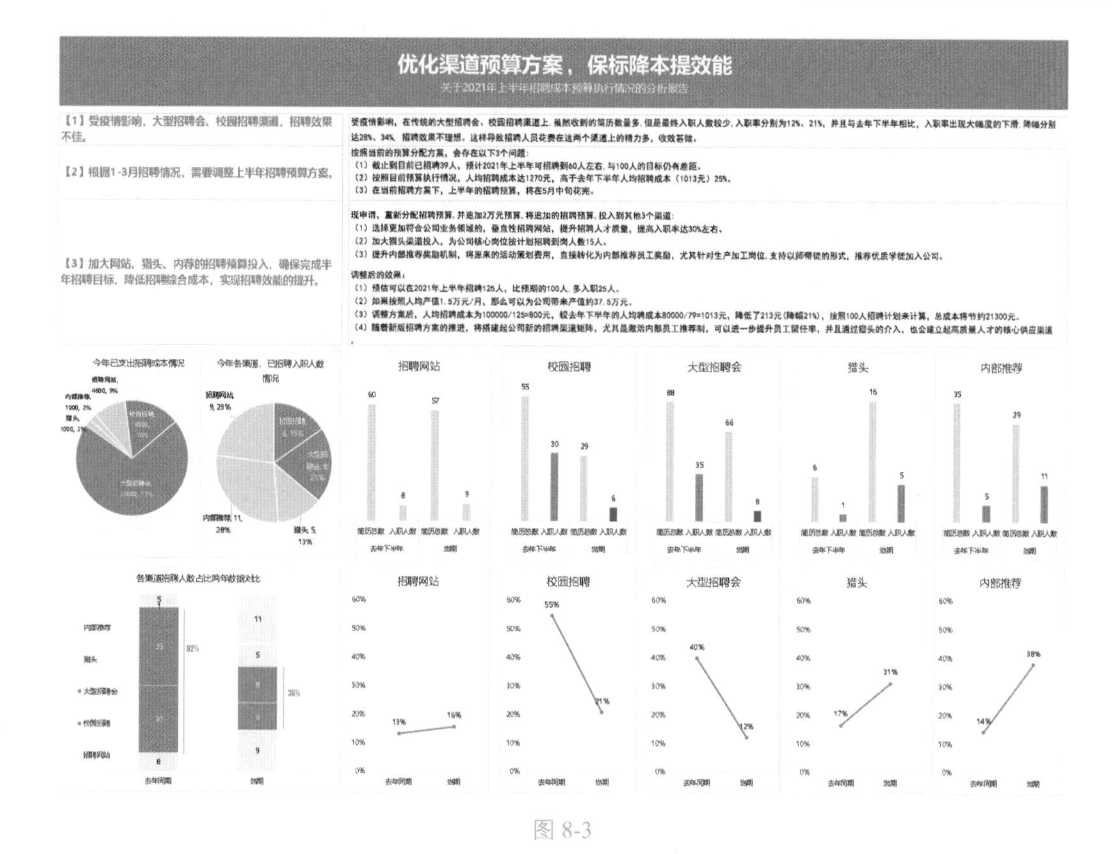

图 8-3

对今年“校园招聘”和“大型招聘会”的“成本”和“入职情况”做进一步的分析。通过图 8-5 所示的两个饼图可以看出，在今年整体招聘成本的支出情况下，“校园招聘”和“大型招聘会”成本合计占比 87%，但整体入职率只有 36%。因此，它的投入产出比非常低，究其原因，需要继续对数据进行分层，按照渠道做分析。

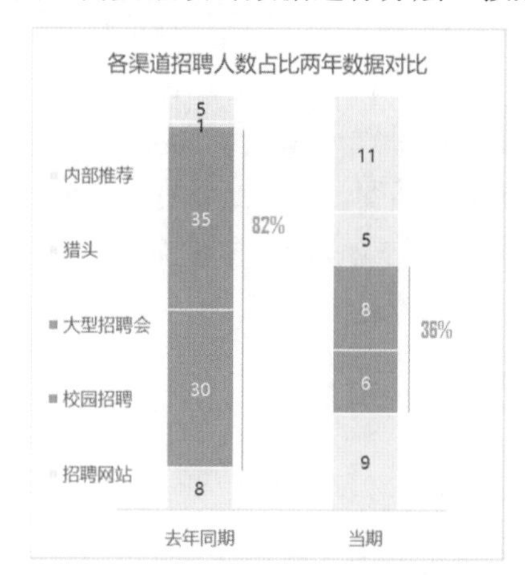

图 8-4

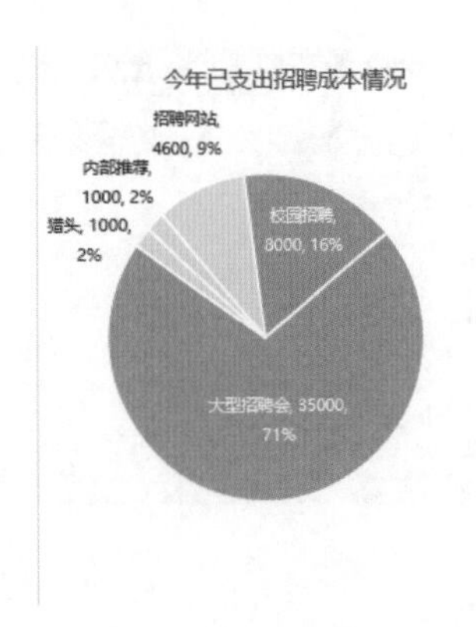

图 8-5

在对数据进行分层时，可以将“简历总数”和“入职人数”进行比对。同一项目如果今年和去年的数据差距不是很大，如招聘网站，去年的值为“60”，而今年的值为“57”，差距不明显，柱形图在颜色设计上就不需要特别突出，直接用灰色显示出来即可。而变化较大的数据可以为其设置一个突出的颜色显示出来，如图 8-6 所示。

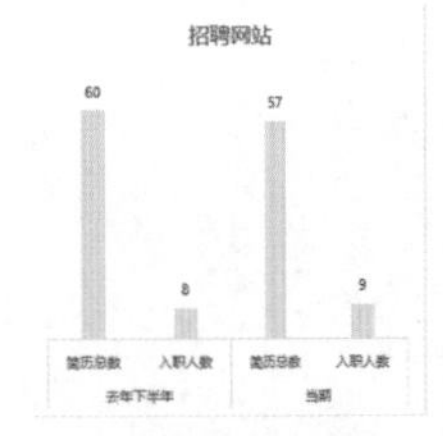

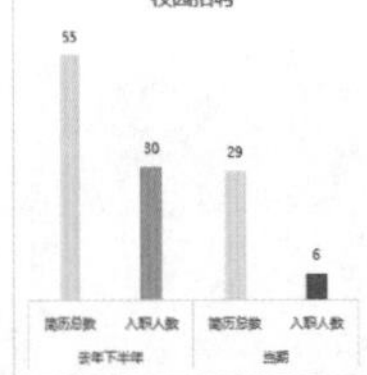

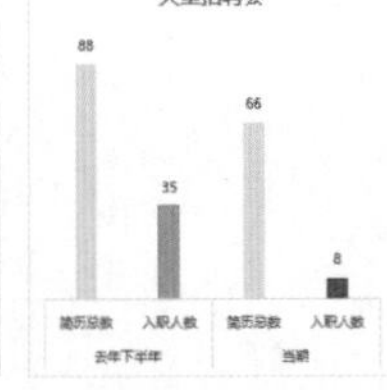

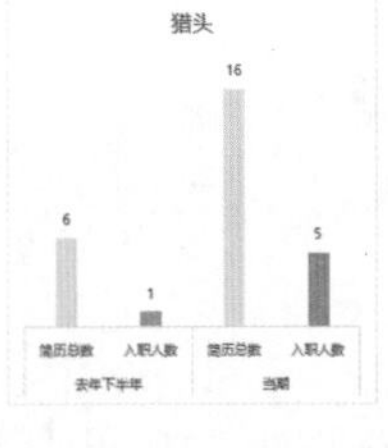

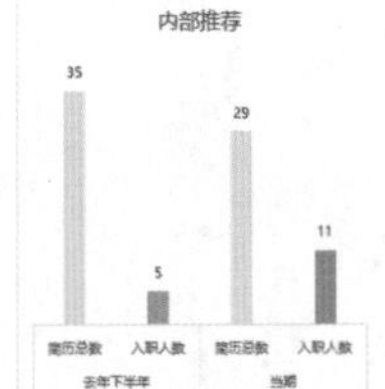

图 8-6

横向分析。前面是从数量角度纵向进行分析的，也可以从横向角度分析各渠道整体的增幅比率的情况。这里我们利用图 8-7 所示的 5 组折线图来实现。

在折线图中只利用“去年同期”和“当期”两个数据反映转化率的变化情况，可以看到虽然“招聘网站”的变化趋势比较平缓，但是仍然处于上升的趋势。而“校园招聘”是下降的趋势。这里利用橙色标识上升的趋势，利用绿色标识下降的趋势。

需要注意的是，将这 5 组折线图放在一起进行比较时，需要将它们的坐标轴刻度值进行统一，这样可以避免看表结论受坐标轴的影响。

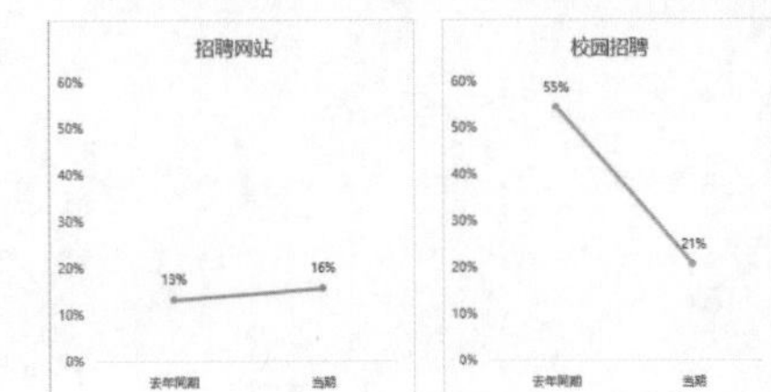

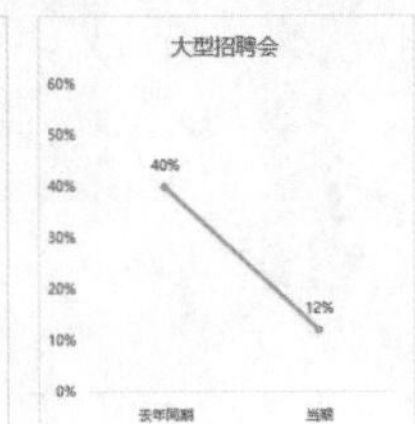

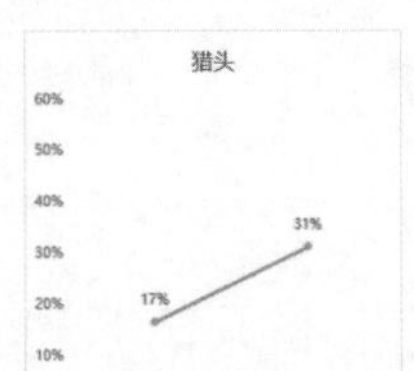

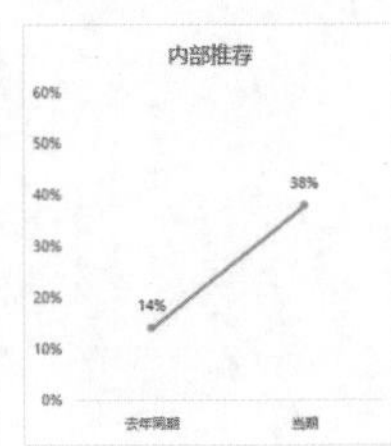

图 8-7

需要在图表顶部补充相关的数据报告。在报告中首先说明当前的形势和结果，然后分析此现象造成的影响，最后说明改进的方向及可行性方案，如图 8-8 所示。

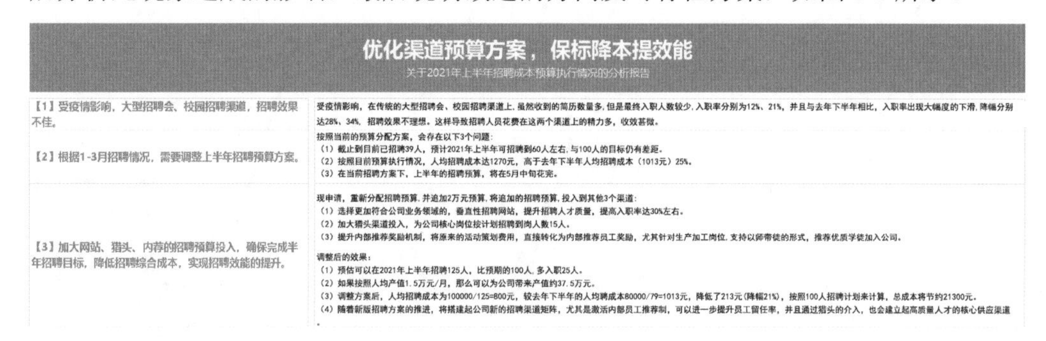

图 8-8

到这里通过一个实际案例完成了对比分析的相关介绍。日常工作中读者可以自行搜索相关的数据报告网站，多参考好的案例进行学习。

8.2　拆解分析：大问题拆解为小问题

打开“\第 8 章　图表分析之法\8.2-拆解分析，对大问题做拆解”源文件。

进入第 2 种分析方法，拆解分析法的介绍。在拆解分析法中，笔者将会利用鱼骨图工具对大问题进行拆解。鱼骨图由日本管理大师石川馨先生发明，故又名石川图。鱼骨图是一种用于发现问题产生的根本原因的图表，也被称为 Ishikawa 或因果图。其特点是简洁实用，深入直观。鱼骨图看上去形似鱼骨，问题或缺陷（后果）被标在鱼头处。在鱼骨上长出鱼刺，上面按出现机会的多寡列出产生问题的可能原因，有助于说明各个原因是如何影响后果的，如图 8-9 所示。

鱼骨图是进行拆解分析时常用的一个图表。笔者将通过图 8-10 所示的“应届毕业生该如何找工作？”的案例，对鱼骨图的制作进行详细的介绍。

看板左侧是图表资料输入区，图表资料输入区中的主标题，在鱼骨图中是利用图片填充的方式，在鱼头位置填充呈现的。在“选择主类别数量”下拉列表中可以选择不同类别的数量，当切换不同类别的数量时，鱼骨图的分支数量也会同步发生变化。此外，在图表资料输入区中利用控件的方式设置了“调整鱼尾脊柱长”滚动条，可以通过控件控制鱼骨图中的鱼尾、脊柱的长短。在图表资料输入区中还包括子因区域，通过子因的设定可以在鱼骨图的分支中表现不同的信息。这些信息可以根据工作中的实际业务情况来设定，在工作中读者可以直接套用已经制作好的模板，只需要根据实际情况修改对应的信息即可。

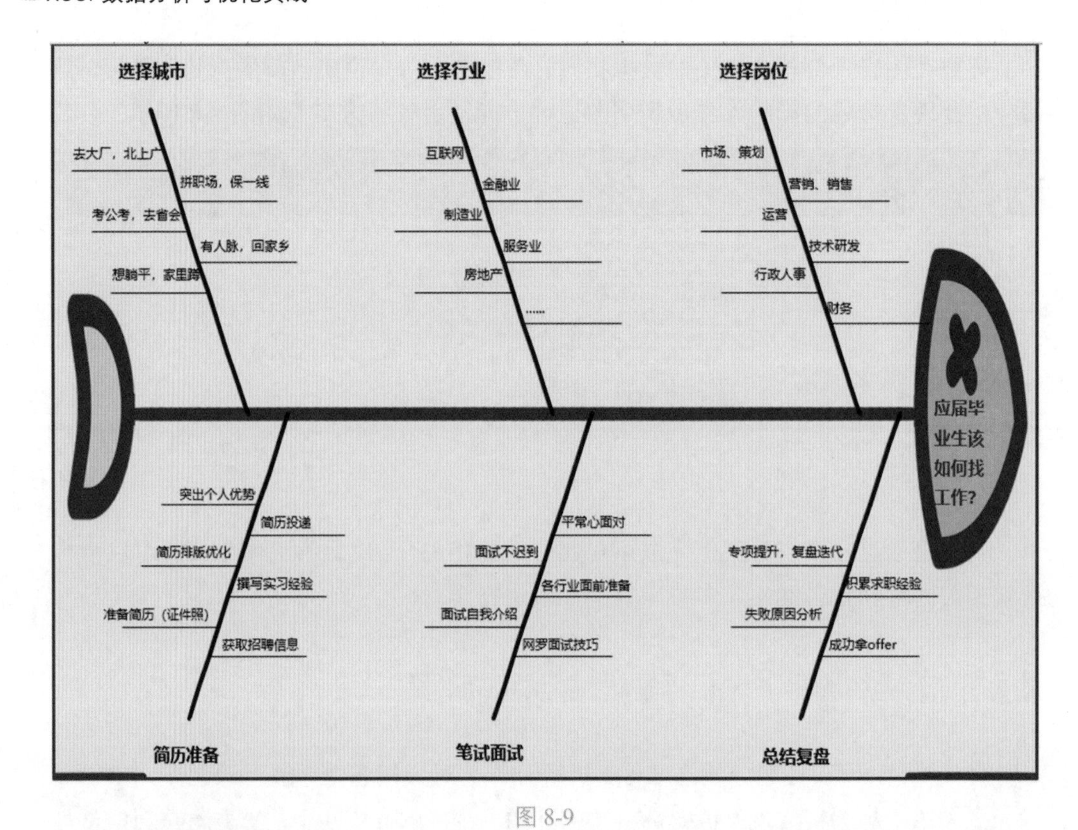

图 8-9

图表资料输入区

鱼骨图

图 8-10

通过图 8-11 所示的一个简单的鱼骨图样式，我们来了解鱼骨图的一般制作过程。

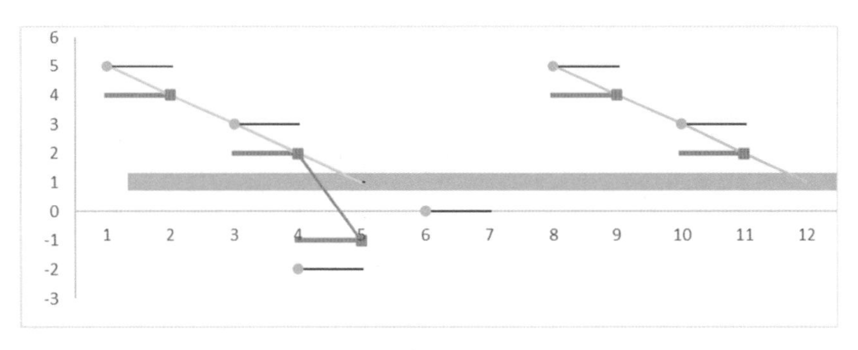

图 8-11

打开“\第 8 章　图表分析之法\8.2-拆解分析，7 步解决问题+散点图拆解思路”源文件。

（1）制作鱼骨图。在“散点图做鱼骨图揭秘”工作表中，选中“B2:M2”单元格区域并选择“插入”选项卡，单击“插入折线图或面积图”下拉按钮，选择“带数据标记的折线图”选项，如图 8-12 所示。

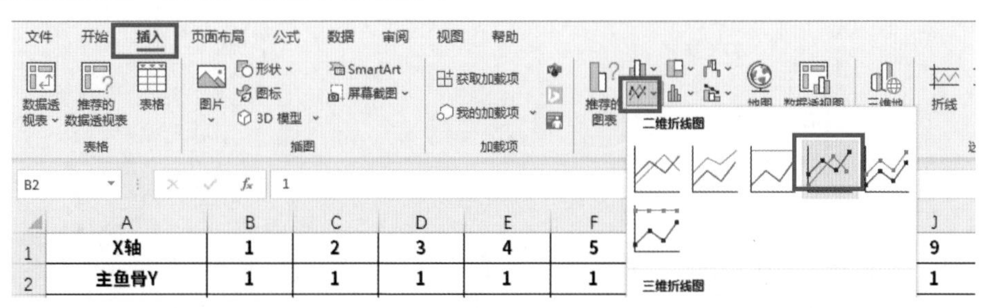

图 8-12

此时即可生成一条水平的并带有数据标记的折线图。选中折线图中的标记点并右击鼠标，在弹出的快捷菜单中选择“设置数据系列格式”命令，在弹出的“设置数据系列格式”工具箱中，单击“填充与线条”按钮，选择“标记”页签，在“标记选项”组中选中“内置”单选按钮，在“类型”下拉列表中选择“横线”选项，在“大小”数值框中将标记点调大，使每个标记点相连接，这里笔者设置为“30”，如图 8-13 所示。

调整整个图表的大小，使其变长一些。选中折线并在“设置数据系列格式”工具箱中单击“填充与线条”按钮，在“线条”组中选中“无线条”单选按钮。此时即可取消线条，在折线图的标记点之间出现了空白区域，如图 8-14 所示。继续调整标记点的大小，使每个标记点连接起来。选中标记点，并选择“标记”页签，在“标记选项”组中将“大小”调大，这里设置为“35”，读者在操作过程中可以根据实际情况进行调整。

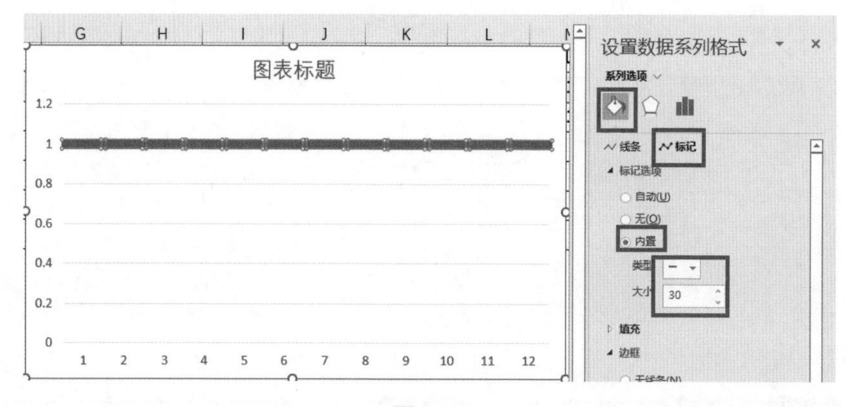

图 8-13

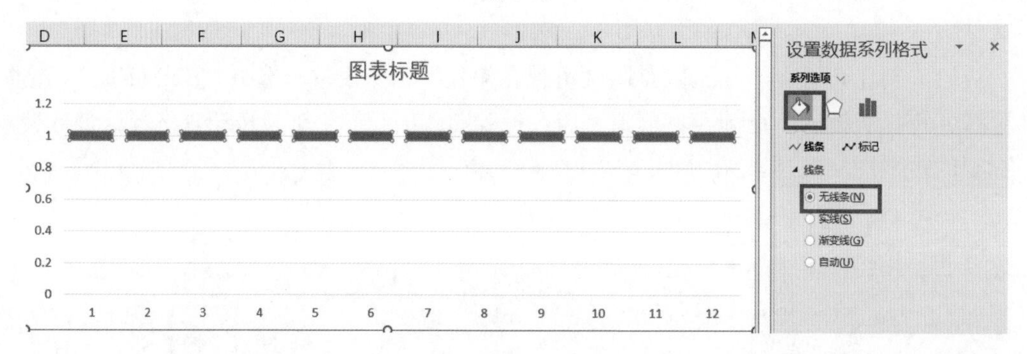

图 8-14

对于鱼骨图的制作到这里基本就完成了，当表格中“主鱼骨 Y”的数据发生变化时，鱼骨图的效果也会随之变化。例如，当将“B2”单元格中的“1”调整为“0”时，在带数据标记的折线图中，最左侧的标记点就显示在横坐标轴的位置，即数值“0”，如图 8-15 所示。

在图中可以看到“0”值标记点与“1”值标记点之间是断开的，没有常规折线图的连接线。这是由于前面已经取消了带数据标记的折线图中的线条，当所有数据都显示为“1”时，图表显示出的是一条水平的折线效果，而当数据存在异常值时，则图表显示出的是貌似散点图的效果。

想要将“0”值对应的标记点隐藏起来，可以将“0”修改为“#N/A”。选中图表并选择“图表设计”选项卡，单击“选择数据”按钮，在弹出的“选择数据源”对话框中单击“隐藏的单元格和空单元格”按钮，如图 8-16 所示。接着在弹出的“隐藏和空单元格设置”对话框中选中“空距”单选按钮，并单击“确定”按钮，如图 8-17 所示，错误值标记点就被隐藏起来了，如图 8-18 所示。

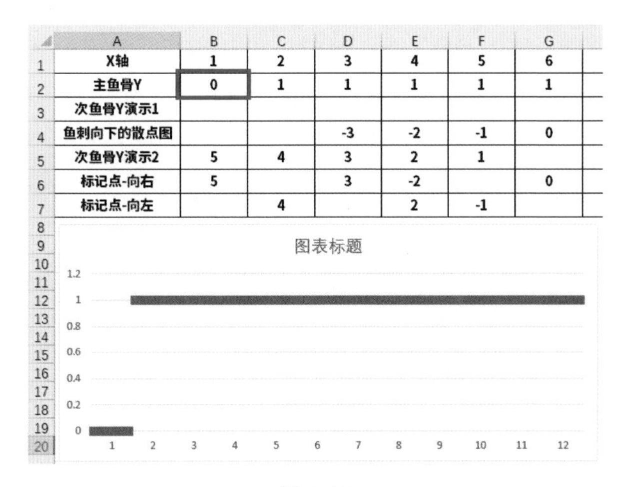

A	B	C	D	E	F	G
X轴	1	2	3	4	5	6
主鱼骨Y	0	1	1	1	1	1
次鱼骨Y演示1						
鱼刺向下的散点图			-3	-2	-1	0
次鱼骨Y演示2	5	4	3	2	1	
标记点-向右	5		3	-2		0
标记点-向左		4		2	-1	

图 8-15

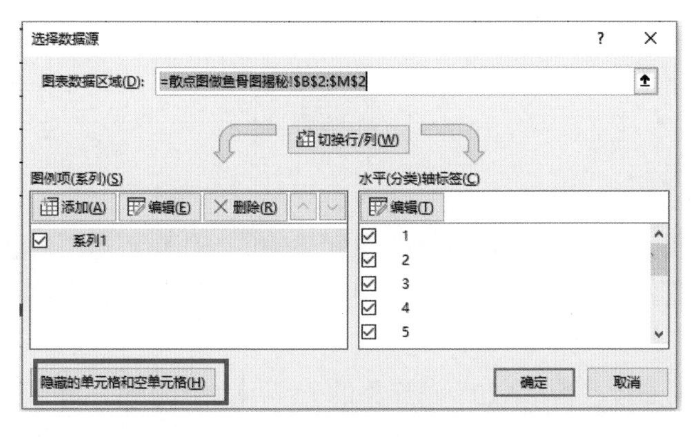

图 8-16

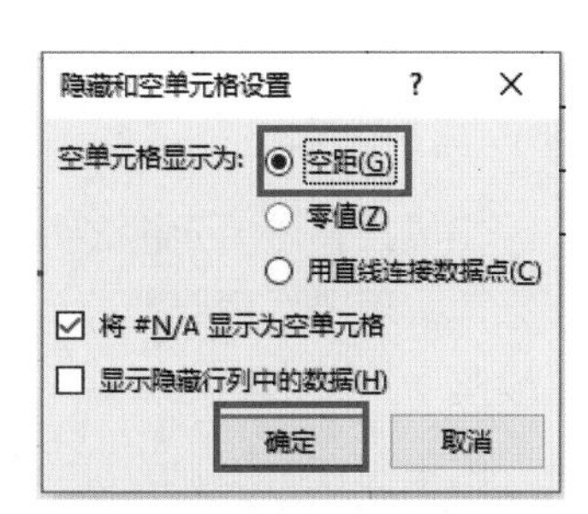

图 8-17

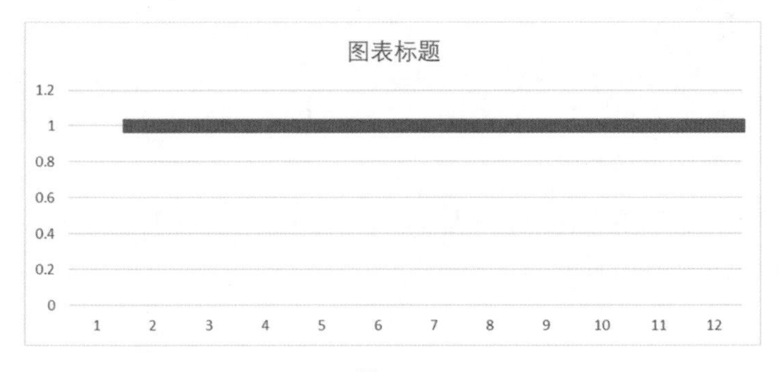

图 8-18

（2）制作滚动条控件。选择“开发工具”选项卡，单击“插入”按钮，选择“滚动条（窗体控件）”选项，按住鼠标左键不放同时向右拖曳绘制，松开鼠标左键，即可完成绘制。右击“滚动条”控件，在弹出的快捷菜单中选择“设置控件格式”命令。

在弹出的“设置控件格式”对话框的“控制”页签中，单击“最小值”数值框将其激活，并输入“1”。单击“最大值”数值框将其激活，并输入“12”。单击“单元格链接”文本框将其激活，并选中工作表中的“A20”单元格，单击“确定”按钮，即可完成控件的一般设置，如图 8-19 所示。

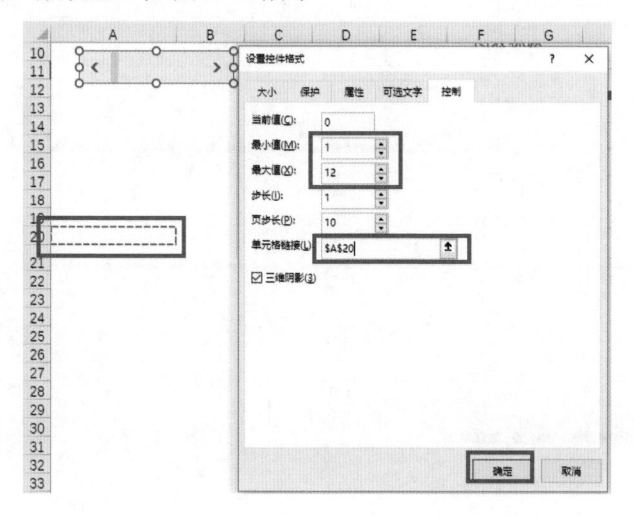

图 8-19

完成控件与单元格之间的联动设置后，将“A20”单元格的值与作图数据源关联起来，实现控件到数据源、到图表的联动变化。为了便于查看，可以为“A20”单元格设置一个突出的效果。

由于控件所控制的是鱼骨的长度，当“A20”单元格的值显示为“1”时，鱼骨就从横坐标“1”的位置开始呈现。当“A20”单元格的值显示为“2”时，鱼骨就从横坐标“2”的位置开始呈现，以此类推。以“B2”单元格为例，当“B1”单元格中的值大于或等于“A20”单元格中的值时，“B2”单元格显示为“1”，否则显示为“#N/A”。

选中“B2”单元格并单击函数编辑区将其激活，输入函数“=IF(B$1>=$A$20,1,#N/A)”，按“Enter”键确认。将光标放在“B2”单元格右下角，当其变为“十”字时，向右拖曳，将函数填充至“M2”单元格，如图 8-20 所示。此时，每当对控件进行调整时，鱼骨的长度都会同步更新。

B2 =IF(B$1>=$A$20,1,#N/A)

	A	B	C	D	E	F
1	X轴	1	2	3	4	5
2	主鱼骨Y	1	1	1	1	1
3	次鱼骨Y演示1					
4	鱼刺向下的散点图			-3	-2	-1
5	次鱼骨Y演示2	5	4	3	2	1
6	标记点-向右	5		3	-2	
7	标记点-向左		4		2	-1

图 8-20

（3）制作鱼刺部分。添加“次鱼骨 Y 演示 1”的相关数据。选中图表并选择“图表设计”选项卡，单击“选择数据”按钮，在弹出的“选择数据源”对话框中单击“添加”按钮，在弹出的“编辑数据系列”对话框中单击“系列名称”文本框将其激活，选中工作表中的“A3”单元格。单击“系列值”文本框将其激活，选中工作表中的“B3:M3”单元格区域，单击“确定”按钮，在返回的“选择数据源”对话框中单击“确定”按钮，如图 8-21 所示。

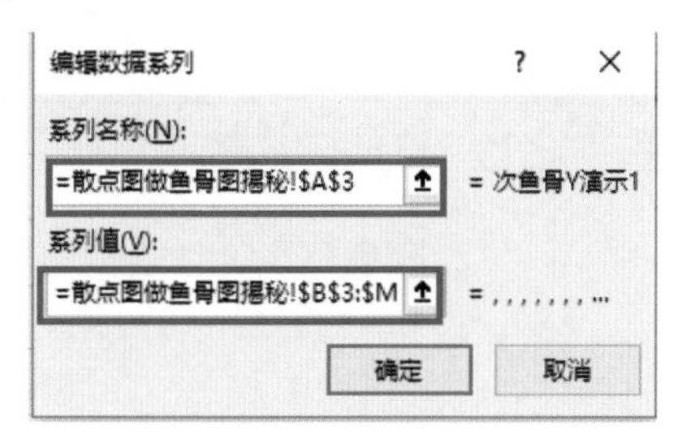

图 8-21

这样默认插入的鱼刺为一个带数据标记的折线图，接下来将其修改为散点图样式。

选中图表并选择“图表设计”选项卡，单击“更改图表类型”按钮，在弹出的“更改图表类型”对话框中选择“组合图”选项，将“系列 1”对应的“图表类型”设置为“带数据标记的折线图”，将“次鱼骨 Y 演示 1”对应的“图表类型”调整为“带平滑线和数据标记的散点图”，单击“确定”按钮，如图 8-22 所示。

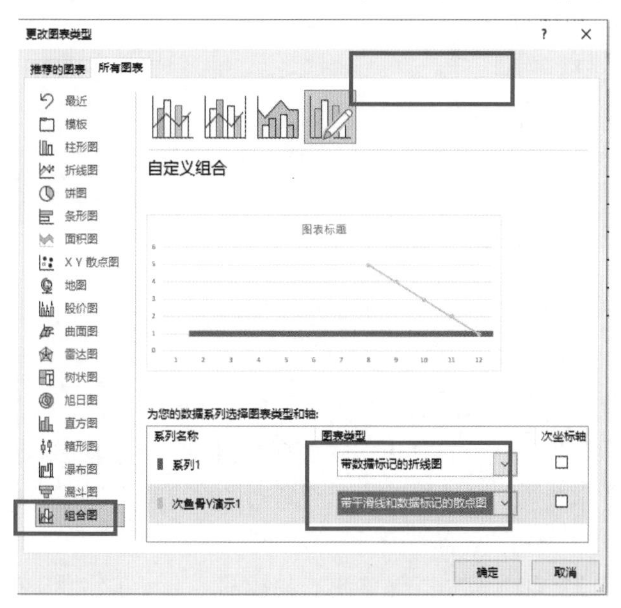

图 8-22

修改为带平滑线和数据标记的散点图的图表样式貌似与带数据标记的折线图的图表样式无异，但其本质是不一样的。带平滑线和数据标记的散点图在本质上是散点，只是通过连接线将散点连接起来了。如果修改数据，将横坐标“8”对应的“5”修改为“4”，则散点图的连接线会发生图 8-23 所示的变化。

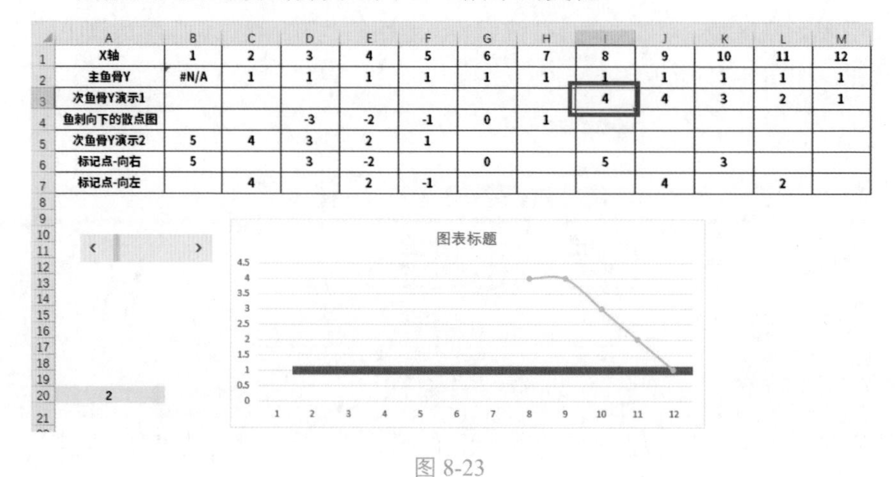

A	B	C	D	E	F	G	H	I	J	K	L	M
X轴	1	2	3	4	5	6	7	8	9	10	11	12
主鱼骨Y	#N/A	1	1	1	1	1	1	1	1	1	1	1
次鱼骨Y演示1								4	4	3	2	1
鱼刺向下的散点图			-3	-2	-1	0	1					
次鱼骨Y演示2	5	4	3	2	1							
标记点-向右	5		3	-2		0		5		3		
标记点-向左		4		2	-1				4		2	

图 8-23

为了精准地找到散点的位置，可以为图表添加纵向的网格线。选中图表，单击图表右上角的“+”按钮，在“图表元素”列表中勾选“网格线”→“主轴主要垂直网格线”复选框，如图 8-24 所示。

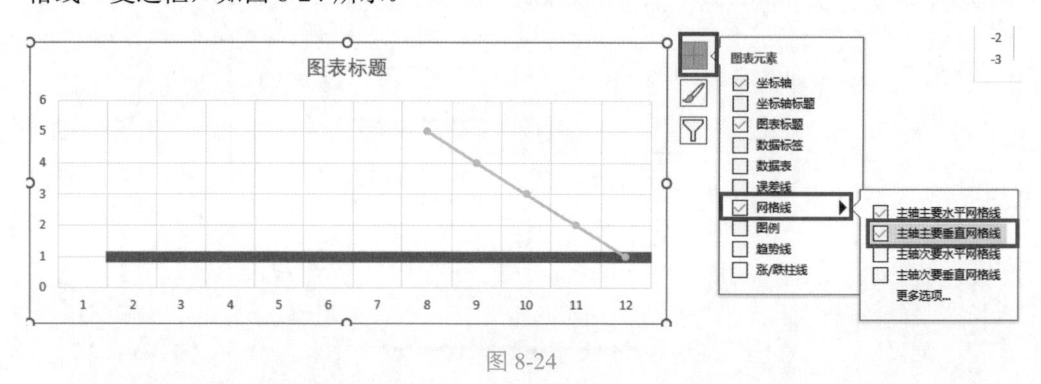

图 8-24

（4）添加“鱼刺向下的散点图”对应的数据。选中图表并选择“图表设计”选项卡，单击“选择数据”按钮，在弹出的“选择数据源”对话框中单击“添加”按钮，在弹出的“编辑数据系列”对话框中单击“系列名称”文本框将其激活，选中工作表中的“A4”单元格。单击“X 轴系列值”文本框将其激活，选中工作表的“B1:M1”单元格区域。单击“Y 轴系列值”文本框将其激活，选中工作表中的“B4:M4”单元格区域，单击“确定”按钮，在返回的“选择数据源”对话框中单击“确定”按钮，如图 8-25 所示。

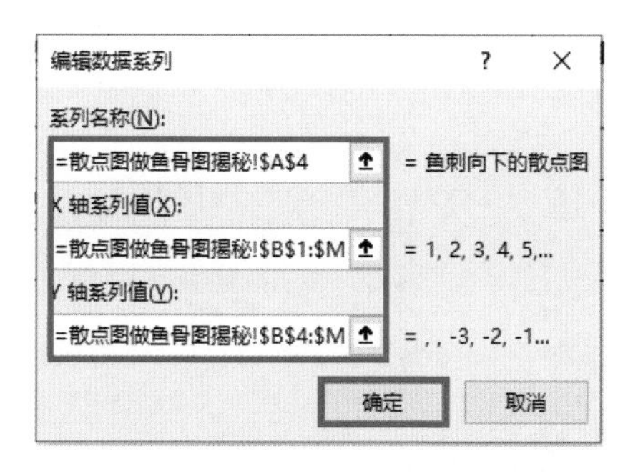

图 8-25

（5）添加“次鱼骨 Y 演示 2”对应的数据。选中图表并选择“图表设计”选项卡，单击“选择数据”按钮，在弹出的“选择数据源”对话框中单击“添加”按钮，在弹出的“编辑数据系列”对话框中单击“系列名称”文本框将其激活，选中工作表中的“A5”单元格。单击“X 轴系列值”文本框将其激活，选中工作表中的“B1:M1”单元格区域。单击“Y 轴系列值”文本框将其激活，选中工作表中的“B5:M5”单元格区域，单击“确定”按钮，在返回的“选择数据源”对话框中单击“确定”按钮，如图 8-26 所示。

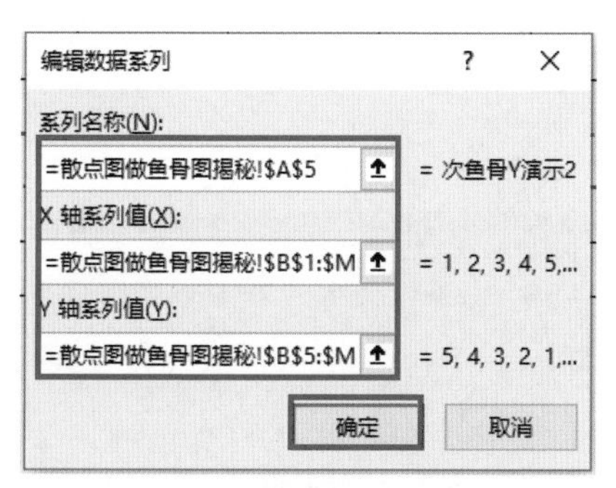

图 8-26

（6）添加“标记点-向右”对应的数据。选中图表并选择“图表设计”选项卡，单击“选择数据”按钮，在弹出的“选择数据源”对话框中单击“添加”按钮，在弹出的“编辑数据系列”对话框中单击“系列名称”文本框将其激活，选中工作表中的“A6”单元格。单击“X 轴系列值”文本框将其激活，选中工作表中的“B1:M1”单元格区域。单击“Y 轴系列值”文本框将其激活，选中工作表中的“B6:M6”单元格区域，单击“确定”按钮，在返回的“选择数据源”对话框中单击“确定”按钮。

完成数据的添加后，如图 8-27 所示，“标记点-向右”对应的数据的呈现效果并非我们所需要的，可以先将数据源表中“标记点-向右”和“标记点-向左”对应的数据全部删除，再根据实际需求重新设置数据。

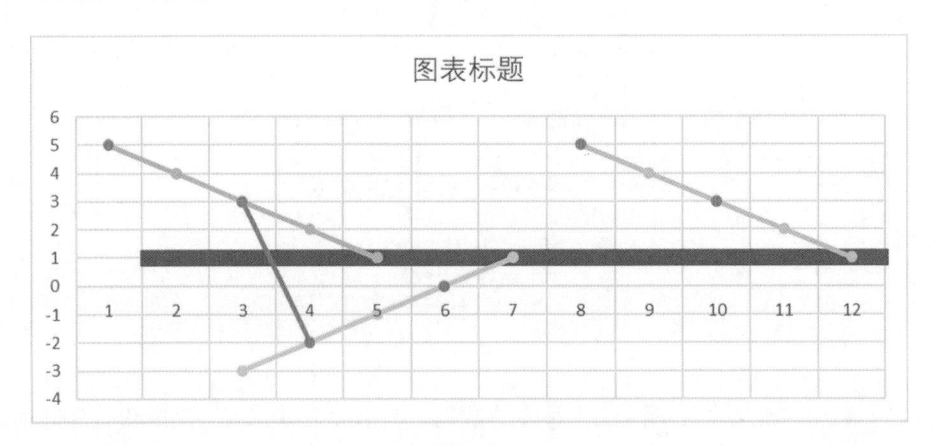

图 8-27

根据需要可以在横坐标“8”对应的鱼刺位置添加一条水平线，在图表中可以确定目标位置对应的坐标为“8,5”。故在数据源表中，将“标记点-向右”中 X 轴为“8”的位置设置为“5”，如图 8-28 所示，在“8,5”的位置生成一个橙色的散点。

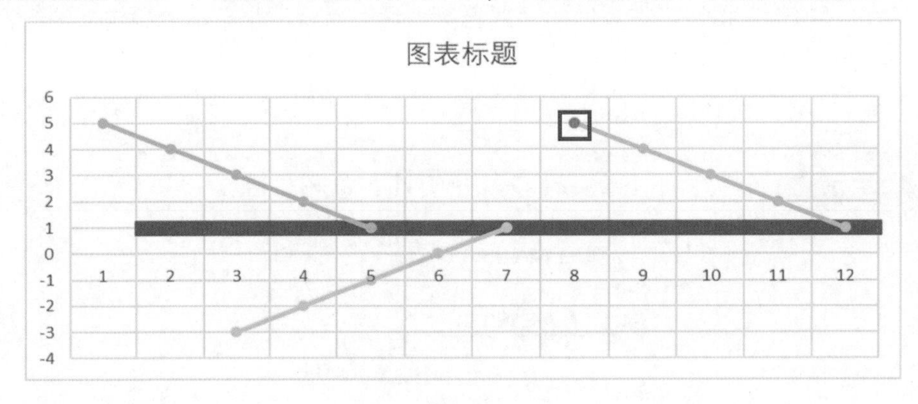

图 8-28

为了使散点产生一个水平向右的线条，可以为散点设置“误差线”。选中散点并选择“图表设计”选项卡，单击“添加图表元素”下拉按钮，选择“误差线”→“标准误差”选项。此时就以橙色散点为中心生成了一条水平的误差线，如图 8-29 所示。

为了使误差线呈现出向右走势的效果，可以进一步对误差线进行设置。

选中误差线并右击鼠标，在弹出的快捷菜单中选择“设置错误栏格式”命令，如图 8-30 所示。在右侧弹出“设置误差线格式”工具箱，在“水平误差线”组的“方向”中选中“正偏差”单选按钮。在“末端样式”中选中“无线端”单选按钮。此时误差线的方向即发生了变化，如图 8-31 所示。

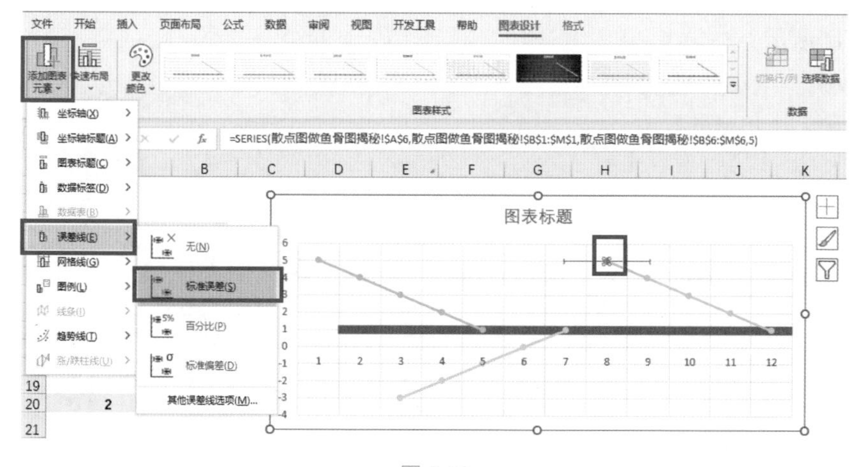

图 8-29

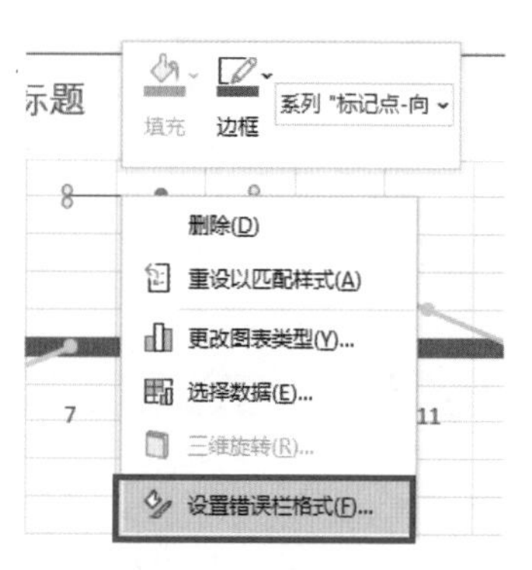

图 8-30

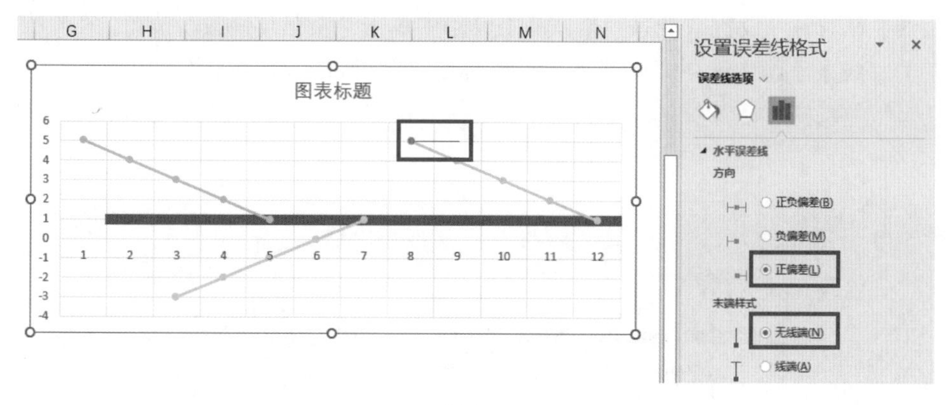

图 8-31

完成误差线的设置后，对水平误差线进行美化。选中误差线并在右侧“设置误差线格式”工具箱中单击“填充与线条”按钮，在“线条”组中选中“实线”单选按钮，在“颜色”下拉列表中选择一个合适的颜色，增大“宽度”，这里调整为“3 磅”，如图 8-32 所示。

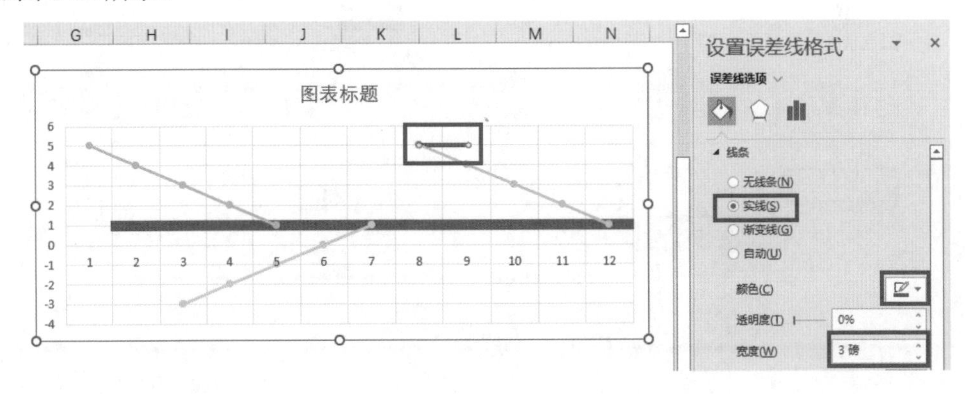

图 8-32

完成水平误差线的美化设置后，根据目标图表的效果，将“标记点-向右”对应的其他数据补充到数据源表中，如图 8-33 所示。

	A	B	C	D	E	F	G	H	I	J	K	L	M
1	X轴	1	2	3	4	5	6	7	8	9	10	11	12
2	主鱼骨Y	#N/A	1	1	1	1	1	1	1	1	1	1	1
3	次鱼骨Y演示1								5	4	3	2	1
4	鱼刺向下的散点图			-3	-2	-1	0	1					
5	次鱼骨Y演示2	5	4	3	2	1							
6	标记点-向右	5		3	-2		0		5		3		
7	标记点-向左												

图 8-33

此时，可以看到图表中两个散点间存在连接线的现象，如图 8-34 所示。可以选中连接线，在右侧“设置数据系列格式”工具箱中单击“填充与线条”按钮，在“线条”页签的“线条”组中选中“无线条”单选按钮，即可将连接线隐藏。

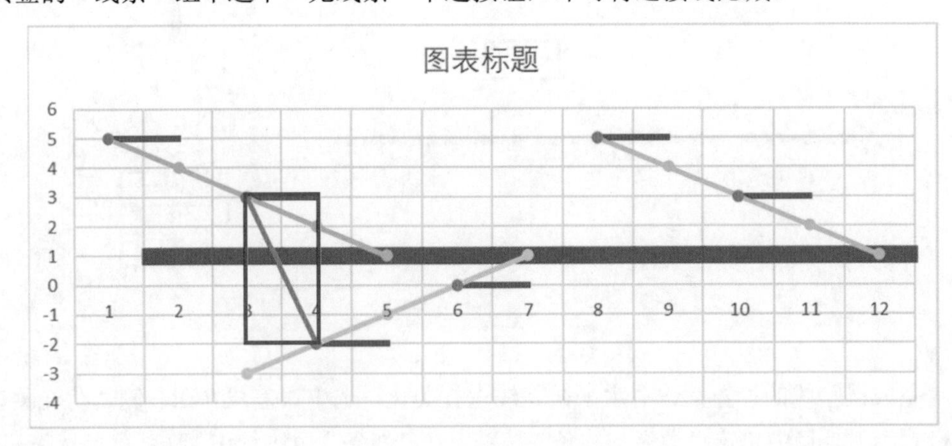

图 8-34

（7）添加“标记点-向左”对应的数据。选中图表并选择“图表设计”选项卡，单击“选择数据”按钮，在弹出的“选择数据源”对话框中单击“添加”按钮，在弹出的“编辑数据系列”对话框中单击“系列名称”文本框将其激活，选中工作表中的“A7”单元格。单击“X 轴系列值”文本框将其激活，选中工作表中的“B1:M1”单元格区域。单击“Y 轴系列值”文本框将其激活，选中工作表中的“B7:M7”单元格区域，单击“确定”按钮，在返回的“选择数据源”对话框中单击“确定”按钮，如图 8-35 所示。

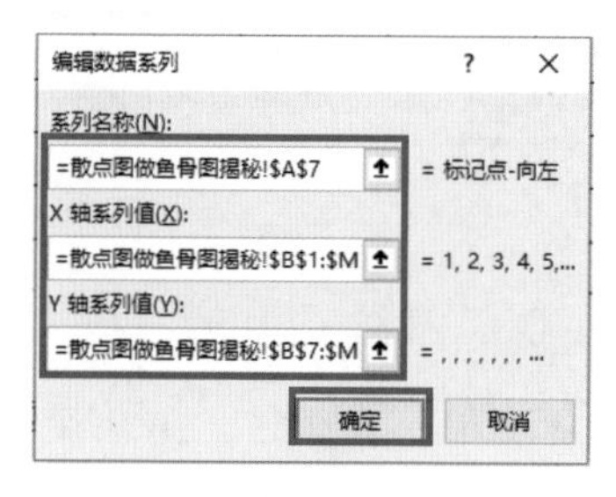

图 8-35

根据目标图表的效果，补充“标记点-向左”对应的数据，如图 8-36 所示。

	A	B	C	D	E	F	G	H	I	J	K	L	M
1	X轴	1	2	3	4	5	6	7	8	9	10	11	12
2	主鱼骨Y	#N/A	1	1	1	1	1	1	1	1	1	1	1
3	次鱼骨Y演示1								5	4	3	2	1
4	鱼刺向下的散点图			-3	-2	-1	0	1					
5	次鱼骨Y演示2	5	4	3	2	1							
6	标记点-向右	5		3	-2		0		5		3		
7	标记点-向左		4		2	-1				4		2	

图 8-36

将两个散点中的连接线设置为“无线条”，取消显示。选中连接线，在右侧“设置数据系列格式”工具箱中单击“填充与线条”按钮，在“线条”组中选中“无线条”单选按钮，如图 8-37 所示，连接线就被隐藏起来了。

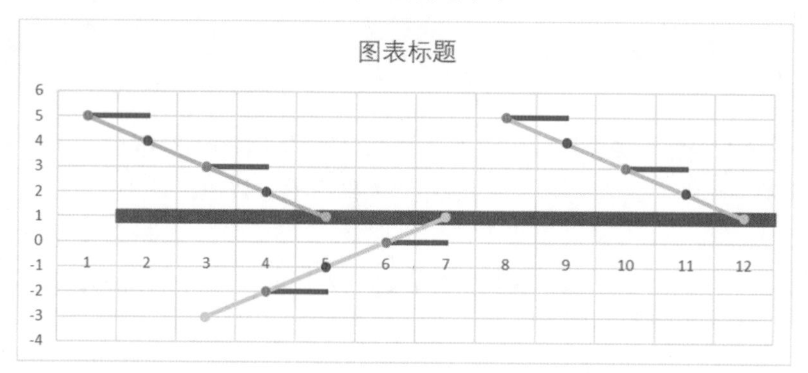

图 8-37

为“标记点-向左”对应的散点补充误差线。选中“标记点-向左”对应的散点，单击图表右上角的“＋”按钮，在“图表元素”列表中勾选“误差线”复选框，这样同样可以为散点图添加一个默认的误差线，如图 8-38 所示。

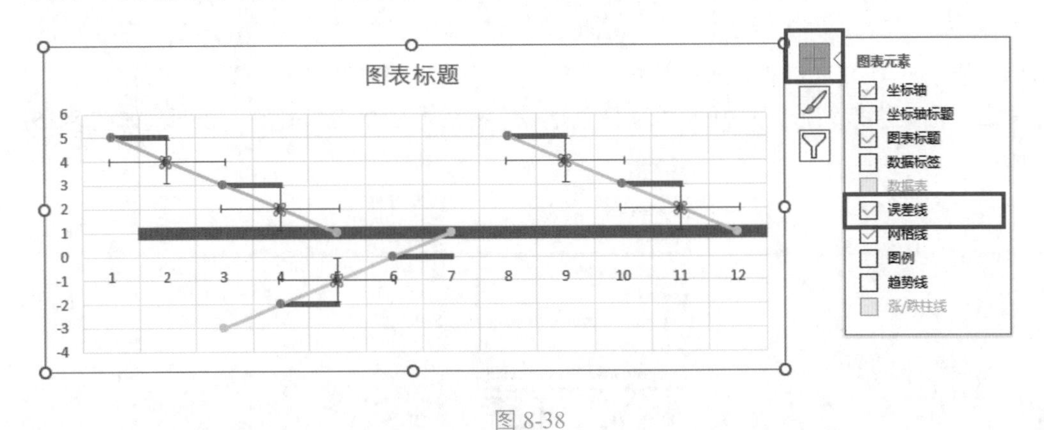

图 8-38

选中误差线，在右侧“设置误差线格式”工具箱的“水平误差线”组的“方向”中，选中“负偏差”单选按钮。在“末端样式”中选中“无线端”单选按钮，如图 8-39 所示，误差线的方向即可发生变化。

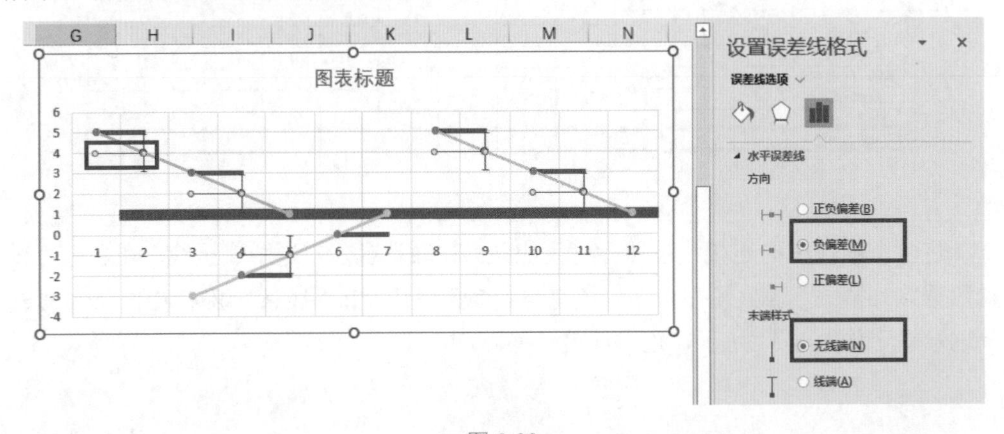

图 8-39

对水平误差线进行美化。选中误差线并在右侧“设置误差线格式”工具箱中单击“填充与线条”按钮，在“线条”组中选中“实线”单选按钮，在“颜色”下拉列表中选择一个合适的颜色，增大“宽度”，这里调整为“3 磅”，如图 8-40 所示。在图表中可以看到，Excel 自动为散点添加了一条垂直方向的误差线，可以直接选中垂直误差线，按“Delete”键将其删除。

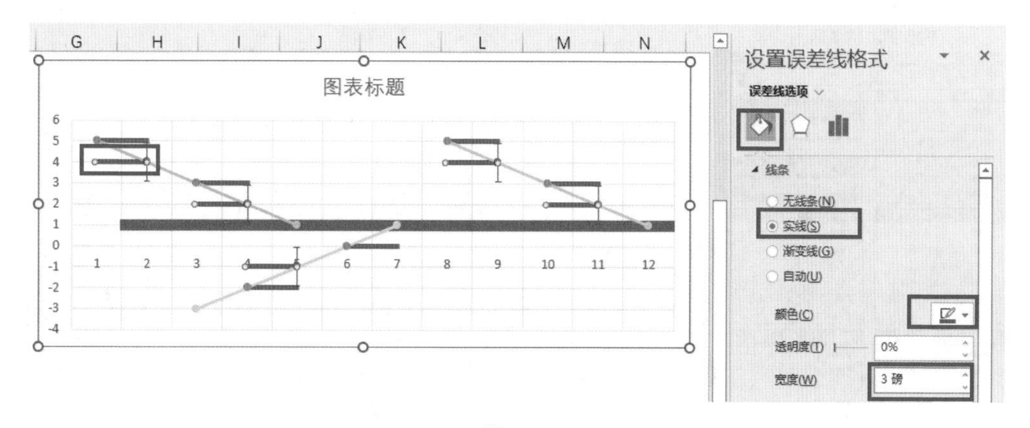

图 8-40

到这里就完成了所有数据的相关设置，可以将图表上的网格线、图表标题全部删除，使鱼骨图看起来清爽一些，如图 8-41 所示。还可以通过插入文本框的方式，为图表补充相应的数据信息，这里不做过多介绍。

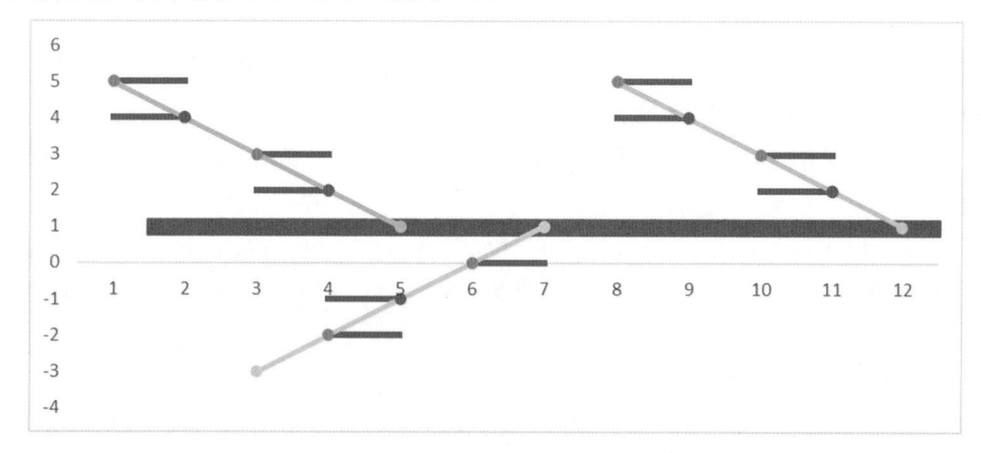

图 8-41

通过前面的介绍就完成了鱼骨图的制作。首先利用带数据标记的折线图制作出鱼骨（利用散点图同样可以实现这样的效果）。然后通过控件的传参设置控制鱼骨的长度。接着通过插入散点图并为其添加误差线的方式完成每根二级鱼刺上标记点的制作。最后可以为误差线插入相应的文本框，添加对应的信息说明，即可完成图表的效果。

理解了这个思路以后，感兴趣的读者可以模仿图 8-42 所示的样式进行制作。在工作中也可以直接将这个模板套用到实际业务中进行拆解。

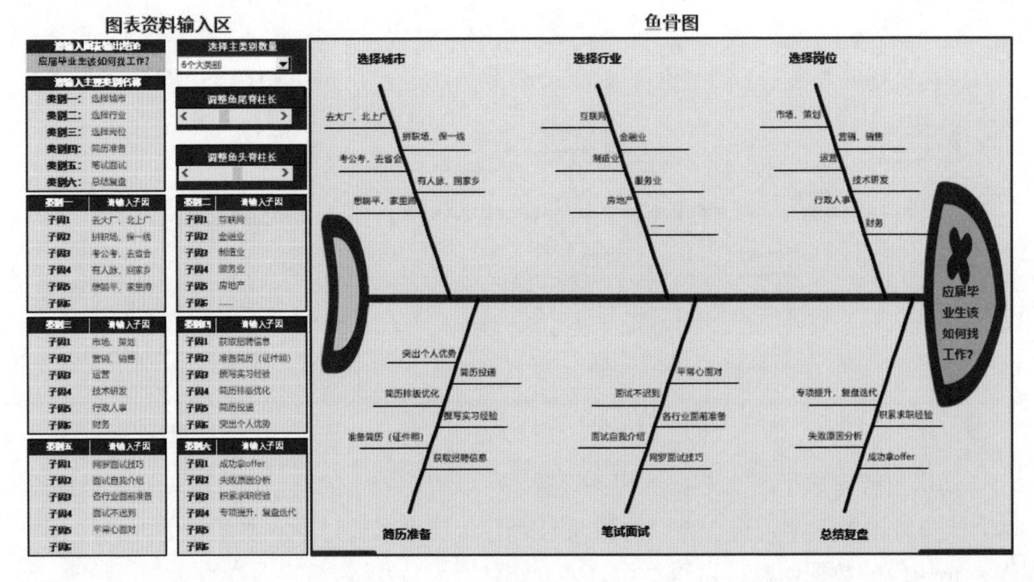

图 8-42

在本节内容中笔者对拆解分析的方法进行了介绍，将大问题做拆解。在实现图表数据源可视化呈现的过程中，笔者为大家讲解了鱼骨图的制作思路。其实，拆解思路是一种很重要的方法，拆解方法除了鱼骨图，在第 4 章中笔者还介绍了 SmartArt 和思维导图两种方法，它们也是比较好用的拆解工具和手段。在这里笔者建议，面对复杂的问题，可以先将问题进行拆解，将其划分为多个小问题，再将每个小问题逐一击破。通过这样的方式可以得到一个比较好的结果。

8.3 漏斗分析：拆解流程，快速发现问题的关键环节

接下来进入漏斗分析法和 AARRR 模型的介绍。漏斗分析法主要用于流程的过程环节拆解。如转化率太低，就需要发现哪个关键环节出了问题，以便针对性地解决。

如图 8-43 所示，是“吃了么”店铺导出的 2021 年 8 月“入店数”“结算数”“交易额”“转化率”的相关数据。从表格中可以发现“入店数”非常多，而“结算数”非常少，“交易额”虽然在上升，但是它的“转化率”相对较低。在做业绩分析时，业绩增长的情况主要取决于增长率而非数量。仔细思考，这个店铺的实际情况基本上为“百人入店，一人下单”的类型。联想实体店铺，想要做到“百人入店”，店铺必然要开在比较热门的地点，费用相对较高，但实际上购买的人只有一人，产出极低。加之产品的性质为低消耗品，而非奢侈品，这个情况就更加严重了。

**说明**：本例中“入店数”和“结算数”的单位为“人”，“交易额”的单位为“元”，“下单量”的单位为“个”，表中和下文中的单位省略，不再标出。

日期	入店数	结算数	交易额	转化率
2021/8/18	990	8	529.63	0.81%
2021/8/19	1088	7	492.75	0.64%
2021/8/20	1022	8	548.88	0.78%
2021/8/21	978	12	802.5	1.23%
2021/8/22	1273	13	880	1.02%
2021/8/23	952	7	540	0.74%
2021/8/24	1227	12	757.63	0.98%
2021/8/25	1023	8	639.13	0.78%
2021/8/26	1126	7	581.25	0.62%
2021/8/27	1023	11	764.13	1.08%
2021/8/28	1123	10	612.5	0.89%
2021/8/29	1127	10	641.63	0.89%
2021/8/30	882	11	720.38	1.25%
平均值	1064.15	9.54	654.65	0.90%

图 8-43

利用 8.2 节介绍的拆解分析法对问题进行拆解，对入店、下单、结算的整个过程进行分析。从入店到下单，可以补充一个“下单量”。利用“入店数”和“下单量”可以得出一个“入店转化率”。此外，利用“下单量”和“结算数”可以得出“下单转化率”，如图 8-44 所示。

通过这样的分析可以形成一个图 8-45 所示的初始漏斗。从入店到下单的转化率只有 2.11%，下单到结算的转化率可达到 42.9%。这说明有将近一半的下单顾客会付款。

日期	入店数	下单量	入店转化率	结算数	下单转化率
2021/8/18	990	18	1.82%	8	44.44%
2021/8/19	1088	13	1.19%	7	53.85%
2021/8/20	1022	20	1.96%	8	40.00%
2021/8/21	978	26	2.66%	12	46.15%
2021/8/22	1273	28	2.20%	13	46.43%
2021/8/23	952	16	1.68%	7	43.75%
2021/8/24	1227	28	2.28%	12	42.86%
2021/8/25	1023	20	1.96%	8	40.00%
2021/8/26	1126	18	1.60%	7	38.89%
2021/8/27	1023	26	2.54%	11	42.31%
2021/8/28	1123	25	2.23%	10	40.00%
2021/8/29	1127	23	2.04%	10	43.48%
2021/8/30	882	31	3.51%	11	35.48%
平均值	1064.15	22.46	2.11%	9.54	42.90%

图 8-44

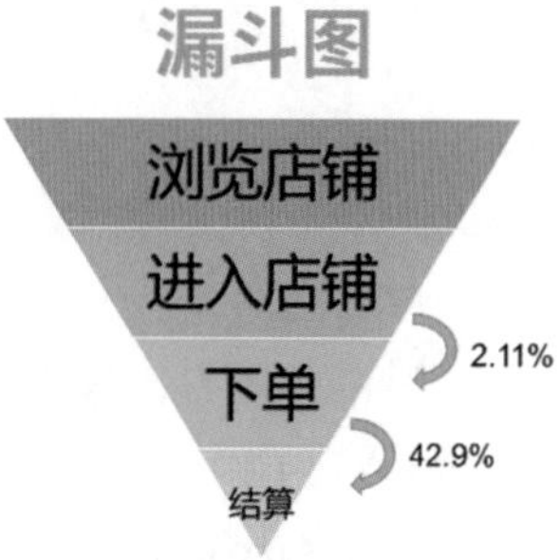

图 8-45

这样的业绩情况究竟怎么样呢？这里可以利用 8.1 节介绍的对比分析法进行分析。如何根据已有的数据判断它的实际运营情况，发现数据背后的价值，并针对性地找到解决方案呢？

这里可以将本店铺的转化率，与同行业的平均水平进行对比。一般来说，线上外卖平台的转化率至少可以达到 40%，将本店铺转化率 2.11%与外卖平台转化率 40%进行对比后发现，本店铺从入店到下单的转化率特别低。

发现问题后就可以通过一些方法，有的放矢地提升店铺的业绩。例如，可以优化店铺头图、详情页商品的图片、商品名称等。另外，还可以通过设置促销的方式提高联动下单率和客单价。通过引导关注，配送费免减，降低起送价等促销活动提高成交率。通过优化引流商品，提升推荐名次的方式吸引客户。此外，还可以通过增加饮料等配套产品、引导好评的方式，以及集单获取复购折扣和积分等活动提高竞争力。将这样的方式应用到实际业务中，可以对业务的流程做进一步的提升。

接下来回到本节配套的示例文件，对上述漏斗图的创建进行具体的介绍。

打开“\第 8 章 图表分析之法\8.3-漏斗分析，转化率太低怎么解决？”源文件。

在“漏斗图”工作表中，选中“B2:C6”单元格区域并选择“插入”选项卡，单击“推荐的图表”按钮，在弹出的“插入图表”对话框中选择“漏斗图”选项，单击“确定”按钮。这样就可以完成漏斗图的基础创建了，如图 8-46 所示。

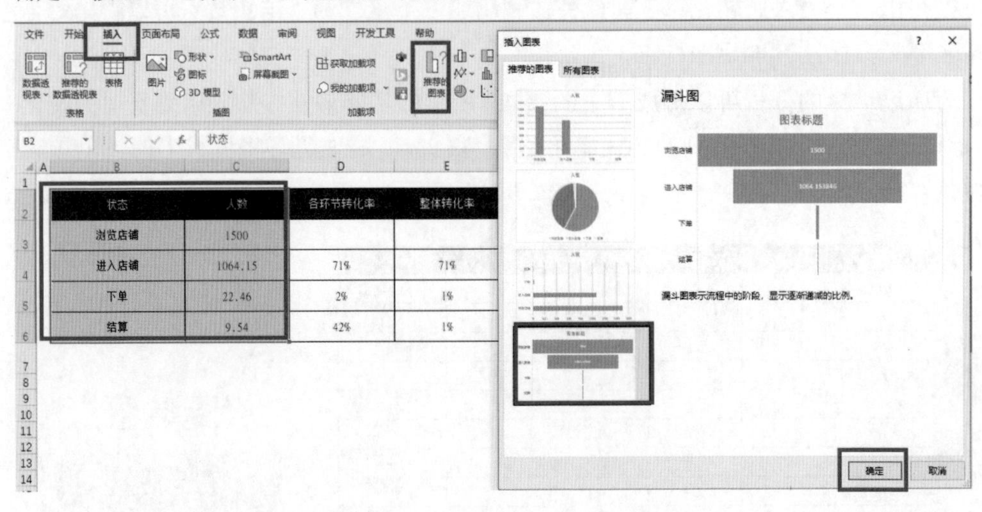

图 8-46

透过漏斗图看问题的本质。这里的漏斗图究竟可以分为几个环节来进行理解呢？本节内容将为读者介绍两个好用的分析模型，分别是用户增长模型和 AARRR 模型。

关于 AARRR 模型最具有代表性的就是拼多多网站。它首先获取用户，即用户进入商家的主页。然后激活用户，即用户要提交订单。接着是留存用户，即进入付款结算页面。由于多种原因，许多客户提交订单后并不一定会下单。如不支持支付宝或微信这样的第三方付款会造成客户的流失。直到订单付款成功才能获得收益，实现变现。最后进入推荐环节，客户复购或带动好友购买，如图 8-47 所示。

例如，拼多多砍价就是利用客户自己的资源，免费获得新的客流量。在当今“客户为王”的时代，只要有新用户不断加入，就可以提高转化率。

在这里提升转化率和收益有两种方法，第一种是将漏斗面扩大，第二种是将每个环节的转化率提高。拼多多的推广方式，实际上就是扩大漏斗的入口面，获取更多的新用户进入商家的主页。

客户增长模型			AARRR	各环节转化率	整体转化率
用户获取（Acquisition）	获取	进入商家主页	931970		
用户激活（Activation）	激活	进入提交订单页	684012	73%	73%
用户留存（Retention）	留存	进入付款结算页	517090	76%	55%
获得收益（Revenue）	变现	订单付款成功	509991	99%	55%
推荐传播（Referral）	推荐	复购-推广	343000	67%	37%

图 8-47

漏斗图除了可以应用在互联网行业，对于图 8-48 所示的 HR、财务、营销等传统岗位同样适用。

在 HR 的核心 KPI 指标中有一个非常重要的核心指标，即面试成功率。可以将整个面试环节拆解为多个不同的阶段，从“面试通知”到“实际到面”，再到“初试通过”“复试通过”“顺利入职”，每个环节都可以作为一个漏斗。另外，在财务和营销岗位同样适用，可以先将整个环节进行分解，再分析哪里出现了问题。

HR	财务/营销
面试通知	已下订单，未投产（备产品）
实际到面	已投产，未完工（在产品）
初试通过	已完工，未发货（在库品）
复试通过	已发货，未开票（在途商品）
顺利入职	已开票，未收款（应收账款）

图 8-48

在业绩汇报过程中，老板经常关心的是合同总额到回款的转化情况，而在财务角度，从合同总额到回款率之间还有一个关键指标，即应收账款，其表示已开票未回款的款项。这就会造成老板和财务人员在业绩数据分析上的偏差。

如图 8-49 所示的案例，“合同总额”为“5050.2 万元”，“回款”只有“450 万元”，造成“总体回款率”只有“8.9%”。合同签订后迟迟收不到回款，这样的结果显然是不理想的。在这个环节中，财务所关心的是“应收账款”到“回款”的情况。而从老板的角度出发，他更关心的则是实际上已发货或已签订合同备产中的合同额的回款情况。如果已签订合同但未付款，则会造成应收账款的减少，进而造成现金流的减少，为企业带来非常严重的经营风险。

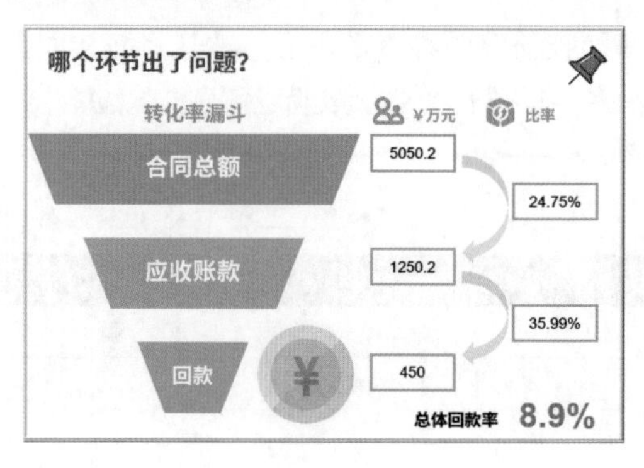

图 8-49

作为一个数据管理人员，在为领导做可视化汇报时，可以利用漏斗图结合拆解分析的方法，将过程拆解为一个全流程的分析。

这里可以将从合同签订到回款的流程分为 5 个阶段，分别是“已签合同、未投产”“已投产、未完工”“已完工、未发货”“已发货未开票”“已开票未回款”，如图 8-50 所示。

图 8-50

在财务数据分析中，单纯的数据从台账中都可以被查询到，这不是老板关心的重点。老板关心的是合同签订后的每个状态的款项分别有多少。前面我们拆分的 5 个阶段，究其原因是所有的生产都必须在采购物料和计划生产后执行。在“已签合同、未投产”阶段，关于计划生产可能还需要进行一些组织协调和沟通的工作。如机床设备人员的情况，计划和营销部门的沟通等。有些客户签订合同后迟迟不要求生产，导致合同没有办法真正执行，这就需要计划部门对客户进行催单，此为“在备产”产品。“在备产”阶段主要负责部门为采购和计划部门。

当产品进入生产环节，即“已投产、未完工”阶段，这阶段的产品被称为“在产品”。有过这样一个案例，某企业在上市 IPO 之前进行的财务审计过程中，由于他们的财务人员在记账中没有“在产品”这一项，使得所有成本的卷积都出现了很大的问题。这是财务工作中的一个重大的缺失，以致 IPO 档期没有顺利上报。所以老板要求财务人员将 3 年内所有的成本都补充上“在产品”科目，这样可以分摊产品主材料的成本。

对于小型产品，由于金额较低不会跨月，但对于大型设备，它的成本可能到十万元甚至百万元，这样的产品不可能在一个月内生产完工。因此，当月的成本和当月的完工产品之间并非一一对应的关系，有一部分成本是分摊到“在产品”中的。通过这样分摊的方式得到的毛利和利润率是比较准确的。很多人没有关注“在产品”这个科目，认为它是生产和质量的问题。实际上，“在产品”会大大分摊到生产加工过程中的管理成本中，从而降低利润。可以根据生产的供应过程将“在产品”分成不同的车间、不同的工序。“在产品”阶段主要负责部门为生产和质量部门。

有了“在产品”之后就进入“已完工、未发货”阶段，这个阶段的产品被称为“在库商品”。这是由于客户毁约，造成已经生产完工的产品只能被存放于库房中。这一阶段如果产品的生产周期很长，则会使物料损失严重，可以通过营销部门与客户进行沟通，尽可能发货。

接下来进入下一个阶段，即“已发货未开票”阶段，这个阶段的产品被称为“在途商品”。很多财务人员对这一阶段不是特别关注，反而营销部门对其更加关注。其实，这一阶段的产品成本更应该得到财务人员的关注。“在途商品”阶段主要负责部门为商务和物流部门。

商品发货后就代表货物的所属权从乙方转移给了甲方客户。从原则上讲，这个阶段存在法律层面上的意义，已经交付给甲方客户的商品，应该进入应收账款和应付账款的账期。货物所属权转移的凭证是验货签收单，只要签收成功就可以进入付款的账期。

最后一个阶段是“已开票未回款”，这就是财务人员所说的“应收账款”。

将整个流程拆解后可以发现，在进行财务汇报时，如果单纯使用其中一项“应收账款”来汇报，显然意义不大。所以在实际业务中需要进行一个全流程的分析，在这个分析中，不仅可以看到各个阶段的转化率和金额，还可以看到滚动周期内每个阶段的时间维度。例如，从“在途商品”到“应收账款”用了 20 天，这意味着营销人员不作为，发货后没有及时找甲方客户进行回款。针对这一问题，在企业管理上可以进行优化，将销售提成与回款进行绑定，只有甲方客户回款后，营销人员才可以得到销售提成。

到这里就完成了本节的漏斗分析相关的介绍。通过实际案例为读者介绍了如何将流程进行拆解，制作一个全流程的分析图。在实际应用中，我们可以尽可能地将业务进行细分，细分得越细致就越有利于我们对数据进行分析，最终发现解决问题的有效方法。

8.4 矩阵分析：找对优先级让资源价值最大化

本节介绍图表分析的第 4 种方法——矩阵分析法。在矩阵分析法中笔者会推荐一个 KANO 模型。矩阵分析法可以帮助读者将有限的资源最大化地利用。例如，在有限的时间、精力、成本、费用预算等情况下，该如何选择是否购买呢？这里将金额从小到大，价值从低到高划分为图 8-51 所示的四象限。

第一象限：价格高，价值高。这类产品虽然价格较高，但对于我们意义较大，且投入会带给我们产出，是必须要买的，如办公必备的生产力工具笔记本电脑。第二象限：价格较低，价值较高。如利用一本书或一套课程来投资自己，让自己能够有效地提升和成长，从而得到一个有效的收益。第三象限：价格比较低，价值也较低。这类产品属于一些无关紧要的小物件。第四象限：价值比较低，价格比较高。如奢侈品就属于这一类产品。虽然四象限划分明显，但是由于实际情况复杂也有例外，每一类的产品属于哪一象限都不是一成不变的。所以还应该结合实际情况，站在用户的角度进行思考和分析。

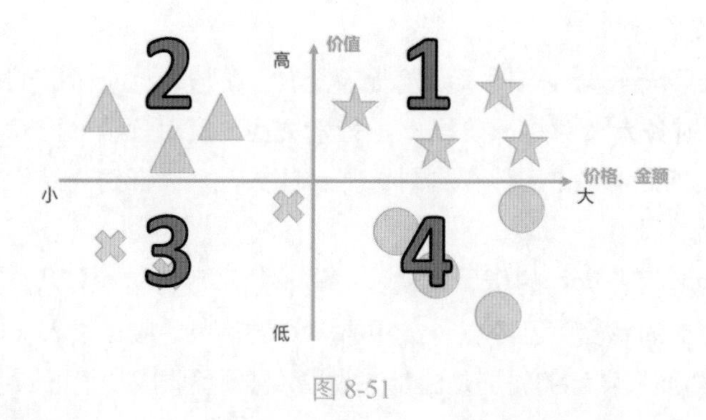

图 8-51

1. 波士顿矩阵

该如何对产品进行量化，进而进行数据分析呢？这里为读者介绍一个波士顿矩阵。波士顿矩阵在营销学中从产品的销售增长率和相对市场占有率两个角度划分四象限。如图 8-52 所示将产品划分为“明星产品”“金牛产品”“瘦狗产品”“问题产品”4 类。

为了帮助读者理解四象限产品的特点，这里举个简单的例子。如连衣裙的销售，设计师在春季开始设计，在这个阶段中，它的销售增长率和相对市场占有率都是比较低的，属于“瘦狗产品”。进入夏季，连衣裙的销售增长率会逐步提升，相对市场占有率也会逐步增大，成为“明星产品”。到了秋季，连衣裙又会下架，成为“瘦狗产品”。接下来又将进入下一个循环周期。所以，一般的产品可以从销售增长率和相对市场占有率两个角度来分析它属于哪一类产品。

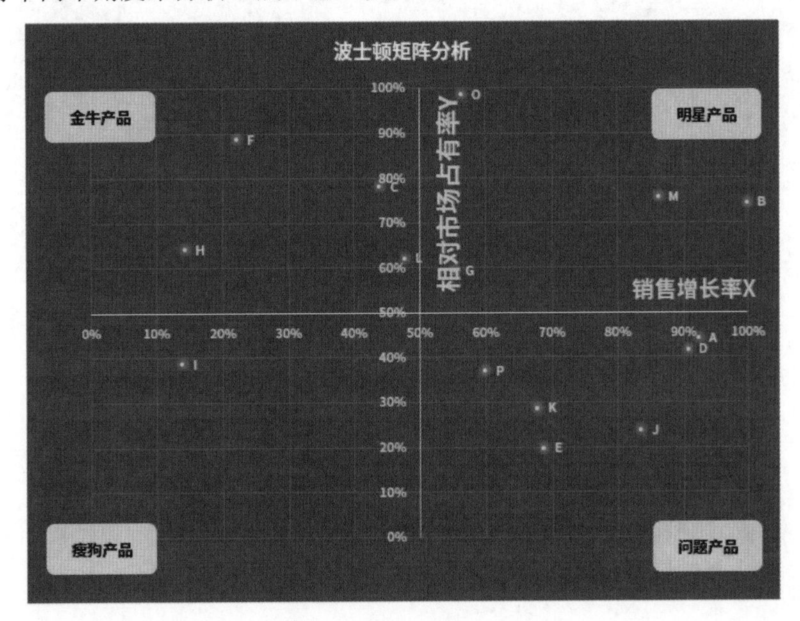

图 8-52

对于这样的矩阵分析模型可以利用 2.2 节介绍过的散点图来实现。以图 8-53 为例，对矩阵分析的四象限制作进行详细的介绍。

说明：本例中“价值”和“价格”的单位都为“元”，表中和下文中的单位省略，不再标出。

打开“\第 8 章 图表分析之法\8.4-矩阵分析，好钢用在刀刃上，让有限的资源价值最大化”源文件。

在“买买买”工作表中，选中“A1:C17”单元格区域并选择“插入”选项卡，单击“插入散点图(X、Y)或气泡图”下拉按钮，选择“散点图”选项。

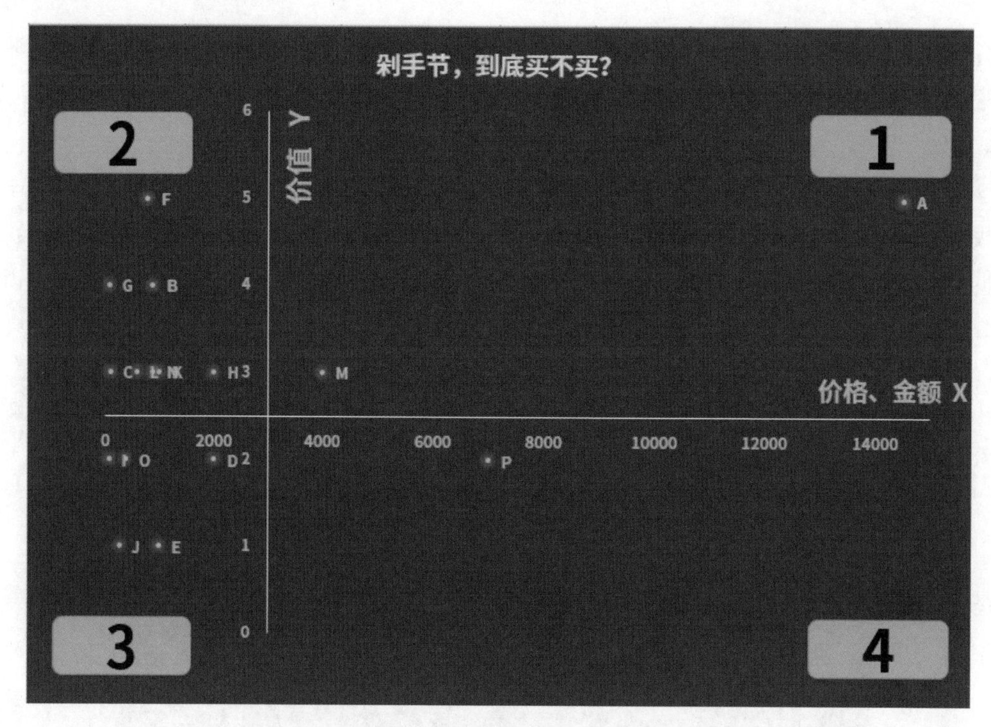

图 8-53

如图 8-54 所示，插入的散点图数据与目标样式不统一，可以对数据进行编辑。

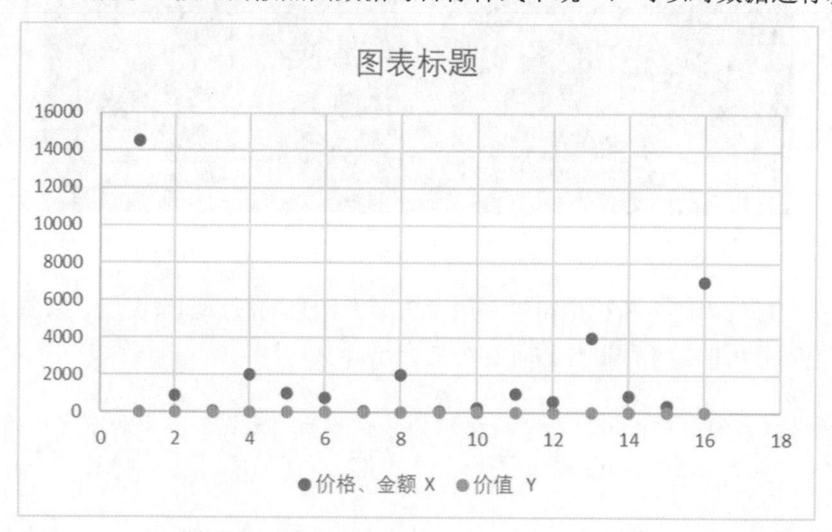

图 8-54

选中图表，选择“图表设计”选项卡，单击“选择数据”按钮，在弹出的“选择数据源”对话框中，将默认的图例项删除，选中“价格、金额 X”选项，单击“删除”按钮，选中“价值 Y”选项，单击“删除”按钮。接着单击“添加”按钮，重新添加数据，如图 8-55 所示。

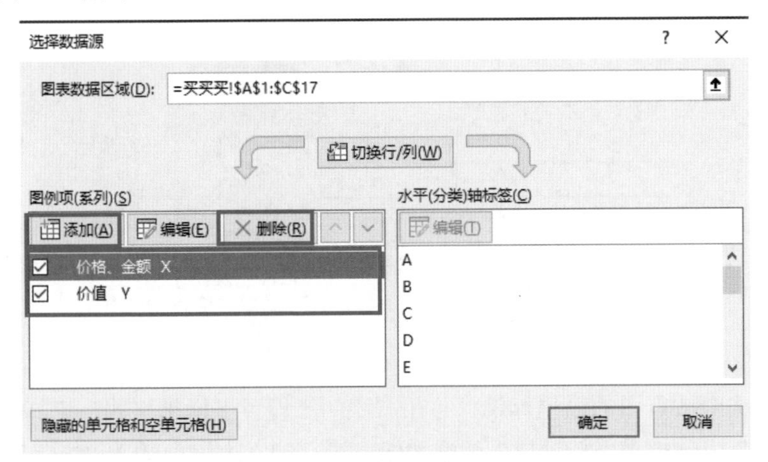

图 8-55

在弹出的“编辑数据系列”对话框中，单击“系列名称”文本框将其激活，选中工作表中的“A1”单元格。单击“X 轴系列值”文本框将其激活，选中工作表中的“B2:B17”单元格区域。单击“Y 轴系列值”文本框将其激活，选中工作表中的“C2:C17”单元格区域并单击“确定”按钮，在返回的“选择数据源”对话框中继续单击“确定”按钮，如图 8-56 所示。

图 8-56

通过调整坐标轴刻度线的位置，将散点图修改为四象限样式。选中散点图的横坐标轴并右击鼠标，在弹出的快捷菜单中选择“设置坐标轴格式”命令，在右侧的“设置坐标轴格式”工具箱中的“纵坐标轴交叉”中选中“坐标轴值”单选按钮，在右侧文本框中输入“3000”（横坐标轴交叉位置），按“Enter”键确认。此时，横坐标轴与纵坐标轴交叉于横坐标轴的“3000”位置，散点图成为一个纵横交叉的四象限样式，如图 8-57 所示。

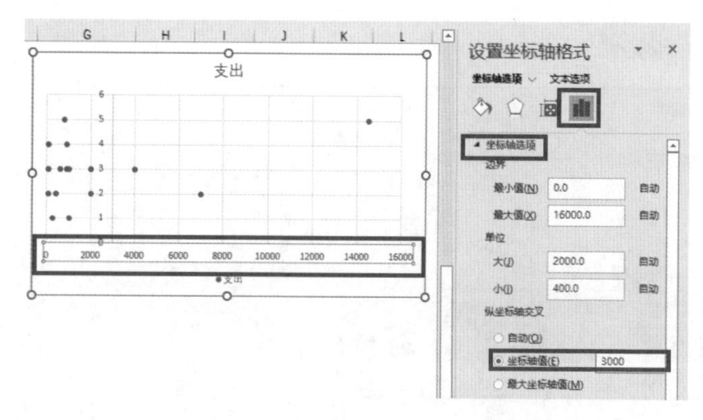

图 8-57

同理，选中散点图的纵坐标轴，并在右侧的“设置坐标轴格式”工具箱中的“横坐标轴交叉”中选中“坐标轴值”单选按钮，在右侧文本框中输入“2.5”（纵坐标轴交叉位置），按“Enter”键确认。此时，横坐标轴与纵坐标轴交叉于纵坐标轴的“2.5”位置，如图 8-58 所示。

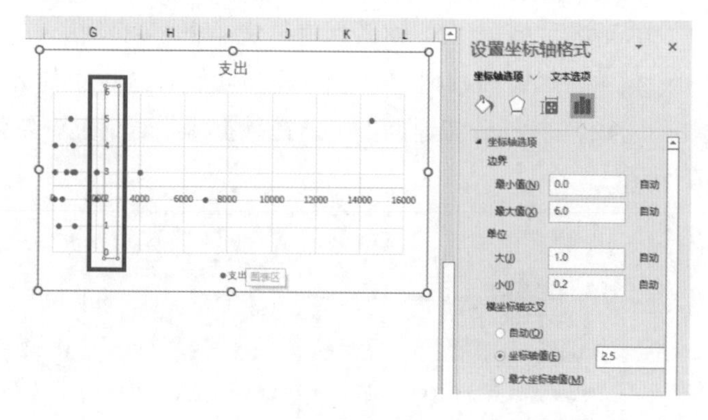

图 8-58

通过完成后的四象限可以看出，散点多集中于第二象限，也就是金额较低、价值较高的产品。对于坐标轴刻度线及交叉位置的设置可以根据实际情况来制定，通过交叉位置的刻度值来限定四象限划分的标准。如果想要制作出图 8-52 所示的居中交叉样式，同样可以通过调整交叉值来实现。

完成图表的制作后，进入图表的美化工作。选中图表，选择“图表设计”选项卡，在“图表样式”组中选择一个黑色风格的样式，如图 8-59 所示。

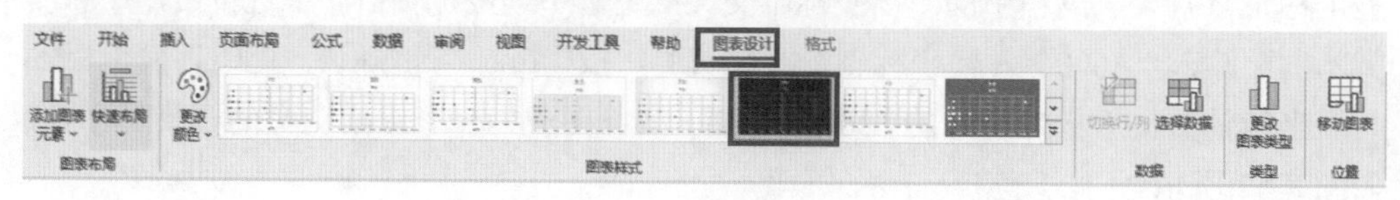

图 8-59

删除冗余的图表元素。选中网格线并按“Delete”键删除。单击图表右上角的“+”按钮，在“图表元素”列表中勾选“数据标签”复选框为图表添加数据标签。

继续对数据标签进行设置。选中数据标签，在右侧的“设置数据标签格式”工具箱中单击“标签选项”按钮，在“标签选项”组中取消勾选“Y 值”复选框，勾选“单元格中的值”复选框，在弹出的“数据标签区域”对话框中选中工作表中的“A2:A17”单元格区域，单击“确定”按钮，如图 8-60 所示。

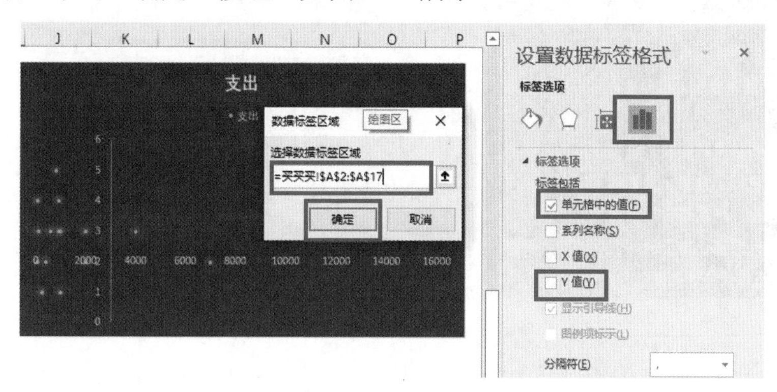

图 8-60

为了使横纵坐标轴的效果明显一些，可以分别对坐标轴的线条颜色进行设置。选中横坐标轴，选择“格式”选项卡，单击“形状轮廓”下拉按钮，在弹出的下拉列表中选择颜色为“白色”。按照这样的方式可以将纵坐标轴的颜色同样设置为白色。

到这里就完成了四象限的一般设置，最后可以为图表添加坐标轴标题。选中图表并单击图表右上角的“+”按钮，在“图表元素”列表中勾选“坐标轴标题”复选框。可以分别修改横坐标轴标题和纵坐标轴标题，并将其拖曳调整至合适的位置，进行美化即可。

四象限图可以帮助我们分析哪些产品应该购买：在实际生活中，可以将个人每月的项目支出和成本支出情况列举出来；在工作中，可以将销售的增长率和销售的相对市场占有率列举出来，做成四象限图进行分析。

在 4 种数据分析方法中，将图表作为数据分析的载体。对于图表本身，无论是柱形图、漏斗图还是散点图，都是比较简单的类型。图表的制作并不重要，重要的是分析数据背后核心的关键问题，并将这套分析逻辑应用到实际业务中，实现数据的价值。

2. KANO 模型

为了使读者深入了解 KANO 模型，这里举一个实战性的案例。图 8-61 所示为大鹅羽绒服年度销售业绩分析和解决方案的情况。

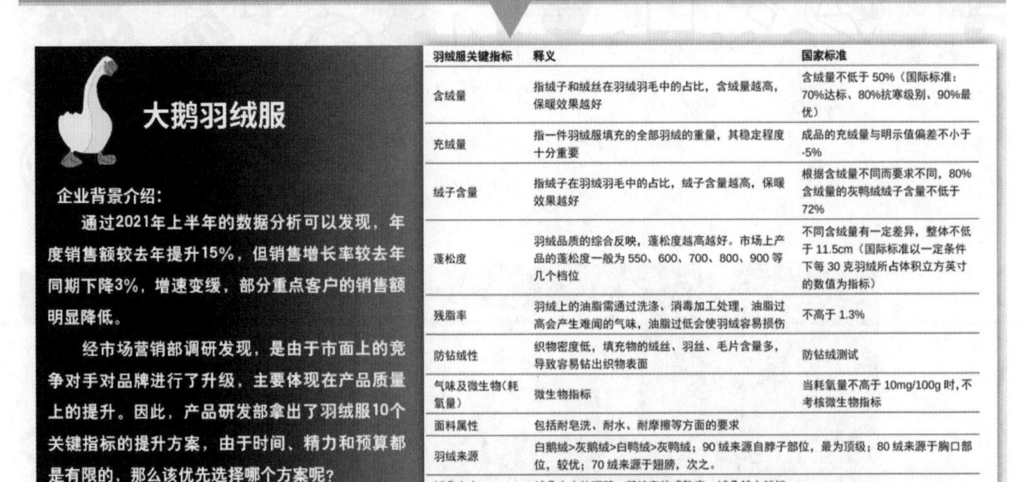

羽绒服关键指标	释义	国家标准
含绒量	指绒子和绒丝在羽绒羽毛中的占比，含绒量越高，保暖效果越好	含绒量不低于 50%（国际标准：70%达标、80%抗寒级别、90%最优）
充绒量	指一件羽绒服填充的全部羽绒的重量，其稳定程度十分重要	成品的充绒量与明示值偏差不小于-5%
绒子含量	指绒子在羽绒羽毛中的占比，绒子含量越高，保暖效果越好	根据含绒量不同而要求不同，80%含绒量的灰鸭绒绒子含量不低于72%
蓬松度	羽绒品质的综合反映，蓬松度越高越好。市场上产品的蓬松度一般为 550、600、700、800、900 等几个档位	不同含绒量有一定差异，整体不低于 11.5cm（国际标准以一定条件下每 30 克羽绒所占体积立方英寸的数值为指标）
残脂率	羽绒上的油脂需通过洗涤、消毒加工处理，油脂过高会产生难闻的气味，油脂过低会使羽绒容易损伤	不高于 1.3%
防钻绒性	织物密度低，填充物的绒丝、羽丝、毛片含量多，导致容易钻出织物表面	防钻绒测试
气味及微生物（耗氧量）	微生物指标	当耗氧量不高于 10mg/100g 时，不考核微生物指标
面料属性	包括耐皂洗、耐水、耐摩擦等方面的要求	
羽绒来源	白鹅绒>灰鹅绒>白鸭绒>灰鸭绒；90 绒来源自脖子部位，最为顶级；80 绒来源于胸口部位，较优；70 绒来源于翅膀，次之。	
绒朵大小	绒朵大小体现鸭、鹅培育的成熟度，绒朵越大越好	

图 8-61

KANO 模型将用户的需求分为以下五大类，如图 8-62 所示。

① 必备属性：如果优化此需求，用户的满意度不会提升；如果不提供此需求，用户的满意度会大幅度降低。如观看某一视频，如果效果流畅，则用户的满意度不会上升；如果卡顿严重，满意度会大幅度下降。

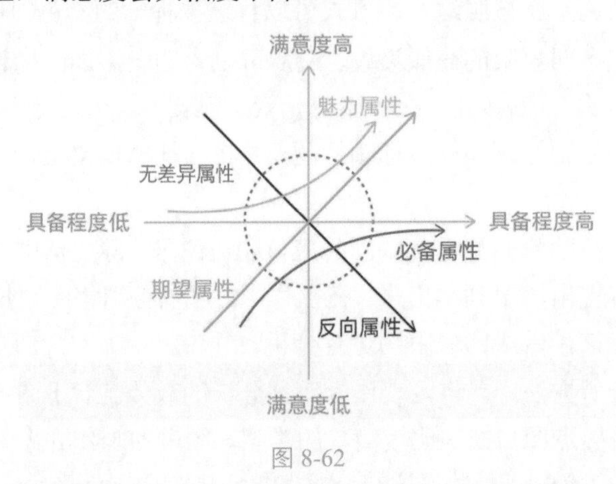

图 8-62

② 期望属性：如果提供此需求，则用户的满意度会提升；如果不提供此需求，则用户的满意度会降低。如本书配套的示例文件，如果提供示例文件，则用户的满意度会上升；如果不提供示例文件，则用户的满意度会下降。

③ 魅力属性：用户意想不到的。如果不提供此需求，则用户满意度不会降低；如果提供此需求，则用户的满意度会有大幅度提升。如本册图表书籍，除了为读者介绍

如何制作图表，还介绍了一个工作中数据分析的方法，在最后篇章还介绍了大屏可视化看板的制作，这些都是锦上添花的内容，属于魅力属性。

④ 无差异属性：无论提供或不提供此需求，用户的满意度都不会改变，用户根本不在意。这类因素对问题本身毫无影响，所以无须在此项目上浪费时间。

⑤ 反向属性：提供此需求时，用户的满意度反而降低。如追剧网站中插播的广告会降低用户的体验。

在实际调研中反向属性的价值要优于无差异属性，因为反向属性至少可以为我们提供一个产品改良的方向。

那么如何判定此需求的属性，并找到产品的爆款属性呢？可以为这个需求提两个问题，测试是否添加该需求：具备该功能会怎么样？不具备该功能会怎么样？

例如，本书是否配套答疑服务的调查。如果配套答疑服务，那么会选择以下 5 个选项中的哪一项呢？如果不配套答疑服务，那么又会选择以下 5 个选项中的哪一项呢？

A 我很喜欢　B 理应如此　C 无所谓　D 勉强接受　E 很不喜欢

当两个问题的结果确定后，可以来到图 8-63 所示的 KANO 模型的模板中，查找这个功能对应的属性。例如，如果提供这个功能，则选择“我很喜欢”；如果不提供这个功能，则选择“勉强接受”。根据调研结果在 KANO 模型的二维表中可以找到对应的属性，这里对于答疑服务，调研结果是魅力属性。

产品/服务的需求		负向评价（如果*产品，不具备*功能，您的评价是）				
		我很喜欢	它理应如此	无所谓	勉强接受	我很不喜欢
正向评价（如果*产品，具备了*功能，您的评价是）	我很喜欢	Q	A	A	A	O
	它理应如此	R	I	I	I	M
	无所谓	R	I	I	I	M
	勉强接受	R	I	I	I	M
	我很不喜欢	R	R	R	R	Q
	Q：可疑结果	A：魅力属性	O：期望属性	M：必备属性	I：无差异属性	R：反向属性

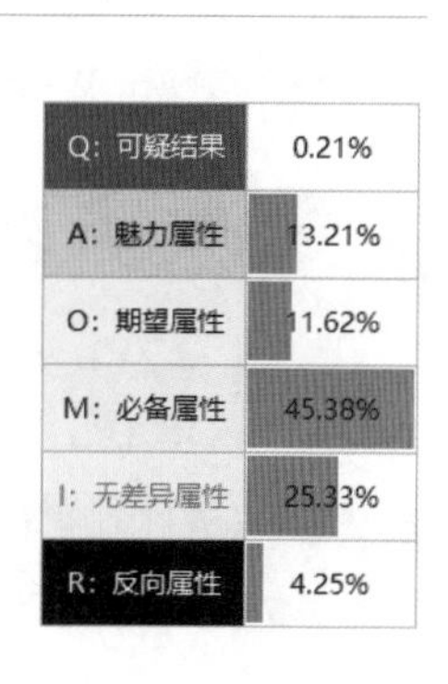

图 8-63

通过这样的调研后再查找对应属性，就可以得到图 8-63 所示的 6 种结果。利用函数等数据统计的方法，将每一属性所占调研数据的比例计算出来，就完成了这个需求的整体分析。

3. 矩阵分析 KANO 模型

除了利用统计的方法来计算，还可以利用矩阵分析中的 Better 系数和 Worse 系数来进行衡量。

说明：本例中涉及人数的单位为“人”，表中和下文中的单位省略，不再标出。

在“散点图矩阵分析-KANO 模型”工作表中，已经将 10 项类别分别列在“A”列，将“期望需求”“无差异需求”“必备需求”“魅力需求”4 类属性列在第“1”行，统计每一项目对应不同属性的人数，并利用“Better 系数”和“Worse 系数”做系数分布，最终判定“KANO 矩阵分类”，如图 8-64 所示。

	A	B	C	D	E	F	G	H
1	类别	认为满足期望需求的人数	认为满足无差异需求的人数	认为满足必备需求的人数	认为满足魅力需求的人数	Better系数	Worse系数	kano矩阵分类
2	含绒量	35	57	13	63	0.6	0.3	A：魅力需求
3	充绒量	32	13	92	31	0.4	0.7	M：必备需求
4	绒子含量	49	36	17	66	0.7	0.4	A：魅力需求
5	蓬松度	76	29	23	40	0.7	0.6	O：期望需求
6	残脂率	29	29	83	27	0.3	0.7	M：必备需求
7	防钻绒性	32	31	13	92	0.7	0.3	A：魅力需求
8	气味及微生物（耗氧量）	71	23	23	51	0.7	0.6	O：期望需求
9	面料属性	39	85	15	29	0.4	0.3	I：无差异需求
10	羽绒来源	69	16	58	25	0.6	0.8	O：期望需求
11	绒朵大小	8	56	35	69	0.5	0.3	I：无差异需求

图 8-64

Better 系数和 Worse 系数的函数公式如下。

Better 函数解析

=（魅力需求人数+期望需求人数）/（魅力需求人数+期望需求人数+必备需求人数+无差异需求人数）

=（A+O）/（A+O+M+I）

Worse 函数解析：

=-1*（期望需求人数+必备需求人数）/（魅力需求人数+期望需求人数+必备需求人数+无差异需求人数）

=-1*（O+M）/（A+O+M+I）。

故“F2”单元格内的函数为“=(E2+B2)/SUM(B2:E2)”，“G2”单元格内的函数为“=(D2+B2)/SUM(B2:E2)”，将公式向下填充即可。

利用 Better 系数和 Worse 系数进行系数划分的方法，比单纯计算每一属性的占比更加精准。

完成两个系数的计算之后，就可以将这些复杂的数据转化为 0～1 之间的数字。根据 Better 系数和 Worse 系数插入散点图，根据散点在四象限的位置判定每一需求对应的属性。

选中“F1:G11”单元格区域并选择“插入”选项卡，单击“插入散点图(X、Y)或气泡图”下拉按钮，选择“散点图”选项。

验证散点图默认的数据是否正确。选中图表并选择“图表设计”选项卡，单击“选择数据”按钮，在弹出的“选择数据源”对话框中单击“编辑”按钮。如图 8-65 所示，可以看到选择的数据无误，直接单击“取消”按钮，即可返回“选择数据源”对话框，继续单击“取消”按钮。

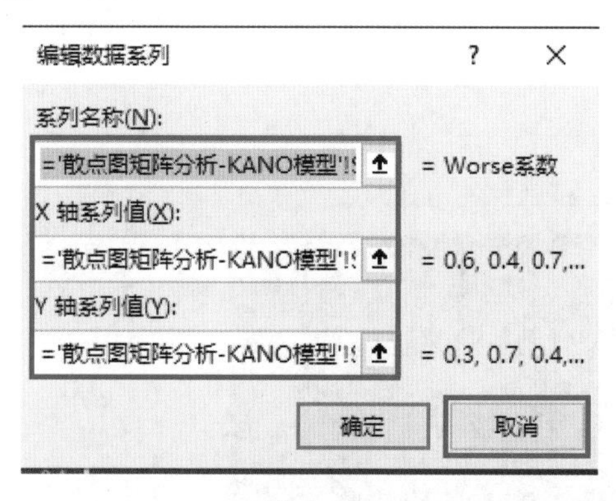

图 8-65

选中图表并选择“图表设计”选项卡，选择一个黑色风格的图表效果。

通过调整坐标轴刻度线的位置，将散点图修改为四象限样式。选中散点图的横坐标轴并右击鼠标，在弹出的快捷菜单中选择“设置坐标轴格式”命令，在右侧的“设置坐标轴格式”工具箱中单击“坐标轴选项”按钮，并在“坐标轴选项”组中，将“边界”中的“最大值”设为“1.0”，将“纵坐标轴交叉”中的“坐标轴值”设为“0.5”（横坐标轴的一半），按“Enter”键确认。如图 8-66 所示，横坐标轴与纵坐标轴交叉于横坐标轴的“0.5”位置，散点图成为一个纵横交叉的四象限样式。

同理，选中散点图的纵坐标轴并在右侧的“设置坐标轴格式”工具箱中单击“坐标轴选项”按钮，并在“坐标轴选项”组中，将“边界”中的“最大值”设为“1.0”，将“横坐标轴交叉”中的“坐标轴值”设为“0.5”（纵坐标轴交叉位置），按“Enter”键确认。此时，横坐标轴与纵坐标轴交叉于纵坐标轴的“0.5”位置。到这里就完成了四象限的制作，如图 8-67 所示。

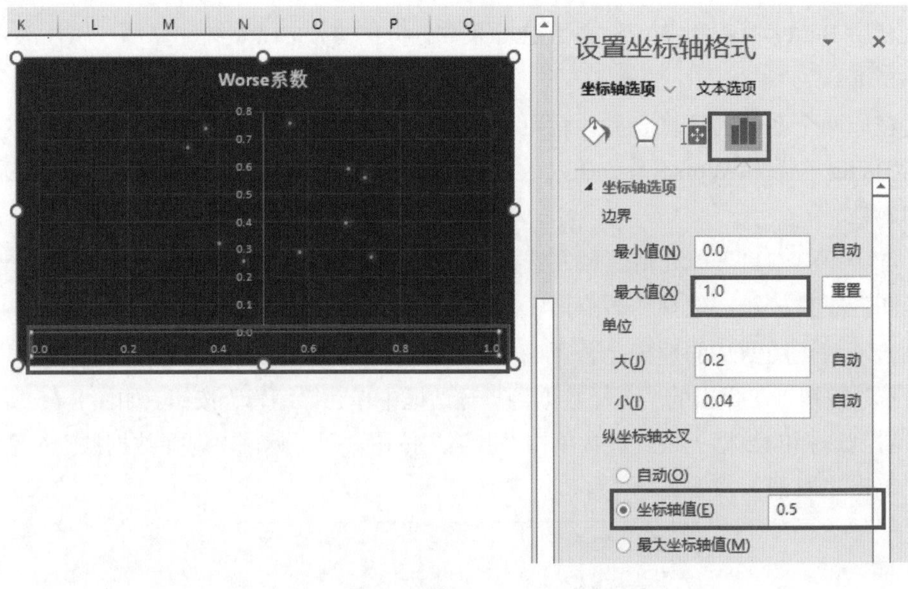

图 8-66

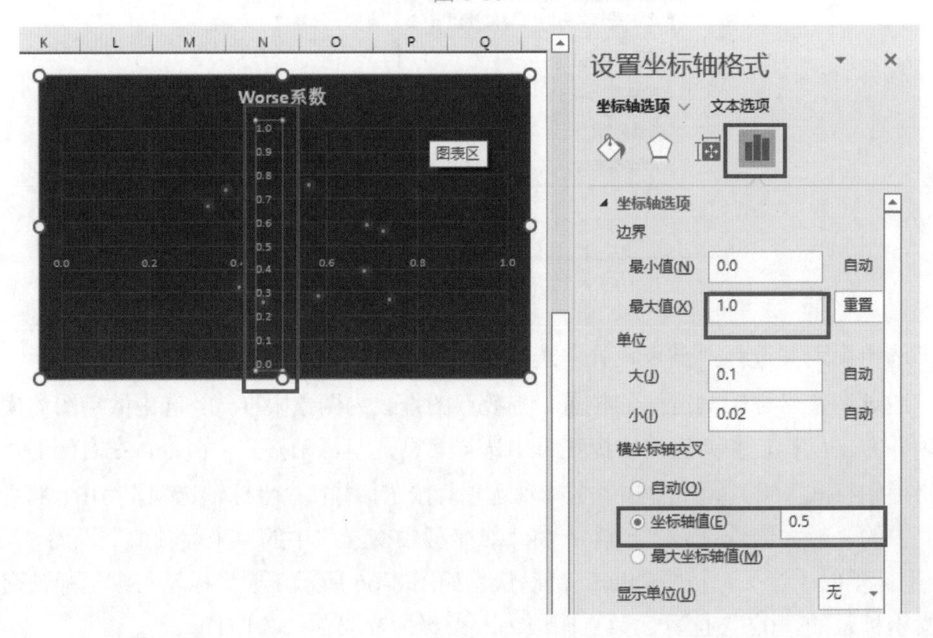

图 8-67

在四象限中对应的交叉结果分别代表着这个需求对应的属性。Better 系数和 Worse 系数均高于 0.5 的是期望需求。Better 系数低于 0.5，但 Worse 系数高于 0.5 的是必备需求。Better 系数和 Worse 系数均低于 0.5 的是无差异需求。Worse 系数低于 0.5，但 Better 系数高于 0.5 的是魅力需求，如图 8-68 所示。

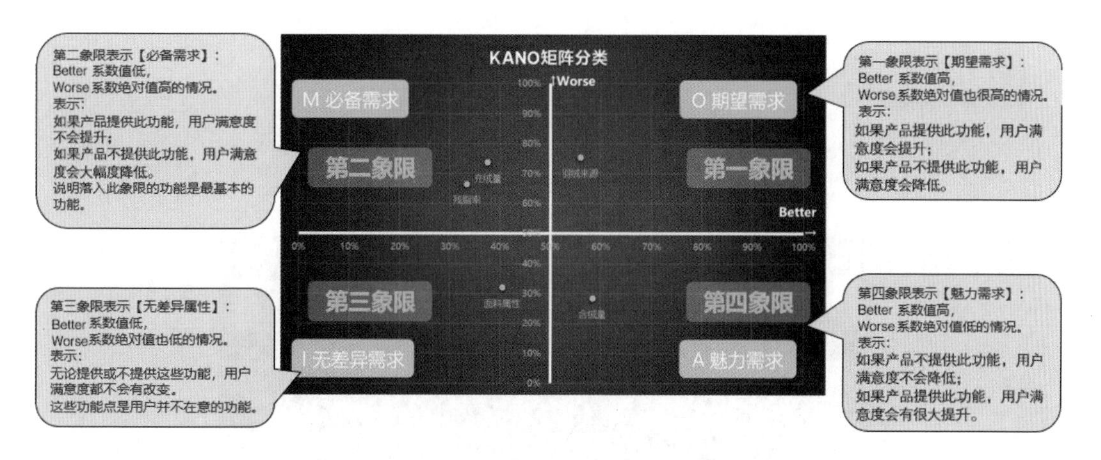

图 8-68

如何根据优先级来选择需求属性，提高产品的满意度呢？做业务数据分析时推荐使用以下 4 步，用数据驱动业务增长。

TOP1：夯实必备属性——不做体验降低。

TOP2：优化期望属性——持续提升。

TOP3：挖掘魅力属性——打造爆款。

TOP4：（重点）不在“无差异属性”上浪费时间——不做职场老黄牛。

首先是夯实必备属性，必备属性的缺失会造成用户体验感的降低，这类属性是必须具备的；然后是不断优化期望属性，持续提升用户的满意度；接着是挖掘魅力属性，打造爆款；最后的重点是不在无差异属性上浪费时间。

到这里就完成了本章关于图表分析之法的全部介绍。本章结合可视化图表的制作，介绍了图表的对比分析、拆解分析、漏斗分析和矩阵分析 4 种方法。由于在前面的图表基础篇和进阶篇中，已经对图表的基础知识进行了系统的介绍，所以本章不侧重于实操部分的内容，而是更侧重于业务的分析。聚焦到问题的关键点，用 4 种分析方法解决具体的问题，掌握可视化、结构化的汇报方法。具体需要选择哪种图表类型，可以根据汇报的需求进行选择。

学以致用

在“客户分析”工作表中，读者可以根据本节的介绍完成图 8-69 所示的四象限案例。

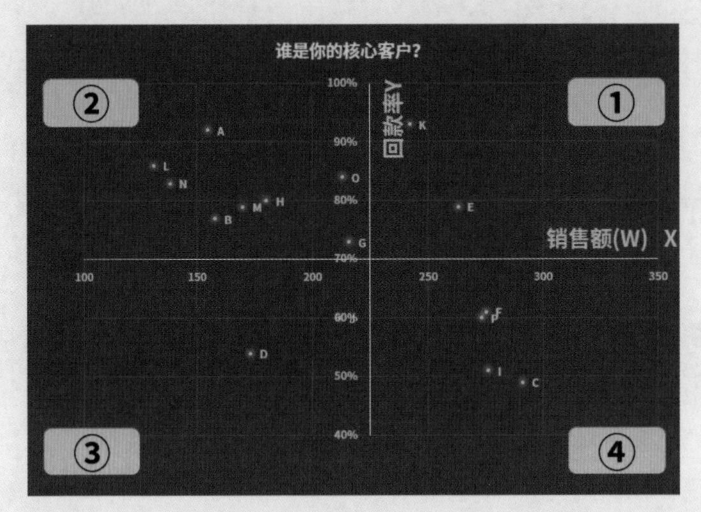

图 8-69

第 9 章 图表演示之道

接下来进入图表演示之道的相关介绍，本章将利用结构化的思考方法助力数据可视化呈现，以及剖析数据分析报告的结构和逻辑。

9.1 结构化思考和可视化呈现

在做结构化输出和汇报前，笔者推荐读一本书——《金字塔原理》，其中的内容可以帮助我们厘清思路，使结构更加清晰。

通过图 9-1 我们可以清楚地看到金字塔原理的逻辑，在金字塔的顶端是“中心思想”，在“中心思想”后逐层叙述它的“分论点”，以及每个“分论点”对应的“论据”。这样逐层延伸，形似一个金字塔。

如图 9-2 所示，在金字塔原理的使用过程中，开篇必须具备一个“中心思想”，下面每一层级都是呼应“中心思想”的。在编写“中心思想”或叙述“中心思想”前可以设置一个开头，这个开头是以“序言”的形式存在的，它的主要作用是吸引我们的注意力。关于“序言”存在以下 4 个要素。

① 情境（Situation）：事情发生的时间和地点。

② 冲突（Complication）：中间发生了什么事。

③ 疑问（Question）：产生了什么疑惑。

④ 回答（Answer）：回答问题。

如“小葵花妈妈课堂开课啦！孩子咳嗽老不好，多半是肺热，用葵花牌小儿肺热咳喘口服液，清肺热，治疗反复咳嗽，妈妈一定要记住哦！”这段内容就是“序言”，在产品说明中都是根据金字塔原理分层展开的，利用“分论点”对“序言”进行回答。

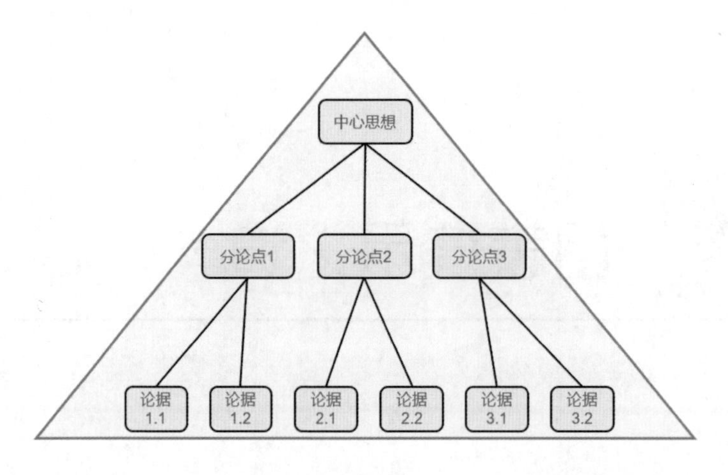

图 9-1

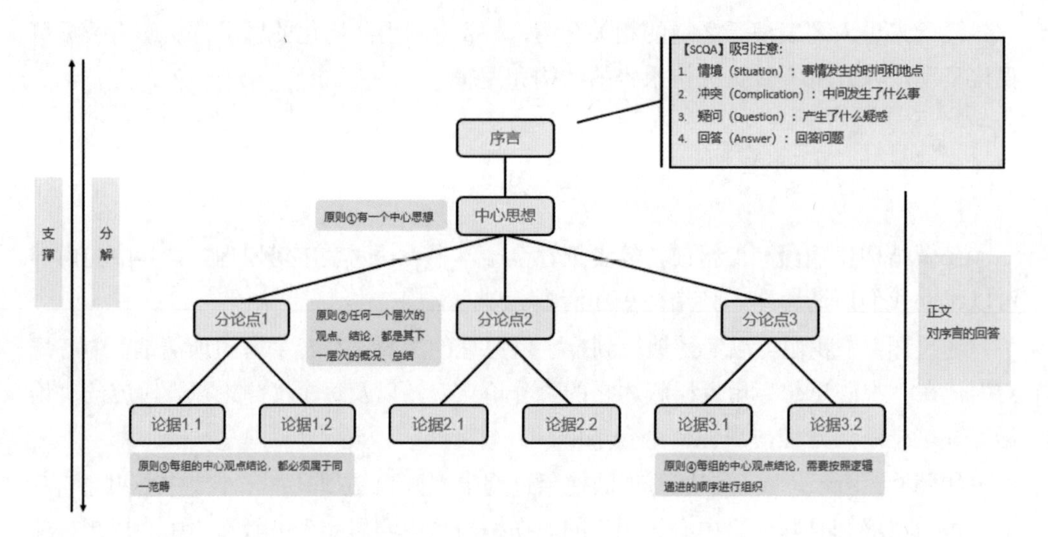

图 9-2

对“序言”进行回答时有以下 4 个基本原则。

原则①：有一个中心思想。

原则②：任何一个层次的观点、结论，都是其下一层次的概况、总结。

原则③：每组的中心观点结论，都必须属于同一范畴。

原则④：每组的中心观点结论，需要按照逻辑递进的顺序进行组织。

首先将“中心思想”放在最前面，然后下面每一层的“分论点”既是对上层“论点”的支撑，又是对下层“论据”进行的总结和概括，所以每个论据都是属于同一范畴的。在“分论点”的叙述过程中，都要按照一定的逻辑递进顺序进行介绍。同时，整个文章或汇报报告始终都要遵循“从上而下做分解，从下而上做数据支撑”的原则。

在做数据的可视化分析时，实际是通过数据获取了一个底层的“论据”，即数据可以支撑它的“论点”。至于“中心思想”，是需要我们提前规划好的。

9.2　数据报告的结构与逻辑

接下来介绍数据报告的结构与逻辑。除了传统的图表可视化，我们还可能需要撰写各种数据分析报告。在日常数据分析中，笔者梳理了图 9-3 所示的流程。

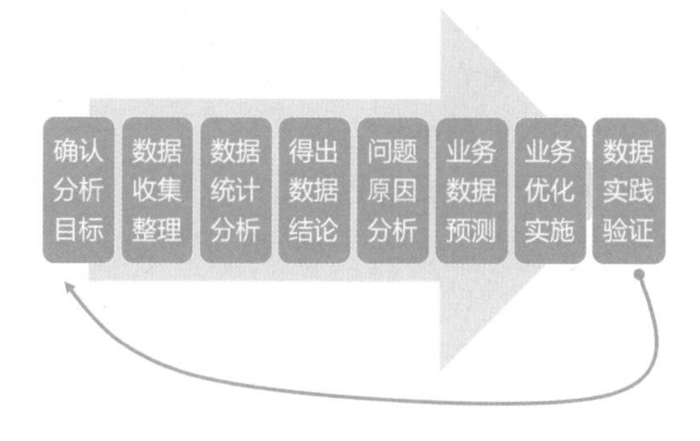

图 9-3

1．数据分析报告的类别

首先确认数据分析的目标，然后进行数据的收集整理和数据的统计分析，进而得出数据结论。到这里并不是数据分析的结束，而是数据分析的开始。因为得到结论就会利用对比分析法分析现象的好坏，分析导致问题的根本因素。接着利用前面介绍的鱼骨图，找到每层的逻辑和原因。找到原因就可以做数据的预测，做不同方式的调整。只要找到优化的方向对业务进行优化与实施，得到新一轮的数据就可以验证优化方案的好与坏。最后进入循环阶段，继续确认下一个数据分析的目标。因此数据分析是一个循环迭代的过程，可以助力业务的增长。

撰写一份通俗易懂的分析报告，是职场人的一个重要能力。笔者将介绍撰写数据报告的思路。数据报告都有哪些类型？不同类型的报告撰写的方法有何差异？笔者将常见的报告分为以下 3 类。

① 日常工作类：日报、周报、月报、季报、年报。

② 专题分析类：针对某一问题的具体分析研究。

③ 综合研究类：从宏观、全局的角度进行总体评价。

第 1 类是日常工作类的报告，如日报、周报、月报、季报、年报等。这些是定期以某个具体业务场景的数据分析为主的，通常反映日常业务的执行情况。它主要以当前数据为支撑，具有一定的时效性。

例如，近期都做了什么样的市场活动，本周应收账款日报完成的情况。在实际工作中可以将核心的 KPI 指标全部梳理出来，即反映日常业务的报告。这类报告通常由每个业务岗位的职员制作，可以帮助我们向上层做汇报，让决策者可以掌握业务线的最新动态。如某公司的日常运营报告，电商、销售岗的日常销售报告，产品运营周报，等等。通过日报可以了解每天的销售额情况，用户的流入与流出情况，进而可以得到同比和环比增长情况，等等。

第 2 类是专题分析类的报告，是针对某一具体问题来做具体深入分析的。这类报告没有固定的时间，但存在大致的方向。它属于一个垂直领域，内容比较单一，但重点更加突出，用于集中精力解决某一具体问题。这类报告需要先对问题的数据背景情况进行描述，再为问题提出可行性的解决方案。

这种分析报告需要业务岗位的人员对数据有较深的理解和认识，同时需要他们有较强的数据思维能力，对数据具有敏感性，会挖掘问题的根本原因。还需要他们对数据未来的方向提出一个很有效的建议，从而促进业务有效提升。

第 3 类是综合研究类报告，是从宏观的、全局的角度对某一项目或事件进行总体评价的。这类报告的分析维度比较全面，它会系统地分析指标的体系，考察数据和业务之间的内部逻辑关系。例如，14 亿人口普查的报告，某些企业全局的运营分析报告等。

针对不同的业务场景，数据分析报告的类型也会存在差异。实际工作中分析报告的类型很多，如竞品类、行业类、研究类等，这里不一一展开介绍了。读者可以通过“发现报告”这样的工具网站学习行业内的优秀报告，提高自己撰写分析报告的能力。

2．数据分析报告的基本结构

对于数据分析报告的基本结构大概可以分为图 9-4 所示的 6 个方面。

第 1 个是“背景及目的”，主要描写报告的业务背景、汇报的对象、数据汇报的价值。第 2 个是“数据来源”，为数据注明来源之后，分析报告才会有比较高的可信度。第 3 个是“数据展示”，这里需要注意的是，数据和文字图表的排版要合理，只有这样才能具有一个比较好的可视化的效果。同时还要注意核心数据指标的展现，如业绩的 GMV、数值、增幅、降幅、同比和环比等。第 4 个是“数据分析”，要清楚数据指标背后的业务含义，不同的业务、产品、行业背景下的指标体系各有不同，我们需要保证分析的合理性和可解释性。由于分析内容会具有差异性，需要根据实际的框架和逻辑进行具体的调整。第 5 个是“抛出结论”，到这里就得出了数据分析的结论，这样数据的分析才有意义。第 6 个是“提出建议”，有了结论，发现问题之后就需要根据分析的结论提出相应的应对措施。

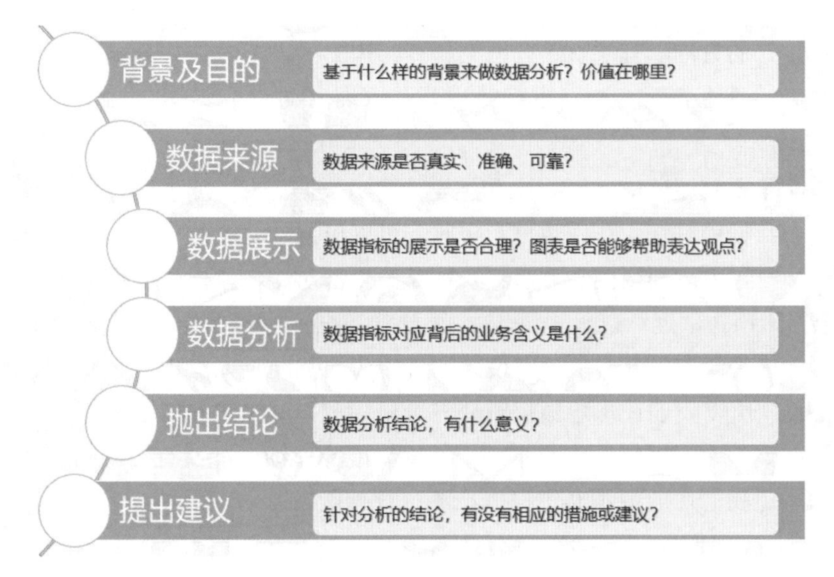

图 9-4

数据分析报告是对数据进行全方位解读的一个分析方法，可以为决策者提供一些决策的依据，从而提高企业的盈利能力，最终提高企业的核心竞争力。

最后给读者提出 6 个小建议。

① 明确汇报对象，突出汇报重点。

② 结构清晰有逻辑，明确问题有方向。

③ 明确判断标准和结论，明确数据指标。

④ 数据可视化，标出异常和重点数据。

⑤ 分析结论，贵精不贵多，吸睛更重要。

⑥ 正视问题，给出方案，持续跟踪。

第 1 个是明确汇报对象，突出汇报重点，不要大而全地对不同的人做统一的汇报。例如，对公司的决策者做汇报，报告的重点侧重于关键指标的情况。关键指标是否达到了预期的目标，如果没有达到就需要先找到没有达到预期目标的根本原因，然后进一步进行拆解。通过细化的数据指标来简明扼要地阐述问题的关键点，进而给出改善的方案。如果达到目标就需要总结一下经验，哪些经验可以复制、扩充，哪些值得推广。如果汇报的对象是普通的业务人员，例如，做 ERP 方案时，如果向决策者汇报则侧重于宏观角度，如果针对业务岗职员汇报，就需要侧重于具体的实操。挖掘具体业务问题的关键点，找到痛点，提出有效的解决方案。这样在做数据分析汇报时才可以实现数据驱动业务的目的。

第 2 个是要具备一个好的框架，只有在结构比较清晰、逻辑比较明确的情况下，才会有一个好的方向。有层次、有框架、有结构的报告才能让观众一目了然，易读性强。所以在梳理汇报时，先将框架梳理好，谋而后动，不要盲目地进行分析或呈现图表。

第 3 个是要有明确的判断标准和结论，明确数据指标。如果没有数据指标，就很难判断一个数据的好坏。在做数据汇报时，可以根据行业经验来梳理业务指标。在判断数据好坏时，可以利用两种方法：一种是做内部对比，另外一种是做行业对比。例如，某个门店销售额连续三天上涨 5%。这样的数据究竟怎么样呢？如果单纯看 5%这个数据是无法衡量它的好坏的。如果同期其他店面都同时上涨 10%，则说明经营结果是不理想的。所以我们在形容数据时要先给出标准，单纯的根据心理预期判断，不同的人会存在偏差。根据指标来反推这个数据完成的业绩情况就有了明确的判断依据，这样能够避免我们在业务沟通中根据猜测进行推断。

第 4 个是数据可视化，在制作图表时，要善于发现数据中的异常值和重点数据。为了使图表更加易于传递信息，可以为关键数据值填充不同的颜色，还可以用大小和形状来标识重点数据。并且在标识时不要盲目地使用过多的色彩，要遵循常见的原则。例如，红色代表增长，绿色代表下降等。利用可以带给观众深刻印象的语言让图表更加出彩，更加形象、生动。

第 5 个是分析结论，贵精不贵多，吸睛更重要。例如，在进行幻灯片呈现时，一页幻灯片中有一句金句，往往更能抓住观众的眼球。总之，建议读者直接精准地表达出汇报的主题及数据报告存在的价值。

第 6 个是正视问题，在普通职员角度更多的是给领导抛出问题的，而不是提供解决方案的。但在领导视角，更希望下属给到自己的是看到问题后对问题的解决方案。

所有数据的分析都是为了发现问题并解决问题，提供出决策的依据。这便是数据分析的意义所在。

9.3 可视化图表与其他软件的交互

完成结构化思考和数据报告的撰写后，如何将可视化的图表与其他软件进行交互呢？我们常用 Excel 来制作图表，完成图表的制作后，如何将 Excel 图表和 Word 或 PowerPoint 实现联动变化呢？可以先选中 Excel 中制作好的图表所在的单元格区域，按“Ctrl+C”组合键复制，然后在 PowerPoint 中选择“开始”选项卡，单击“粘贴”按钮对应的下拉按钮，在下拉列表中选择“选择性粘贴”选项。在弹出的“选择性粘贴”对话框中选中“粘贴链接”单选按钮，选中要链接的工作表对象，单击“确定”按钮，如图 9-5 所示。

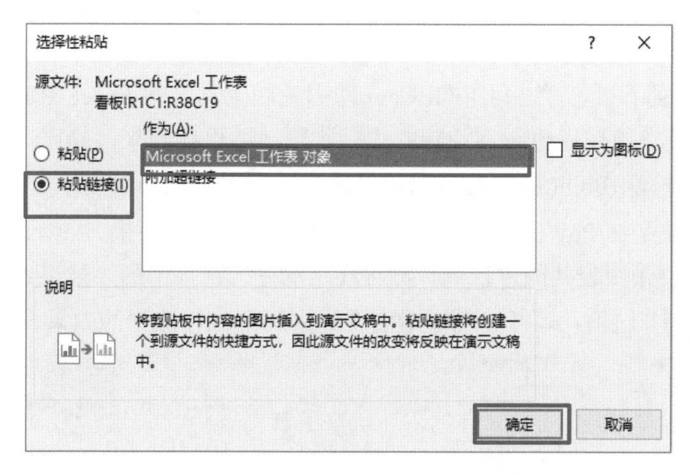

图 9-5

这样就可以建立起 Excel 和 PowerPoint 之间的动态联动变化。当 Excel 数据发生变化时，在 PowerPoint 中只需要选中链接的图表并右击鼠标，在弹出的快捷菜单中选择“更新链接”命令就可以实现 PowerPoint 图表的联动更新。这时我们双击 PowerPoint 中的图表，就会自动跳转到绑定的 Excel 中，这样就实现了 Excel 图表和 PowerPoint 图表的联动，如图 9-6 所示。

图 9-6

需要说明的是，Excel 和 PowerPoint 两个文件的保存路径是固定不变的，如果文件路径发生更改，再次打开 PowerPoint 时，就需要将关联的路径重新进行更新，这样才能重新同步到 PowerPoint 中。以上就是第 1 种方法，通过建立链接实现 Excel 和 PowerPoint 之间的动态联动变化。

第 2 种方法是通过 Gif 动图的方式实现 PowerPoint 中动态图表的展示。例如，在本书第 10 章中的看板，可以利用 GifCam 动图录制工具录制 Excel 中的图表，按“F9”键实现 Excel 图表的数据更新，录制完成后，将动图保存起来，并通过插入图片的方式将图表插入 PowerPoint 中，就可以实现动态图表样式的巧妙展示。

第 3 种方法是在 PowerPoint 中为图表设置一些播放的效果。PowerPoint 图表常规的擦除功能是整张图表共同进行的，如果在“动画”选项卡的“效果选项”下拉列表中选择“按类别”选项，即可实现根据图表类别逐个进行擦除的效果，如图 9-7 所示。

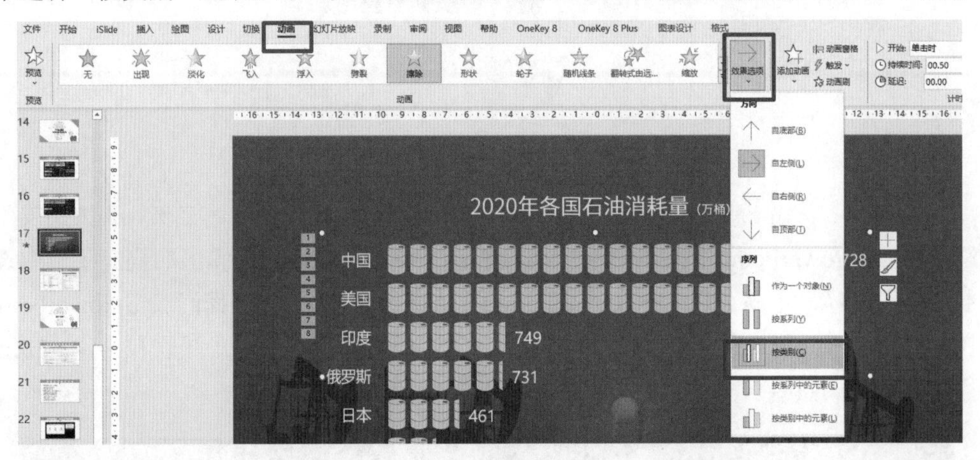

图 9-7

按类别设置动画效果的方式是 PowerPoint 图表播放中的一个特点，在饼图、柱形图、折线图中都可以利用这种方式，按照不同的类别做动态演示效果。这种方式常用于演讲中根据不同系列分别进行阐述的情况。

Excel 不仅可以与 PowerPoint 实现联动更新，还可以与 Word 实现联合办公。工作中你有没有遇到过这种情况——需要将前期写在 Word 中的分析报告快速转化成幻灯片？

打开“\第 9 章 图表演示之道\Excel 数据分析可视化实战大纲”源文件。

以本书大纲为例，在 Word 中已经提前设置好了大纲级别，可以选择“视图”选项卡，单击“大纲”按钮切换为大纲视图，如图 9-8 所示。

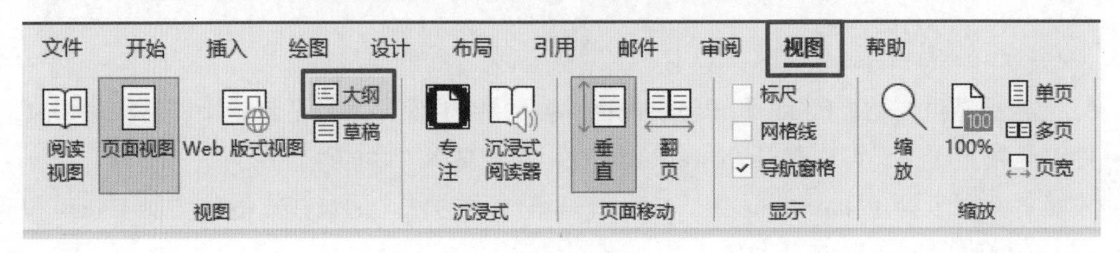

图 9-8

在大纲视图下既可以查看设置好的大纲级别，又可以对大纲级别进行进一步的设置。具体操作方法：直接选中标题，选择“大纲显示”选项卡，在“大纲级别”下拉列表中可以设置不同的级别，设置完成后保存即可，如图 9-9 所示。

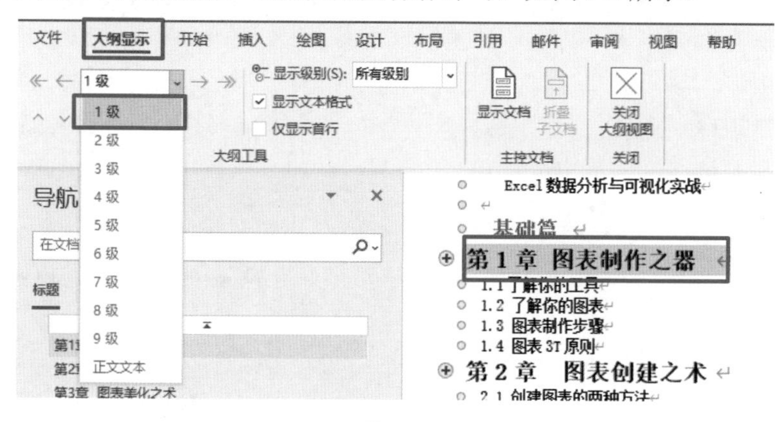

图 9-9

完成 Word 大纲级别的设置后，打开一个空白的 PowerPoint 文档。在 PowerPoint 中选择“开始”选项卡，单击“新建幻灯片”下拉按钮，选择“幻灯片（从大纲）”选项，如图 9-10 所示。

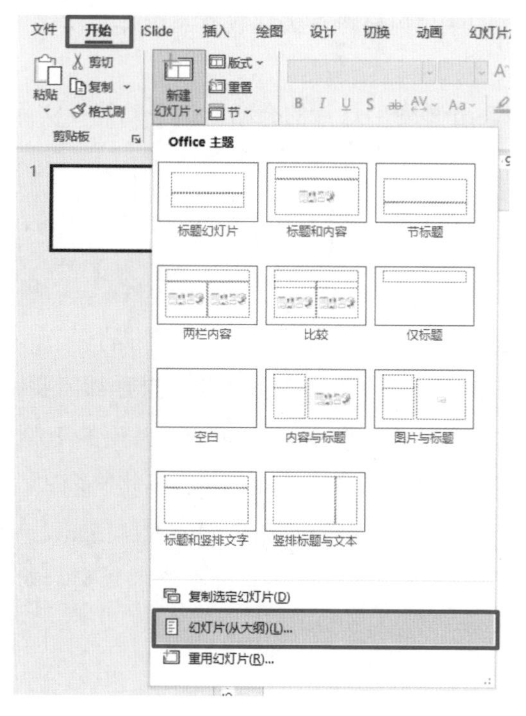

图 9-10

在弹出的“插入大纲”对话框中找到目标 Word 大纲的位置，选中并单击“插入”按钮。如图 9-11 所示，即可按照大纲级别设置好幻灯片页面。

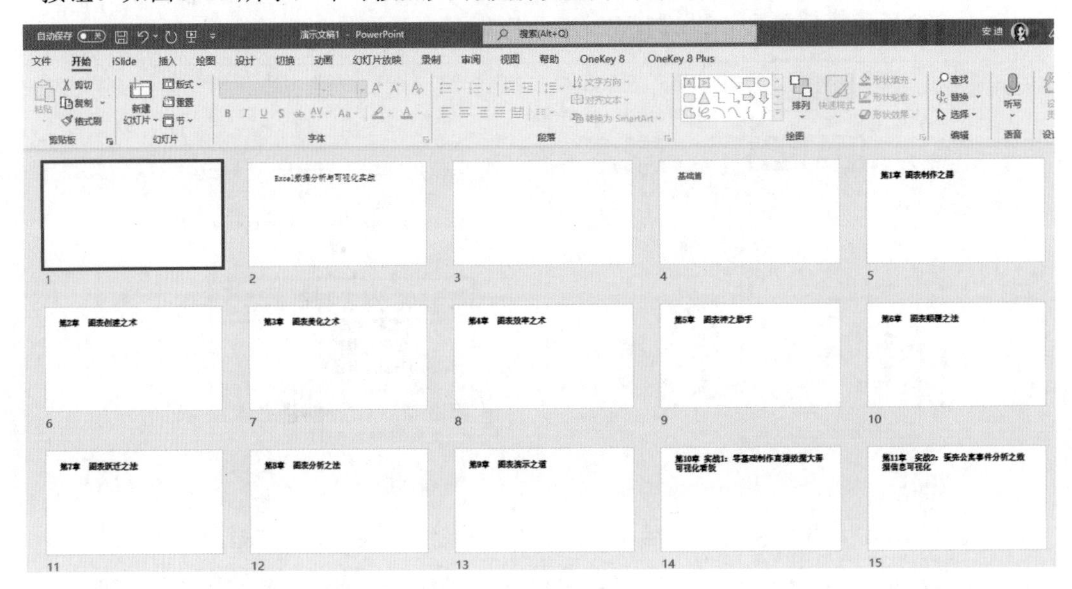

图 9-11

可以直接对幻灯片的颜色风格进行美化设置。选择“设计”选项卡，选择一个合适的风格即可。

到这里就完成了 Word 秒变幻灯片的介绍，这个功能在实际工作中会经常用到，希望对读者有所帮助。

9.4 演讲与演示

完成 Word 秒变幻灯片的介绍后，进入演示和演讲的环节。在演示和演讲环节中，无论是幻灯片汇报还是数据分析报告，在呈现和汇报时都需要做两项检查工作。

第一项是演讲者的主题检查，图 9-12 所示的是常用的 10 项主题的检查清单。

演讲的主题是什么，听众最想听的点在哪里，不想听的点在哪里。开场方式是怎样的，采用什么样的形式做互动，有没有相应的仪式感或重点引发思考的问题，有没有一些重要的观点输出，演讲的结束方式是什么样的。最后对整场演讲进行回顾和复盘。

1	你演讲的主题是？	
2	你的听众情况：	人数：　职业： 年龄：　知识构成：
3	听众最想听的三点可能是：	1: 2: 3:
4	听众最不能接受的三点可能是：	1: 2: 3:
5	你的开场方式是：	□普通开场 □互动开场 □多媒体开场 □自我介绍开场 □其他
6	你打算采取何种互动形式？	□无 □提问法 □小组比赛法 □有奖竞猜法 □其他
7	你打算采取何种办法塑造演说中的仪式感？	□无 □表演 □服装 □号召 □其他
8	你的演讲是否有令人难忘的举动或者金句？	举动：□无 □有 采用何种形式： 金句：□无 □有 数量情况：
9	你演讲收结的方式是？	□祝福结尾 □歌声结尾 □礼物结尾 □头尾呼应收结 □其他
10	你觉得这次演讲，听众会记住你的三点是？	1: 2: 3:

图 9-12

第二项检查是演讲前的设备检查，包括以下几项。

- 会场电脑是什么系统？什么软件版本？
- 会场电脑是否有相应的字体？
- 会场使用什么输出接口？
- 如果你的电脑是 Type-C 接口，转换接头携带了吗？
- 会场播放时声音怎么播出？有音箱吗？
- 是否设置好了相应的音频输出设备？
- 翻页笔携带了吗？有电吗？U 盘携带了吗？
- 纸质宣传材料，如名片、宣传册携带了吗？
- 电源够用吗？备用电脑携带了吗？

如果采用幻灯片的形式做演讲，需要对涉及的设备进行检查。例如，培训会场是否支持自带电脑，现场电脑是什么系统，是否支持高级版本的图表演示。会场电脑是否支持特殊字体，是否有投影接口，是否需要自带转接头。如果需要播放视频，是否配置了音箱。同时，在会场演示时用 U 盘备份所要演示的文件，避免由于网络不畅通造成数据传输的故障。最后检查是否需要携带企业的宣传资料。

这里提供一个助力演讲者演讲的视图模式，该模式可以作为演讲者在演讲时的提词器。具体操作：演讲者在放映幻灯片时右击鼠标，在弹出的快捷菜单中选择“显示演示者视图”命令，即可在右侧看到备注栏中的内容。这里可以单击“变黑或还原幻灯片后放映”按钮，将演示界面变为黑屏的效果，并单击“笔和激光笔工具”按钮在黑屏上自由绘画，助力我们的演讲。还可以单击“放大到幻灯片”按钮，将页面局部放大，如图 9-13 所示。

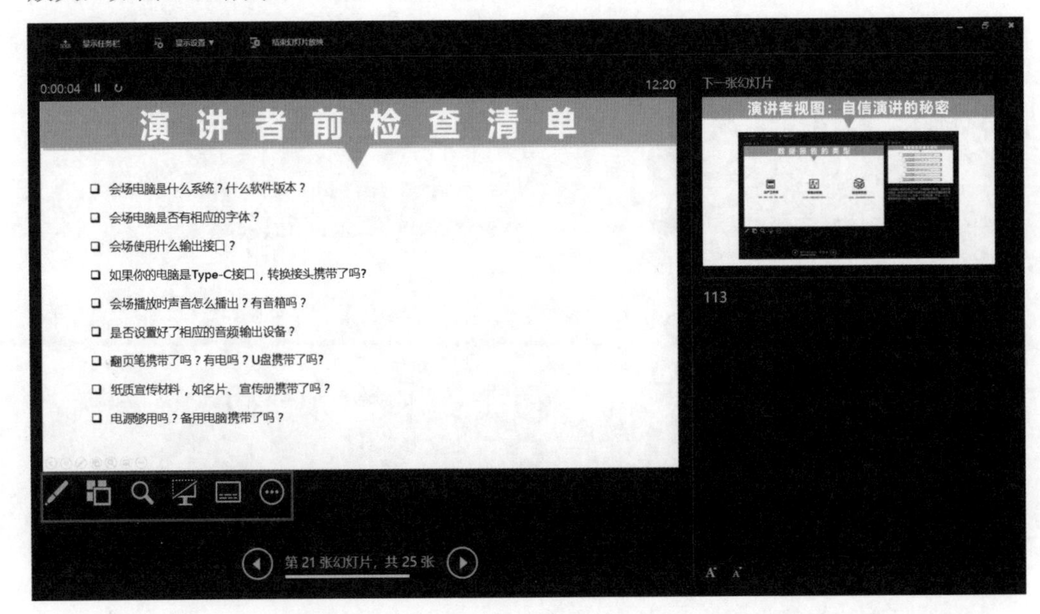

图 9-13

到这里就完成了本章关于图表演示之道的全部介绍，本章首先从结构化思考和可视化呈现开始介绍。然后介绍了数据报告的结构和逻辑，提供了数据报告的基本结构和框架，希望对读者的工作有所启发，帮助读者写出一份好的数据分析报告。接着通过可视化图表与其他软件的交互使用，介绍了 Excel 和 PowerPoint 数据的联动，以及将 Word 一键转为幻灯片的方法。最后介绍了一个视图模式，助力读者在演讲时增加自信。

第 3 篇　实战篇

前面两篇带领读者认识了图表的制作之器，通过基础图表的创建了解了每一种图表的功能与用途，并且可以利用多种方法实现图表的美化，通过图表跃迁之法的介绍还可以完成特殊图表的制作。本篇开始进入图表的综合实战内容介绍，首先根据基础数据源表构建数据透视表，然后通过数据透视表做图表，最后形成智能的动态看板。

第 10 章 零基础制作直播数据大屏可视化看板

本章将综合前面的知识点，将数据源贯穿图表，利用 Excel 制作图 10-1 所示的“直播大数据的可视化看板”。这个看板样式来源于“蝉妈妈”的直播平台数据统计，本章将利用 Excel 来实现同样的效果。

图 10-1

10.1 可视化看板分析和拆解指标

在制作看板之前需要分析看板底层的数据与统计分析的指标。这里要厘清销售的 KPI（关键绩效指标），如主数据有 ID、粉丝量、GMV（一定时间内的成交总额）、人气、UV 价值（平均每个进店的客人产生的价值）、平均停留；观看数据有累计观看人次、在线人数、新增、平均停留时长（平均停留时长越长，越会有一个好的转化率基数来做转化）；商品数据有头图、品名、直播价、销量、销售额；开播数据有开播时间、下播时间、直播时长；音浪收入即为直播间打赏的收入；粉丝数据有涨粉人数、新增粉丝团、累计涨粉、转粉率（在进行数据分析时看数值又看比率，如果转粉率比较高，说明直播内容质量比较高，平台的推荐算法也会更加倾向于推动）；观众画像有性别、年龄段、地区（直播间会根据客户群体对直播内容做出调整）。这些 KPI 指标在直播看板中都可以一一对应，如图 10-2 所示。

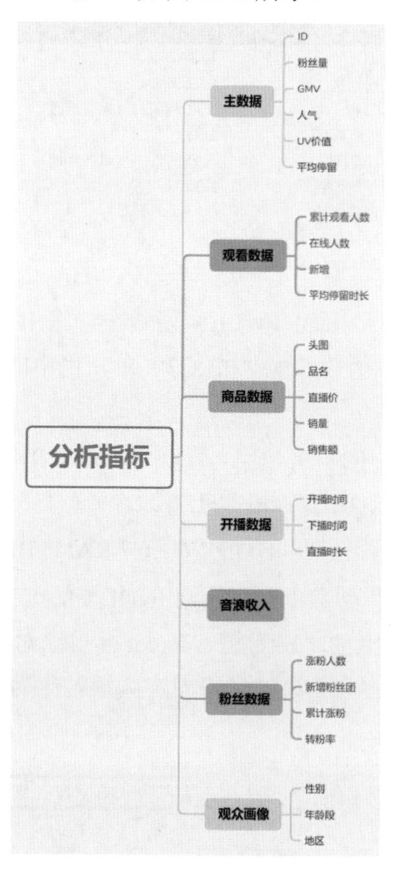

图 10-2

关于看板的底层数据，数据源可以是“蝉妈妈”可视化平台记录下来的，也可以利用 RANDBETWEEN 函数模拟完成。在后面案例中，还可以根据自己实际工作或企业实际记录的数据来完成这种可视化看板的制作。

对于看板的制作思路，可以通过准备数据源、创建基础图、图表美化、看板设计 4 个步骤来完成。接下来就根据这个制作思路详细地介绍“直播大数据的可视化看板”是如何制作的。

打开“\第 10 章 制作：直播数据大屏可视化看板\10.1-制作直播数据大屏可视化看板-1-模拟数据源表”源文件。

10.2 模拟数据源表

在“作图数据源”工作表中，按照前面分析的 KPI 指标准备基础数据源，如图 10-3 所示。

主数据		
ID	宸宸	
粉丝量	9777.1万粉丝	
GMV	23,057,621	(成交总额)
人气峰值	1.3万	
UV价值	2.79	(单客产值)
平均停留'	1'50''	
直播主题		

图 10-3

这里利用 INDEX 和 RANDBETWEEN 函数在一组 ID 中随机获取一个名称。如图 10-4 所示，利用 INDEX 函数匹配“C1:C7”单元格中的第 *N* 个值，带入公式，即“=INDEX(C1:C7,N)”。

其中，*N* 代表 1～7 之间的随机数字，可以利用 RANDBETWEEN 函数随机取 1～7 中的任意一个数，即 RANDBETWEEN(1,7)。

将其带入 INDEX 函数，即“=INDEX(C1:C7,RANDBETWEEN(1,7))”。

此时，如果我们将“C”列数据删除，则 INDEX 的结果也会消失。可以选中函数中的“C1:C7”，并按键盘上的“F9”键，Excel 会自动对“C1:C7”单元格区域执行计算，将其变为一个固定的数组。这就是将固定区域转化为数组的方法，此时删除“C”列，公式仍然可以进行计算。

A2 =INDEX(C1:C7,RANDBETWEEN(1,7))

	A	B	C	D	E	F	G
1			表姐				
2	王大刀		凌祯				
3			张盛茗				
4			王大刀				
5			Ford				
6			宸宸				
7			Excel表姐				

图 10-4

同理，其他 KPI 制表数据也可以利用 RANDBETWEEN 函数模拟完成，读者可以根据本书配套的示例文件查看每一指标模拟数据的函数，这里不做赘述。

到这里我们就完成了数据源的基础准备工作。数据是图表底层的逻辑所在，想要制作出好看的图表，其前提是有一个准确、清晰的作图数据源，准备好数据源之后，就可以正式进入图表的制作、美化，以及看板的制作了。

10.3 创建基础图表

10.2 节完成了基础数据源的准备工作，本节开始进入基础图表的创建和美化。如图 10-1 所示，在这个“直播大数据的可视化看板”中需要制作的图表并不多，包括 3 个折线图、1 个柱形图、3 个环形图，其他数据都是通过文本框绑定单元格的值来实现的。接下来完成这几个图表的创建。

（1）制作“观看趋势”折线图。

在 10.2 节准备好的数据源表中，观看趋势所涉及的数据在“观看数据”里面，按“Ctrl”键，同时选中“L3:L44”和“N3:P44”单元格区域并选择“插入”选项卡，单击“插入折线图或面积图”下拉按钮，选择“折线图”选项。

此时折线图存在两个问题，如图 10-5 所示：①横坐标轴数据特别多，没有全面、清晰地显示出来；②平均停留时长没有有效地显示出来。

图 10-5

调整横坐标。将“L”列时间每 5 个划分为一组，在“M”列设置辅助数据，将“M”列的“显示坐标轴”辅助数据作为横坐标轴的数据区域。

选中图表并选择“图表设计”选项卡，单击“选择数据”按钮，在“水平（分类）轴标签”列表框中单击“编辑”按钮，在弹出的“轴标签”对话框中，选择“M”列数据（或者直接将“L”修改为“M”），单击“确定”按钮，继续单击“确定”按钮，如图 10-6 所示。此时图表的横坐标轴数据就显示出来了，如图 10-7 所示。

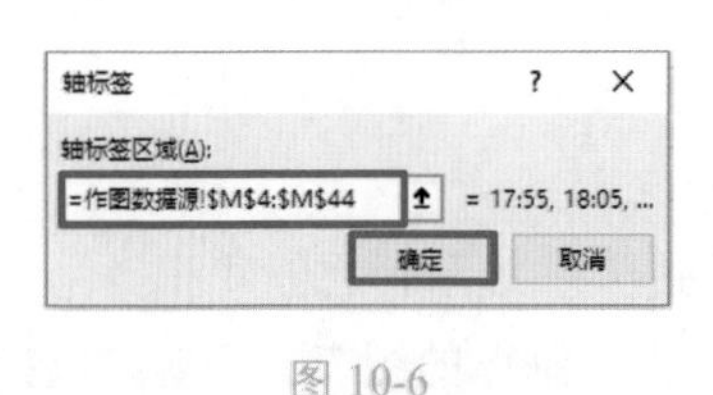

图 10-6

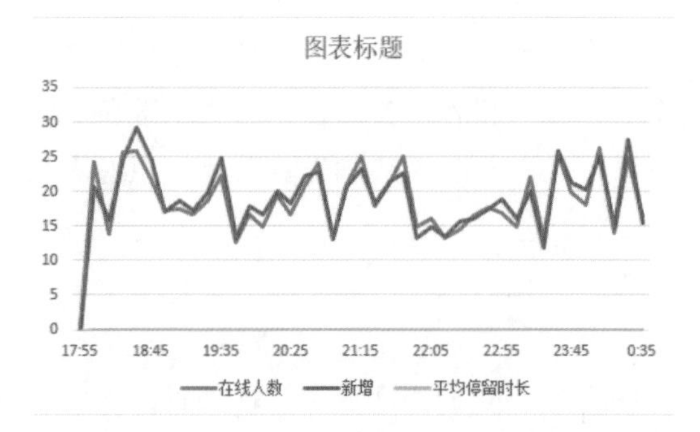

图 10-7

将图例放在图表顶端。选中图表并单击右上角“+”的按钮，在“图表元素”列表中勾选“图例”复选框，并在其下拉列表中选择“顶部”选项。

将折线图设置为平滑线。选中一个折线图并右击鼠标，在弹出的快捷菜单中选择“设置数据系列格式”命令，在右侧工具箱中勾选“平滑线”复选框。同理，将另外一个折线图也设置为平滑线。

将“平均停留时长”设置为次坐标。选中绿色的“平均停留时长”折线图，并在右侧工具箱中的“系列选项”组中选中“次坐标轴”单选按钮。如图 10-8 所示，“平均停留时长”折线图就显示出来了。同样将“平均停留时长”折线图修改为平滑线。

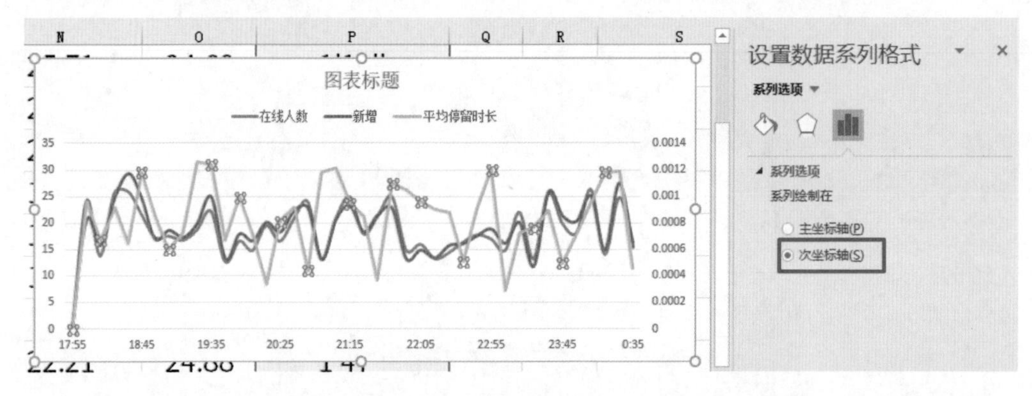

图 10-8

这里我们可以发现，次坐标轴中的时间并没有显示为与数据源一样的“1′23″”这样的样式。这是因为在数据源中，我们是利用单元格格式将其自定义设置为时间形式的。但是在坐标轴中却没有启用这样的自定义单元格格式，所以可以通过选中次坐标轴并在右侧的“设置坐标轴格式”窗格中的“数字”组中设置它的自定义单元格格式。在“类别”下拉列表中选择“自定义”选项，在“格式代码”文本框中输入“m′ss″”，并单击“添加”按钮。如图 10-9 所示，次坐标轴的显示样式就与数据源中的一样了。

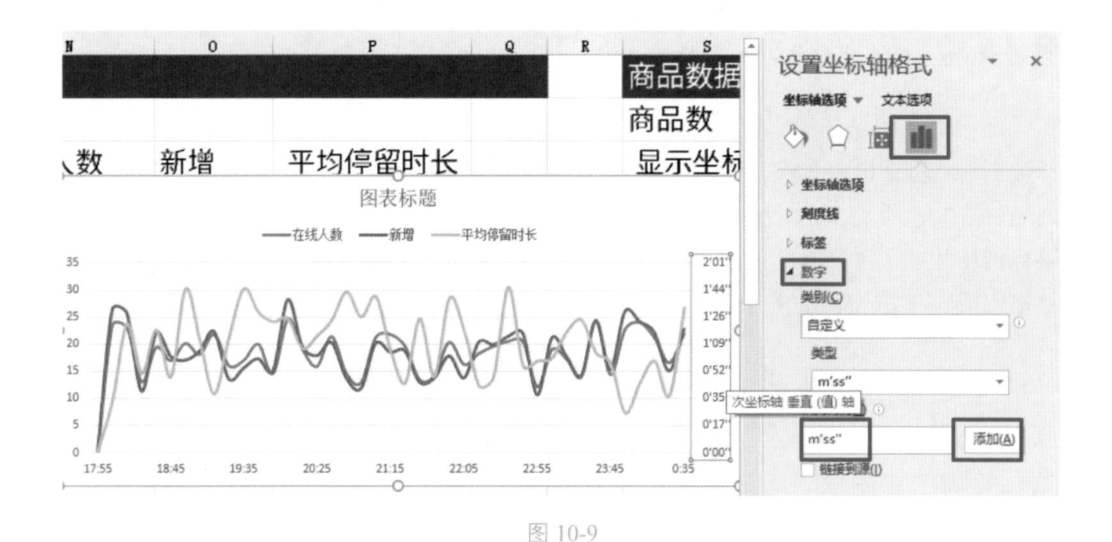

图 10-9

到这里就完成了“观看趋势”折线图的创建，接下来进行“商品累计销量”折线图的制作。

（2）制作“商品累计销量”折线图。

商品累计销量所涉及的数据在“商品数据”里面，按“Ctrl”键，同时选中“S4:S44”和“U4:U44”单元格区域并选择“插入”选项卡，单击“插入折线图或面积图”下拉按钮，选择“折线图”选项，如图 10-10 所示。

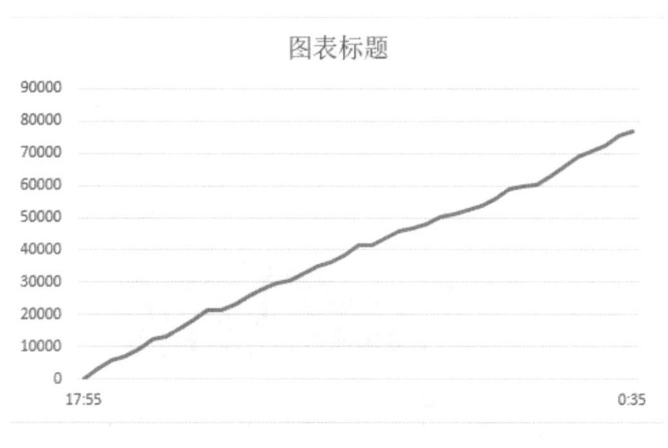

图 10-10

在看板中我们可以看到，“商品累计销量”折线图不是一个单纯的折线图，在折线图的下方有一个渐变颜色的样式，这个样式需要在折线图的基础上添加一个面积图来实现。这就是前面介绍过的，凡是需要添加新的特效都需要重新添加数据。

提示：新特效需要添加新数据来实现。

选中折线图并选择“图表设计”选项卡，单击“选择数据”按钮，在弹出的“选择数据源”对话框中单击“添加”按钮。在弹出的“编辑数据系列”对话框中单击“系列名称”文本框将其激活，输入“面积图”，单击“系列值”文本框将其激活，拖曳鼠标选中“U”列数据，单击“确定”按钮，在返回的“选择数据源”对话框中继续单击“确定”按钮，如图 10-11 所示。

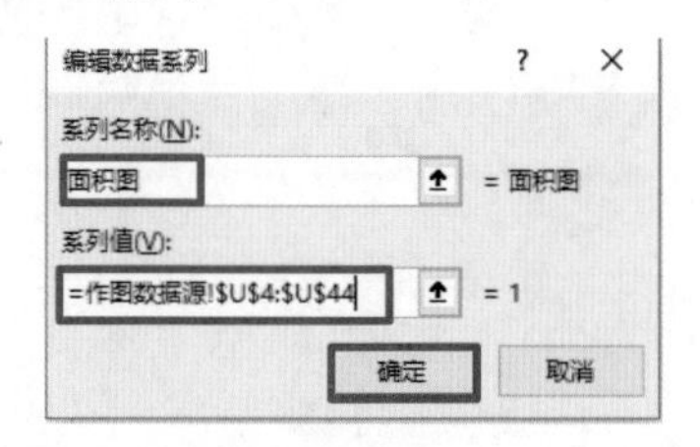

图 10-11

选中折线图并选择“图表设计”选项卡，单击“更改图表类型”按钮，在弹出的“更改图表类型”对话框中选择“组合图”选项，将“系列 1”选择为“折线图”，将“面积图”选择为“面积图”，单击“确定”按钮，如图 10-12 所示。

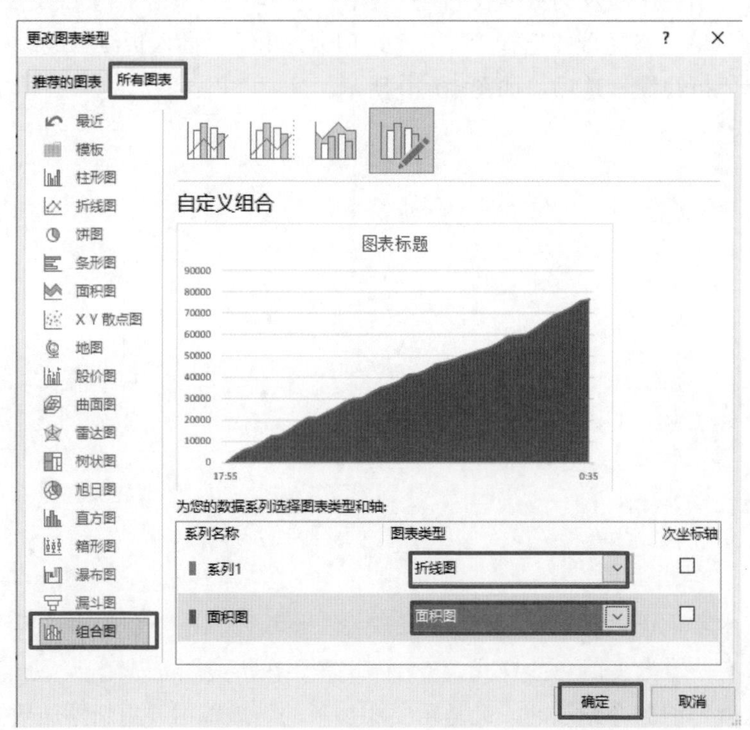

图 10-12

到这里就完成了“商品累计销量”折线图的制作。关于图 10-13 中的商品明细表，是根据数据源中的表格内容链接而来的，后面直接对其进行美化就可以了。

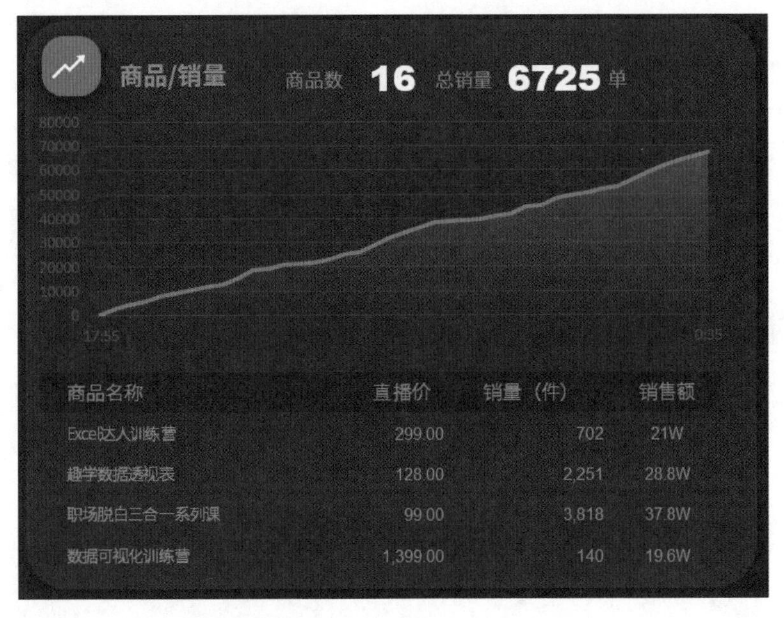

图 10-13

（3）制作“涨粉”折线图。

关于“涨粉”折线图涉及的数据，在“涨粉数据”中。选中“AM:AD”列数据和“AQ”列数据，与上述操作一样插入折线图，并将折线都设置为平滑线，将图例调整到图表顶部。如图 10-14 所示，图表就制作完成了。

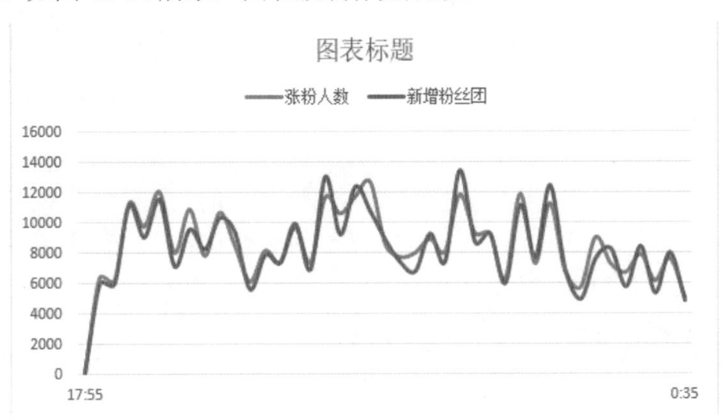

图 10-14

（4）制作“性别”环形图。

选中“AT3:AU4”单元格区域并选择“插入”选项卡，单击“插入饼图或圆环图”

下拉按钮，选择“圆环图”选项。到这里就完成了环形图的创建，可以分别选中图例和图表标题将其删除。

同理，选中“AT15:AU16”单元格区域并选择“插入”选项卡，单击“插入饼图或圆环图”下拉按钮，选择“圆环图”选项。

（5）制作“年龄段”柱形图。

选中“AV3:AY8”单元格区域并选择“插入”选项卡，单击“插入柱形图或条形图”下拉按钮，选择“簇状柱形图”选项。选中柱形图的柱子，在右侧“设置数据系列格式”工具箱中，将“系列重叠”调整为“100%”，如图 10-15 所示。

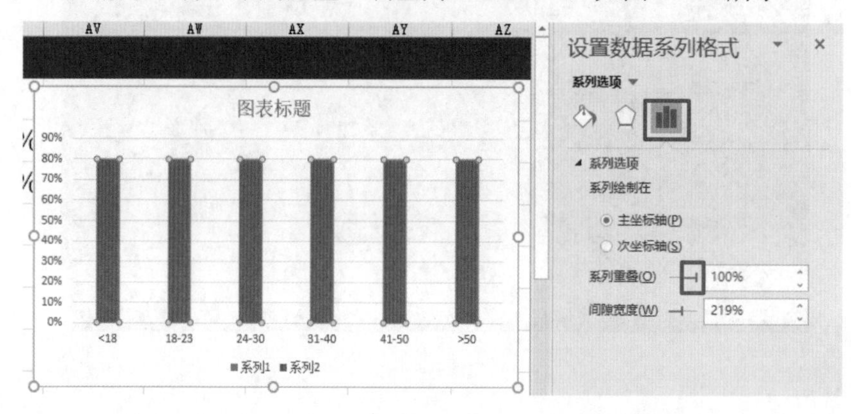

图 10-15

调整两个系列柱子的顺序。选中柱形图并单击“选择数据”按钮，在弹出的“选择数据源”对话框中选中“系列 2”选项，并单击▲按钮，单击“确定”按钮，如图 10-16 所示。

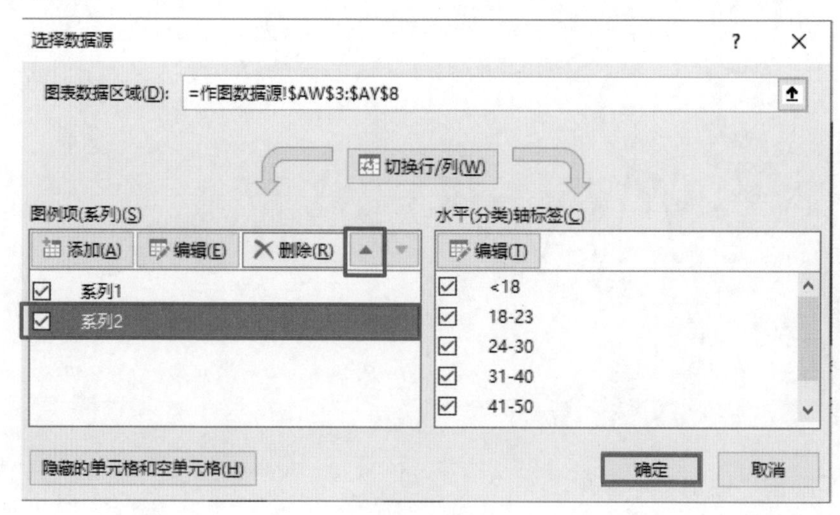

图 10-16

将柱形图的图例和图表标题删除。到这里就完成了“年龄段”柱形图的创建，如图 10-17 所示。

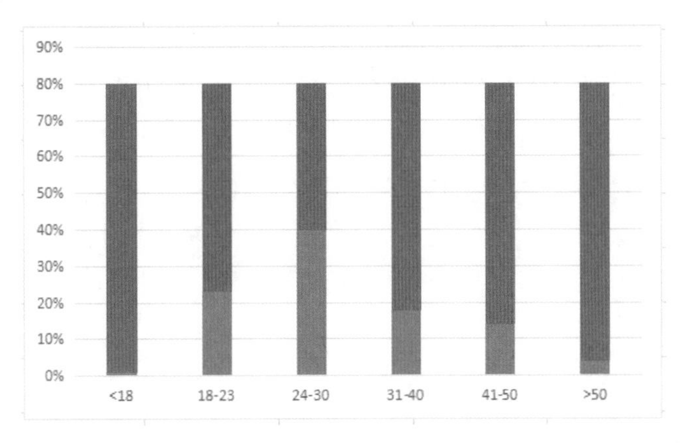

图 10-17

（6）制作“来源”环形图。

对于“来源”环形图的创建，选中“BA3:BB6”单元格区域并选择“图表设计”选项卡，单击“插入饼图或圆环图”下拉按钮，选择“圆环图”选项，将环形图的图例和图表标题删除，如图 10-18 所示。

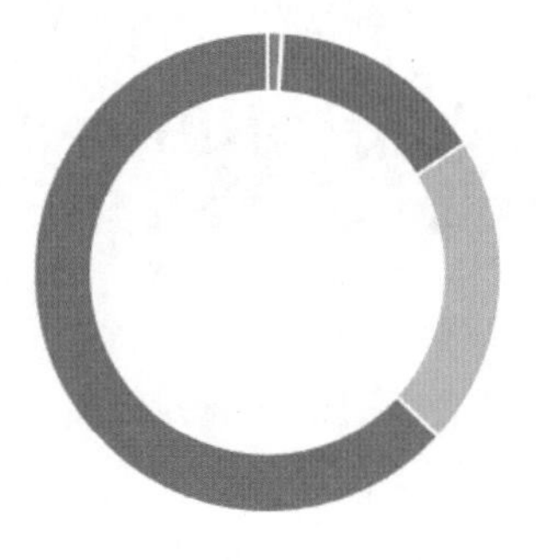

图 10-18

刚开始做图表时可能没有思路，在笔者看来，我们要遵循“先模仿后超越”的原则。先将别人好的看板或图表样式应用到我们自己的图表中，再进行扩展性的美化与设计。

10.4　图表美化

对于图表美化，这里介绍一个小技巧，可以使用 WPS 自带的取色器工具快速完成图表颜色的填充。先将前面制作好的图表文件保存起来，再利用 WPS 打开。

（1）美化“观看趋势”折线图。

截取看板中“观看趋势”的折线图放到 WPS 中，以便我们直接利用取色器工具拾取颜色。选中图表并右击鼠标，在弹出的快捷菜单中选择“设置图表区域格式”命令，在“属性”工具箱中选中“纯色填充”单选按钮，单击“颜色”下拉按钮，选择“取色器”选项，在截取的折线图背景上单击，拾取折线图的背景颜色。此时，图表背景就设置完成了，如图 10-19 所示。

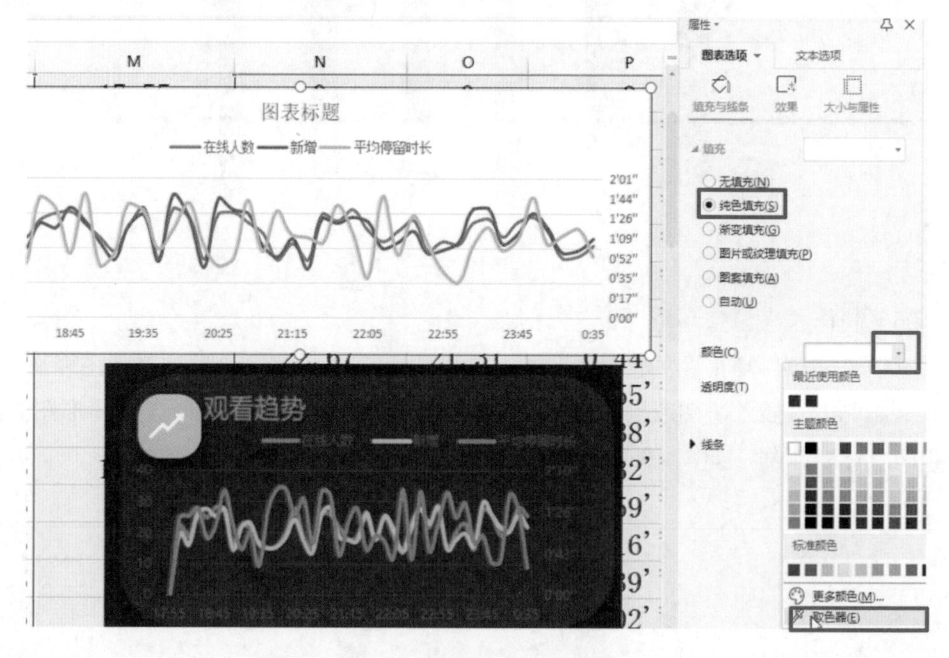

图 10-19

修改字体颜色。选中整个图表，即可同时对所有的字体进行设置，在右侧工具箱中单击“文本选项”按钮，选中“纯色填充”单选按钮，单击“颜色”下拉按钮，同样利用取色器工具拾取截图中的字体颜色，选择“开始”选项卡修改字体为“思源黑体 CN Bold”或“微软雅黑”，调整字号大小，如图 10-20 所示。

选中网格线后在右侧工具箱中的“线条”组中单击“颜色”下拉按钮，同样利用取色器工具拾取截图中的网格线颜色进行设置，如图 10-21 所示。

分别对 3 条折线设置填充颜色。每次选中一条折线，并利用取色器工具拾取看板中同一数据的折线颜色。最后选中横坐标轴，拾取图表边框的颜色，删除图表标题。如图 10-22 所示，图表就美化完成了。

对“商品累计销量”折线图进行美化。同样在看板中截取“商品累计销量”折线图，将其放在 WPS 中以便获取颜色。

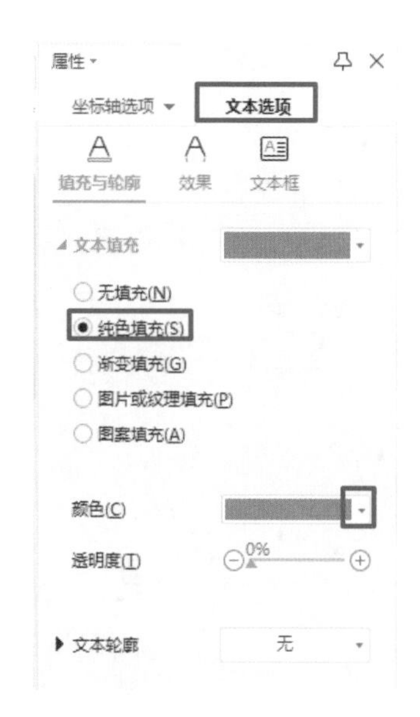

图 10-20

图 10-21

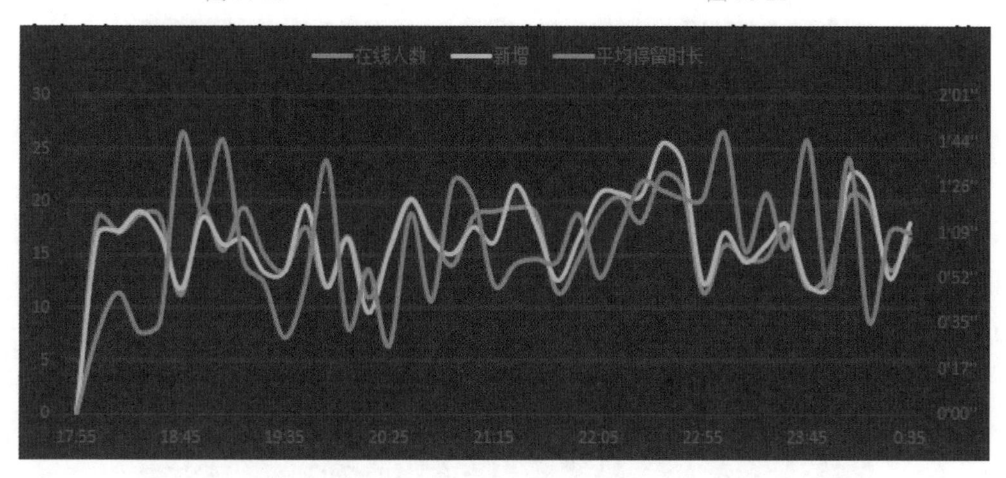

图 10-22

同样利用取色器工具的方式填充图表的背景、网格线、字体颜色，将折线图填充为橙色。选中面积图并在“填充”组中选中“渐变填充”单选按钮，只保留两个渐变颜色停止点，将其他的都选中后，单击按钮删除。选中第一个停止点，利用取色器工具拾取“橙色”，将透明度调整为“42%”，选中第二个停止点，利用取色器工具拾取“橙色”，将透明度调整为“100%”。如图 10-23 所示，面积图的渐变效果就显示出来了。

选中横坐标轴，利用取色器工具拾取颜色进行填充，删除图表标题。如图 10-24 所示，“商品累计销量”折线图的美化就完成了。

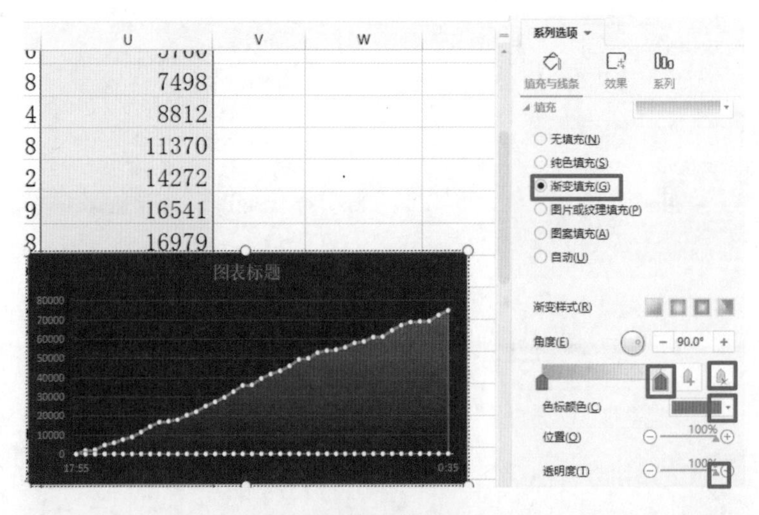

图 10-23

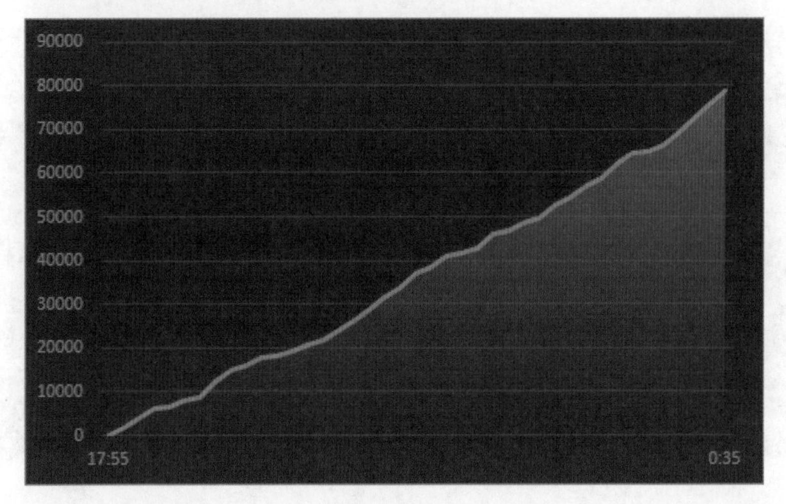

图 10-24

（2）美化“涨粉”折线图。

对“涨粉”折线图进行美化。“涨粉”折线图的样式与前面制作的“观看趋势”折线图的样式类似，只是“涨粉”折线图只有两条折线。我们可以先将“观看趋势”折线图另存为模板，然后直接套用模板，快速换装就可以了。

切换 Excel 打开练习文件，选中“观看趋势”折线图并右击鼠标，在弹出的快捷菜单中选择“另存为模板”命令，在弹出的对话框中将模板命名为“直播数据看板折线图”，单击“确定”按钮。

选中“涨粉”折线图并右击鼠标，在弹出的快捷菜单中选择“更改图表类型”命令，在弹出的“更改图表类型”对话框中选择“所有图表”页签，继续选择“模板”选项，选中右侧我们刚刚保存的“直播数据看板折线图”并单击“确定”按钮。这时图表样式就快速套用好了，如图 10-25 所示。

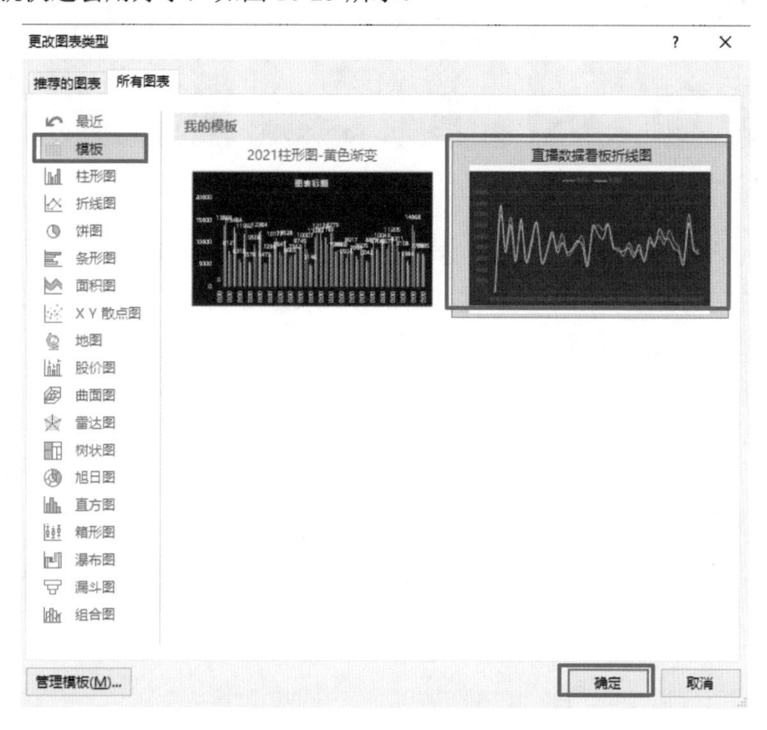

图 10-25

（3）美化“观众画像”部分环形图。

美化“观众画像”部分图表。同样地，将看板中观众画像部分截取出来，以便使用 WPS 取色器工具直接拾取颜色。

同前面一样，分别对男女“性别”环形图进行美化。选中环形图并在右侧工具箱的“填充”组中选中“纯色填充”单选按钮，单击“颜色”下拉按钮，并选择“取色器”选项，将光标放在看板截图的图表背景上并单击，即可将图表背景颜色设置完成，选中环形图，在“线条”组中选中“无线条”单选按钮。

采用同样的方式分别拾取环形图两个扇区的颜色，将其填充到环形图中。同理，还可以对另外一个环形图和“来源”环形图进行美化，美化后的效果如图 10-26 所示。

（4）美化“观众画像”部分柱形图。

对“年龄段”柱形图进行美化。选中柱形图并在右侧工具箱的“填充”组中选中“纯色填充”单选按钮，单击“颜色”下拉按钮，选择“取色器”选项，将光标放在看板截图的图表背景上并单击，即可将图表背景颜色设置完成。

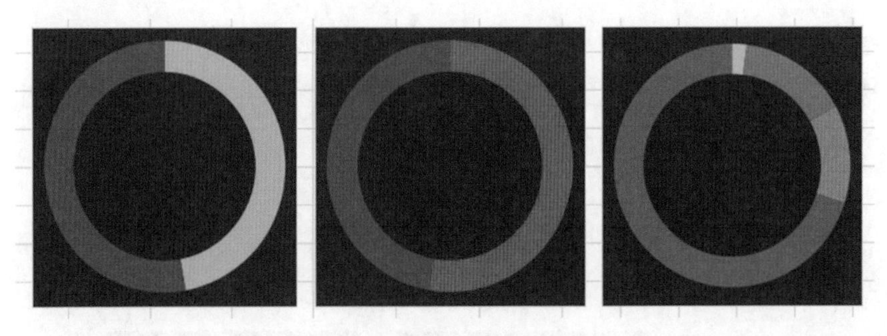

图 10-26

首先选中图表网格线并按“Delete”键删除，然后选中整体图表，在工具箱的“文本选项”页签中单击“颜色”下拉按钮，选择“取色器”选项，将光标放在看板截图的文本颜色上并单击拾取颜色，选中次坐标轴的百分比数据按“Delete”键删除，接着选中“橙色”柱形图，利用取色器工具拾取看板截图中柱形的灰色来填充，继续选中前面的“蓝色”柱形图，在工具箱中选中“渐变填充”单选按钮，只保留渐变色的两个停止点，将其他停止点选中并按“Delete”键删除，利用取色器工具将第一个停止点颜色填充为看板中的“印度红”，将第二个停止点同样填充为“印度红”，并将第二个停止点的“透明度”调到“100%”，如图 10-27 所示，就完成了柱形图的美化。

图 10-27

到这里就完成了看板中所有子图表的制作与美化。将看板进行拆分，其实每一部分都是前面章节中介绍的基础图表，根据看板对基础图表进行美化，利用取色器工具快速换装。

10.5 看板整体设计与制作

有了前面数据源的准备、图表的创建和美化，这里进入整个“直播大数据的可视化看板”制作的最后一步——看板整体设计、排版。

首先，可以将看板的布局结构划分为图 10-28 所示的几部分，利用形状填充对应的颜色（可以是纯色，也可以是渐变色），并进行对齐排版，组合后作为看板的背景板。在制作时，仍然可以将看板截取出来放在 Excel 中，插入对应的形状，并根据看板中对应色块的大小、位置对其进行排版。

这里笔者已经准备好背景板，可以直接打开“\第 10 章 制作：直播数据大屏可视化看板\10.1-制作直播数据大屏可视化看板-4-看板整体设计”源文件，在“整体布局”工作表中进行复制使用。

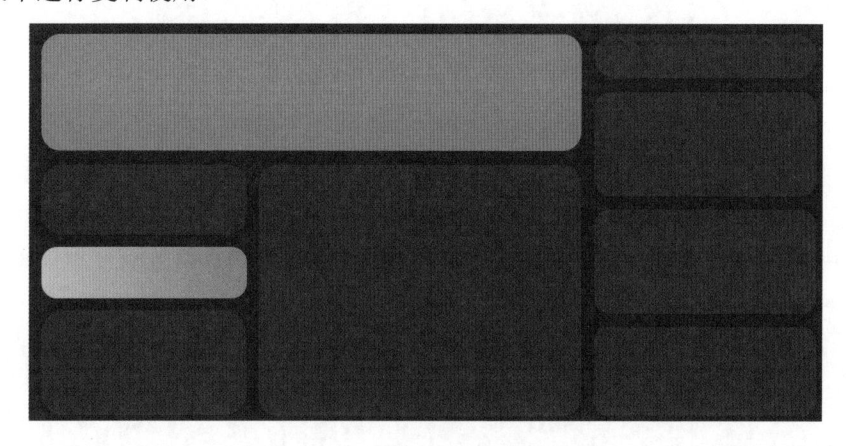

图 10-28

然后，在 10.4 节制作的文件基础上，将“Sheet2”工作表名称修改为“看板”，并将复制过来的组合形状粘贴进来。选中工作表左上角的小三角将整个表格区域选中，选择“开始”选项卡，单击“填充颜色”下拉按钮，选择“其他颜色”选项，在弹出的“颜色”对话框中，利用截图软件拾取看板背景颜色的 RGB 值，并将其输入进来（或者利用 WPS 取色器工具直接拾取颜色），单击“确定”按钮，就可以将整个 Excel 表格填充为看板颜色。

对应看板中顶端的“数据大屏”可以通过插入文本框的方式来实现。选择“插入”选项卡，单击“形状”下拉按钮，选择“文本框”选项并拖曳鼠标绘制文本框，并在文本框中输入“数据大屏”。

对文本框进行美化。选中文本框并选择“形状格式”选项卡，单击“形状填充”下拉按钮，选择“无填充”选项，单击“形状轮廓”下拉按钮，选择“无轮廓”选项，在“开始”选项卡中，将字体调整为“思源黑体 CN Bold”或“微软雅黑”，将字体颜色设置为“白色”。如图 10-29 所示，文本框就美化完成了。

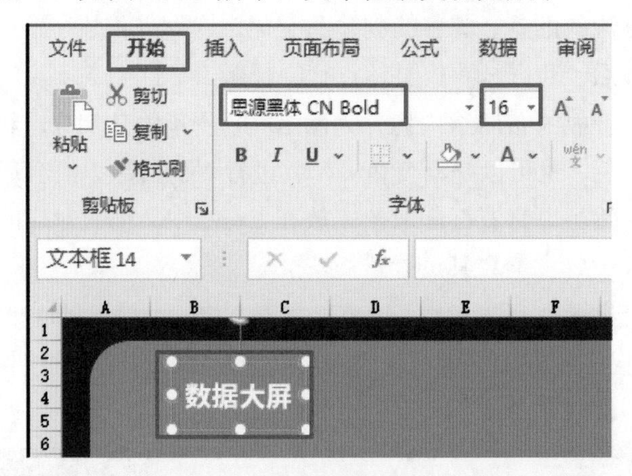

图 10-29

对应看板中图 10-30 所示的位置，同样是通过文本框来制作的，在文字外侧的框可以通过插入“圆角矩形”，将其填充颜色设置为“无颜色”，将边框设置为看板中的红色，调整其透明度和大小并放置在对应的位置来完成。

图 10-30

对于“粉丝量”数据同样是利用文本框来制作的，利用文本框绑定单元格的值可以同步显示。

同前面一样插入文本框，选中文本框边框并单击函数编辑区将其激活，输入“=”，选择“作图数据源”工作表中的“H3”单元格并按“Enter”键确认，修改文本框的填充颜色为“无填充”，修改“形状轮廓”为“无轮廓”，将字体颜色设置为“白色”，将字体设置为“思源黑体 CN Light”即可完成，如图 10-31 所示。

对应看板中的所有文本框都可以采用同样的方式，先利用文本框绑定“作图数据源”工作表中对应的单元格，再对图表进行美化来完成。如图 10-32 所示，即可将所有文本框都制作、美化完成。这里不做赘述，读者可自行在“数据可视化大屏看板”工作表中查看每个文本框具体引用的单元格。

图 10-31

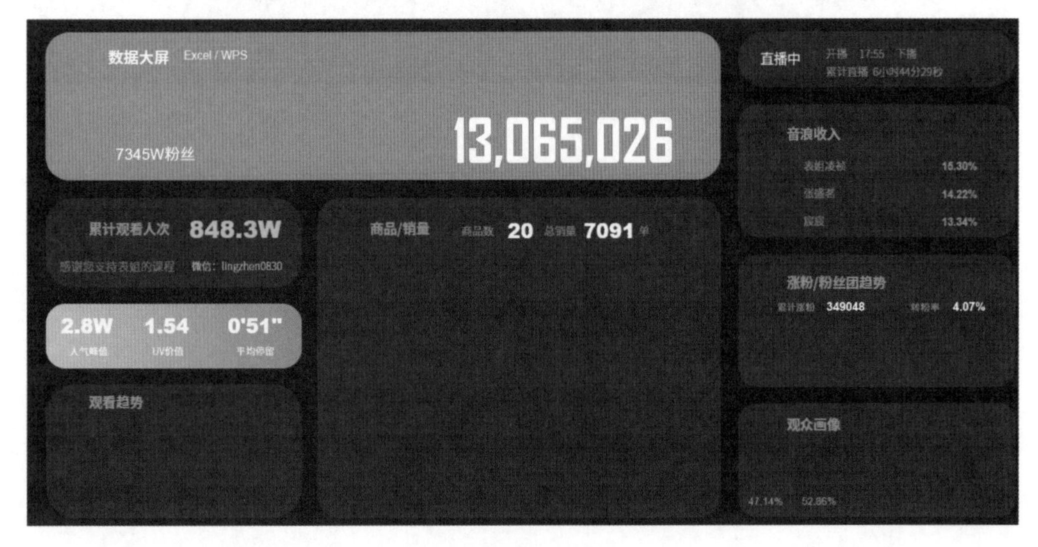

图 10-32

接着，将 10.4 节制作、美化好的图表全都复制过来。选中“观看趋势”折线图并按“Ctrl+C”组合键复制，回到“看板”中按“Ctrl+V”组合键粘贴，选择“格式”选项卡，将“形状填充”设置为“无填充”，将“形状轮廓”设置为“无轮廓”，拖曳调整图表大小，将其放在看板背景的对应位置，缩小字体并将图例向右上角拖曳调整位置。

同理，将其他图表也粘贴到看板中，效果如图 10-33 所示。

到这里，看板中还缺少一个“商品名称”表格，可以直接从笔者事先准备好的源文件中复制过来。打开“\第 10 章 制作：直播数据大屏可视化看板\ 10.1-制作直播数据大屏可视化看板-4-看板整体设计”源文件。

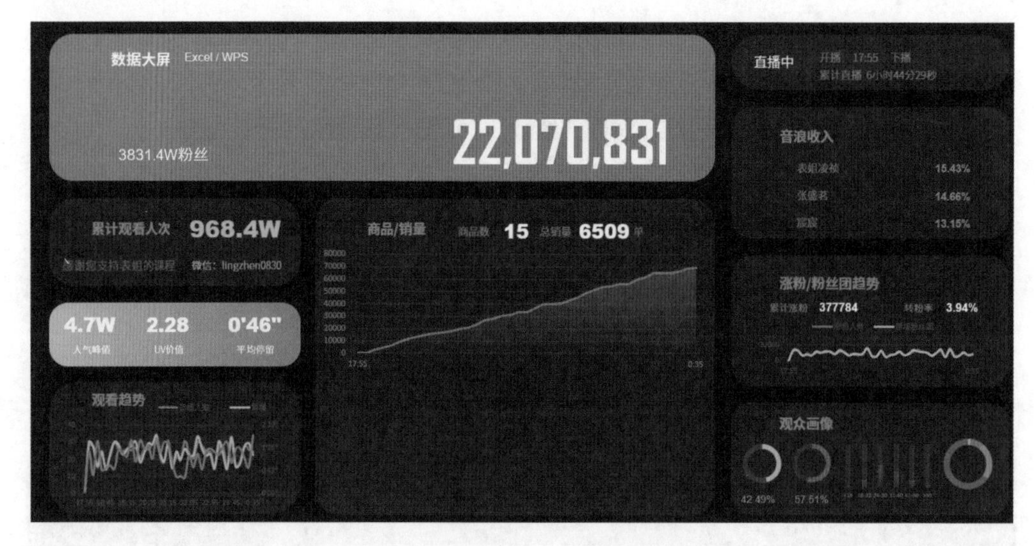

图 10-33

在“作图数据源”工作表中选中“W3:AA7”单元格区域，单击格式刷并来到练习文件的“作图数据源”工作表，选中“W3:AA7”单元格区域单击，即可将表格样式套用过来。选中“W3:AA7”单元格区域，按“Ctrl+C”组合键复制，并在“看板”中右击鼠标，在弹出的快捷菜单中选择“选择性粘贴”命令，在“其他粘贴选项”中选择“连接的图片”命令，如图 10-34 所示。

此时，看板的整体雏形就显示出来了。

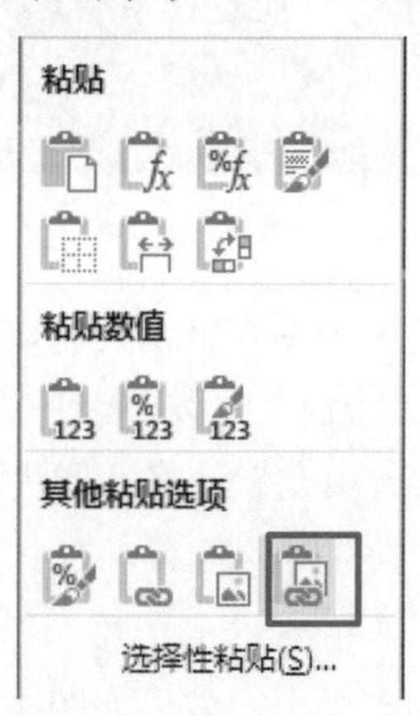

图 10-34

为了使图表间更整齐，可以选中图表或文本框对象后，在“格式”选项卡中的“对齐”中，对选中的对象进行“水平居中”和“垂直居中”设置，以此对看板中图表的排版进行优化。

最后，可以在看板对应的位置添加一些图标，如图 10-35 所示，笔者已经在本书配套的“直播看板素材”文件夹中将这些图标准备好，可以将其插入图表并调整大小和位置。此外，还可以为图标添加一个圆角矩形，填充一个合适的颜色，并将其放置在图标底层，利用“水平居中”和“垂直居中”对齐后进行组合，放置在图表对应的位置即可。除此之外，还可以补充相应的头像、Logo 和其他元素作为修饰。

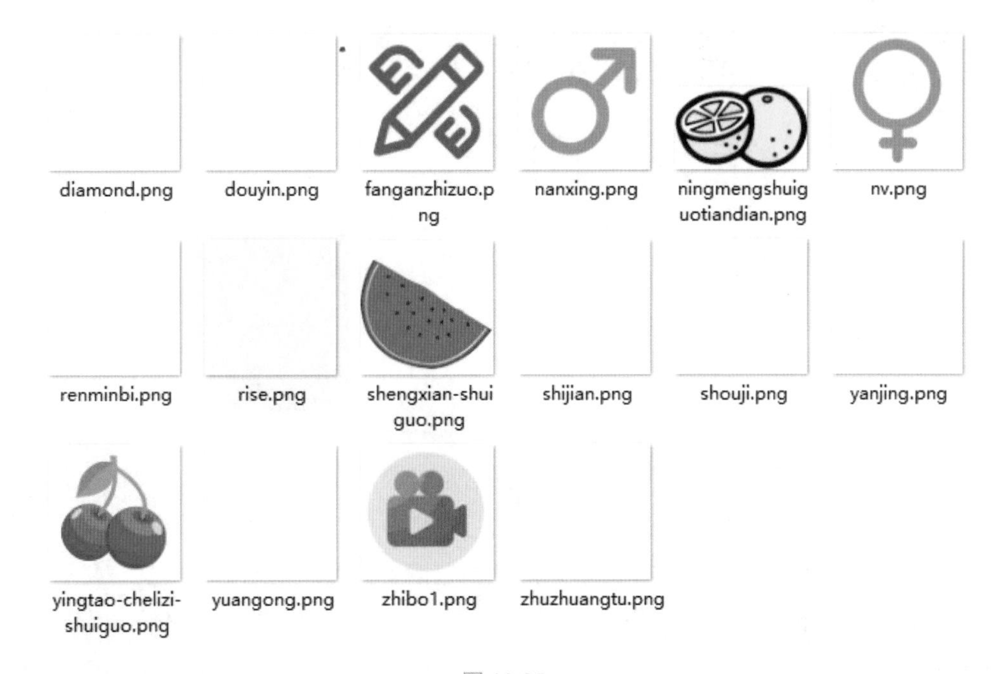

图 10-35

到这里，根据“蝉妈妈”平台的样式完成了整个看板的制作。只要按照准备数据源、创建基础图、图表美化、看板设计四步走的思路，对看板进行拆解，将其划分为一个个我们熟悉的常见图表，并对其进行美化处理，就可以轻松完成。

提示：在制作看板时，建议读者平时搜集好看的网站平台资源，先模仿优秀的看板，只要可以将好的看板样式应用到我们自己的图表中，就可以在模仿的基础上进行创新。

第11章 某公寓事件分析之数据信息可视化

本章将介绍制作“某公寓事件分析数据信息一览图”看板。根据具体实施过程的情况进行数据分析和可视化呈现，通过数据可看到事件背后的本质。如图 11-1 所示，预览图中的数据信息是比较丰富的，通过从预览图中读取的信息可以得到一些结论，以及事情的一些相关分析和讨论。本章通过某公寓的事件为读者介绍一个分析事件的思路，举一反三，当再看到其他的事件时，读者就可以利用同样的思路分析事件背后的本质。如“2021 年的东北限电事件”“鸿星尔克事件”“元宇宙事件”等。关于这些事件，我们都可以根据互联网上的数据进行分析，根据事件的角度找到原始数据源，并为它做一个综合的可视化看板。在企业案例中，同样可以将这个事件拆解的思路迁移到日常工作中。例如，某一个事件出现了“爆雷”的现象，相当于企业中的某个事件出现了异常值，对其抽丝剥茧，逐步找到背后的因果关系，从而找到对应的解决方案。

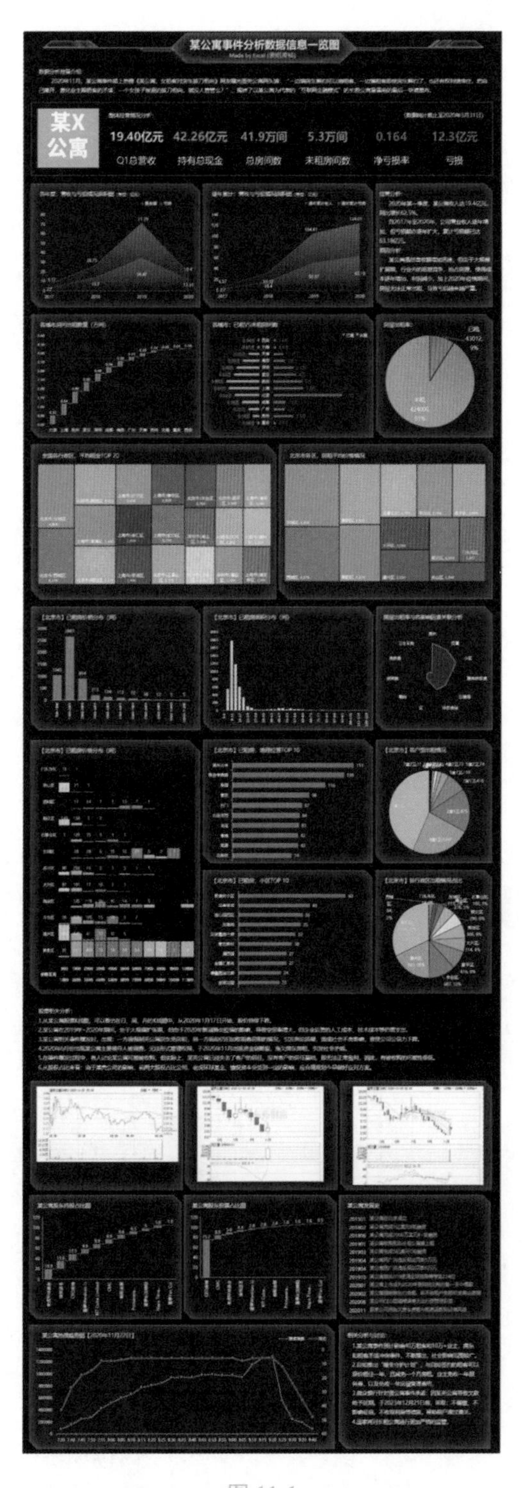

某公寓事件分析数据信息一览图
某X
公寓
19.40亿元
Q1总营收
42.26亿元
持有总现金
41.9万间
总房间数
5.3万间
未租房间数
0.164
净亏损率
12.3亿元
亏损

图 11-1

11.1 可视化看板分析和指标拆解

在这个“某公寓事件分析数据信息一览图”中，笔者陈述了事件发生的背景，并将事件分析的几个关键角度进行了分析。第一个角度是对整体的经营情况进行分析；第二个角度是将数据聚焦到每个城市，并分析每个城市中的细节情况；第三个角度是对股票和相关的情况进行分析，如事件“爆雷”后股票出现了下滑的情况，还有股东发展史及热搜情况等，最后得出结论。图 11-2 所示为从数据可视化的角度梳理出的数据指标。

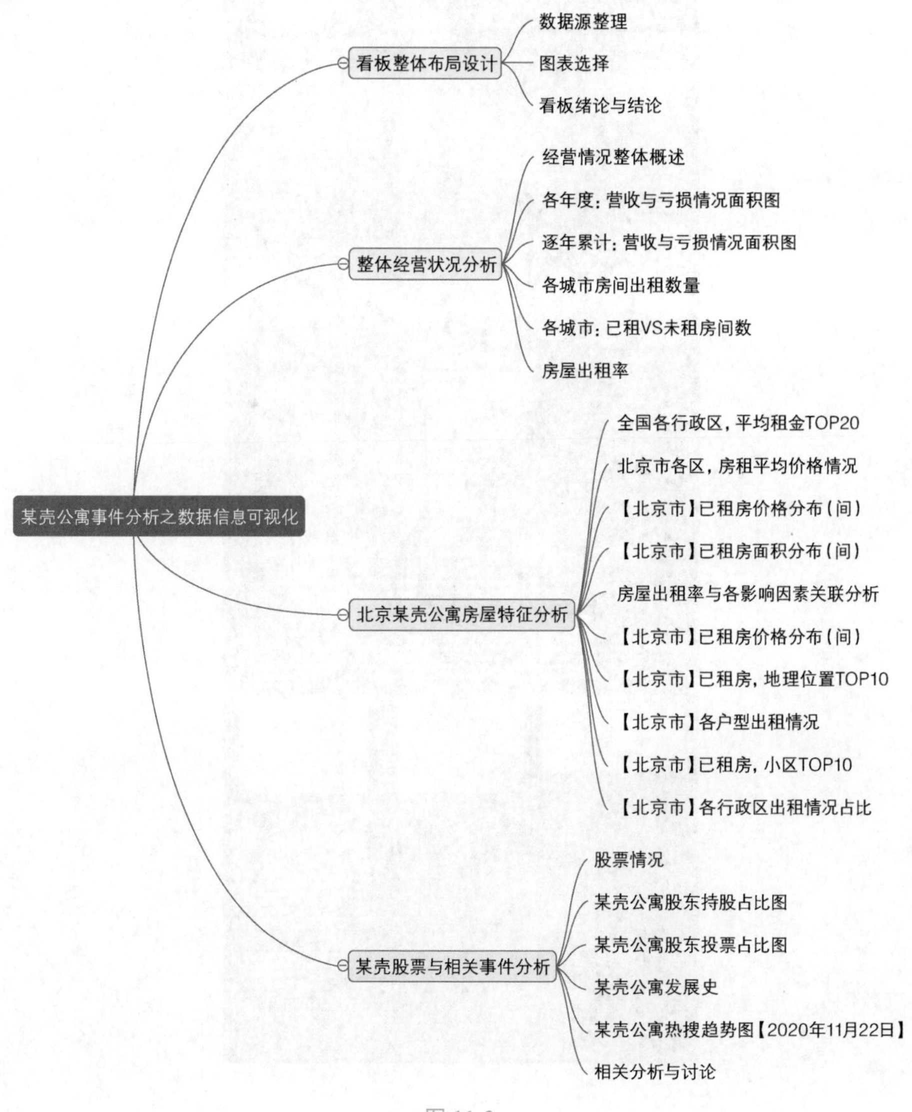

图 11-2

对于看板的制作思路，可以通过准备数据源、创建基础图、图表美化、看板设计 4 个步骤来完成。接下来笔者就根据这个制作思路详细地介绍本节“某公寓事件分析之数据信息可视化”是如何制作的。

11.2　规范性整理数据源表

接下来正式进入数据源的构建，通过数据源的关联、查询、多表汇总与数据透视等方法为数据源做规范性的整理。在本章的素材包中，笔者已经搜集了网站的原始数据源，并将其放在“从网上搜取的原始数据”文件夹中，打开“\第 11 章 制作：某公寓事件分析之数据信息可视化\从网上搜取的原始数据\wuhan_dankebj”源文件。

将这张数据源表做规范化的整理，即数据清洗。

（1）数据清洗。

从网上下载的表被打开后会出现一个“启用编辑”按钮，单击“启用编辑”按钮将其启用，由于从网上下载的表格容易链接到外部其他数据，所以对于这样的表格，建议读者将数据转移出来。先按“Ctrl+A”组合键将数据全部选中，并按“Ctrl+C”组合键复制，再按“Ctrl+N”组合键新建空白工作簿，在新建的工作簿中右击鼠标，在弹出的快捷菜单中选择“粘贴选项”子菜单中的“值”命令，这样可以避免无用的数据干扰数据源信息。

此时，在数据源表中存在许多“[]”行，如图 11-3 所示。需要将这些“[]”行批量删除。

	A	B	C	D	E	F	G	H	I	J	K
1	价格	面积	编号	户型	楼层	朝向	市	位置1	位置2	小区	地铁
2	2330	12	61987-A	2室1卫	14/15层	南	北京市	朝阳区	东坝中街	金驹家园	距6号线褡裢坡站4200米
3	2100	10	42709-C	3室1卫	11/16层	南	北京市	朝阳区	东坝中街	东泽园	
4	2380	11	50952-D	4室1卫	1/10层	南	北京市	丰台区	公益西桥	城南嘉园益嘉园	距4号线大兴线公益西桥站500米
5	2710	9	20870-A	2室1卫	21/28层	南	北京市	丰台区	西铁营	亚林西居住区	距14号线东段西铁营站450米
6	2300	13	20039-A	4室1卫	19/24层	南	北京市	丰台区	樊羊路	花香东苑	距房山线樊羊路站450米
7	▯	▯	▯	▯	▯	▯	北京市	▯	▯	▯	▯
8	2980	5	66407-A	2室1卫	12/24层	南	北京市	海淀区	车道沟	半壁街南路1号院	距10号线车道沟站650米
9	2860	16	78687-A	4室1卫	3/6层	南	北京市	东城区	陶然桥	西罗园北路15号	距14号线东段陶然桥站600米
10	▯	▯	▯	▯	▯	▯	北京市	▯	▯	▯	▯
11	2260	13	19047-D	4室1卫	3/24层	南	北京市	丰台区	樊羊路	花香东苑	距房山线樊羊路站450米
12	2860	16	14099-B	3室1卫	1/30层	南	北京市	丰台区	西铁营	亚林西居住区	距14号线东段西铁营站450米
13	2300	9	114588-C	4室1卫	13/18层	东	北京市	丰台区	北京南站	开阳里三区	距4号线大兴线,14号线东段北京南站站1000米
14	2130	9	23362-A	3室1卫	7/27层	南	北京市	丰台区	樊羊路	花香东苑	距房山线樊羊路站450米
15	2180	10	61520-B	3室1卫	10/21层	北	北京市	朝阳区	北岗子	坝鑫家园	距12号线,平谷线北岗子站850米
16	2340	9	20455-B	3室1卫	25/27层	南	北京市	丰台区	樊羊路	花香东苑	距房山线樊羊路站450米
17	2780	13	59272-B	2室1卫	9/19层	西	北京市	丰台区	草桥	玉安园	距10号线,大兴机场线草桥站800米
18	3230	8	34198-B	4室1卫	3/9层	南	北京市	海淀区	长春桥	小南庄怡秀园	距10号线,12号线长春桥站950米
19	2840	13	48325-D	4室1卫	7/18层	东南	北京市	丰台区	草桥	玉安园	距10号线,大兴机场线草桥站800米
20	2980	20	149061-B	3室1卫	9/22层	南	北京市	昌平区	天通苑东	天通苑东二区	距17号线天通苑东站650米
21	2500	10	135827-A	5室2卫	15/16层	南	北京市	昌平区	天通苑	天通苑北一区	距5号线天通苑站350米
22	2600	10	138847-C	4室1卫	7/12层	东	北京市	丰台区	角门西	城市间	距10号线,4号线大兴线角门西站750米
23	2670	14	2596-B	3室1卫	2/19层	东	北京市	昌平区	天通苑东	天通苑东三区	距5号线天通苑南站2250米
24	2600	12	24704-B	3室1卫	13/29层	东	北京市	朝阳区	北岗子	恒大华府	距12号线,平谷线北岗子站700米
25	2290	12	27668-D	4室1卫	14/22层	南	北京市	朝阳区	小红门	鸿博家园二期D区	距亦庄线小红门站450米
26	2880	8	20812-C	3室1卫	7/14层	北	北京市	朝阳区	大望路	光辉里	距1号线,14号线东段大望路站50米
27	2240	13	68332-C	4室1卫	5/6层	南	北京市	通州区	物资学院路	新建村小区	距6号线物资学院路站550米
28	3290	10	136831-A	2室1卫	2/6层	南	北京市	朝阳区	呼家楼	水碓子西里	距6号线,10号线呼家楼站500米
29	2480	11	131950-C	3室1卫	19/28层	南	北京市	朝阳区	褡裢坡	泰福苑二区	距6号线褡裢坡站700米
30	2040	11	39091-C	4室1卫	4/6层	南	北京市	通州区	果园	新华联家园北区	距八通线果园站500米
31	2220	14	7886-B	3室1卫	5/5层	南	北京市	朝阳区	孙河	康营小区A区	距15号线孙河站1650米
32	▯	▯	▯	▯	▯	▯	北京市	▯	▯	▯	▯
33	2100	12	75121-D	4室1卫	22/29层	南	北京市	通州区	次渠南	次渠锦园北区	距亦庄线次渠南站350米
34	2130	10	48892-C	4室1卫	1/6层	南	北京市	顺义区	国展	莲竹花园	距15号线国展站350米
35	2210	11	77916-C	3室1卫	2/10层	南	北京市	朝阳区	传媒大学	艺水芳园	距八通线传媒大学站950米
36	2340	11	138639-D	4室2卫	10/18层	南	北京市	朝阳区	褡裢坡	金福家园	距6号线褡裢坡站1000米

图 11-3

选中“[]”所在的“A7”单元格并右击鼠标，在弹出的快捷菜单中选择“筛选”命令，接着在其子菜单中选择“按所选单元格的值筛选”命令，这样就可以将所有“[]”所在的行全部筛选出来了，如图 11-4 所示。

目前筛选出来的数据内容比较多，如果逐个删除效率比较低，可以先选中筛选出的第 1 个单元格并按“Ctrl+Shift+↓”组合键选中整列连续的数据区域，然后按“Alt+;”组合键可以单独将筛选出来的可见单元格选中，右击鼠标，在弹出的快捷菜单中选择“删除行”命令，在弹出的“是否删除工作表的整行?”对话框中单击“确定”按钮，即可将筛选出的行全部删除。

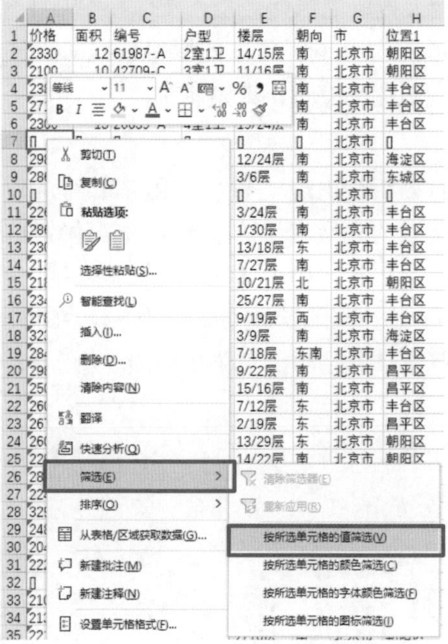

图 11-4

单击“价格”下拉按钮，选择“从‘价格’中清除筛选器”选项取消筛选，就可以将原始的数据规范起来，如图 11-5 所示。

完成数据的初步清洗后，观察看板效果。在看板中有一个“全国各行政区，平均租金 TOP 20”的图表区域，想要按照“城市|地区”进行展示，需要补充数据源，在“A”列左侧插入一列，将“城市”和“地区”进行组合。

选中“A”列并右击鼠标，在弹出的快捷菜单中选择“插入”命令，插入一列空白列。选中“A1”单元格，输入“城市&地区”。选中“A2”单元格，单击函数编辑区将其激活，输入函数“=H2&"|"&I2”，按“Enter”键确认，将光标放在“A2”单元格右下角并双击，将公式批量向下填充。

图 11-5

到这里就完成了“北京”城市的数据源准备，按照同样的方式，将其他城市的数据进行清洗，并分别移动到同一个工作簿中。在新工作簿中，要将所有工作表的“A”列和“B”列进行合并计算，这就需要启用数据透视表下的“多重数据合并计算”功能。

（2）多重数据合并计算。

在新版本的 Excel 中“多重数据合并计算”功能被隐藏起来了，首先需要将其调用出来。选择“文件”选项卡并单击“Excel 选项”按钮，在弹出的“Excel 选项”对话框中选择“快速访问工具栏”选项，并在“从下列位置选择命令”下拉列表中选择“所有命令”选项，选择“数据透视表和数据透视图向导”选项，然后单击“添加”按钮，最后单击“确定”按钮，如图 11-6 所示。这时，在 Excel 左上角的快速访问工具栏中即可显示出“数据透视表和数据透视图向导”按钮。

先单击“数据透视表和数据透视图向导-第 1 步”按钮，或者按“Alt+D”组合键，再按“Alt+P”组合键快速打开“数据透视表和数据透视图向导--步骤 1（共 3 步）”对话框。利用多重数据合并计算的方法，将多个 Sheet 表合并在一起做合并计算。在弹出的“数据透视表和数据透视图向导--步骤 1（共 3 步）”对话框中选中“多重合并计算数据区域”单选按钮，接着选中“数据透视表”单选按钮，单击“下一步”按钮，在新弹出的对话框中同样单击“下一步”按钮，如图 11-7 所示。

在弹出的“数据透视表和数据透视图向导-第 2b 步，共…”对话框中单击“选定区域”文本框将其激活，选中“北京”工作表中的“A:B”列并单击“添加”按钮。同理，将所有城市工作表中的“A:B”列全部添加进来，并单击“下一步”按钮，如

图 11-8 所示。

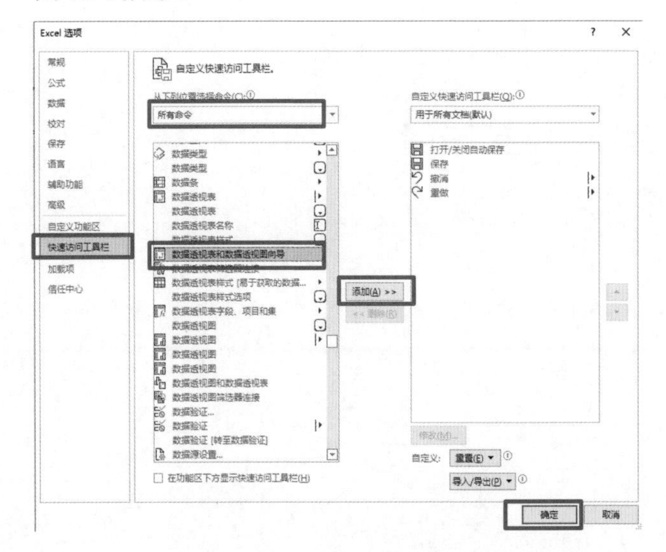

图 11-6

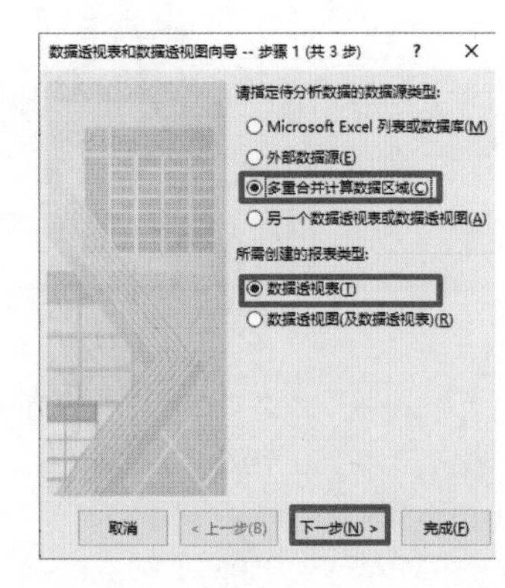

图 11-7

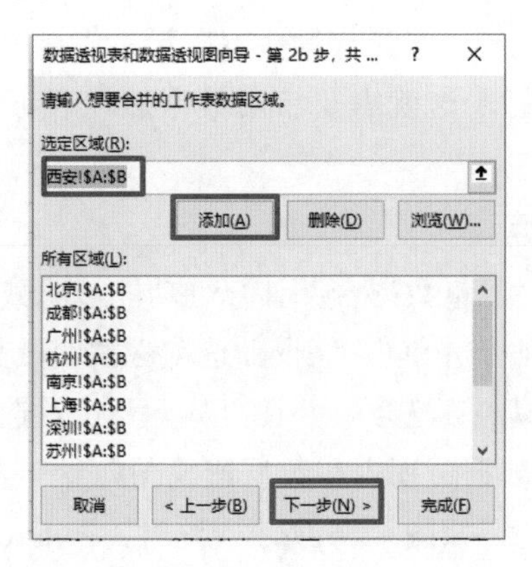

图 11-8

提示： 在添加的过程可以发现“A:B”列的区域会被 Excel 自动记忆下来，无须重复选择。并且添加后的顺序并不是按照先后添加的顺序呈现的，而是按照拼音首字母的顺序自动进行排序的。

在弹出的“数据透视表和数据透视图向导--步骤 3（共 3 步）”对话框中单击“完成”按钮。

此时已经将所有城市的数据统一生成一张数据透视表，调整所有数据的汇总方式，将其修改为“平均值”。选中“B”列的任意单元格并右击鼠标，在弹出的快捷菜单中的“值汇总依据”子菜单中选择“平均值”命令，如图 11-9 所示。

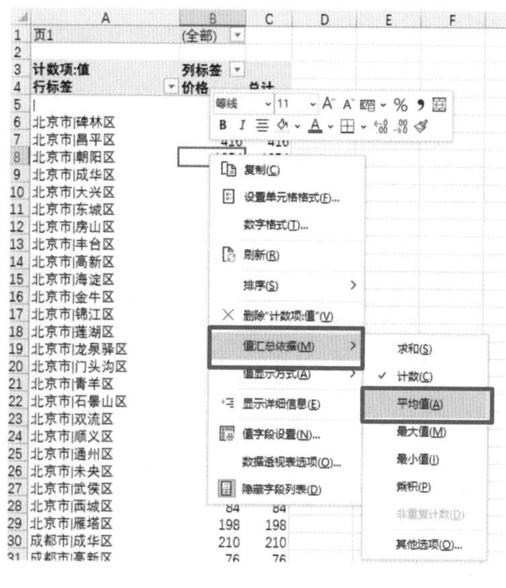

图 11-9

将“总计”隐藏。选择“设计”选项卡，单击“总计”下拉按钮，选择“对行和列禁用”选项，如图 11-10 所示。

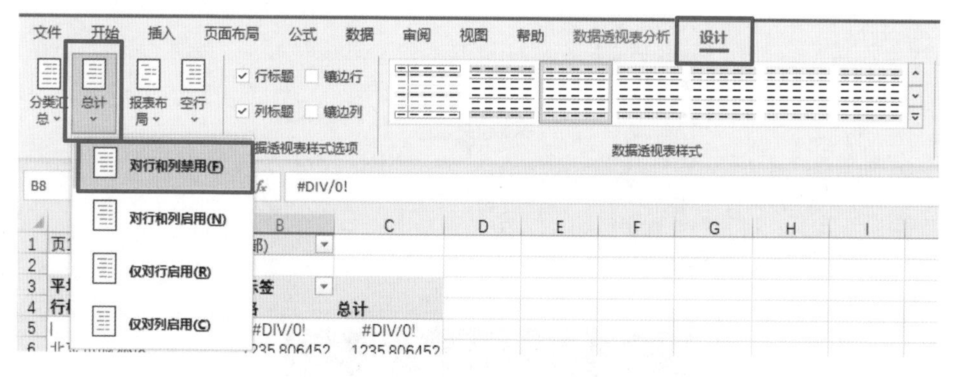

图 11-10

将所有数据进行降序排列。选中“B”列中任意单元格并右击鼠标，在弹出的快捷菜单中的“排序”子菜单中选择“降序”命令。

调整“金额”的单元格格式。选中“B”列并选择“开始”选项卡，先单击“千位分隔样式”按钮，再单击“减小小数位数”按钮，将小数隐藏，如图 11-11 所示。

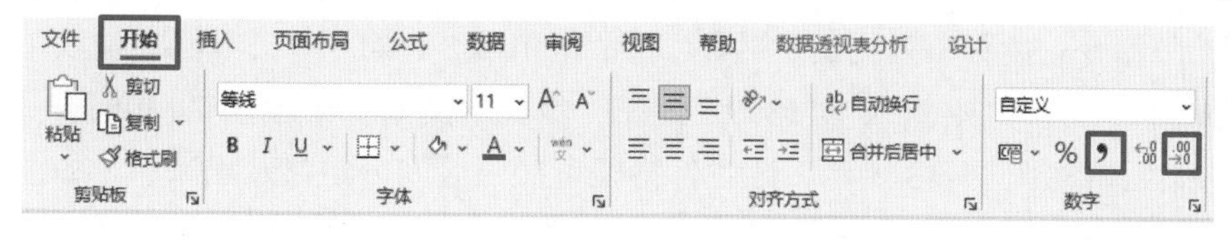

图 11-11

到这里全国 TOP 20 的城市数据就显示在透视表的前 20 位了。

提示：由于这些数据都是通过复制、粘贴的方法获取到的，如果数据源发生了变化，如何使表格和原始的数据构成动态联动变化呢？这里可以使用“数据”选项卡下的“获取数据”功能，将数据与外部数据进行关联来实现。

（3）透视计算。

对“北京”区域清洗过的数据源进行透视分析。根据不同的价格区间统计数量，此时价格是以文本形式存储的，我们需要先将价格修改为数值格式。选中“B”列并选择“数据”选项卡，单击“分列”按钮，在弹出的对话框中依次单击“下一步”按钮，在“文本分列向导-第 3 步，共 3 步”对话框中已经默认选中了“常规”单选按钮，单击“完成”按钮，如图 11-12 所示，即可将文本转化为数值。

选中工作表中的任意单元格并选择“插入”选项卡，单击“数据透视表”按钮，在弹出的“来自表格或区域的数据透视表”对话框中单击“确定”按钮，即可在新建的工作表中生成数据透视表。将“价格”字段拖曳至“行”区域，将“城市&地区”字段拖曳至“值”区域。

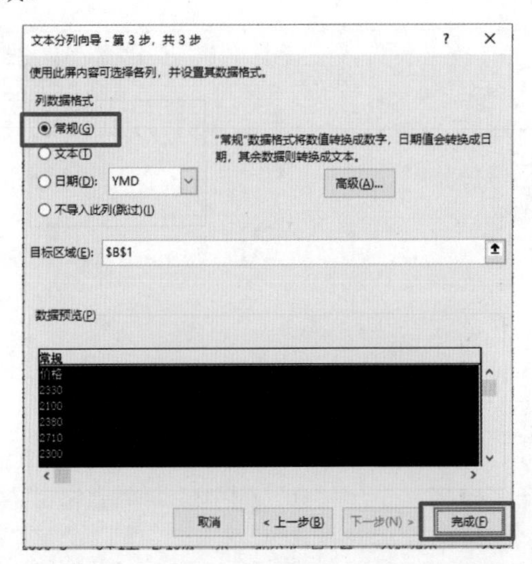

图 11-12

对“价格”进行分组。选中“A4”单元格并右击鼠标，在弹出的快捷菜单中选择“组合”命令，接着在弹出的“组合”对话框中的“起始于”文本框中输入“900”，在“终止于”文本框中输入“11899”，在“步长”文本框中输入“1000”，并单击“确定”按钮，如图 11-13 所示。此时价格即可按照区间分组显示出来了，如图 11-14 所示。

图 11-13

行标签	计数项:城市&地区
900-1899	1045
1900-2899	2663
2900-3899	894
3900-4899	213
4900-5899	134
5900-6899	113
6900-7899	72
7900-8899	36
8900-9899	17
9900-10899	5
10900-11899	5
总计	5197

图 11-14

统计“不同区域下房间总数”。选中前面创建好的透视表并按“Ctrl+C”组合键复制，选中“D3”单元格并按“Ctrl+V”组合键粘贴。将“位置 1”拖曳至“列”区域，如图 11-15 所示。

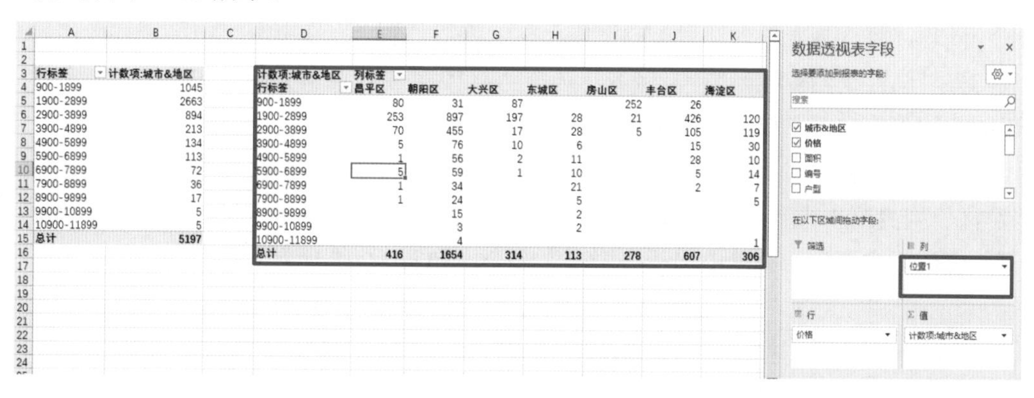

图 11-15

继续选中“不同区域下房间总数”透视表并按“Ctrl+C”组合键复制，选中“D25”单元格并按“Ctrl+V”组合键粘贴。将“位置 1”拖曳至“行”区域，将“价格”拖曳至“列”区域，通过调整行列位置获取一张新的透视表，如图 11-16 所示。

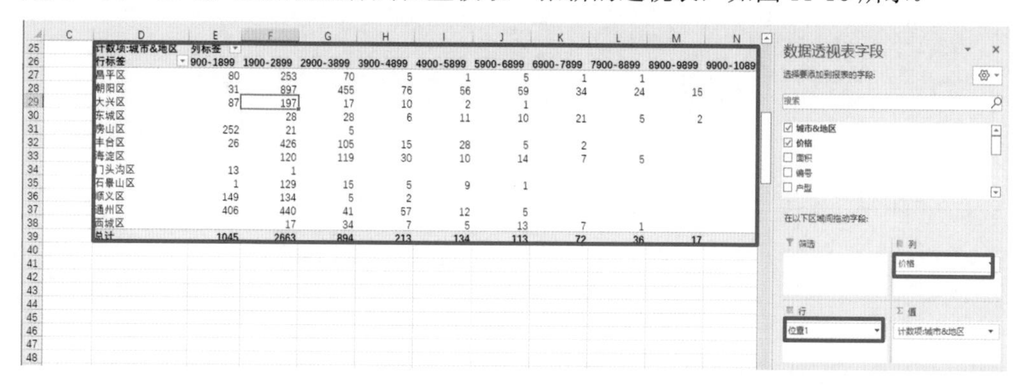

图 11-16

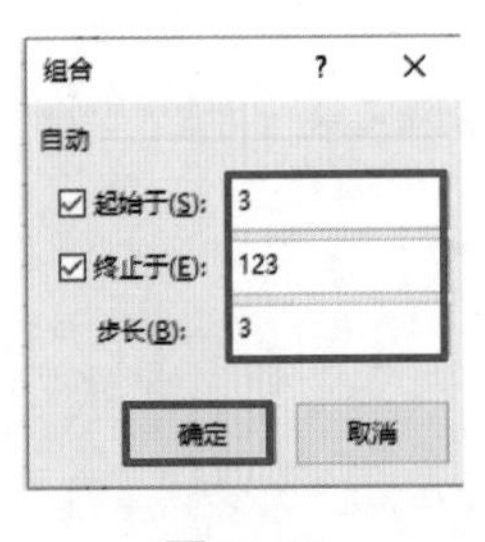

图 11-17

复制第一张数据透视表粘贴在“S1”单元格，将“价格”拖曳至空白区域并取消勾选，将“面积”拖曳至“行”区域，选中“行标签”列中任意单元格并右击鼠标，在弹出的快捷菜单中选择“组合”命令，在弹出的“组合”对话框中的“起始于”文本框中输入“3”，在“终止于”文本框中输入“123”，在“步长”文本框中输入“3”，单击“确定”按钮，如图 11-17 所示。

继续将此透视表复制一份粘贴在“V3”单元格，将“面积”拖曳至空白区域并取消勾选，将“户型”拖曳至“行”区域。

将透视表粘贴在“Y3”单元格，将“户型”拖曳至空白区域并取消勾选，将“位置 1”拖曳至“行”区域，如图 11-18 所示。

同理，将透视表粘贴在“AB3”单元格，将“位置 1”拖曳至空白区域并取消勾选，将“位置 2”拖曳至“行”区域。选中“AC”列中任意单元格并右击鼠标，在弹出的快捷菜单中的“排序”子菜单中选择“降序”命令。

将透视表粘贴在“AE3”单元格，将“位置 2”拖曳至空白区域并取消勾选，将“小区”拖曳至“行”区域。选中“AE”列中任意单元格并右击鼠标，在弹出的快捷菜单中的“排序”子菜单中选择“降序”命令，如图 11-19 所示。

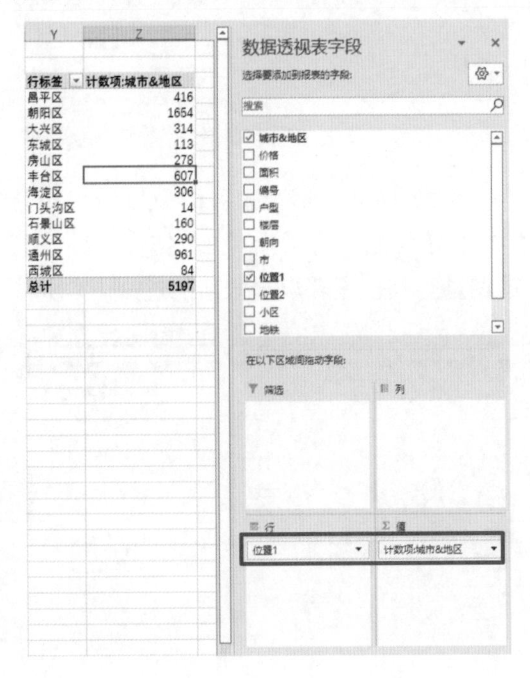

图 11-18

图 11-19

到这里就完成了整个数据透视表的制作，接下来介绍基础图表的创建。

11.3 创建基础图表和图表美化

11.2 节完成了基础数据源的准备工作，本节开始进入“某公寓事件分析数据”基础图表的创建和美化。前面内容中，我们已经将作图用的数据源准备好了，并且在“11.1-某公寓事件分析之数据信息可视化-4-创建基础图表”工作表中，笔者已经将“从网上搜取的原始数据”文件夹中的数据进行了合并，接下来就逐一完成每个工作表对应的基础图表的创建。

打开“\第 11 章 制作：某公寓事件分析之数据信息可视化\1.1-某公寓事件分析之数据信息可视化-4-创建基础图表”源文件。

（1）制作“总指标”KPI 展示图。

在“总指标”工作表中核心的是 KPI 数据。首先我们可以通过设置单元格的格式，填充字体颜色等图表美化方法对其进行美化设置，然后根据看板样式利用取色器工具拾取颜色，自定义设置颜色效果。在前面第 3 章中笔者已经对图表的美化进行了详细的介绍，这里不做赘述。最后调整行、列宽度，使其与“11.1-某公寓事件分析之数据信息可视化-完成效果”工作表中的样式一致，如图 11-20 所示。

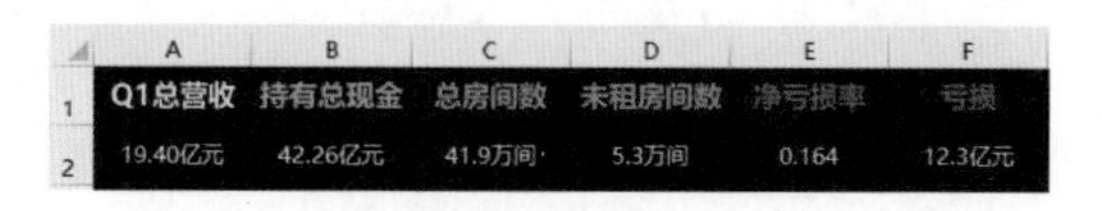

	A	B	C	D	E	F
1	Q1总营收	持有总现金	总房间数	未租房间数	净亏损率	亏损
2	19.40亿元	42.26亿元	41.9万间	5.3万间	0.164	12.3亿元

图 11-20

（2）制作“某公寓财报”面积图。

在“某公寓财报”工作表中，按“Ctrl”键的同时选中“A1:A5”和“D1:E5”单元格区域，选择“插入”选项卡，单击“推荐的图表”按钮，在弹出的“推荐的图表”对话框中选择“所有图表”页签，选择“面积图”选项，继续选择“面积图”选项，单击“确定”按钮，如图 11-21 所示，图表就完成了。

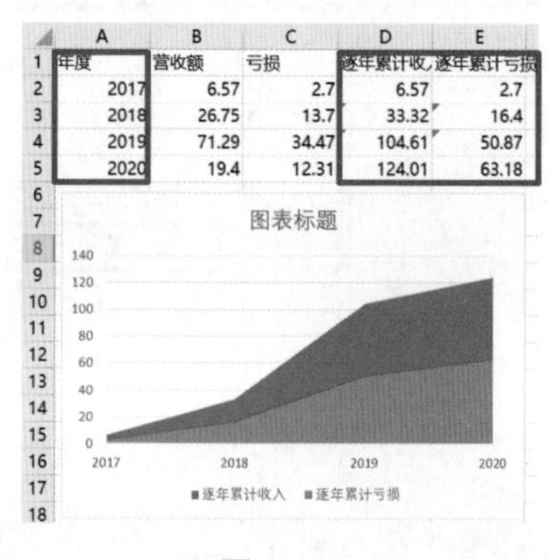

	A	B	C	D	E
1	年度	营收额	亏损	逐年累计收	逐年累计亏损
2	2017	6.57	2.7	6.57	2.7
3	2018	26.75	13.7	33.32	16.4
4	2019	71.29	34.47	104.61	50.87
5	2020	19.4	12.31	124.01	63.18

图 11-21

选中图表并单击图表右上角的“+”按钮，在“图表元素”列表中取消勾选“图表标题”复选框，勾选“图例”复选框，并在其下拉列表中选择“顶部”选项，接着拖曳图例将其放在右上角即可。

完成图表的创建之后，对图表的颜色进行美化设置。可以选中图表并右击鼠标，在弹出的快捷菜单中选择“设置图表区域格式”命令，在弹出的“设置图表区域格式”工具箱中对其进行美化设置。这里不做过多介绍，读者可以参考前面图表美化章节的内容，根据看板的样式进行设置，即可完成图 11-22 所示的图表样式。

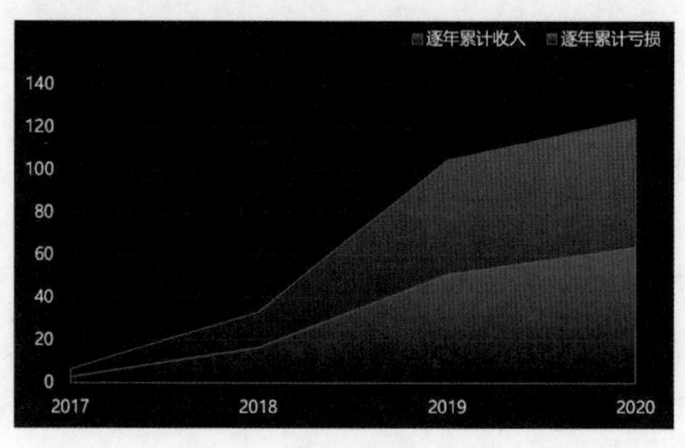

图 11-22

完成图表的美化之后，可以将图表存为模板，以便后面再次使用。想要将此图表另存为模板，可以选中图表并右击鼠标，在弹出的快捷菜单中选择“另存为模板”命令，在弹出的“保存图表模板”对话框中默认的路径下输入模板的名称“某公寓面积图”，并单击“确定”按钮。

完成模板的创建之后，利用保存的模板完成图表的快速创建。

选中完成的图表，按“Ctrl+C”组合键复制，按“Ctrl+V”组合键粘贴。选中图表绘图区域，在数据源表中图表所对应的数据区域四周会出现蓝色的边框，拖曳蓝色边框至“B2:C5”单元格区域，如图 11-23 所示，面积图即可同步显示出来。

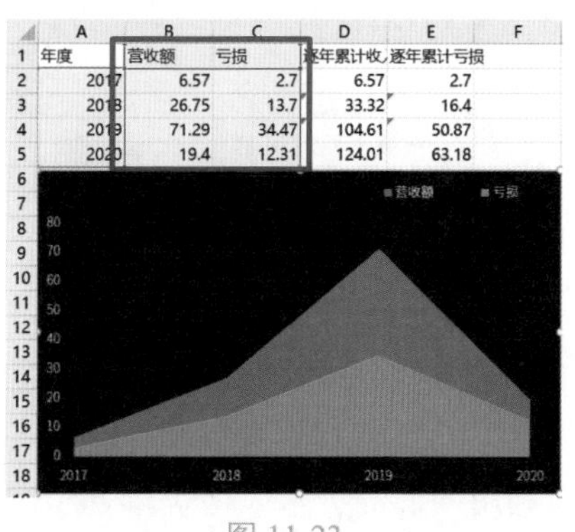

图 11-23

此时，面积图的颜色效果变为默认的样式，如图 11-24 所示。可以选中图表并选择“图表设计”选项卡，单击“更改图表类型”按钮，在弹出的“更改图表类型”对话框中选择“所有图表”页签，选择“模板”选项并选中前面设置好的“某公寓面积图”样式，单击“确定”按钮，图表即可快速完成美化效果。

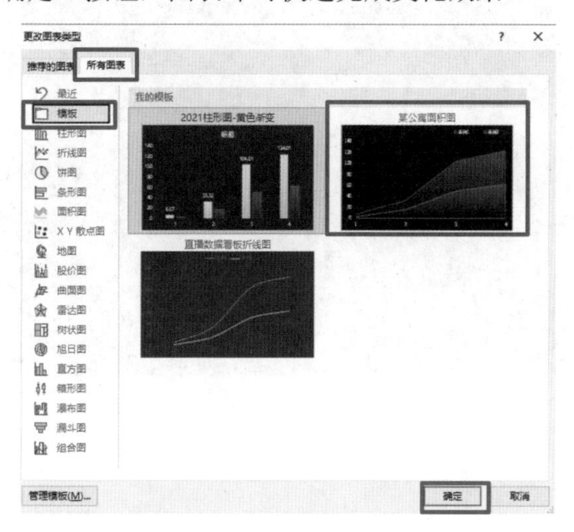

图 11-24

（3）制作“各城市租房数量”瀑布图。

在“各城市租房数量”工作表中，将“房间数”进行万元单位的转化。选中“B”列并右击鼠标，在弹出的快捷菜单中选择“插入”命令，在“B1”单元格输入“房间数（万）”。选中“B2”单元格，单击函数编辑区将其激活并输入函数“=C2/10000”，按“Enter”键确认，单击“减少小数位数”按钮保留两位小数，如图 11-25 所示。

选中“A1:B14”单元格区域并选择“插入”选项卡，单击“插入瀑布图、漏斗图、股价图、曲面图或雷达图”下拉按钮，选择“瀑布图”选项。

B2　=C2/10000

	A	B	C	D	E	F
1	城市	房间数(万)	房间数			
2	北京	0.52	5197			
3	上海	0.64	6412			
4	杭州	0.69	6947			

图 11-25

完成图表的创建之后，利用图表的美术风格设置方法，根据看板的样式进行美化，如图 11-26 所示。

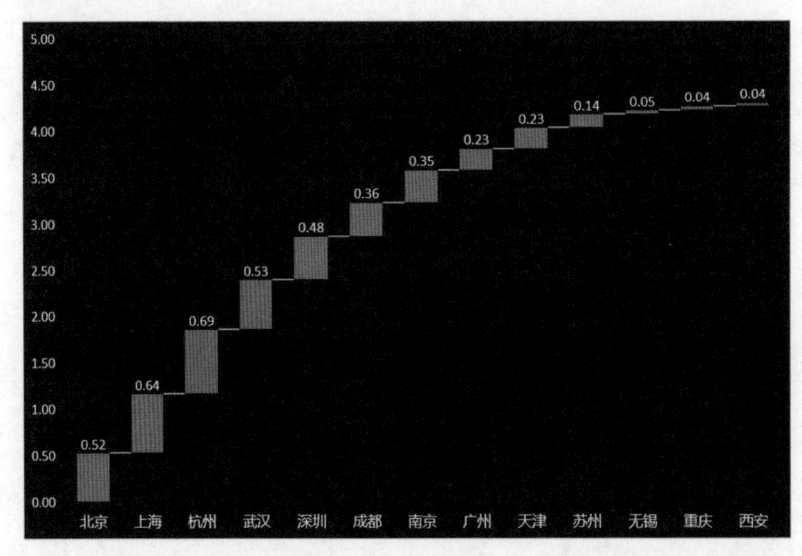

图 11-26

提示： 瀑布图无法另存为模板。

（4）制作“未租房间数”瀑布图。

在“未租房间数”工作表中，选中“A”列插入空白列，利用 RANK 函数计算出“已租”的排名。选中“A2”单元格并输入函数“=RANK(C2,$C$2:$C$14)”，按“Enter”键确认，将光标放在“A2”单元格右下角并双击，将公式向下填充，如图 11-27 所示。

A2　=RANK(C2,$C$2:$C$14)

	A	B	C	D
1	排名	城	已租	未租
2	4	北京	5197	120000
3	5	深圳	4755	35000

图 11-27

如图 11-28 所示，在看板效果中可以看到“已租”旋风图中间的数据较大，两端的数据较小，按照这样的排序方式对数据源进行调整。

如图 11-29 所示，已经在“A18:A30”单元格区域中按照从中间向两端排名逐渐下降的顺序进行排列，并根据“A”列排名在“A1:D14”单元格区域利用 VLOOKUP 函数查找出对应的“城”“已租”“未租”数值。具体的函数编写方法读者可以参考“11.1-某公寓事件分析之数据信息可视化-完成效果”工作表进行剖析，这里不做赘述。

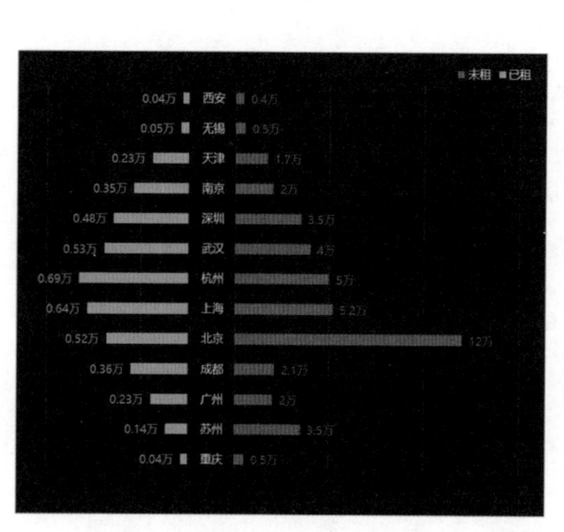

图 11-28

B18　=VLOOKUP(A18,$A$2:$D$14,2,0)

	A	B	C	D	E	F
1	排名	城	已租	未租		
2	4	北京	5197	120000		
3	5	深圳	4755	35000		
4	2	上海	6412	52000		
5	1	杭州	6947	50000		
6	9	天津	2285	17000		
7	3	武汉	5340	40000		
8	7	南京	3460	20000		
9	8	广州	2329	20000		
10	6	成都	3623	21000		
11	10	苏州	1395	35000		
12	11	无锡	476	5000		
13	13	西安	381	4000		
14	12	重庆	412	5000		
15						
16						
17	排名	城	未租	已租	未租	已租
18	12	重庆	5000	412	0.5万	0.04万
19	10	苏州	35000	1395	3.5万	0.14万
20	8	广州	20000	2329	2万	0.23万
21	6	成都	21000	3623	2.1万	0.36万
22	4	北京	120000	5197	12万	0.52万
23	2	上海	52000	6412	5.2万	0.64万
24	1	杭州	50000	6947	5万	0.69万
25	3	武汉	40000	5340	4万	0.53万
26	5	深圳	35000	4755	3.5万	0.48万
27	7	南京	20000	3460	2万	0.35万
28	9	天津	17000	2285	1.7万	0.23万
29	11	无锡	5000	476	0.5万	0.05万
30	13	西安	4000	381	0.4万	0.04万

图 11-29

选中“B17:D30”单元格区域并选择“插入”选项卡，单击“插入柱形图或条形图”下拉按钮，选择“簇状条形图”选项，即可完成柱形图的创建。

对柱形图进行调整，将“橙色”柱子置于纵坐标左侧制作出旋风图样式。选中“橙色”柱子并右击鼠标，在弹出的快捷菜单中选择“设置数据系列格式”命令，在弹出的“设置数据系列格式”工具箱中单击“系列选项”按钮，选中“次坐标轴”单选按钮，如图 11-30 所示。

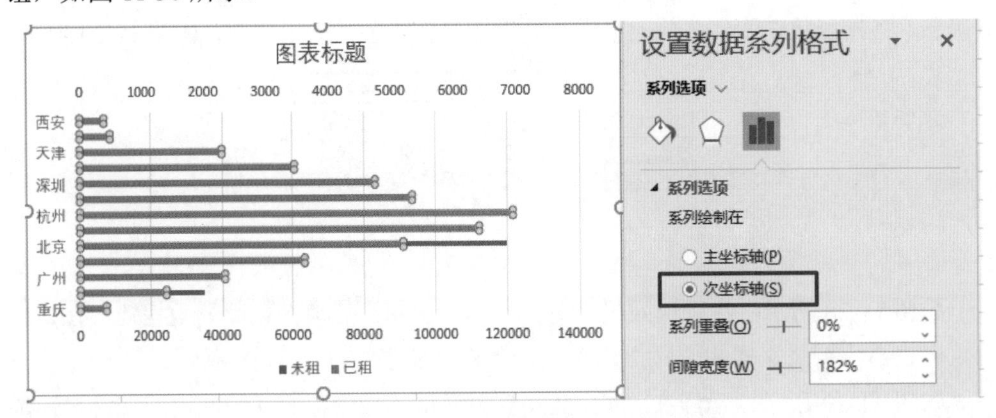

图 11-30

选中次坐标轴，在“设置坐标轴格式”工具箱中单击“坐标轴选项”按钮，勾选“逆序刻度值”复选框，如图 11-31 所示，“橙色”柱子和“蓝色”柱子转化为相对排列方式。

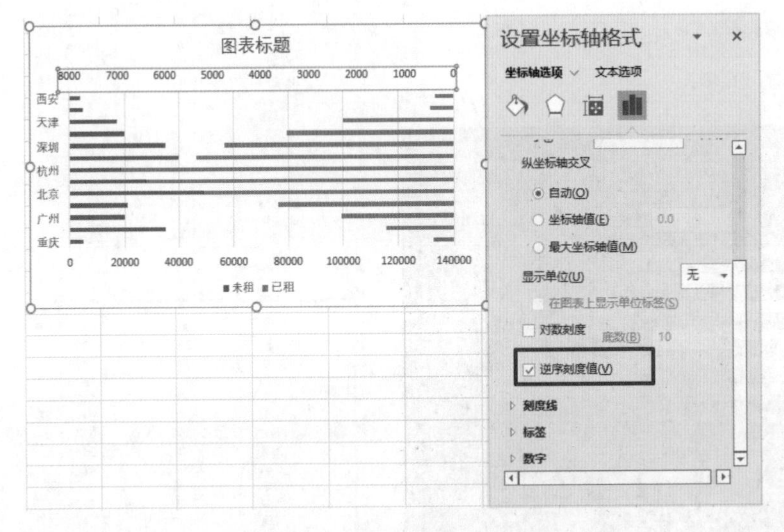

图 11-31

想要使“橙色”柱子和“蓝色”柱子呈现“背靠背”排列的样式，需要通过修改主次坐标轴的刻度范围来分别调整两组柱子的展示位置，从而使二者“背靠背”排列。

选中次坐标轴，在右侧“设置坐标轴格式”工具箱中单击“坐标轴选项”按钮，选择“坐标轴选项”组，将“边界”中的“最小值”设置为“-20000”，将“最大值”设置为“9000”。

同理，设置主坐标轴的刻度范围。选中主坐标轴，在右侧“设置坐标轴格式”工具箱中单击“坐标轴选项”按钮，选择“坐标轴选项”组，将“边界”中的“最小值”设置为“-100000”，将“最大值”设置为“150000”。此时，两组柱子就背对着展示出来了。

到这里进入图表的美化操作。选中图表标题，按“Delete”键删除，并将图表背景修改为“蓝色”。选中图表并选择“开始”选项卡，单击“填充颜色”下拉按钮，选择“其他颜色”选项，在弹出的“颜色”对话框中利用取色器工具拾取看板中图表对应的颜色，并将“RGB”值填充进去。完成背景颜色的设置后，将字体颜色修改为白色。选中图表并选择“开始”选项卡，在“字体颜色”下拉列表中选择颜色为“白色”，在“字体”下拉列表中选择字体为“思源黑体 CN Light”。将坐标轴字体颜色设置为与背景板同样的蓝色，营造一种隐藏的效果。选中横坐标轴，选择“开始”选项卡，在“字体颜色”下拉列表中，选择前面背景颜色使用的“蓝色”，修改次坐标轴对应的字体颜色，使其同样隐藏起来。调整网格线，降低网格线的透明度。选中图表网格线，在“设置主要网格线格式”工具箱中单击“填充与线条”按钮，在“线条”组中将“透明度”调整为“92%”。添加图例并将其置于图表的顶部。选中图表，单击图表右上角的“＋”按钮，在“图表元素”列表中勾选“图例”复选框，并在其下拉列表中选择“顶部”选项，接着选中图例，将其拖曳至图表右上角边缘位置，如图 11-32 所示。

修改柱子的填充颜色。选中“已租”柱子并选择“格式”选项卡，单击“形状填充”下拉按钮，选择“其他颜色”选项，在弹出的“颜色”对话框中输入 ColorPix 取色器工具拾取到的“RGB”值，将其填充为对应的“蓝色”。同理，将“未租”柱子修改为对应的“橘红色”，如图 11-33 所示，图表的初步样式就完成了。

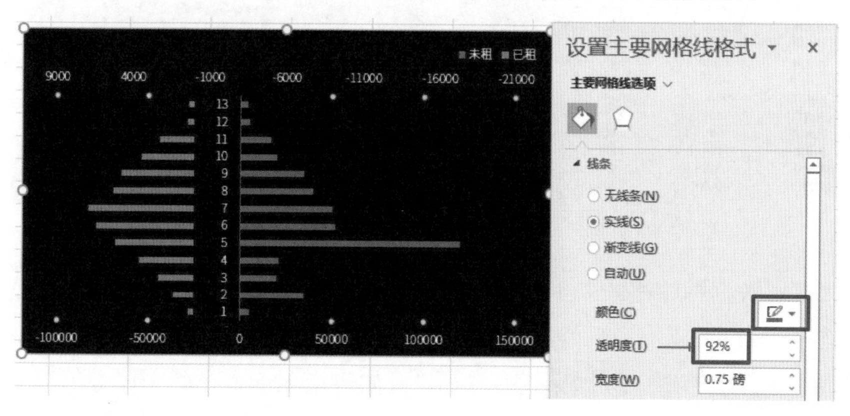

图 11-32

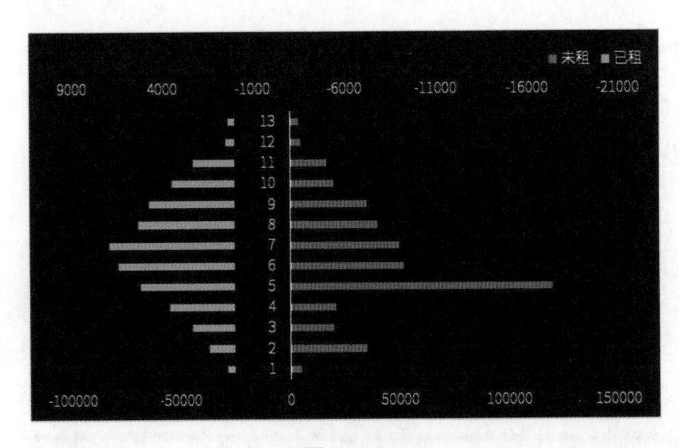

图 11-33

为图表添加数据标签。在“E17:F30”单元格区域将“已租”和“未租”转化为“万”单位，并利用 ROUND 函数将其保留两位小数处理，利用“&”将转化的数值与“万”进行连接。所以在“E18”单元格内输入函数“=ROUND(C18/10000,2)&"万"”，并将公式向下填充，在“F18”单元格内输入函数“=ROUND(D18/10000,2)&"万"”，并将公式向下填充，如图 11-34 所示。

选中“未租”柱子并右击鼠标，在弹出的快捷菜单中选择“添加数据标签”命令，在右侧“设置数据标签格式”工具箱中单击“标签选项”按钮，勾选“单元格中的值”复选框，在弹出的“数据标签区域”对话框中选中“E18:E30”单元格区域，单击“确定”按钮，如图 11-35 所示。

E18 =ROUND(C18/10000,2)&"万"

	A	B	C	D	E	F
16						
17	排名	城	未租	已租	未租	已租
18	12	重庆	5000	412	0.5万	0.04万
19	10	苏州	35000	1395	3.5万	0.14万
20	8	广州	20000	2329	2万	0.23万
21	6	成都	21000	3623	2.1万	0.36万
22	4	北京	120000	5197	12万	0.52万
23	2	上海	52000	6412	5.2万	0.64万
24	1	杭州	50000	6947	5万	0.69万
25	3	武汉	40000	5340	4万	0.53万
26	5	深圳	35000	4755	3.5万	0.48万
27	7	南京	20000	3460	2万	0.35万
28	9	天津	17000	2285	1.7万	0.23万
29	11	无锡	5000	476	0.5万	0.05万
30	13	西安	4000	381	0.4万	0.04万

图 11-34

	A	B	C	D	E	F
16						
17	排名	城	未租	已租	未租	已租
18	12	重庆	5000	412	0.5万	0.04万
19	10	苏州			3.5万	0.14万
20	8	广州			2万	0.23万
21	6	成都			2.1万	0.36万
22	4	北京			12万	0.52万
23	2	上海			5.2万	0.64万
24	1	杭州			5万	0.69万
25	3	武汉	40000	5340	4万	0.53万
26	5	深圳	35000	4755	3.5万	0.48万
27	7	南京	20000	3460	2万	0.35万
28	9	天津	17000	2285	1.7万	0.23万
29	11	无锡	5000	476	0.5万	0.05万
30	13	西安	4000	381	0.4万	0.04万

数据标签区域 ? ×
选择数据标签区域
=未租房间数!$E$18:$E$30
确定 取消

图 11-35

在“设置数据标签格式”工具箱中取消勾选“值”复选框，取消勾选“显示引导线”复选框。

修改字体颜色。选中数据标签并选择“开始”选项卡，在“字体颜色”下拉列表中选择与“已租”同样的“蓝色”。

同理，修改“已租”数据标签，选中“已租”柱子并右击鼠标，在弹出的快捷菜单中选择“添加数据标签”命令，在右侧“设置数据标签格式”工具箱中单击“标签选项”按钮，勾选“单元格中的值”复选框，在弹出的“数据标签区域”对话框中选中“F18:F30”单元格区域，单击“确定”按钮。取消勾选“值”复选框，取消勾选“显示引导线”复选框。选中数据标签，选择“开始”选项卡，在“字体颜色”下拉列表中选择与“已租”同样的“橙红色”。到这里“未租房间数”图表就完成了，如图 11-36 所示。

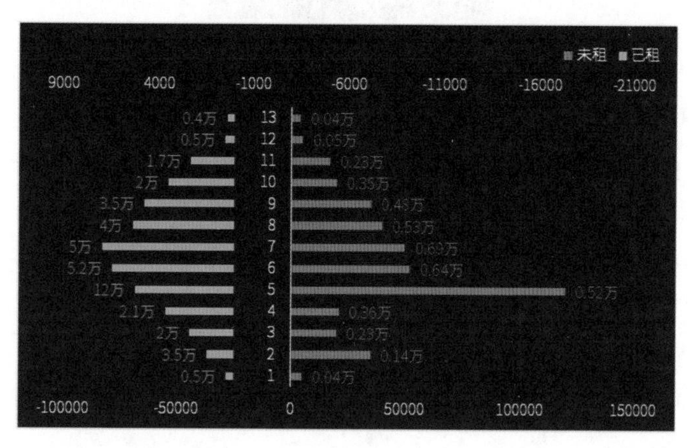

图 11-36

（5）制作“出租率”饼图。

在“出租率”工作表中，首先选中“A1:B3”单元格区域并选择“插入”选项卡，单击“插入饼图或圆环图”下拉按钮，选择“饼图”选项插入饼图。分别将图表标题和图例选中并按“Delete”键将其删除。然后选中图表并选择“开始”选项卡，单击“填充颜色”下拉按钮，选择看板中图表的“蓝色”背景颜色。选中饼图，选择“格式”选项卡，单击“形状轮廓”下拉按钮，选择同样的“蓝色”边框。接着选中图表，选择“开始”选项卡，在“字体颜色”下拉列表中选择颜色为“白色”，最后调整图表大小，使绘图区尽可能填满图表区域，如图 11-37 所示。

选中图表，并再次单击“未租”扇区将其单独选中，选择“开始”选项卡，单击“填充颜色”下拉按钮，在弹出的下拉列表中选择颜色为“橙红色”。再次单击“已组”扇区将其单独选中，选择“开始”选项卡，单击“填充颜色”下拉按钮，在弹出的下拉列表中选择颜色为“蓝色”。

为图表添加数据标签。选中饼图并右击鼠标，在弹出的快捷菜单中选择“添加数据标签”命令，选中数据标签，在右侧“设置数据标签格式”工具箱中单击“标签选项”按钮，分别勾选“系列名称”“类别名称”“百分比”复选框。到这里就完成了“出租率”饼图的制作。

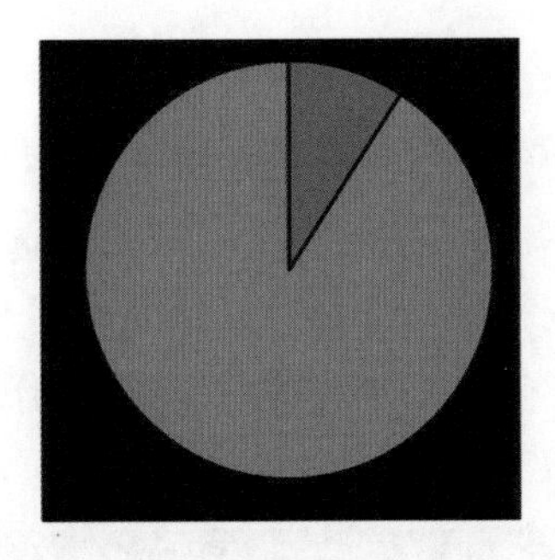

图 11-37

（6）制作“各区平均租金”树状图。

在“各区平均租金”工作表中，笔者已经利用数据透视表将相关数据整理出来，并将前 20 的数据提取出来选择性粘贴为数值。

直接插入树状图。同时选中“E2:E22”“G2:G22”单元格区域，选择“插入”选项卡，单击“插入层次结构图表”下拉按钮，选择“树状图”选项，如图 11-38 所示。

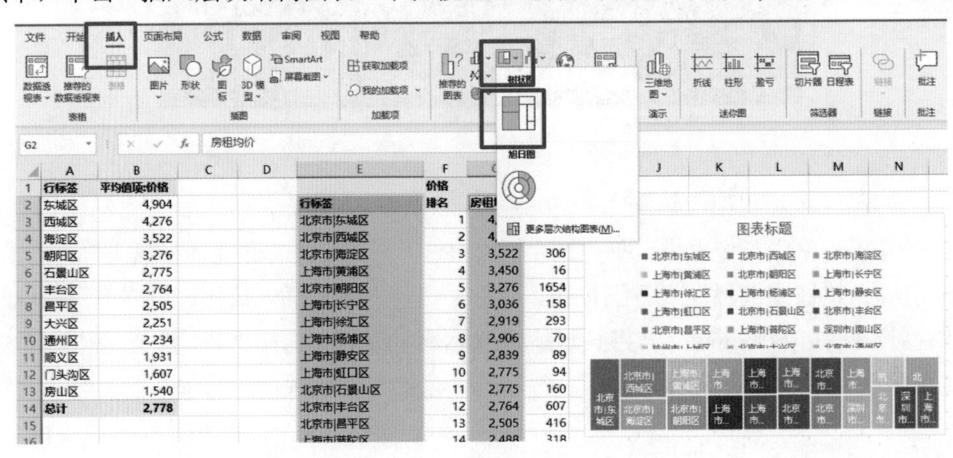

图 11-38

将图例和图表标题分别选中，并按“Delete”键将其删除。每次删除图表元素，树状图中的色块区域都会动态进行跳转。修改图表的标签。选中图表，在右侧“设置数据标签格式”工具箱中单击“标签选项”按钮，勾选“值”复选框。这样就可以显示出各个城市房租平均租金的具体数值了，如图 11-39 所示。

对图表的颜色进行自定义设置。可以单独选中一个色块，在右侧“设置数据标签格式”工具箱中单击“填充与线条”按钮，选择“填充”组，在“颜色”下拉列表中选择“其他颜色”选项。在弹出的“颜色”对话框中，利用 ColorPix 取色器工具拾取“RGB”值，并将其填充进来。除了利用取色器工具的方法，在其他类型图表美化过程中我们还可以借助 WPS 自带的取色器功能快速完成图表的美化，但由于 WPS 缺少树状图图表，无法用其完成图表的美化操作，这里我们可以利用 Excel 和 PowerPoint 的联合办公来实现颜色的快速设置。

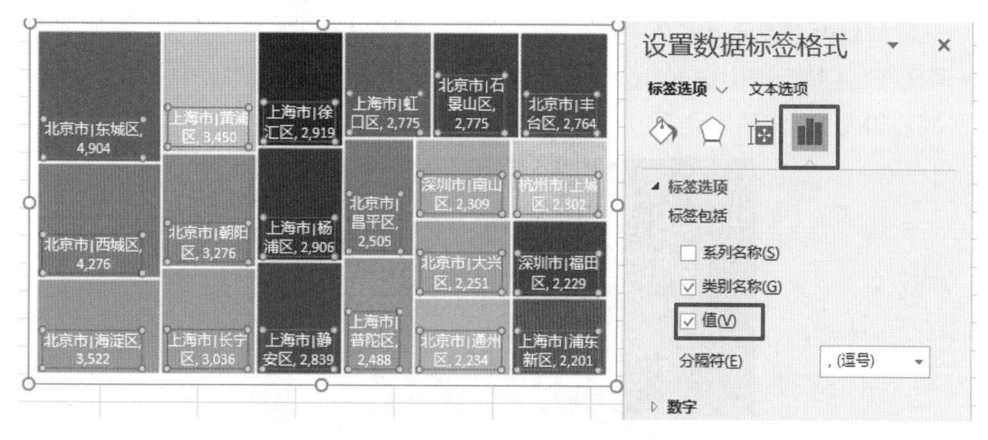

图 11-39

首先选中树状图图表，按“Ctrl+C”组合键复制并在 PowerPoint 中按“Ctrl+V”组合键粘贴，然后将目标图表样式同样复制过来做参考。选中图表，再次单击选中一个图表色块，选择“格式”选项卡，单击“形状填充”下拉按钮，选择“取色器”选项，将鼠标光标置于目标图表的对应位置，单击拾取颜色，即可快速对图表进行颜色的填充，如图 11-40 所示。最后将其粘贴到 Excel 中即可。

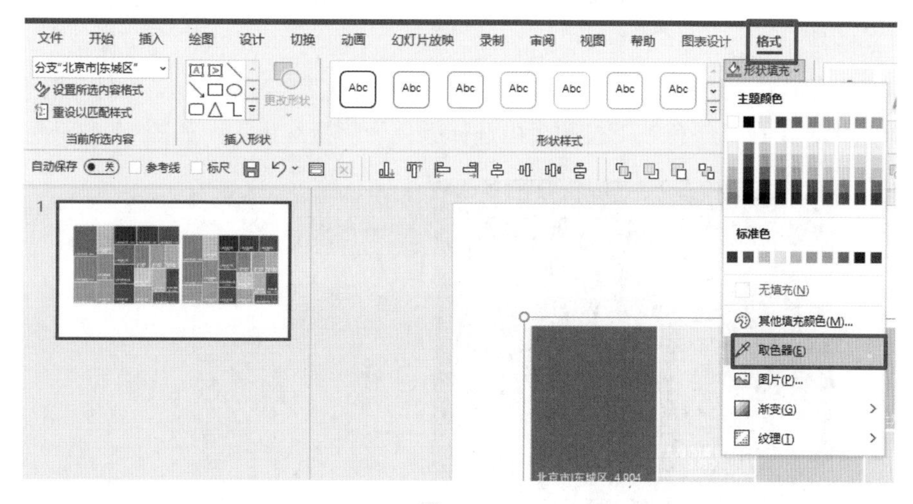

图 11-40

（7）制作“模型训练”雷达图。

在“模型训练”工作表中，选中“A1:B12”单元格区域并选择“插入”选项卡，单击“推荐的图表”按钮，在弹出的“插入图表”对话框中选择“所有图表”页签，选中“雷达图”，单击“确定”按钮。

选中图表，选择“开始”选项卡，单击“填充颜色”下拉按钮，在弹出的下拉列表中选择看板中图表的“蓝色”背景颜色。继续选中图表，选择“开始”选项卡，在“字体颜色”下拉列表中选择颜色为“白色”，调整图表大小，使绘图区尽可能填满图表区域，如图 11-41 所示。

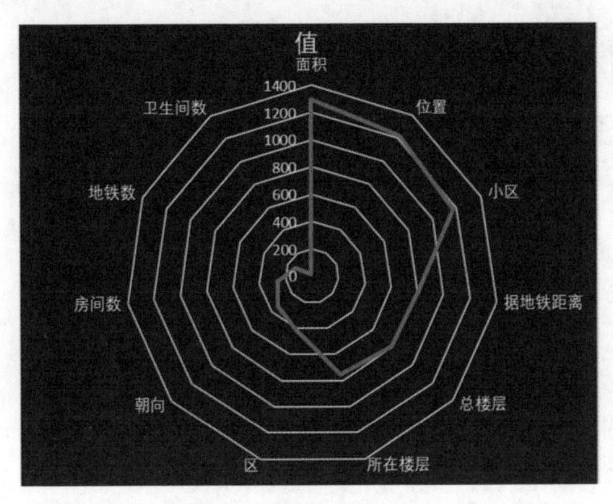

图 11-41

选中图表网格线，在右侧“设置主要网格线格式”工具箱中单击“填充与线条”按钮，在“颜色”下拉列表中选择颜色为“白色”，将“透明度”调整为“86%”，如图 11-42 所示。

选中“蓝色”雷达区域，在“设置数据系列格式”工具箱中“线条”组中选中“实线”单选按钮，在“颜色”下拉列表中选择颜色为“橙红色”，如图 11-43 所示。

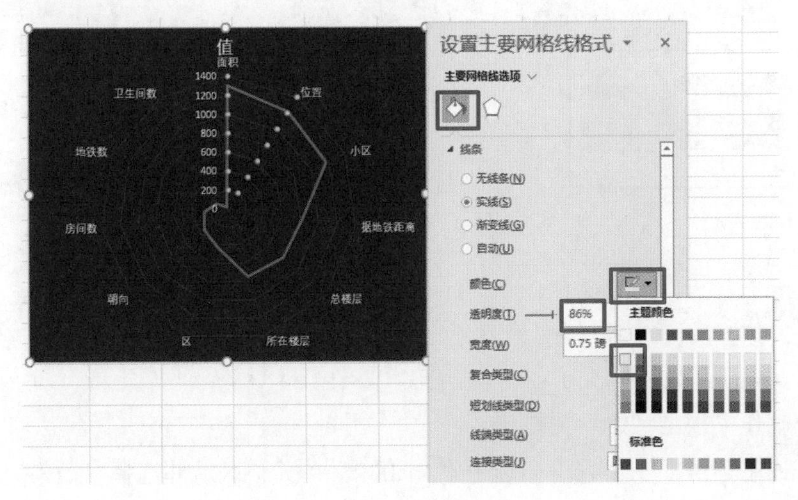

图 11-42

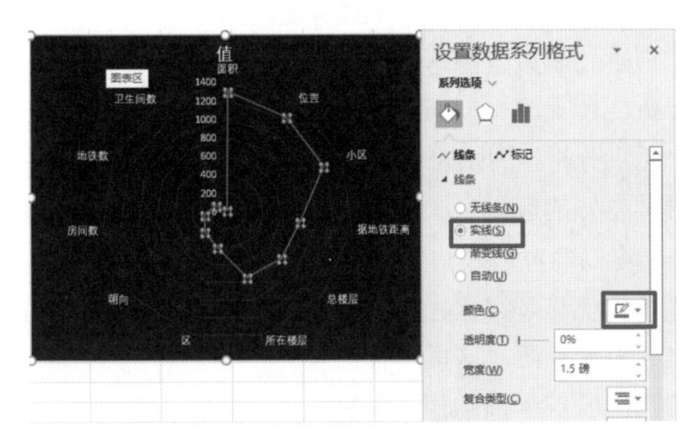

图 11-43

选择“标记”页签，在“标记选项”组中选中“内置”单选按钮，在“类型”下拉列表中选择圆形样式。在“填充”组中选中“纯色填充”单选按钮，在“颜色”下拉列表中选择颜色为“橙红色”。在“边框”组中选中“实线”单选按钮，在“颜色”下拉列表中选择颜色为“蓝色”，将“宽度”调整为“1.5 磅”，如图 11-44 所示。

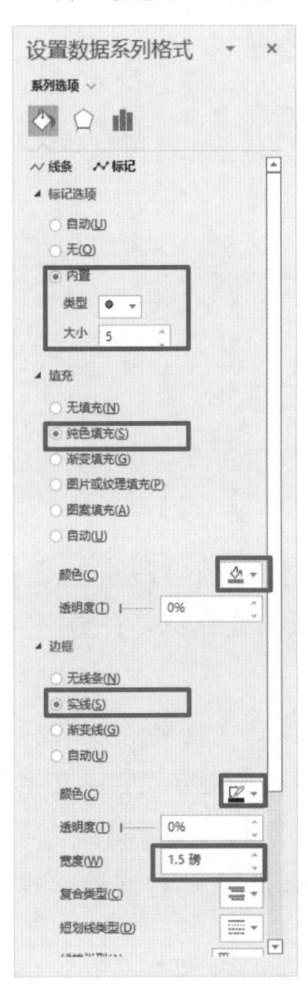

图 11-44

到这里“模型训练”的雷达图就制作完成了。

（8）“北京分析”图表的相关创建。

接下来到了“北京分析”的图表创建，在“北京分析”工作表中已经完成了数据的相关准备，根据准备好的数据完成图表的创建，最后对图表做相关的美化。

对于图表的选择可以参考“\第 11 章制作：某公寓事件分析之数据信息可视化\11.1-某公寓事件分析之数据信息可视化-完成效果\北京分析”工作表。对于图表的一般创建与美化，前文已经多次介绍，这里不做赘述。

（9）“北京-面积 VS 区”面积图的创建。

在“北京-面积 VS 区”工作表中制作面积图。

利用创建数据透视表的方式对数据进行统计，并将数据透视表的结果选择性粘贴为数值，并对单元格进行颜色的调整，可以制作出图 11-45 所示的图表。

行标签	900-1899	1900-2899	2900-3899	3900-4899	4900-5899	5900-6899	6900-7899	7900-8899	8900-9899	9900-10899	10900-11899
朝阳区	31	897	455	76	56	59	34	24	15	3	4
通州区	406	440	41	57	12	5					
丰台区	26	426	105	15	28	5	2				
海淀区		120	119	30	10	14	7	5			1
大兴区	87	197	17	10	2	1					
昌平区	80	253	70	5	1	5	1	1			
东城区		28	28	6	11	10	21	5	2	2	
石景山区	1	129	15	5	9	1					
顺义区	149	134	5	2							
西城区		17	34	7	5	13	7	1			
房山区	252	21	5								
门头沟区	13	1									

图 11-45

如果想要将数据透视图的行、列字段进行调换，可以选中透视表区域，按“Ctrl+C”组合键复制，在空白处右击鼠标，在弹出的快捷菜单中选择“转置”命令，即可实现图 11-46 所示的样式。

想要将数据纵向显示，制作出一个逆转的效果，可以选中图表区域并选择“开始”选项卡，单击“方向”下拉按钮，首先选择“竖排文字”选项，然后选择“顺时针角度”选项，最后选择“向下旋转文字”选项，继续单击“自动换行”按钮，如图 11-47 所示。此时如图 11-48 所示，就成为目标图表的逆向显示效果了。

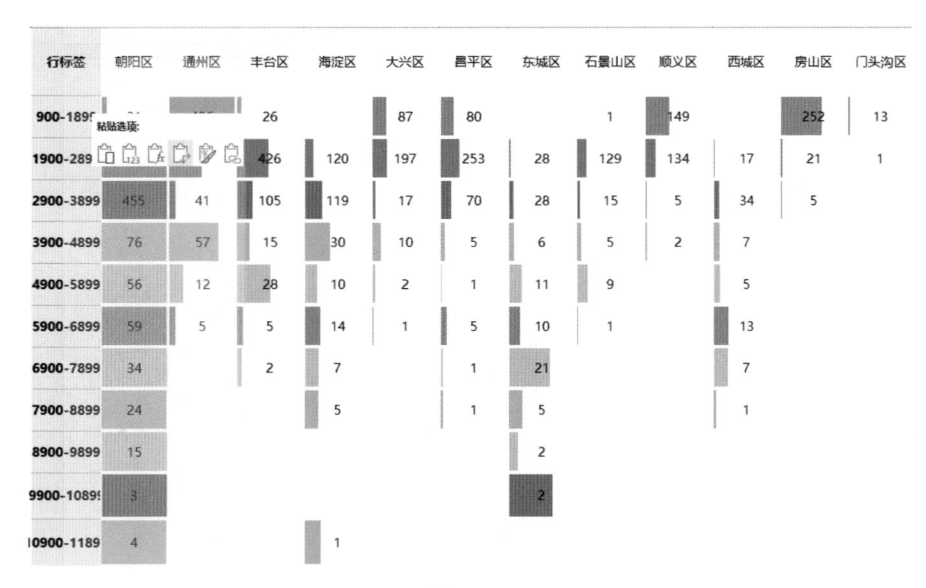

行标签	朝阳区	通州区	丰台区	海淀区	大兴区	昌平区	东城区	石景山区	顺义区	西城区	房山区	门头沟区
900-189			26		87	80		1	149		252	13
1900-289			426	120	197	253	28	129	134	17	21	1
2900-3899	455	41	105	119	17	70	28	15	5	34	5	
3900-4899	76	57	15	30	10	5	6	5	2	7		
4900-5899	56	12	28	10	2	1	11	9		5		
5900-6899	59	5	5	14	1	5	10	1		13		
6900-7899	34		2	7		1	21			7		
7900-8899	24			5		1	5			1		
8900-9899	15						2					
9900-1089	3						2					
10900-1189	4			1								

图 11-46

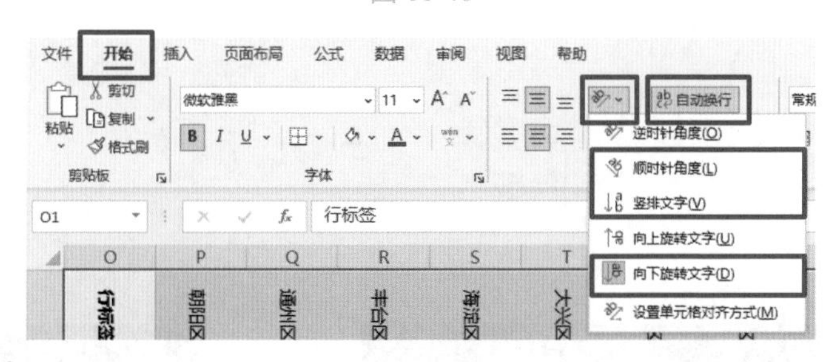

图 11-47

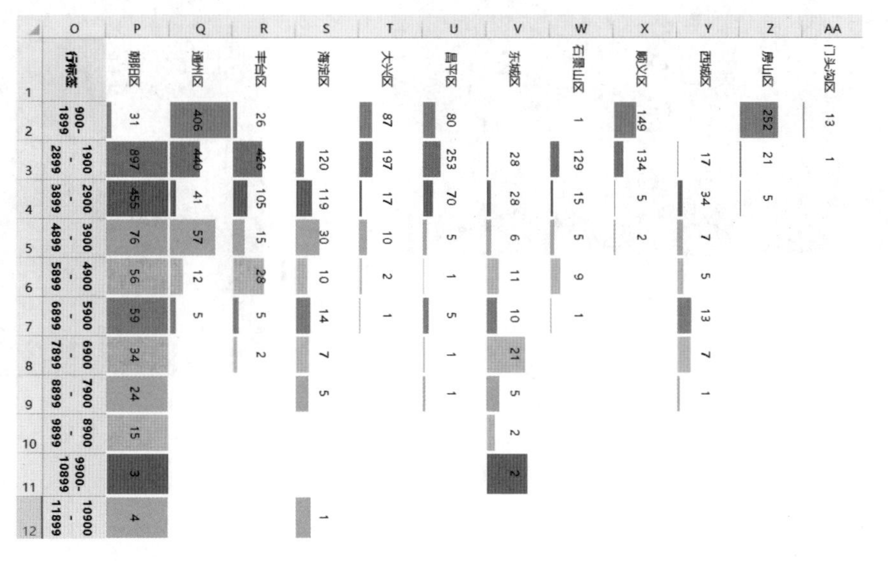

行标签	朝阳区	通州区	丰台区	海淀区	大兴区	昌平区	东城区	石景山区	顺义区	西城区	房山区	门头沟区
900-1899	31	406	26		87	80		1	149		252	13
1900-2899	897	440	426	120	197	253	28	129	134	17	21	1
2900-3899	455	41	105	119	17	70	28	15	5	34	5	
3900-4899	76	57	15	30	10	5	6	5	2	7		
4900-5899	56	12	28	10	2	1	11	9		5		
5900-6899	59	5	5	14	1	5	10	1		13		
6900-7899	34		2	7		1	21			7		
7900-8899	24			5		1	5			1		
8900-9899	15						2					
9900-10899	3						2					
10900-11899	4			1								

图 11-48

将完成的图片进行拍照。选中图表区域并单击“照相机”按钮，在工作表的空白处单击，即可将已拍照的图表粘贴下来，如图 11-49 所示。

图 11-49

选中图片，选择“图片格式”选项卡，单击“旋转”下拉按钮，选择“向左旋转 90°”选项，如图 11-50 所示。

调整图表的颜色、字体颜色。选中转置过来的图表区域并选择“开始”选项卡，单击“填充颜色”下拉按钮，在弹出的下拉列表中选择颜色为“深蓝色”，在“字体颜色”下拉列表中选择颜色为“白色”，单击“边框”下拉按钮，选择“无边框”选项，此时如图 11-51 所示，拍照的图片就随着转置的图表样式同步变化了。

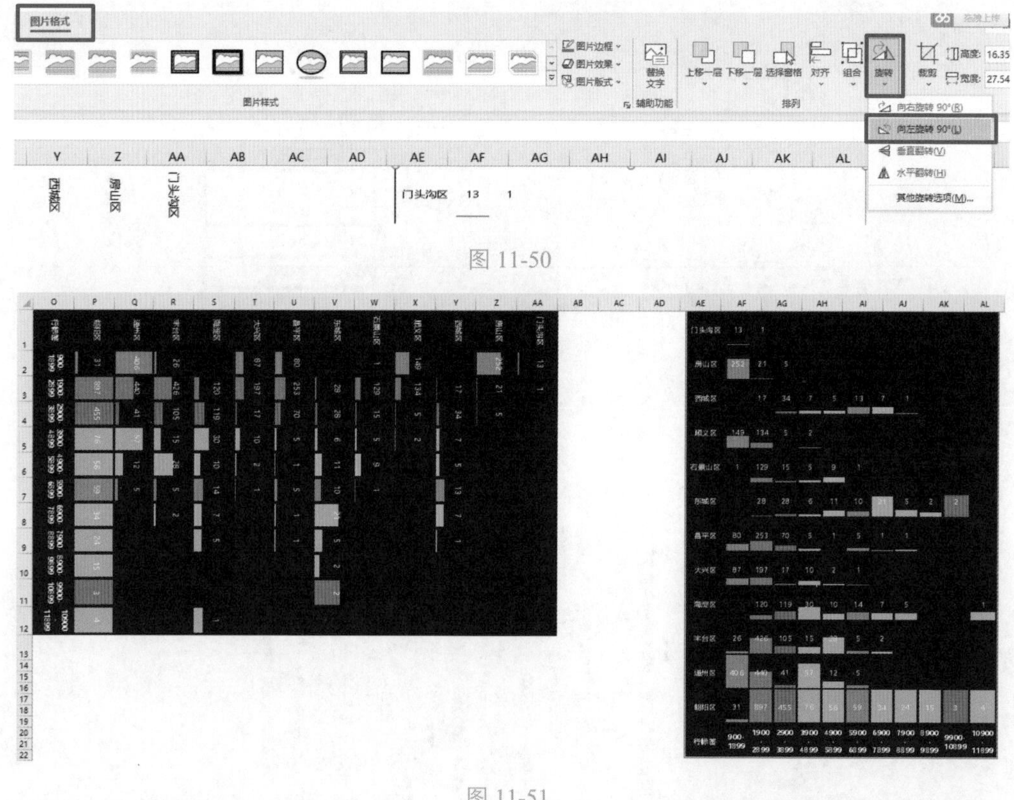

图 11-50

图 11-51

选中粘贴的图片，按“Ctrl+C”组合键复制并在“看板”工作表空白处右击鼠标，在弹出的快捷菜单中选择“链接的图片”命令，即可将图片链接过来。

到这里，关于“北京-面积 VS 区”面积图的制作就完成了。

（10）制作“股市”“2019 股权占比”“发展史”数据分析图表。

在“股市”工作表中，有笔者提前在东方财富网上截取的图片。在“2019 股权占比”工作表中，利用瀑布图来完成数据的可视化，并对其进行颜色、字体、字号的设置。“发展史”工作表中有笔者在网上查询到的相关数据，在看板中只要将其置于文本框中显示即可，想要快速将文本置于文本框中，可以借助记事本工具来实现。选中“C1:C13”单元格区域并按“Ctrl+C”组合键复制，打开记事本按“Ctrl+V”组合键粘贴。在记事本中再次按“Ctrl+C”组合键复制，在 Excel 中插入文本框，并按“Ctrl+V”组合键粘贴，通过这样利用记事本的方式进行传递，即可快速将单元格区域的内容统一置于文本框中显示。

提示：如果我们逆向操作，想要将一段文字全部粘贴到单元格中，可以先选中文本框内容并按“Ctrl+C”组合键复制，然后来到单元格中直接按“Ctrl+V”组合键粘贴，即可将一段内容转化到 Excel 的每一行中。所以借助记事本可以实现一段文字到多行文字的转化和多行文字到一段文字的转化的数据清洗工作。

（11）制作“某公寓热搜指数”散点图。

在“某公寓热搜指数”工作表中，笔者已经将时间和相关搜索指数整理出来，利用 INT 函数在“B”列根据“A”列计算出小数值，并将单元格格式设置为“时间”，即“A”列对应的时间点。“A2”单元格对应的函数公式为“=A2-INT(A2)”，如图 11-52 所示。

选中“B1:D27”单元格区域，并选择“插入”选项卡，单击“插入折线图或散点图”下拉按钮，选择“带数据标记点的散点图”选项。

B2　=A2-INT(A2)

	A	B	C	D
1	时间	时间点	排名	搜索指数
2	2020/11/22 7:3	7:35	43	80076
3	2020/11/22 7:40	7:40	27	158923
4	2020/11/22 7:45	7:45	18	253357
5	2020/11/22 7:50	7:50	15	278985
6	2020/11/22 7:55	7:55	8	425213
7	2020/11/22 8:00	8:00	8	519129
8	2020/11/22 8:05	8:05	7	599195
9	2020/11/22 8:10	8:10	6	662454
10	2020/11/22 8:15	8:15	6	777771
11	2020/11/22 8:20	8:20	6	811225
12	2020/11/22 8:25	8:25	6	848086
13	2020/11/22 8:30	8:30	6	935337
14	2020/11/22 8:35	8:35	6	941936
15	2020/11/22 8:40	8:40	6	946751
16	2020/11/22 8:45	8:45	6	983384
17	2020/11/22 8:50	8:50	6	994261
18	2020/11/22 8:55	8:55	6	979615
19	2020/11/22 9:00	9:00	6	980024
20	2020/11/22 9:05	9:05	8	946335
21	2020/11/22 9:10	9:10	6	1157172
22	2020/11/22 9:15	9:15	6	1263921
23	2020/11/22 9:20	9:20	6	1290823
24	2020/11/22 9:25	9:25	12	556847
25	2020/11/22 9:30	9:30	24	247345
26	2020/11/22 9:35	9:35	36	189321
27	2020/11/22 9:40	9:40	48	81716

图 11-52

由于两组数据差别特别大，造成“排名”折线图无法显示出来，这时就需要启用次坐标，如图 11-53 所示。选中“排名”折线图，在右侧“设置数据系列格式”工具箱中单击“系列选项”按钮，并选中“次坐标轴”单选按钮，此时“排名”折线图就显示出来了。

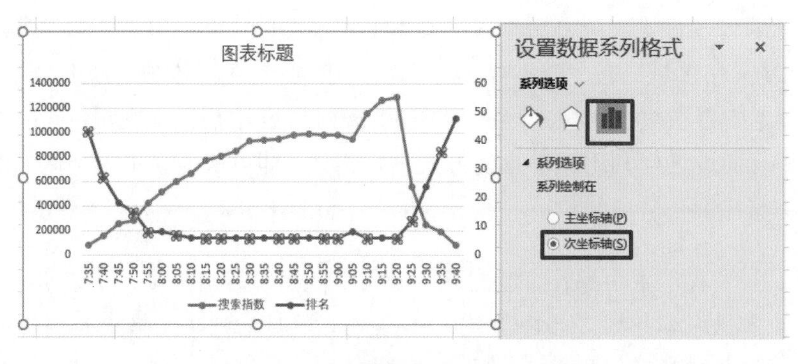

图 11-53

但是此时的“排名”折线图与我们目标的效果不一样，目标效果中搜索的指数应该是从早上到中午逐渐升高，下午再降低。这是因为数据的排名一开始是比较靠后的，中间热度上来后排名较为靠前，后面搜索指数又逐渐降低。要改变这个形式，可以通过坐标轴的逆序类别来实现。选中次坐标轴，在“设置坐标轴格式”工具箱中单击“系列选项”按钮，勾选“逆序刻度值”复选框，此时如图 11-54 所示，“排名”折线图就能正常显示出热度先慢慢攀升，再逐渐降低的走势了。

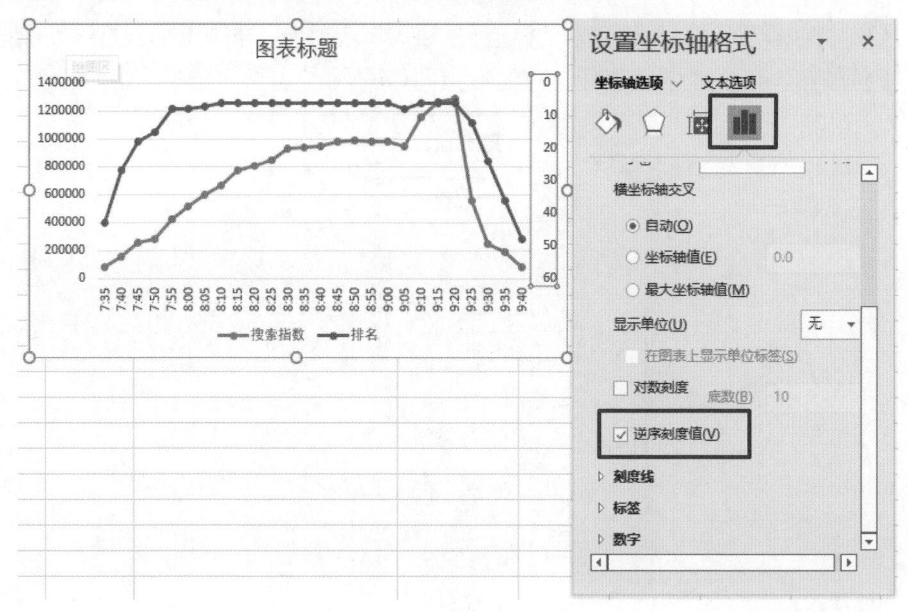

图 11-54

本节主要介绍了“某公寓事件分析数据信息一览图”看板的基础图表的创建，通过保存模板的形式可以提高制作图表的效率。11.4 节将进入整体看板的组合与设计，完成整个某公寓数据看板的制作。

11.4　看板整体设计与制作

有了前面数据源的准备、图表的创建和美化，本节进入整个“某公寓事件分析数据信息一览图”制作的最后一步——看板整体设计与制作。

看板的组合，即将 11.3 节制作的图表组合在一起，这里需要用到上一章内容中涉及的图表边框素材，利用边框元素将各个图表区域进行划分，并进行对齐排列，如图 11-55 所示。

图 11-55

将前面制作好的图表元素、图片、文本框等元素全都粘贴到“看板（2）”工作表中，并分别调整每个图表元素的大小，使其适于放置在对应的素材框中。图表元素组合完成之后，通过插入文本框的形式添加图表背景信息。这样的图表才是一份会自己“说话”的图表。

完成这样的看板制作后，无论是将文件导出来给领导查看，还是在大屏上做展示，都是很不错的选择。接下来介绍如何将已完成的看板导出。

如果需要导出为 PNG 格式的图片，可以选中看板的全部数据区域并按“Ctrl+C”组合键复制，单击“Windows”按钮，选择“画图”选项，在弹出的画图界面按“Ctrl+V”组合键粘贴，按“Ctrl+S”组合键保存，在弹出的“另存为”对话框中输入名称“看板”，单击“保存”按钮，即可将其保存为图片。

如果需要导出为 PDF 文件，可以在“看板（2）”工作表中选择“文件”选项卡，选择“导出”选项，单击“创建 PDF/XPS”按钮，在弹出的“发布为 PDF 或 XPS”对话框中找到要保存的位置，单击“发布”按钮，即可转化为 PDF 文件。

到这里就完成了整个“某公寓事件分析数据信息一览图”的制作。在完成整个事件的分析以后，我们可以通过数据分析事件的本质，站在观众的角度为图表添加补充信息。

综上所述，本章介绍了 3 个分析的方向，即整体经营状况的分析、北京城市某公寓的房屋特征分析和某公寓股票与相关事件的分析。在实操过程中，首先确定核心 KPI 分析指标，然后根据 KPI 指标对数据源进行基础准备与梳理，在数据源统计中涉及了数据源清洗的方法，链接外部数据源的方法，即将外部的数据工作薄、外部工作薄的表链接到可视化的看板中，这样做一个数据就可以实现其他数据的实时的动态更新了。接着利用数据透视图和数据透视表进行统计分析，将数据进行分组和排序。在面对多个表格时我们还可以利用合并计算的方法对数据进行快速汇总。最后创建基础图表，根据需要选择合适的图表类型，并通过看板的布局完成图表的综合联动设计。

本书在图表内容的介绍中为读者提供了一个数据分析的思路，即“先阐述现状，然后发现异常，进而分析事件背后的原因，驱动我们业务的提升，最终找到合适的问题解决方案”。在实际工作中，我们可以利用这套思路来拆解公司的业务，对数据进行可视化呈现。